【科技台灣】

www.hightech.tw
科技知識交流平台

　　本網站為「科技知識交流平台」，提供創投、承銷、證券、授信、保險、會計、產業分析、科技管理、智慧財產、科技法律等從業人員學習與查詢科技知識，並可與工程專家討論科技新知，以期成為金融與法律從業人員了解產業技術的第一品牌。

　　為了協助科技教育的推廣，我特別在工作之餘架設了網站「科技台灣」，在這個網站上主要有下列的功能：

➤**產業新聞：**每週將工研院、資策會、經濟部、報章雜誌內報導的重要產業新聞放在這裡給大家參考，同時特別針對新聞中提到的專有名詞連結到相關的產業技術與科技教室，讓大家邊看新聞邊學科技。

➤**產業技術：**隨時上傳最新的科技新知與產業技術，讓大家能跟上產業脈動，而不會受限於書籍版本更新太慢的問題，同時特別針對每一篇的產業技術連結到相關的科技教室。

➤**科技教室：**看文字與圖片學習科技知識還是很困難嗎？別擔心，科技教室收集過去我在各大學演講或上課的內容錄製影片而成，讓沒有機會親自上課的人也可以觀看上課內容。

➤**社群討論：**由於科技產品眾多原理複雜，不可能有任何一個人能了解所有的技術，更何況每個人都在各自的工作領域學有專精，所以必須靠大家合作把所學的知識貢獻出來，才能互相觀摩學習，這裡是讓大家討論科技新知的地方。

國家圖書館出版品預行編目資料

雲端通訊與多媒體產業 / 曲建仲編著 -- 初版
 - -新北市 : 全華圖書, 2014.04
    面 ; 公分
 ISBN 978-957-21-9391-4(平裝)
 1.通訊工程 2.多媒體
448.7   103006680

雲端通訊與多媒體產業

作者 / 曲建仲

執行編輯 / 陳璟瑜

發行人 / 陳本源

出版者 / 全華圖書股份有限公司

郵政帳號 / 0100836-1 號

印刷者 / 宏懋打字印刷股份有限公司

初版一刷 / 2014 年 04 月

定價 / 新台幣 400 元

ISBN / 978-957-21-9391-4

全華圖書 / www.chwa.com.tw

全華網路書店 Open Tech / www.opentech.com.tw

若您對書籍內容、排版印刷有任何問題，歡迎來信指導 book@chwa.com.tw

臺北總公司(北區營業處)
地址：23671 新北市土城區忠義路 21 號
電話：(02) 2262-5666
傳真：(02) 6637-3695、6637-3696

中區營業處
地址：40256 臺中市南區樹義一巷 26 號
電話：(04) 2261-8485
傳真：(04) 3600-9806

南區營業處
地址：80769 高雄市三民區應安街 12 號
電話：(07) 381-1377
傳真：(07) 862-5562

推薦序

—— 為提升科技素養默默努力的人 ——

日新月異已無法貼切描述科技的變化，分秒必爭雖有些誇大，但雖不中亦不遠。面對急速動態推陳出新的軟硬體科技，很多人因過早分科，從高中後就沒碰過生物、物理、化學，免不了會有不安，有些人則成為拒絕或消極抵制科技的新產品的一群，很可惜不能一同共享科技的成長與進步，或共同來針貶科技的粗魯與傲慢。

不論是知識經濟或科技島，都不應容許有過多的科技文盲，因此科普課程或讀物就顯得非常重要，但要教授好的科學基礎教育並不容易，不然不會有那麼多同學在很少小的時候就放棄了自然科學的學習。我們社會上需要有更多科技社群的人跳出來，牽引、提昇整體的科技素養（當然有很多其他的素養也都有待提升），我們也要多給這種人一些掌聲。

曲威光就是這麼一位值得我們讚許稱賀的人，三年前他還在台大博士班深造時，帶著他的教材跑來找我，他認為像政大這類沒有工學院的學校，非理工背景的同學們會很需要這樣的課程，同時也願意免費提供這樣的服務，只要我們提供場地，他有把握同學會喜歡他的課。我已風聞他在台大以社團名義開了相同的課，堂堂爆滿，包括科管所的理工科同學去聽他的課都叫好。因此我就答應在「創新創業社團」下開出這門『高科技產業技術實務』。

目前已連開四個學期，每學期都有很多同學來上課。這門課只需繳交講義的工本費，曲老師也沒拿鐘點費，學期中缺課的情形很少，顯示他有引起同學的興趣且認真學習，在沒有學分沒有考試的壓力下，這是很難得的現象。近來很少看到這樣為公益付出的年輕人。他付出的不只是時間，很用心體貼這些非理工背景的同學，深入淺出地引導他們。曲老師大學唸的是化工系，研究所是清華大學材料科學、博士念的是台大電機研究所。

　　經過這幾年授課經驗，他的教材也不斷更新修訂，越來越精緻完整，如今他已經拿到博士學位，且順利在產業工作，他還是難以忘懷這份公益事業，並希望能嘉惠更多的非理工學子。因此將其心血出版成書，讓更多人可以自行閱讀或參考，並邀我為他寫序。我十二萬分地感謝他給政大同學的這些科技的基礎教育，也願意為我們的社會薦舉這樣的一位年輕人和他的叢書。

代　序

　　約莫是2001年的4、5月吧?!那時我正擔任東吳大學企管系的系主任，一天下午，有個瘦高的年輕人進了我辦公室，在自我介紹後，表明來意並拿出了一疊資料；原來他叫曲建仲，是台大電機系博士班的學生，他有感於國內各項科技產業的發展，勢必吸納許多非理工背景的學生的加入，但這些非理工背景的學生對科技產業相關之理論及製作過程，卻所知有限，如此將影響到他們的就業機會及工作績效。所以，他希望有機會到東吳企管系開課，並以淺顯的方式，對當前各項科技產業的背景理論及製作過程，做一介紹。

　　在邊翻閱他帶來的資料當時，他的說詞深深地吸引了我，看著他，我心理盤算著：如何幫他實現他的夢想？如何讓東吳企管系成為國內第一且唯一提供這類課程的科系？如何讓他及我們的學生達到雙贏！但在當時系裡下一年度的課程已定，加上他的資料略顯粗糙，所以我建議他先加強資料的內容，也試著出版以增加他的市場價值，我將在日後考慮他在系上開課的可能性！隔年1月，他又出現在我辦公室，他說他補強了資料，並將在台大為某社團開課講授「高科技產業概論」，有兩個時段，時間分別是周一和周三的晚上，並邀我前往了解；我當場應允，並從2月起，和系上幾個MBA學生固定在每週一晚上到台大管院一館的地下室當起了學生，聆聽曲老師的課。

　　雖說我聯考考的是甲組，但大學唸的是成大工管系，沒修過普物和普化，所以對物理及化學的了解只侷限在二十年前的印象。但這一點都沒影響到我對曲老師上課內容的了解與吸收，一學期下來，我對當紅的奈米科技與微製造產業和光電科技產業的背後理論與製作過程有了一定程度的了解，更讓我對這些產業的相關報導有更深一層的認識，進而幫助了我的教學及研究工作！於是乎，我在系上提出開這門課的構想，也獲得系上全體老師的支持，順利地在我卸下系主任職務前落實了這個想法，應該也算是一種創舉。

　　曲老師到東吳企管系開課時我已休假赴美進行教學與研究工作，行前雖已建議校方將課排在能容納120人的大教室，但我休假期間返台時仍聽到不少學生抱怨這課太熱門，根本選不到，而且上課教室「太小」，從別的教室搬來的椅子根本擠不進去。我特地找了個上課時間去教室看了看，黑壓壓的一片讓我又興奮又感動，這麼多學生對這門課有興趣，學了之後，對他們一定會大有幫助！對那些沒選到課的人，沒擠得進旁聽的人，我也只能感到惋惜罷了！就像當時我因休假赴美而來不及繼續旁聽第二學期的通訊產業及生物科技產業一般！

　　所幸我們的遺憾有了弭補的機會，經過許多的努力，曲老師終於在拿到博士學位後將上課內容及相關資料寫成書，集結出版並邀我做序！茲因個人才學有限，不敢僭越對專業內容多做評價，謹以與曲老師互動的記實過程代序！我深信，這些淺顯易懂的內容正是我們這些非理工科系的師生，甚至社會大眾所迫切需要的；在傳統產業式微，高科技產業成為命脈所賴的台灣，對於這些高科技產業的了解，將有助於學生日後的競爭力，老師的教學與研究，以及社會大眾的工作績效。

沈含祥

2004年10月4日於台北

自　序

　　廿一世紀「知識經濟」的興起，成為引導未來經濟發展的主要力量，不但改變了傳統產業的交易模式，也造成了產業結構的變化，政府更是以將臺灣發展成「科技島」為主要施政目標，可見科技產業是所有大學生必須了解的。由於科技產業有很大的就業市場，而且不論證券業、金融業、科技管理及科技法律等都與科技產業息息相關，但是非理工背景的同學往往很難了解各種科技產品的科學原理及製作過程，甚至被許多專業術語所困擾，因此在做市場投資與分析時常常對科技產品與發展趨勢一知半解，間接減少了「非理工背景的同學」在未來就業市場上的發揮空間。

　　如同我在課堂上常常提到，受到知識經濟衝擊最大的莫過於傳統「社會組」的同學了，這些同學當中有許多人成績表現非常優秀，進入很好的商學院、管理學院或法學院就讀，但是當他們畢業後的競爭對手卻不只是自己的同學，而是更多「理工科系」畢業轉讀法商研究所的同學。在科技領導產業的趨勢下，具有理工科系背景的同學們常常比傳統社會組的同學們更具競爭優勢，不幸的是在可以預見的未來，這種情形只會愈來愈明顯，換言之，「理工背景同學」壓縮到「非理工背景同學」的生存空間了。

　　因此，早在三年前我就預估未來商學院、管理學院或法學院的同學去學習理工或科技相關的課程，將會變成一種趨勢，但是科技產品眾多原理複雜，如何將艱深困難的科技名詞與科學原理介紹給「非理工背景的同學」，是最具有挑戰性的問題，這也正是本書的主要目的。

　　其實靜下心來想想，念過理工科系的同學真的比非理工背景的同學懂很多嗎？其實不然，他們多懂的只是基礎的物理、化學與數學而已，因此他們在遇到科技名詞時可以自己閱讀與學習，而非理工背景的同學們高中以後就很少接觸物理、化學與數學，因此遇到科技名詞時連問別人都不知道要從何問起，更別說自己學習了。

　　因此，時時提醒自己，學習的目的在「學習捕魚的方法，而不是請別人捕魚來給自己吃」，學習高科技一定要耐心地了解每一種科技產品的原理、發明的原因以及應用在那些地方，這樣將來遇到自己不了解的科技產品時，不但可以自己閱讀與學習，要請教相關的工程專家也很容易，甚至可以正確看出科技未來的發展方向。其實，學習高科技是很有趣的，想想為什麼電腦可以運算？為什麼手機可以通話？為什麼電視可以看到影像？這些科技產品的原理是什麼？產品又是如何製作出來的呢？怎麼樣，是不是開始覺得很有趣了？切記，學習高科技要有耐心由淺入深，若只是希望別人解釋名詞給你聽，那將失去科學的趣味了。

　　高科技產業技術實務系列叢書是由我在各大學授課時所有的內容，經過多次修改而成，總共分為四冊，第一冊：積體電路與微機電產業，討論電子材料科學、電子資訊產業、積體電路(IC)產業、微機電系統(MEMS)與奈米科技產業；第二冊：光電科技與光機電產業，討論基礎光電磁學、光儲存產業、光顯示產業與光通訊產業；第三冊：雲端通訊與多媒體產業，討論多媒體與數位訊號處理、通訊原理與電腦網路、雲端通訊產業與無線通訊產業；第四冊：生物科技與新能源產業，討論基礎有機生物化學、新能源產業、基礎分子生物學與生物技術概論。由於這個課程在各大學商學院與管理學院受到很大的迴響，因應許多同學們的要求，為了讓上過這門課的同學能有複習的參考書籍，也讓無法前來上課的同學可以自修，因此出版這一系列的書籍。

　　要如何將艱深難懂的科學技術，描述成容易被理解的概念，是我在撰寫這一系列書籍時遭遇最大的困難，愈正確的科學原理愈難理解，而愈容易理解的科學原理往往與實際的情形有所出入，因此常常要在「正確性」與「易理解」之間求得平衡，本書中有許多原理的解釋經過適當的簡化，與實際的狀況可能會有一些不同，但是概念是相似的，建議同學們不要過份堅持與實際科技產品的工作原理完全相同的正確性，特別是「非理工背景的同學」，應該試著去了解每一種科技產品工作原理的概念即可，將來有需要再進一步研讀更深入的專業書籍，慢慢修正自己的概念，這樣才是正確的學習方法。

　　本書之內容注重一貫性，並以範圍寬廣與難易適中為特色，結合產業分析與技術實務，詳述各領域之現況與未來，並以淺顯易懂的內容，帶領非理工背景的同學們進入科技產業，使同學們對科技產業之專業知識先有概略的認識，相信對同學們將來的就業必定能產生極大的幫助。本書適合「非理工背景的同學」閱讀，同學們只需要具有國中基礎理化的背景即可，亦適合證券業、金融業、科技管理及科技法律等各行業人員作為進修學習之教材，歡迎大家一同加入高科技的世界。

曲威光 謹誌

2006年夏

于台大電機

【附註】

1. 歡迎各大學院校使用本書做為教科書，本書備有上課使用之投影片PPT檔案，教育單位索取投影片請使用課程專用電子信箱：

hightech@nccu.edu.tw、hightechtw@gmail.com

2. 對本書的內容有任何問題或任何意見，請參與「科技台灣」社群討論：

http://www.hightech.tw

目　錄

⑫　**無線通訊產業──一機在手任我行**...**292**

給畢業同學們的一封信

—— 讓你(妳)終身受用的十二句話 ——

　　恭喜你(妳)們順利畢業囉！要開始想想將來要怎麼規劃了，我雖然是老師，其實也沒有比你(妳)們「老」多少啦！但是我相信經過我思考與分析過的事，必然對你(妳)們有所幫助，一點點心得和你(妳)們分享。有人說過「要立志做大事，不要立志做大官」，而我的人生目標很簡單：我沒有立志做大事，也沒有立志做大官，我要做一個「與眾不同」的人。

　　我是從高中時代開始規劃自己的未來的，可能早了一點，不過在師大附中讀書的那三年讓我成長很多，主要是我遇到了很好的老師，所以從那個時候開始立志要做一個與眾不同的人，還記得國文老師在我的畢業紀念冊上寫了「毋意、毋必、毋故、毋我」，那個時候我還不太了解他的意思，直到後來才發現，高中時代的我還不太能掌握與眾不同的方向，所以老師在告訴我與眾不同並不是「意、必、故、我(自以為是)」，後來慢慢長大以後我才明白他的意思。有犯錯才能成長，你(妳)們已經畢業了，不論是離開了大學或是研究所，在你(妳)們畢業的前夕送給你(妳)們幾句話，相信對你(妳)們的未來必定能產生很大的幫助。

➤**每個人的一生都是一部精彩的電影，這部電影會有怎樣的結局在於你(妳)的決擇以及你(妳)所遇到的人。**

　　這種例子其實大家一定看過很多了，看看社會上那些成功的企業家，你(妳)就會明白，他們現在的樣子其實是幾十年前的「決擇」造成。在迪士尼的立體動畫卡通「恐龍(Dinosaur)」裡面有這樣一幕，布魯頓(寇倫的助手)被鯊齒龍咬傷而脫離了寇倫所帶領前往棲息地的恐龍隊伍，在陰暗大雨的夜晚，艾力達、蓓莉歐(母猴)、布魯頓(寇倫的助手)躲在山洞裡避雨，布魯頓(寇倫的助手)因為受傷趴在地上，蓓莉歐(母猴)替他擦藥，同時有一段簡短的對話：

布魯頓：Why is he doing this? Pushing them on with false hope.

他(寇倫)為何這麼做？讓大家抱著錯誤的希望(去尋找棲息地)。

蓓莉歐：It's hope that gotten us this far.

就是希望驅使我們走了這麼遠的。

布魯頓：But why doesn't he let them accept their fate? I accepted mine.

他(寇倫)為何不讓大家接受命運？我就接受了我的(命運)。

蓓莉歐：And what is your fate?

那你的命運是什麼？

布魯頓：To die here, it's the way things are.

死在這裡，我別無選擇。

蓓莉歐：Only if you give up, Bruton. It's your choice, not your fate.

那只是你放棄了，布魯頓。這是你的選擇，不是你的命運。

　　沒看過這部電影的人趕快去看哦！我常常喜歡一個人去看電影，但是看電影並不是笑一笑或哭一哭就算了，應該靜下來想一想它所帶給我們的寓意，那才是編劇和導演最用心的地方。看完這部電影一直給我很深的感觸，因為當時我研究所剛要畢業，心裡正在猶豫是要和別的同學一樣進入科學園區當個普通的工程師，還是要為自己規劃不一樣的未來，有一天我忽然拿起師大附中的畢業紀念冊，才想起我高中時曾經期許自己做一個與眾不同的人，或許應該要換個不同的領域回台北去闖一闖才對，後來才到台大電機系讀書，這個轉換領域的過程雖然很辛苦，但是要與眾不同當然就不會有前人的遺跡可尋，因此也就不會輕鬆了。人生中有很多事情的成敗是因為「決擇」而不是「命運」(It's your choice, not your fate.)，當我們放棄一件事情而失敗，那往往是自己的決擇。

➢**別人可以因為你(妳)的學歷高而尊重你(妳)，但是你(妳)千萬不要因為自己的學歷高而心高氣傲。**

　　上過我的課程的同學都知道，我從來不認為博士有什麼了不起，也不認為台大電機系有什麼不一樣，更不會因為自己的專長是什麼就說什麼好，更不會把別

人的專長嗤之以鼻，因為「強中自有強中手，一山還有一山高」，不論你(妳)的學歷有多高，總是會有比你(妳)更有成就的人；不論你(妳)的專長有多熱門，總是會有比你(妳)更會賺錢的人。所以我會建議你(妳)們，早早放棄這種學歷的迷思吧！別人可以因為你(妳)的學歷高而尊重你(妳)，但是你(妳)千萬不要因為自己的學歷高而心高氣傲，這是想要在職場上成功的人必須謹記的重要原則。千萬記得，真正在事業上成功的人，永遠是「腳步爬得愈高，身段放得愈低」。

> **在你(妳)們尋找第一份工作的時候，切記遵守關鍵的四個字：「眼高手低」。**

「眼高手低」就是要「從大處著眼，從小處著手」。「眼高(從大處著眼)」是要你(妳)看得夠高夠遠，第一份工作要看的是產業的未來前景，要讓自己在第一份工作裡面學習到很多東西，而不要只是看眼前可以拿多少薪水或股票，因為不論你(妳)現在拿多少，一定和公司的高層主管差很多，為什麼不投資現在累積你(妳)的資本，將來做到高層主管可以領回來更多呢？「手低(從小處著手)」是要你(妳)從最低的地方做起，所有的工作一定要親自動手腳踏實地，千萬不要一開始就想使喚別人，我在讀碩士與博士的時候，所有的實驗與研究都是親自動手，因為親自動手做過的事，一定可以讓你(妳)學到紮實的功夫，這對你(妳)們的未來才是最有幫助的。

> **不要讓自己在人生的十字路口徬徨太久，切記「要讓你(妳)的人生持續前進，而不是在原地空轉」。**

剛畢業的同學們常常會遇到的問題是：我應該選擇繼續升學，還是先就業？我應該選擇出國讀書，還是在國內深造？不論你(妳)的決定是什麼，切記「要讓你(妳)的人生持續前進，而不是在原地空轉」。我的高中老師曾經和我說了一個真實的故事，他曾經教過一個學生，這個學生一生最大的理想就是要考上台大醫科，結果第一年他考上了陽明醫科，其實那已經是第三類組的第二志願了，但是他還是堅持自己最初的理想，經過了一年重考的生活，沒想到第二年還是考上陽明醫科，那時候老師就已經勸他：「別再做這種無謂的堅持，你已經考得很好了」。可惜他堅持那是他一生的理想，所以又再重考一年，命運真的很有趣，第

三次他還是考上陽明醫科，後來，他只好去念了。花了三年的時光原地空轉，值得嗎？人生有理想是很好的，但是有時候還是要能屈能伸，大學聯考那年我考上成大，一直覺得自己是被放逐，也曾經有過想要重考的念頭，仔細思考過後才決定去台南讀書，後來一路讀到清大、台大。就算同學們不是念這些所謂的「名星學校」也沒關係，社會上多的是功成名就的人，難道他們都是這些名星學校的校友嗎？顯然條條道路通羅馬，只要有心，任何人都可以開創出屬於自己的一片天空。

➤**尋找工作就像尋找愛情一樣，「愛情」要尋找你(妳)喜歡的人；「工作」要尋找你(妳)喜歡的工作。**

　　我畢業的時候曾經有實驗室的學弟妹們問我，該找什麼樣的工作呢？同學們別忘了，我的這些學弟妹們可都是台大電機系的高材生哦！但是我的回答很簡單：尋找工作就像尋找愛情一樣，「愛情」要尋找你(妳)喜歡的人；「工作」要尋找你(妳)喜歡的工作。高科技產業高獲利的時代已經過去，在這個高科技微利的時代裡，妄想要拿到許多的股票一夕致富已經是不太可能的事了，人生還有很長的路要走，如果一份工作可以讓你(妳)愈做愈喜歡，愈做愈有興趣，每天早上起床都期待著今天的工作又可以學習到許多新鮮的東西，又可以認識許多新的朋友，那基本上你(妳)的人生已經成功一半了；如果每天早上起床就想再睡，想要上班就很厭倦，那即使給你(妳)再多的股票又有什麼意義呢？人生的成敗有時候並不是看薪水或股票來決定的！有的同學規劃未來的理由是：我的同學要這樣做，所以我也要這樣做。因為我同學要考研究所，所以我也要考；因為我同學要考高普考，所以我也要考；因為我同學要先工作，所以我也要先工作。同學們務必記得，將來你(妳)還是得擁有自己的生活，你(妳)的同學們是不可能陪你(妳)一輩子的，所以你(妳)還是得選擇自己想走的道路。

➤**如果一開始的方向對了，那最後只要靜靜的等著「收成」就可以了；如果一開始的方向錯了，那將來要「收尾」就很辛苦了。**

　　人生其實就是這個樣子的，一開始你(妳)選對了產業，就會隨著產業一起成長，二十年以後很自然地就是這個產業的領導人了，在社會上這種例子多不勝

數；相反地，如果一開始你(妳)選錯了產業，不論你(妳)怎麼努力，得到的永遠比別人少，就算做了領導人也不會有太多人注意的，所以，增加自己的專業知識，讓專業知識協助你(妳)做出正確的判斷，並且提早規劃你(妳)的未來，才能創造更多更好的機會。永遠記得，「先知先覺」的人看到別人被地上的洞絆倒了就會自動繞過去；「後知後覺」的人自己被地上的洞絆倒了才知道下次要繞過去；「不知不覺」的人被地上的洞絆倒了好幾次還不知道要繞過去，要期許自己成為一個先知先覺的「領導人(Leader)」，而不是一個後知後覺的「追隨者(Follower)」。

➤ **要試著去「創造」一個工作；而不只是「適應」一個工作；兵來將擋、水來土掩，把面對挑戰當作生活習慣。**

　　同學們經常問我，如何才能在工作崗位上嶄露頭角？人類的文明與科技發展到今天，已經接近了一個瓶頸，整個產業的發展很難像過去三十年一樣突飛猛進，三十年前許多企業家成功致富的故事可能很難發生在今天，但是想要成功，一個不變的原則就是——與眾不同，換句話說，就是要有「創意」。我永遠記得在清華大學讀碩士班的時候，指導老師曾經和我說過的一句話：「同樣是博士，面對同樣一件事情，因為想法不同、做法不同，結果也就會不一樣了」。同學們在進入社會工作時，一定不能只是要求自己完成老闆交待的工作而已，如果只能做到這樣，那只能算是一個追隨者(Follower)；一定要從工作中的每一個細節去「發現機會、創造機會」，這樣將來才會是成功的領導人(Leader)，因此，不能只是要求自己「適應」一個工作；而要試著去「創造」一個工作，創造出別人沒有發現的價值，把自己的特色給做出來。但是，別人沒有發現的事，困難度當然也會比較高，所以「兵來將擋、水來土掩，把面對挑戰當作生活習慣」，才能為自己的人生開創美好的未來。

➤ **要替你(妳)的未來規劃一份「事業」；更要替你(妳)的未來規劃一份「志業」。**

　　每一個人都希望自己能夠成就一份偉大的事業，其實除了「事業」以外，更應該成就一份偉大的「志業」。「事業」通常是指我們的工作，能夠在工作上表

現得很出色，除了可以賺到很多的金錢(或是很多的股票)，更可以獲得成就感與自我的肯定；相反的，「志業」最大的目的是服務而不是賺錢，賺再多的錢並不能為你(妳)真正留下什麼，人類存在的最大價值除了賺錢之外，更應該問問自己：我可以為下一代留下些什麼？以我自己的例子，在工作之餘我利用閒暇時間將自己學過的知識編寫成書，就是希望提倡「科技通識教育」與「科技全民運動」，讓不學科技的人也能在這個科技時代了解高科技，大家都知道寫書與教書其實是賺不到什麼錢的，但是這樣的努力如果可以獲得社會各界的認同與支持而推廣開來，在很久很久以後的下一代學生手中，可能人手一套「高科技產業技術實務系列叢書」，對整個社會的影響與貢獻，那種成就感與自我的肯定比起工作上賺到很多的金錢或股票要更有意義得多，因此，我是將寫書與教書的「教育」當成我的「志業」。同學們要記得，替你(妳)的未來規劃一份「事業」；更要替你(妳)的未來規劃一份「志業」，志業可大可小，但是一定要「從大處著眼，從小處著手」，凡是總有開始，志業也一樣，要先從小志業開始，將來才能成就大志業。

➤**在學校念書的時候，「愛情」與「課業」一樣重要；在社會工作的時候「婚姻」與「事業」一樣重要。**

我在求學的過程中認識許多科技產業的精英，他們在工作上的表現可圈可點，但是卻都犯了一個相同的錯誤，工作就是他們的生命，他們或許賺了很多錢，領了很多股票，但是在我看起來，那些都不值得，因為他們把生命賣給工作了，卻忽略了人生中其他更重要的事。因此，建議同學們在學校念書的時候，要記得「愛情與課業一樣重要」，不要每天將自己埋在書堆裡，多花時間去感受一下愛情的酸甜苦辣吧！那不會讓你(妳)少拿多少分數的；將來在社會工作的時候，也要記得「婚姻與事業一樣重要」，因為婚姻與事業一樣是需要花時間來經營的，真正成功的人生一定是婚姻與事業同樣成功，換個角度想吧！開創事業是很辛苦的，一個人努力不如兩個人一起努力，何必一個人做得那麼辛苦呢？試著去尋找一個能夠和你(妳)一起為事業打拼，為幸福努力的人吧！

➢ 人生最困難的不是努力，而是決擇；人生可以在努力過後失敗，但是不能因為猶豫而後悔。

　　最近我在一張海報上看到了這一段文字：「人生最困難的不是努力，而是決擇」，我才猛然想起來，原來人生的成功，其實不是單純的努力就可以決定的，至少努力只是成功的一個因素，如何在正確的時間做出正確的決擇，其實才是成功的關鍵，同學們或許會問，那要如何在正確的時間做出正確的決擇呢？答案很簡單：不要只是留在自己的世界裡思考，那會使你(妳)愈想愈混亂，愈想愈沒信心。不斷地充實自己，勇敢地走出去，多聽成功者的意見、多觀察成功者的言行，不要放棄身邊任何一個可能的學習機會，才能替自己的未來找到最合適的一條道路。不論你(妳)的決擇是什麼，千萬把握一個原則：「人生可以在努力過後失敗，但是不能因為猶豫而後悔」。

➢ 成功的人生，有時候是時勢造英雄，有時候是英雄造時勢，但是兩者的關鍵都是──英雄已經做好了萬全的準備。(取自吳若權，過得好，因為我值得)

　　同學們在學校裡常常會遇到許多大大小小的考試，不論是期中考、期末考或是研究所考試、高普考、留學考，常常會讓大家覺得很辛苦，更可憐的是就算再努力，也會有考得不理想的時候。可以確定的是，讀書準備考試其實是一段十分枯燥的日子，但是「凡走過必留下痕跡」，曾經讀過的書一定可以替你(妳)未來的工作加分。人生很多時候都必須用來做事前的準備工作，在準備的過程中往往看不到什麼成果，常常讓人感到很氣餒，但是只要能夠堅持到最後，一定可以看出效果的，因為「成功的人生，有時候是時勢造英雄，有時候是英雄造時勢，但是兩者的關鍵都是──英雄已經做好了萬全的準備」。

➢ 謀事在人，成事在天；人算不如天算，天算不如不算；不求事事成功，但求無愧我心。

　　在大陸劇三國演義第一百零三回「上方谷司馬受困」中，孔明最後一次討伐北魏，以烈火將司馬懿父子圍困在上方谷中，不料空中突然雷聲大作驟雨傾盆，

滿谷之火盡皆澆滅(別懷疑，這種文言文一定是抄來的:P)，天意讓司馬懿父子逃過一劫，令我印象最深刻的一幕是劇中孔明以扇掩面潸然落淚，他那時的心情我感同深受，因為那是他這一輩子最後一次打敗司馬懿父子的機會，無奈天意如此。人生原本就有很多「這一輩子」只有一次的機會，大學時代的社團活動、美麗動人的愛情故事、年少創業的點點滴滴，可能在我們的一生中都只有一次，如果沒有好好把握，真的是很可惜的，因為，人生最大的遺憾是：凡走過必留下痕跡，但是——只能走一次，因為時光永遠不會倒流。不過有一點很重要，孔明的神機妙算有目共睹，就算是這麼神機妙算的人最後也難逃天意，更何況是我們這樣平凡的人呢？所以建議同學們在踏入社會之前先明白，有時候規劃你(妳)的人生是很重要的，但是計畫儘管再周密再詳細，也難免有失算的時候，所以有人說「人算不如天算」，而我說有的時候「天算不如不算」，凡事只要盡力即可，「不求事事成功，但求無愧我心」，只要能讓自己認為自己的人生沒有白活，因為我曾經努力過，也就夠了。

你(妳)們都是即將進入社會工作的新鮮人，希望這些經驗可以成為你(妳)們踏入社會的助力，與大家共勉。

曲威光
2006年夏
于台大電機

前　言

一、雲端通訊與多媒體產業

　　1985年代個人電腦與筆記型電腦快速成長，使用者花費了許多金錢購買價格昂貴的硬體與軟體來協助自己的工作或娛樂；1990年代網際網路快速發展，將世界各地的電腦連結起來，同時也誕生了Google與Yahoo等網路搜尋引擎公司，開啟了雲端技術的應用；1995年代無線通訊技術快速成長，從剛開始以語音通信為主的手機，到後來以資料通信為主的智慧型手機，讓我們可以隨時隨地與不同網站連結；2000年代由於伺服器與工作站技術成熟，「雲端(Cloud)」的概念進一步實用化，使用者開始將許多運算工作交由位於雲端的伺服器或工作站處理到底什麼是雲端技術？雲端技術又可以提供我們那些服務呢？

　　到了2010年第三代(3G)與第四代(4G)行動通訊將電腦網路與行動通訊結合，再加上智慧型手機的發展，讓我們可以隨時隨地上網，增加了許多新的應用，行動通訊的許多專有名詞，什麼是TDMA、FDMA、CDMA、OFDM，什麼是ASK、FSK、PSK、QAM？此外，數位訊號與多媒體技術的發展，什麼是MP3、JPEG、MPEG？這些都是科技產業的基礎知識，將這些知識應用在各種電子產品的系統整合，則可以讓我們更了解日常生活當中所使用的各種科技產品。

二、高科技產業的發展史

　　1990年代全球進入一片追求高科技的浪潮，經濟學家們將它稱為「知識經濟(Information economics)」。在這個新興的科技時代，發生了許多傳奇性的故事，也發生了許多不可思議的現象，許多科技新貴搭上了高科技的列車一夕致富，也有許多人沉迷在高科技的世界裡，一味地追求高獲利的投資而損失慘重。身為一個高科技時代的知識份子，在傳授高科技知識的時候，更應該在一開始就替大家建立正確的「科技價值觀」，才能協助大家在這個特別的時代裡持續成長，而不容易迷失。

　　高科技時代起源於1980年代的個人電腦(PC：Personal Computer)，之後隨著時代的演進而慢慢地轉變到不同的科技產業，其發展歷史大約可以區分如下：

➤ 個人電腦時期(1985～1995)

　　自從廿世紀中期發明了半導體以後，整個科技產業就隨之發展起來，早期的發展重心在個人電腦，將大型的超級電腦小型化與精簡化，之後開始有了8086、8088、80X86一直到目前大家熟知的Pentium系列與Core系列的個人電腦，因此我們可以說「個人電腦」是整個高科技產業的起源。

➤ 網際網路時期(1990～2000)

　　當個人電腦的運算速度愈來愈快，市場也趨近飽和，科學家們開始在思考如何讓世界各地的電腦連結起來，這時候便產生了「網際網路」，將全球的科技帶向另一個高峰，2000年可以說是網際網路的全盛時期，誕生了許多網路公司或稱為達康公司(.com公司)，可惜在華爾街投資分析師的哄抬之下，網路公司的股價直上雲霄，同時也跌到谷底，發生了所謂的「網路泡沫化」，讓許多投資人損失慘重，第一次證明了：「高科技並不等於高獲利」的真理。

➤ 無線通訊時期(1995～2005)

　　就在全世界嘗到網路泡沫化的傷痛時，另一個新興的產業卻乘勢而起，那就是「無線通訊」。手機的風潮襲捲全球，一直到今日「人手數機」的地步，可惜人們的記憶總是短暫的，網路泡沫化的歷史並沒有讓大家學到教訓，第三代行動電話(3G：Third Generation)讓世界各國投入大量資金，尤其是歐洲，由於第二代行動電話GSM系統的成功，讓他們沖昏了頭，過多資金的投入造成第三代行動電話電信執照的費用高到百億美元的天價，使得第三代行動電話產業搖搖欲墜。

➤ 資訊家電時期(2000～2010)

　　人類的科技發展歷經了個人電腦、網際網路與無線通訊三個時期，可以說能發明的都發明了，因此有人開始將這些科技產品融入傳統產業，開啟了新興的資訊家電產業(IA：Information Appliances)，數位相機(DSC)、數位錄影機(DV)、數位電視(Digital TV)、數位音訊廣播(DAB)、個人數位助理(PDA)、平板電腦、智慧型手機等產品的出現，讓科技產業又出現了新的生機。

➤能源環保時期(2005～很久以後)

　　當電子、通訊、網路這些所謂的高科技都紅過了以後，忽然有一天每桶汽油的價格接近150美元，大家才開始想起來，汽油太貴了，走過了半個世紀的科技產業，一直到原油價格不停上漲，我們才開始明白，能源——才是人類真正的需求。同樣的，當人類不停的排放二氧化碳，地球慢慢地暖化，氣候異常，南極冰山熔化，海平面上升，大家才開始想起來，工業革命帶給我們生活的便利，但是無形中也造成地球的負擔，為了下一代的子孫，我們必須開始保護我們的地球。

　　看過了前面這些科技產業的發展過程，大家想到什麼問題了呢？高科技產業是不是一定會賺錢？高科技產業會不會一直發展下去？就好像大家在科幻電影中所看到的情節一樣，有一天汽車會飛、電腦會思考，甚至有一天魔鬼終結者(Terminator)會出現屠殺人類？或是像駭客任務(Matrix)一樣機械會統治地球，人類只能住到地底下？

三、高科技產業的特色

　　高科技產業大體上具有下列特色，在閱讀本書時要先了解，才能在充滿挑戰的高科技產業時代充份發揮自己的專長：

➤技術層次高，競爭對手進入困難

　　高科技產業必定伴隨著「高技術」，因此要生產高科技產品必然有其困難度，換句話說，高科技產業的進入門檻較高，常常必須投入大量的資金與研發人力，並不是任何人都可以進入這個產業，特別是傳統產業要轉型高科技產業時，更要特別注意。

➤以消費者為導向的產業

　　早期的高科技產業是「生產者導向」，生產者製作出什麼樣的產品，消費者就只能選擇什麼樣的產品；如今進入資訊家電時代，廠商眾多，產品種類也多，消費者的選擇往往才是產品成功的關鍵因素，因此高科技產業進入了「消費者導向」，廠商必須了解市場，了解消費者，才能設計出成功而且賺錢的商品。

> 知識領導經濟

　　高科技產業也就是我們耳熟能詳的「知識經濟」，是由「知識領導經濟」，誰擁有知識，誰就掌握了經濟，換句話說，這是科學家最能夠發揮所學的時代，只要能將書本上的知識加以融會貫通，並且應用到市場上，一定有機會可以成功地開拓出屬於自己的一片天地，成為創業成功的典範。

> 未來能源產業亦為高科技產業

　　早期的能源是指埋藏在地底下的煤、石油、天然氣，這些東西都是「有形的資產」，而不是「無形的知識」，但是這些有形的資產必然有用完的一天，當那一天來臨的時候人類應該如何面對呢？目前開發中的能源包括：太陽能、氫能、燃料電池、核融合等，每一種都與「無形的知識」相關，所以未來能源產業亦為高科技產業，也可以說就是「知識經濟」。

四、高科技產業的迷思

　　在學習高科技產業之前，也要了解一般人在進入這個產業時常常會產生的誤解，這樣才不會迷失在高科技的幻境之中：

> 太多的高科技違反人性，科技始終來自於人性

　　追求高科技一定是好的嗎？日前有一種網路冰箱，業者宣稱只要按幾下按扭就會有人將家中所需要的青菜水果送來，這樣真的是好的嗎？這個問題沒有標準答案，大家必須自己去思考自己想要的生活，但是如果家中缺少青菜水果，我寧願牽著未來老婆的手一起去超級市場慢慢地選購，因為那是一種生活的樂趣，而我不想讓一臺機器奪走了這種樂趣，你(妳)說呢？所以我說高科技的產品只是一種輔助工具，人才是真正的主角，要記得「太多的高科技違反人性，科技始終來自於人性」。

> 高科技不等於高獲利率與高報酬率

　　要時時提醒自己，「高科技」並不代表「高獲利」與「高報酬」，在廿世紀末網路泡沫化以後，全世界的人類才發現高科技其實並沒有想像的那樣賺錢，這也就是我說的「全球科技黑暗時代」的來臨，在這個時代裡，一定要具有專業的知識來判斷，才能維持獲利與報酬。

➤ 能源耗盡將使目前高科技發展受限

　　能源是一種「有形的資產」，這些有形的資產必然有用完的一天，當那一天來臨的時候人類一定會明白，發展能源遠比發展目前所謂的高科技來得重要，人類目前投入太多的人力在發展電腦資訊、光電科技、通訊科技，反而忽略了對人類生活息息相關的能源產業，所以「未來能源產業亦為高科技產業」，而能源耗盡必然使目前的高科技發展受限。

➤ 未來全球仍將回歸基本面發展能源產業

　　大家猜猜，人類大概多久以後就會面臨能源問題？一百年？兩百年？如果沒有投機客炒作的話，答案是「二十年之內」，依照目前全球能源消耗的速度，再加上中國大陸的加入，一般預料目前全球的原油蘊藏量大約只能支持四十年，商管背景的同學一定要明白，原油絕對不會在用完的前一天才開始漲價，所以在未來油價日漸上揚是無可避免的了，即使目前美國發展了新的頁岩氣與頁岩油開採技術「水力壓裂法(Hydraulic fracturing)」，石油的價格也沒有明顯下跌就可以證明，因此未來全球仍將回歸基本面發展能源產業。

五、高科技產業的未來

　　依照專業知識的研判，我提出過去與未來二十年內高科技產業真正具有明顯突破與發展的時間給大家參考，在思考的時候一定要把握住一個原則：人類真正缺少什麼？需要什麼？一切回歸基本面來思考。

➤ 2000~2010年

　　資訊家電產業、寬頻通訊與網際網路、多媒體與數位內容。

➤ 2010~2020年

　　生物科技、人工智慧、雲端資料庫、雲端運算、能源產業、環境保護。

　　大家千萬不會忽視未來能源產業的重要性，如果外星人沒有登陸地球帶來新技術的話，人類未來可能使用的能源選擇還真的不多。有人會說矽晶圓產業在短短的三十年內就發展得如此成熟，現在去擔心三十年以後的能源問題是不是太杞人憂天了？如果你(妳)有這種想法那可就大錯特錯了。

　　「發明」和「發現」是不一樣的，人類對於自己「發明」的東西可以在很短的時間內進步很多，但是人類對於自己「發現」的東西往往是無能為力的。「矽」是一種石頭，石頭的功能是要「擋在路中間讓人搬開的」，但是人類卻「發明」將它製作成積體電路，所以可以在短短的三十年內就發展得如此成熟；「石油的燃燒」是一種大自然的化學反應(碳＋氧＝二氧化碳＋能量)，人類只是「發現」了這個大自然的反應，並且用它來驅動汽車前進，人類是沒有辦法改變這個化學反應的。回想一下，汽車工業在過去五十年有什麼改變？這五十年來汽車還是汽車，它並沒有變成「水車」(加水就會跑的車)，為什麼？因為人類對於自己「發現」的東西往往是無能為力的。過去五十年來汽車難道都沒有進步嗎？答案是：有，因為汽車的引擎改進了，所以汽車愈來愈省油了，別忘了，引擎是人類「發明」的東西，人類對於自己發明的東西可以在很短的時間內進步很多。

　　這裡提出一些我對能源產業未來的看法，未來能源產業的主角應該仍然是「石油」，當地底下的原油開採完了以後，人類應該會轉向其它地方尋找石油的來源，由於石油是含碳量10~20的有機化合物，除了可以由地底下的原油取得以外，還可以有兩種方式取得：

➤ 使用含碳量較多的煤，經過「高溫裂解反應」變成石油，目前已經有這種技術存在，只是成本較高，無法與市場上的原油競爭，將來油價高漲時這種技術可能會重新發展成一個新興的產業，但是煤仍然是埋藏在地底下的「有形資產」，它也會有用完的一天。

➤ 使用含碳量較少的酒精做為燃料，目前已經有這種技術存在，只是整個產業鏈還不成熟，再加上使用酒精做為燃料加速性能不如汽油，所以仍然無法完全取代石油，但是酒精可以由植物提煉(釀酒)，我們稱為「生質能(Biomass)」，可以重覆使用(Recycle)，是比煤更好的選擇，關於生質能我們將在第四冊第14章「新能源與環保產業」中詳細介紹。

　　其他的替代性能源，太陽能(效率太低)、風力發電(只能使用在某些特別的地方)、潮汐發電(只能使用在某些特別的地方)、氫能(沒有原油那來的氫氣，成本太高)、燃料電池(效率太低，成本太高)、核融合(還是外星人登陸地球的機率比較高

吧！)，不是我要潑大家冷水，這些替代性能源就算能夠開發出來，太高的成本也不會被大家接受，而且這些能源大部分無法使用在現有移動的車輛上，只有上面「煤」經過化學反應得到的石油與「酒精」兩種能源，可以使用在汽車引擎上，成本最低。不幸的是，燃燒石油會產生二氧化碳，二氧化碳會造成溫室效應，看過「明天過後(The Day After Tomorrow)」嗎？那一天可能真的會來臨哦！其實，最令人擔心的還是「核能」，用它發電的成本與目前的燃煤相差不多，未來沒有了原油，燃煤價格必然上漲，人類可能會將這種高危險性的能源廣泛使用，不過，核能雖然缺點很多，還是有一個優點，它不會產生溫室效應。

怎麼這本書和其它高科技的書籍寫得差好多，市面上所有討論高科技產業的書籍都是將人類的未來寫得「充滿希望」，只有這一本書將人類的未來寫得好像是「世界末日」。其實這就是我們要學習的重點，當你(妳)擁有了專業知識，一定要能夠自己判斷，有自己的想法，有自己的看法，而不要人云亦云。永遠記得：「先知先覺」的人看到別人被地上的洞絆倒了就會自動繞過去，「後知後覺」的人自己被地上的洞絆倒了才知道下次要繞過去，「不知不覺」的人被地上的洞絆倒了好幾次還不知道要繞過去，期許自己成為「先知先覺」的領導人才，就必須對未來看得很清楚，想得很明白。

六、金融海嘯後的高科技產業

2007年美國發生次級房貸風暴，結果造成房利美、房地美兩家公司倒閉，2008年發行房地產衍生性金融商品的雷曼兄弟(Lehman Brothers)申請破產，引發全球金融海嘯，大家都害怕失業而不敢消費，結果商品的需求量下滑，許多科技公司的訂單也跟著下滑，接下來科技公司的員工被迫放無薪假，甚至裁員，有人開始懷疑，高科技產業是不是從此一蹶不振，在整個產業鏈裡不再扮演重要的角色了呢？

1990年代，許多新興的高科技公司成立，用優渥的配股分紅制度來吸引優秀的人才加入，這是造成後來科技迅速發展的原因之一，但是隨著「全球科技黑暗時代」的來臨，高科技產業無法維持高獲利與高報酬，讓這些曾經因為知識經濟

而致富的科技新貴，嚐到了辛苦工作卻沒有高收入，甚至連失業都難以避免的情況，但是這些都只是產業成長與衰退的週期，並不代表科技不再重要。

　　當年科技新貴享有優渥的配股分紅，就好像賣雷曼連動債的經理人享有豐厚的酬庸一樣，其實都是不合理的，當泡泡吹的太大了，總有破掉的一天，當這一天來臨的時候，一切只是回歸常態而已，不必太過在意；相反的，人類今天面臨的問題，石油耗盡必須尋找替代能源、地球暖化必須減少二氧化碳的排放、環境污染必須發展新的淨化技術、糧食短缺必須發明新的耕作技術，疾病蔓延必須新的生物技術對抗，這些問題每一樣都需要新的科技來協助人類渡過難關，換句話說，未來的工程師或科學家或許沒有優渥的配股分紅，但是科技的重要性卻從來沒有減少過。

　　最後，我只能鼓勵更多的人，共同加入工程師或科學家的行列，即使沒有優渥的配股分紅，我們仍然是人類未來的希望，廿一世紀的人類面臨了許多問題，必須大家同心協力發展新的科學技術來解決，同樣的，任何產品的發展都需要資金，這正是學習商學與管理的人可以著力的地方，智慧財產權的保護也需要法律專家的協助，任何一種專長的人都可以為這個世界付出一分力量，但是別忘了，請大家放棄那些錢進錢出的金錢遊戲吧！

多媒體與系統技術
——數位影音好絢麗

前言

　　說到台灣的電子產業，就不能不介紹一下台灣的電子五哥：鴻海(Foxcomm)、廣達(Quanta)、華碩(ASUS)、和碩(Pegatron)、仁寶(Compal)、緯創(Wistron)等公司，這些公司都是屬於「系統整合商(SI：System Integrator)」，而這些公司裡有許多工作是適合非理工背景的人，例如：產品規劃、市場行銷、業務、採購、法務、人力資源等，試想一位商學院或法學院畢業的同學，在沒有任何科技知識背景的情況下進入這些公司，該如何和工程師分工合作呢？因此，想要進入這些科技公司，是不是應該先了解系統整合商到底在做什麼？而這正是本書的目的。

　　本章討論的內容包括：9-1數位訊號處理：介紹訊號的種類、數位訊號(Digital signal)、訊號數位化(Signal digitization)；9-2多媒體技術(Multimedia technology)：介紹數位訊號的壓縮、音訊壓縮技術、靜態影像壓縮技術、動態影像壓縮技術；9-3積體電路簡介：討論處理器與指令集、處理器的種類、記憶體(Memory)、類比積體電路(Analog IC)；9-4系統技術(System technology)：內容有嵌入式系統(Embedded system)、程式語言(Program & Language)、作業系統(OS：Operating System)、系統整合(SI：System Integration)，對於想要了解多媒體與電子產業的人，本章是最重要的入門基礎知識。

9-1　數位訊號處理(DSP)

「數位訊號處理(DSP：Digital Signal Processing)」是指將類比訊號轉換為數位訊號以後，再針對視訊(Video)、照片(Image)、語音(Speech)、音訊(Audio)的數位訊號進行壓縮與解壓縮、加密與解密、濾波運算、多工運算等處理工作，有人將這四種數位訊號組合起來稱為「VISA」。大家對「數位」這個名詞應該早就耳熟能詳了，舉凡數位電視(DTV)、數位機上盒(STB)、數位音訊廣播(DAB)、數位相機(DSC)、數位錄影機(DVC)等，都是以「數位」為名，顯然我們身處在一個數位的世界，那麼到底什麼是數位？數位又有什麼好處呢？

9-1-1　訊號的種類

大自然裡一切的資訊，包括我們耳朵聽到的聲音，眼睛看到的影像，皮膚感受的觸覺，電腦儲存的資料，手機傳送的訊息等都是一種「訊號(Signal)」，這些訊號到底有什麼差別？而人類又是如何處理這些訊號的呢？

☐ 類比訊號與數位訊號

「類比訊號」與「數位訊號」是目前最常見的兩種訊號模式，也是大家常常聽到的名詞，我們就先來看看它們到底有什麼不同吧！

➤ 類比訊號(Analog signal)：大自然裡一切的訊號，包括我們聽到的聲音、看到的影像，都屬於類比訊號，例如：老師使用麥克風在上課，麥克風是一種聲音的接收器，可以將聲音的大小轉換成電壓的大小，得到的是一個連續的電壓變化，這種「連續的訊號」稱為類比訊號，如圖9-1(a)所示，而用來處理類比訊號的積體電路稱為「類比積體電路(Analog IC)」。人類講話的聲音當然是連續的，因為我們的聲音可能是漸漸變大或漸漸變小，隨著聲音的大小，麥克風的電壓也會漸漸變大或漸漸變小，而產生連續的電壓變化。

➤ 數位訊號(Digital signal)：經由我們加工以後可以將連續的類比訊號變成0與1兩種

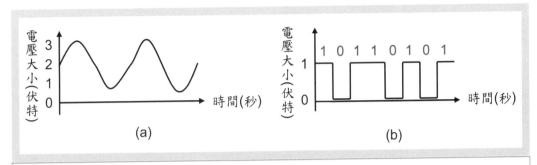

圖 9-1　類比訊號與數位訊號。(a)麥克風將聲音的大小轉換成電壓的大小，得到一個連續的類比
訊號；(b)電腦的運算只有低電壓(0V)與高電壓(1V)，是一種不連續的數位訊號。

不連續的訊號，例如：電腦在運算的時候只有低電壓(0V代表二進位的數字0)與高
電壓(1V代表二進位的數字1)，訊號可以由0(0V)直接跳到1(1V)，也可以由1(1V)
直接跳到0(0V)，得到的是一個不連續的電壓變化，這種「不連續的訊號」稱為數
位訊號，如圖9-1(b)所示，而用來處理數位訊號的積體電路稱為「數位積體電路
(Digital IC)」，目前所有的處理器都是使用數位訊號來進行運算。

▢ 訊號數位化(Signal digitization)

　　將類比訊號轉換為數位訊號的過程稱為「訊號數位化(Signal digitization)」，
不論那一種類比訊號數位化以後都只剩下0與1兩種數位訊號。值得注意的是，在
使用數位訊號的時候，0與1本身並沒有任何意義，而「0與1的排列順序」可能代
表一個文字、一段聲音或一張圖片，才具有特別的意義。數位訊號是廿一世紀非
常重要的里程埤，包括數位電視(DTV)、數位音訊廣播(DAB)等都已經陸續完成，
手機也早就從第一代(1G)的類比式行動電話發展到第二代(2G)以後的數位式行動
電話，可見我們身處的是數位的世界。

　　數位訊號是人類加工出來的東西，所以大自然中「理論上」是不存在的，但
是近代科學家發現，當材料的尺寸小於100nm(奈米)時，許多大自然存在的材料會
產生類似這種「不連續的現象」，我們稱為「量子效應(Quantum effect)」，近代
新興的「量子力學(Quantum physics)」就是在討論這些奇怪的現象，對這個部分
有興趣的同學請參考第一冊第4章「奈米科技產業」的介紹。

> **注　意**

→ 積體電路(IC)中的數位訊號1以「高電壓」來表示，稱為「高位準」，通常是使用1V(伏特)、1.2V、1.8V或3.3V，高位準的電壓愈低通常代表消耗的功率愈低，所以比較省電，換句話說，使用1.2V代表1比使用1.8V代表1更省電，所以積體電路的工作電壓，就是所謂的「Vcc」，一般都是愈來愈低。

→ 積體電路(IC)中的數位訊號0以「低電壓」來表示，稱為「低位準」，通常都是使用0V，就是所謂的「接地電壓(Ground voltage)」或「Vground」。

☐ **數位積體電路與類比積體電路**

　　積體電路(IC：Integrated Circuit)是人類發明用來處理類比訊號與數位訊號的元件，由於處理訊號的種類不同，又可以區分為下列兩大類：

➤ 數位積體電路(Digital IC)：用來處理數位訊號的積體電路，目前都是以「矽晶圓」製造，主要是用來處理0與1的加減乘除運算與儲存工作，其中處理器包括：中央處理器(CPU)、數位訊號處理器(DSP)、微處理器(MPU)、微控制器(MCU)等；記憶體包括：靜態隨機存取記憶體(SRAM)、動態隨機存取記憶體(DRAM)等；以及其他處理數位訊號的包括：標準邏輯積體電路(Standard logic IC)、特定應用積體電路(ASIC)等，台灣主要的數位積體電路設計公司包括：聯發科技(MTK)、聯詠科技(Novatek)、瑞昱半導體(Realtek)、群聯電子(Phison)等公司。

➤ 類比積體電路(Analog IC)：用來處理類比訊號的積體電路，目前大多以「矽晶圓」製造，主要是用來處理電壓連續的類比訊號放大、混合、調變工作，例如：放大器(Amplifier)、濾波器(Filter)、混頻器(Mixer)、調變解調器(Modulator)、電源管理(Power management)等，台灣主要的類比積體電路設計公司包括：立錡科技(Richtek)、類比科技(AAtech)等公司。此外，也有使用「砷化鎵晶圓」或「矽鍺晶圓」製造，用來處理高頻類比訊號的高頻類比積體電路，例如：射頻積體電路(RF IC)、功率放大器(PA)、低雜訊放大器(LNA)等，主要應用在無線通訊產品，多由國外大廠設計與製造，例如：德州儀器(Texas Instruments)、高通

(Qualcomm)、博通(Broadcom)、亞德諾(ADI)、Skyworks、RF Micro Devices、TriQuint、Anadigics、Avago Technologies等公司；而台灣則有漢威光電、全訊科技，也有砷化鎵晶圓代工的全新光電、高平磊晶、巨鎵科技、宏捷科技、穩懋半導體等公司。

☐ 混合模式積體電路(Mixed mode IC)

同時可以處理類比訊號與數位訊號的積體電路(IC)稱為「混合訊號積體電路(Mixed signal IC)」或「混合模式積體電路(Mixed mode IC)」，所謂的「混合」其實就是指具有類比與數位兩種訊號模式混合起來，常見的有下列兩大類：

➤ 類比數位轉換器(ADC：Analog to Digital Converter)：將類比訊號(Analog)轉換成數位訊號(Digital)的積體電路(IC)，又稱為「A/D」。

➤ 數位類比轉換器(DAC：Digital to Analog Converter)：將數位訊號(Digital)轉換成類比訊號(Analog)的積體電路(IC)，又稱為「D/A」。

9-1-2 數位訊號(Digital signal)

目前所有電子產品的處理器最大的特色，就是使用數位訊號來處理所有的資訊，數位訊號到底有什麼好處呢？要了解數位訊號的好處，就必須先了解數位訊號的單位與各種不同的數字進位系統。

☐ 數位訊號的單位

數位訊號是指0與1兩種「不連續」的訊號，而計算數位訊號的單位就是在計算有多少個0與1，最常使用「位元(bit)」與「位元組(Byte)」兩種單位。

➤ 位元(bit)：就是一個0或1，通常以小寫的英文字母「b」來表示。

➤ 位元組(Byte)：就是八個0或1，通常以大寫的英文字母「B」來表示。

一般我們在記算電腦記憶體的容量，其實是定義1K為1024而不是1000；1M為1024×1024而不是1000×1000，主要是由於電腦使用二進位運算與記憶，因此其單位必定為2的倍數，而2^{10}=1024≈1000，在實用上我們比較容易了解十進位，

因此在這裡我們仍然以十進位來「估計」比較方便，由於積體電路製造技術的進步，目前記憶體的容量都很大：

➤ 千位元組(KB)：1KB≈1,000Byte(位元組)=8,000bit(位元)

➤ 百萬位元組(MB)：1MB≈1,000,000Byte=8,000,000bit

➤ 十億位元組(GB)：1GB≈1,000,000,000Byte=8,000,000,000bit

➤ 兆位元組(TB)：1TB≈1,000,000,000,000Byte=8,000,000,000,000bit

目前智慧型手機與平板電腦使用的NAND閘型快閃記憶體容量大約是32GB或64GB，筆記型電腦內建的硬碟機(2.5吋)容量大約是1TB，如果使用固態硬碟機(SSD：Solid State Disk)則容量大約是200GB，一個小小的硬碟機(2.5吋)可以儲存1TB的資料，也就是一兆位元組(八兆位元)，相當於八兆個0或1，容量果然很大吧！關於記憶體的原理請參考第一冊第2章「電子資訊產業」的介紹。

☐ 半形字與全形字

電腦是使用二進位(0與1)運算與記憶，我們可以想像成「電腦是一個很笨的人，只認得0與1」，所以電腦其實看不懂英文字母「A」，當處理器(CPU)由硬碟機中讀到「01000001」時，它會認為那是代表英文字母「A」，而讀到「01000010」時，它會認為那是代表英文字母「B」，如表9-1所示；同理，當我們從鍵盤上按「A」時，送進電腦的訊號其實是「01000001」，而按「B」時，送進電腦的訊號其實是「01000010」，換句話說，在電腦是以「0與1的排列組合」來代表不同的大小寫英文字、數字、其他符號或中文字。

前面曾經提到過，在使用數位訊號的時候，0與1本身並沒有任何意義，而「0與1的排列組合」可能代表一個文字、一段聲音或一張圖片，就是這個意思。我們可以說英文字「A」與「B」是人類所使用的語言，而數位訊號「01000001」與「01000010」是電腦所使用的語言，科學家將這種只有0與1電腦才看得懂的語言稱為「機器語言(Machine language)」或「機器碼(Machine code)」。

表 9-1	ASCII碼中某些半型字相對應的八個0與1的排列組合。

二進位	半型字	二進位	半型字	二進位	半型字
00100000	空白鍵	00110000	0	01000000	@
00100001	!	00110001	1	01000001	A
00100010	"	00110010	2	01000010	B
00100011	#	00110011	3	01000011	C
00100100	$	00110100	4	01000100	D
00100101	%	00110101	5	01000101	E
00100110	&	00110110	6	01000110	F
00100111	'	00110111	7	01000111	G
00101000	(	00111000	8	01001000	H
00101001	)	00111001	9	01001001	I
00101010	*	00111010	:	01001010	J
00101011	+	00111011	;	01001011	K
00101100	,	00111100	<	01001100	L
00101101	-	00111101	=	01001101	M
00101110	.	00111110	>	01001110	N
00101111	/	00111111	?	01001111	O

【範例】

八個0與1共有幾種排列組合？十六個0與1共有幾種排列組合？

〔解〕

□ □ □ □ □ □ □ □

$2 \times 2 \times 2 \times 2 \times 2 \times 2 \times 2 \times 2 = 2^8 = 256$

➔ 半型字：八個0與1共有幾種排列組合，相當於有8個空格，每個空格均可填入0或1，則總共有$2^8=256$種可能的排列組合，分別可以代表256種不同的大小寫英文字、數字、標點符號(,.:;?)與電腦鍵盤上的特殊符號(~!@#$)等，我們稱為「半型字」，表9-1列出一些半型字相對應的八個0與1的排列組合，所以一個位元組(8個位元)可以儲存一個半型字(英文字)。

→全型字：十六個0與1總共有2^{16}=65536種可能的排列組合，分別可以代表65536種不同的「中文字」或其他文字與符號，我們稱為「全型字」，所以二個位元組(16個位元)可以儲存一個全型字(中文字)。

☐ 二進位(Binary)與十進位(Decimal)

我們最常使用的數字進位系統是「十進位(Decimal)」，每一位數包含0~9十個數字，超過9則向前進一位；但是電腦的數字進位系統是「二進位(Binary)」，十進位與二進位的轉換可以使用微軟作業系統Windows所提供的「小算盤」來進行，如圖9-2所示，請點選「檢視(View)」裡的「工程型(Scientific)」計算機，將左上角不同的十進位與二進位數字系統用滑鼠自行點選看看，玩一玩就會使用了。其實二進位與十進位之間的規則很簡單，如表9-2所示：

➤ 2位元二進位編碼：可以代表十進位的0~3，需要2bit記憶體，如表9-2(a)所示。
➤ 3位元二進位編碼：可以代表十進位的0~7，需要3bit記憶體，如表9-2(b)所示。
➤ 4位元二進位編碼：可以代表十進位的0~15，需要4bit記憶體，如表9-2(c)所示。

表 9-2 二進位與十進位之間的規則，顯然二進位比相同數值十進位的位數更多。

二進位	十進位	二進位	十進位	二進位	十進位	二進位	十進位
(a) 2位元二進位編碼							
00	0	01	1	10	2	11	3
(b) 3位元二進位編碼							
000	0	001	1	010	2	011	3
100	4	101	5	110	6	111	7
(c) 4位元二進位編碼							
0000	0	0001	1	0010	2	0011	3
0100	4	0101	5	0110	6	0111	7
1000	8	1001	9	1010	10	1011	11
1100	12	1101	13	1110	14	1111	15

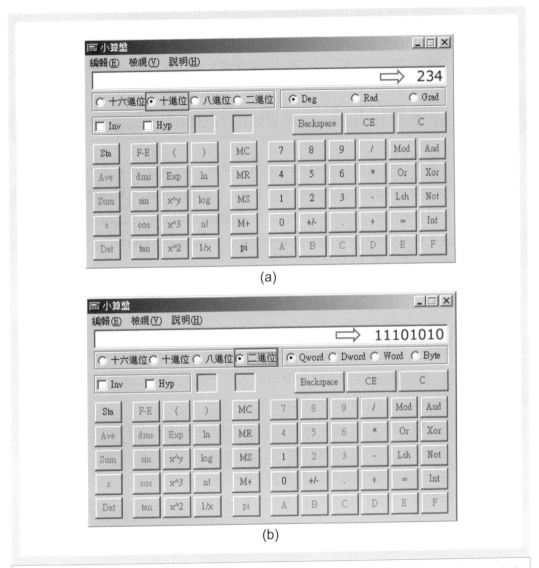

圖 **9-2** 微軟應用程式小算盤可以自動將同一個數值進行不同數字進位系統之間的轉換。(a)十進位數字的234；(b)等於二進位數字的11101010。資料來源：微軟應用程式小算盤。

此外，二進位比相同數值十進位的位數更多，而且使用愈多位元的二進位編碼，可以代表愈多的十進位數，但是需要愈大的記憶體來儲存，現在大家是不是已經可以將「數字的大小」和「所需要的記憶體大小」聯想在一起了呢？

9-1-3　訊號數位化(Signal digitization)

將類比訊號轉換為數位訊號的過程稱為「訊號數位化(Signal digitization)」，不論那一種類比訊號數位化以後都只剩下0與1兩種數位訊號，而與數位訊號相關的技術包括：靜態影像壓縮(JPEG)、動態影像壓縮(MPEG1、MPEG2、MPEG4、H.263、H.264、WMV9)、音訊壓縮(MP3、WAV、WMA、AAC、AC-3)等，都是通訊與多媒體產業非常重要的觀念。

☐ 聲音的頻率

「頻率(Frequency)」是指訊號一秒鐘振動的次數，單位為「赫茲(Hz)」。圖9-1(a)為麥克風接收到的聲音訊號，使麥克風的電壓隨著時間而變大或變小產生振動，這個訊號一秒鐘振動多少次就是聲音的頻率，當我們將X軸由「時間(Time)」改為「頻率(Frequency)，得到的結果如圖9-3所示。

➤ 人類的聲帶可以發出的聲音：頻率範圍大約在300Hz~3400Hz之間。

➤ 人類的耳朵可以聽到的聲音：頻率範圍大約在20Hz~20KHz之間。

頻率高於20KHz的聲音稱為「超音波(Ultrasonic)」，人類的耳朵聽不到，只能使用儀器來偵測，利用超音波反射回來的訊號可以偵測物體的形狀或距離。

➤ 低頻的聲音(低音)：低頻的聲音耳朵聽起來比較低沉，稱為「低音」。

➤ 高頻的聲音(高音)：高頻的聲音耳朵聽起來比較尖銳，稱為「高音」。

每個人的聲帶發出來的聲音頻率範圍會有一些不同，男生的聲音比較低沉，所以比較偏向低音；女生的聲音比較尖銳，所以比較偏向高音。人類的耳朵可以聽到的聲音頻率範圍(20Hz~20KHz)比聲帶發出的聲音頻率範圍(300Hz~3400Hz)還大，大家回想一下，我們的耳朵是不是可以聽到一些金屬磨擦時所發出來極度尖銳刺耳的高頻聲音，但是我們的聲帶卻無法發出這麼高頻的聲音呢？

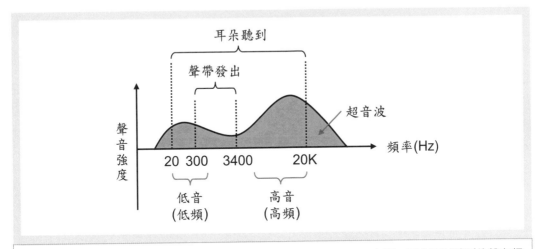

圖 **9-3** 人類的聲帶可以發出的聲音頻率範圍大約在300Hz~3400Hz之間，耳朵可以聽到的聲音頻率範圍大約在20Hz~20KHz之間。

□ 脈碼調變(PCM：Pulse Code Modulation)

進行訊號數位化的方法很多，這裡我們以最常使用到的「脈碼調變(PCM：Pulse Code Modulation)」來說明，包括下列三個步驟，如圖9-4所示：

➤ 取樣(Sampling)：圖9-4(a)中的X軸每秒取樣多少次，單位為「赫茲(Hz)」。如果希望訊號不失真，則取樣頻率必須大於訊號頻率的兩倍，稱為「奈奎斯特定理(Nyquest law)」。X軸取樣頻率愈高(格子愈小)，則每秒鐘取樣次數愈多，資料量會增加，需要較大的記憶體來儲存或較大的資料傳輸率來傳送。我們在使用MP3錄音筆的時候必須設定取樣頻率，MP3壓縮技術常用的取樣頻率包括：44.1KHz、22.05KHz、32KHz、16KHz等，那麼大家要不要試著猜猜看，為什麼是這幾個取樣頻率呢？答案就在後面和奈奎斯特定理有關唷！

➤ 量化(Quantizing)：圖9-4(b)中的Y軸聲音強度分為多少格子，又稱為「量化位階」。格子愈多(格子愈小)，則資料量會增加，需要較大的記憶體來儲存或較大的資料傳輸率來傳送，通常依照實際應用上對聲音品質的要求來決定。

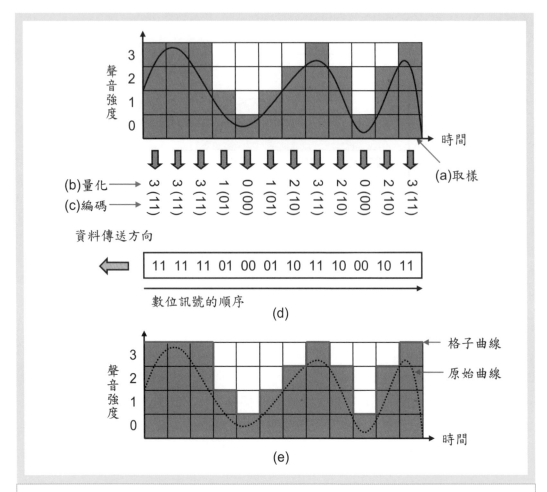

圖 9-4 脈碼調變(PCM)的步驟。(a)取樣：X軸每秒取樣多少次；(b)量化：Y軸強度分為多少格子；(c)編碼：將量化後的十進位數字以二進位編碼；(d)2位元二進位編碼後的數位訊號；(e)由儲存元件讀取出來或由通訊系統接收進來的數位訊號還原以後呈現鋸齒狀。

➤ 編碼(Encoding)：將量化後的十進位數字以二進位編碼表示，如圖9-4(c)所示。由於圖中Y軸強度只有4個格子，所以只需要2位元二進位編碼，分別是00代表一個格子、01代表二個格子、10代表三個格子、11代表四個格子。請大家記得，工程上編碼的方法很多，本書並非撰寫給工程師研讀的書籍，因此不再詳細介紹，這裡所提到的二進位編碼只是說明概念而已。

　　經過二進位編碼後的數位訊號如圖9-4(d)所示，可以依序送入記憶體儲存或送入通訊系統中傳送。相反的，當我們由儲存元件讀取出來或由通訊系統接收進來的數位訊號還原以後呈現鋸齒狀的格子曲線，如圖9-4(e)所示，與原來的類比訊號(原始曲線)一定會有差異，如果取樣頻率愈高與量化位階愈多(格子愈小)，則所得到的數位訊號還原以後的格子曲線與原來的類比訊號(原始曲線)比較接近，如圖9-5(a)所示，比較圖9-4(e)與圖9-5(a)中的格子曲線與原始曲線，就會發現取樣與量化的格子愈小，則格子曲線愈接近原始曲線了。

【實例】

➔ **手機的取樣與量化**：由於人類的聲帶可以發出的聲音頻率最高為3400Hz，所以手機設定取樣頻率為8000Hz(8000Hz＞3400Hz×2)，才能滿足取樣頻率必須大於訊號頻率兩倍(奈奎斯特定理)的要求；由於手機對聲音的品質要求比較低，因此第二代行動電話GSM900/1800系統是使用13位元二進位編碼(Y軸聲音強度分為2^{13}=8192個格子)，比傳統電話使用8位元二進位編碼(Y軸聲音強度分為2^8=256個格子)已經好了許多，但是仍然比CD的音質還差很多。

➔ **CD的取樣與量化**：由於CD錄製的內容除了人類的聲音，還包括各種樂器和大自然的聲音，所以聲音的頻率比聲帶可以發出的更高，由於耳朵可以聽到的聲音頻率最高為20KHz，所以CD設定取樣頻率為44.1KHz(44.1KHz＞20KHz×2)，才能滿足取樣頻率必須大於訊號頻率兩倍的要求；由於CD對音質的要求比較高，因此CD是使用16位元二進位編碼(Y軸強度分為2^{16}=65536個格子)，這幾乎是人類的耳朵可以分辨的極限了。

▢ 訊號數位化的優點

　　將聲音與影像等類比訊號轉換成數位訊號的優點很多,所以科學家努力的把我們的世界變成一個數位的世界,數位訊號最重要的優點有下列幾項:

➤可以與電腦相容,聲音與影像容易修改:電腦原本就是使用數位訊號在運算與儲存,所以很容易使用電腦來修改數位的聲音或影像,現在的電影裡有許多栩栩如生的電腦動畫就是拜數位訊號之賜,不過這是優點也是缺點,或許再過幾年我們所錄製的聲音或拍攝的影像就不能做為法庭的呈堂證供了。

➤容易儲存與傳送:數位訊號只有0與1兩種訊號,所以儲存元件的設計與製作都比較簡單;如果要傳送訊號,則有線或無線通訊只需要傳送0與1兩種訊號,通訊系統的設計比較簡單,又可以利用不同的調變與多工技術讓相同頻寬的介質具有更高的資料傳輸率,傳送訊號的正確性很高,我們將在後面詳細說明。

➤容易進行偵錯與除錯:數位訊號能夠進行校正、偵錯與除錯,利用數學演算法將傳送錯誤的位元找出來,甚至可以經由數學演算法計算恢復為正確的位元,可以避免在儲存或傳送的過程中產生錯誤,我們將在後面詳細說明。

➤容易加密與解密:數位訊號能夠進行加密與解密,可以確保重要的資料安全,例如:銀行帳號密碼、戰爭機密情報不被別人竊取或盜用。

➤容易壓縮與解壓縮:經由數位訊號的壓縮與解壓縮,可以減少資料的容量,這樣就更容易儲存或傳送,我們將在後面詳細說明。

【實例】類比訊號的加密與解密

　　大家看過電影「獵風行動(Windtalkers)」嗎?話說第二次世界大戰,美軍在太平洋賽班島戰場上,靠著美國納瓦荷族原住民的語言,創造出一套日軍無法破解的密碼,只見陸地上的通訊官(納瓦荷族原住民)以「類比」無線電大聲地叫喊著:「前方發現烏龜三隻、大樹五棵、螞蟻一群,請求投擲雞蛋支援」,戰艦上的翻譯人員(納瓦荷族原住民)立刻將上述情報翻譯成:「前方發現戰車三台、高射砲五部、步兵一群,請求投擲炸彈支援」,好深奧的密碼呀!原來戰車只能緩慢移動好像烏龜,高射砲不能移動好像大樹,那麼

步兵當然就好像螞蟻囉！至於雞蛋嘛！掉到地上就裂開了，不就好像炸彈嗎？這樣打戰會不會太辛苦了一點？

因為「類比」無線電不只是美軍能接收，日軍也能接收，所以日軍就能夠得知美軍在戰場上的動態，如果使用「數位」無線電，則陸地上的部隊可以先將聲音使用「脈碼調變(PCM)」轉換成數位訊號(0與1)，再利用一組密碼將數位訊號「加密」並且傳送到空中，當訊號傳送到戰艦上，就可以利用這一組密碼將數位訊號「解密」，還原成原本的聲音，這樣一來就不需要翻譯人員背一大堆奇怪的東西囉！當然日軍也可以接收這些傳送在空中的數位訊號，但是他們並不知道密碼，所以只能得到一大堆沒有意義的0與1而已，發現數位訊號的優點了嗎？

心得筆記

9-2 多媒體技術(Multimedia technology)

相信大家都聽過「多媒體(Multimedia)」這個名詞，舉凡數位電視(DTV)、數位機上盒(STB)、數位音訊廣播(DAB)、數位相機(DSC)、數位錄影機(DVC)等，只要是和聲音與影像有關的產品，都可以稱為多媒體產品，可見多媒體與我們的生活已經密不可分，本節將介紹各種聲音(音訊)與影像(視訊)的多媒體技術。

9-2-1 數位訊號的壓縮

數位訊號壓縮的基本概念，就是只記錄訊號在這一瞬間與下一瞬間的「差異(Difference)」，將數位訊號以更少的0與1來表示，這裡我們以「差異調變(DM)」與「差值脈碼調變(DPCM：Differential PCM)」的原理來說明這個觀念。

☐ 差異調變(DM：Delta Modulation)

圖9-5(a)是經由脈碼調變(PCM)所得到的數位訊號，一大堆的0與1看了眼花撩亂，試想一下如果使用下面的規則是不是會讓數位訊號(0與1)變少呢？

➢ 如果後一瞬間比前一瞬間的聲音強度下降一格，則記錄為0。

➢ 如果後一瞬間比前一瞬間的聲音強度上升一格，則記錄為1。

這樣的規則所得到的數位訊號(0與1)如圖9-5(b)所示，顯然資料少了許多，我們稱為「差異調變(DM：Delta Modulation)」，其實這就是數位訊號壓縮的基本概念，如果我們比較圖9-5(a)與(b)的數位訊號(0與1)，就會發現數位訊號壓縮可以大幅減少資料量，當Y軸量化(Quantizing)的格子愈多，則壓縮的效果愈明顯，這種概念在多媒體音訊與視訊的應用上尤其重要。

☐ 差值脈碼調變(DPCM：Differential PCM)

差異調變(DM)雖然可以大量減少資料，但是卻有一些限制，例如：當原始的類比訊號保持平坦時，所得到的數位訊號只能選擇變小(0)或變大(1)，因此會上下震盪產生「量化雜訊(Quantizing noise)」；此外，當原始的類比訊號由大到小或由

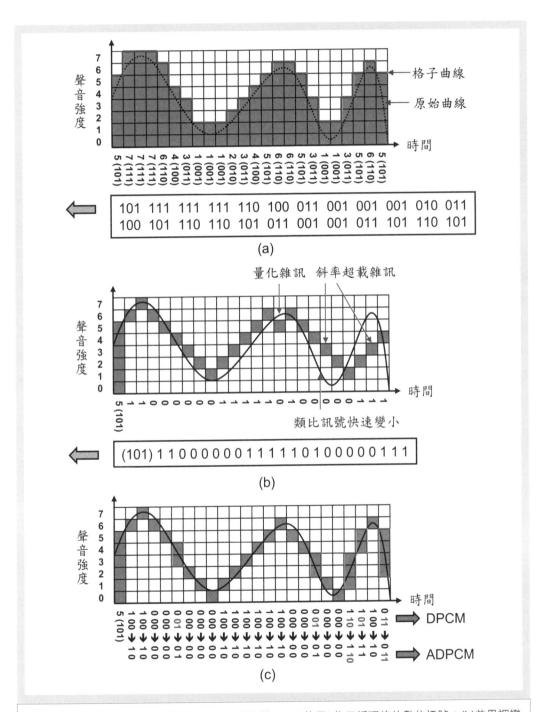

圖 9-5　數位訊號壓縮的基本概念。(a)脈碼調變(PCM)使用3位元編碼後的數位訊號；(b)差異調變(DM)可以減少資料量；(c)差值脈碼調變(DPCM)與適應性差值脈碼調變(ADPCM)。

小到大變化非常劇烈時，所得到的數位訊號會有明顯的差異，如圖9-5(b)右下角所示，類比訊號快速變小，數位訊號一格一格來不及變小而產生「斜率超載雜訊(Slope overload noise)」，這些是訊號數位化所產生的「失真(Distortion)」。

　　要解決這些失真現象有許多方法，差值脈碼調變(DPCM：Differential PCM)是其中一種，聲音強度可以一次下降或上升更多的格子：

➢ 聲音強度減小則第一碼記為0，第二、三碼代表下降的格子數(2位元編碼)。

➢ 聲音強度增大則第一碼記為1，第二、三碼代表上升的格子數(2位元編碼)。

　　如圖9-5(c)所示，例如：下降一格記為「0 00」，下降二格記為「0 01」，上升三格記為「1 10」，下降四格記為「0 11」等，使用這種方法可以使數位訊號(格子曲線)更接近類比訊號(原始曲線)，反應快的人應該發現，圖9-5(a)的PCM與圖9-5(c)的DPCM怎麼數位訊號的數量是相同的，並沒有真的減少呀！那是因為我們Y軸聲音強度只有八格(2^3=8)，如果我們增加Y軸聲音強度的格子數目，就會發現DPCM比PCM的資料量少了許多，Y軸聲音強度的格子愈多，使用DPCM可以減少的資料量愈多。此外，雖然差值脈碼調變(DPCM)多少還是會產生一點失真的現象，但是它在訊號壓縮的過程中並沒有將資料丟掉，因此科學家還是將它歸類為「無失真壓縮(Lossless compression)」。

❑ 適應性差值脈碼調變(ADPCM：Adaptive Differential PCM)

　　差值脈碼調變(DPCM)雖然可以減少資料量，但是仍然不夠少，由圖9-5(c)中可以看出，不論下降或上升的格子數目有幾個，一律都使用2位元來編碼，在實務上我們最常使用的是4位元編碼，想想如果大部分的時候聲音都只下降一格或上升一格而已，卻都要記為「0 0000」或「1 0000」，是不是很浪費呢？

　　適應性差值脈碼調變(ADPCM：Adaptive Differential PCM)的基本概念是利用適應性來改變下降或上升的格子數目(量化位階)，如圖9-5(c)中，如果改變一到二格都使用1位元來編碼；如果改變一到四格都使用2位元來編碼，當下降或上升的格子數目少時使用較少的位元編碼；當下降或上升的格子數目多時使用較多的位元編碼。大家可能會好奇，我這一瞬間怎麼會知道下一瞬間的聲音訊號會下降或上升多少格子呢？因此ADPCM必須使用過去聲音大小的「樣本值」來估計未來

聲音大小的「預測值」，使實際樣本值和預測值之間的差異值儘量維持在最小的狀況，由於下降或上升的格子數目會隨著聲音大小而動態的增加或減少，所以我們將這種技術稱為「適應性(Adaptive)」。

數位訊號壓縮的標準

數位訊號壓縮最重要的就是要「統一標準」，也就是大家都必須使用相同的規則來壓縮，這樣才方便使用相同的規則來解壓縮，如果大家使用的規則都不相同，就會造成播放時的困擾，因此才會有大家耳熟能詳的MP3、WMA、JPEG、MPEG、H.264、WMV等多媒體壓縮標準。不幸的是，每一家廠商都希望擁有自己的壓縮規則，因為別人使用自己的壓縮規則，就可以收取「授權費用(License fee)」，更可以進一步主導整個市場，例如：我們以前用來儲存電影的VCD所使用的MPEG1壓縮是由Sony與Philips兩家公司共同制定的壓縮規則，任何廠商製作VCD每一片都必須支付這兩家公司授權費用，算一算全球每年製作的VCD數量，這兩家公司光是收取這些授權費用就賺飽飽了！

> **注　意**
>
> ➔無失真壓縮(Lossless compression)：在資料壓縮的過程中沒有將資料丟掉，例如：音訊壓縮技術的DPCM、ADPCM，靜態影像壓縮技術的TIFF等。
> ➔失真壓縮(Lossy compression)：在資料壓縮的過程中有將資料丟掉，例如：音訊壓縮技術的MP3，靜態影像壓縮技術的JPEG等。

9-2-2　音訊壓縮技術

音訊壓縮技術的種類很多，包括：MP3、WAV、WMA、AAC、AC-3等，聲音壓縮的運算與原理比較簡單，容易讓大家了解，本節將以大家耳熟能詳的MP3來介紹音訊壓縮的觀念。

☐ MP3的意義(MPEG audio layer 3)

MP3的全名是「MPEG audio layer 3」，是由「動畫專家組織(MPEG：Moving Picture Experts Group)」所制定的影音壓縮技術裡用來規範聲音的壓縮技術，如圖9-6所示，電影原本就包含影像(視訊)與聲音(音訊)，其中MPEG1可以分為系統(System)、視訊(Video)、音訊(Audio)、相容性測試(Compliance testing)、軟體模擬(Software simulation)等五個部分，而聲音又可以分為三層：

➢ MP1(MPEG audio layer 1)：壓縮比約為4：1。

➢ MP2(MPEG audio layer 2)：壓縮比約為6：1~8：1。

➢ MP3(MPEG audio layer 3)：壓縮比約為10：1~12：1。

壓縮比愈高則運算愈複雜，但是壓縮以後的檔案愈小，由於MP3的壓縮比最高，壓縮以後的檔案大約只有原始檔案的1/10，而且音質差異不大，所以目前廣泛地應用在音樂市場。我們到唱片行所購買的音樂光碟(CD-DA)一般是使用適應性差值脈碼調變(ADPCM)壓縮，儲存一首歌曲大約40MB(WAV格式)，如果壓縮成MP3格式只剩下大約4MB，只有原始檔案的1/10左右。

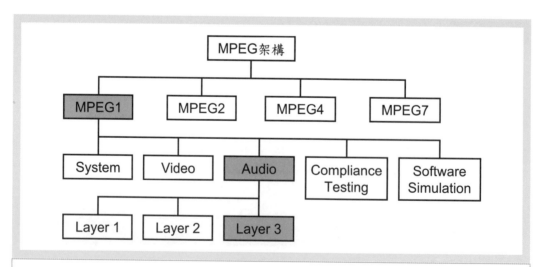

圖 9-6 MPEG壓縮技術的規範，其中MPEG1可以分為系統、視訊、音訊、相容性測試、軟體模擬等五個部分，而聲音又可以分為MP1、MP2、MP3等三層。

□ MP3壓縮技術簡介

　　MP3的壓縮步驟主要包括：脈碼調變(PCM)、時域與頻域轉換、聲音心理學量化、訊號包裝等，如圖9-7(a)所示，簡單說明如下：

➤ 脈碼調變(PCM)：先將類比的聲音訊號經由圖9-4的步驟取樣、量化、編碼轉換成數位訊號，如圖9-7(b)所示，圖中的虛線代表脈碼調變(PCM)取出的數位訊號，由圖中可以看出如果X軸為時間，則低頻的聲音(低音)振動較慢，高頻的聲音(高音)振動較快，隨著時間聲音的頻率可能忽大忽小。

➤ 時域與頻域轉換(Time/Frequency mapping)：將原本X軸為「時間(Time)」的數位訊號，轉換成X軸為「頻率(Frequency)」的數位訊號，如圖9-7(c)所示，圖中的虛線代表脈碼調變(PCM)取出的數位訊號，由圖中可以看出如果X軸為頻率，則訊號的形狀改變，而且低頻的聲音在X軸的左邊，高頻的聲音在X軸的右邊。要將X軸由時間(Time)轉換為頻率(Frequency)最簡單的方法是使用「傅立葉轉換(Fourier transform)」，這是屬於工程數學的一種運算，在此不再詳細描述。

➤ 聲音心理學量化：人類的耳朵可以聽到的聲音頻率範圍大約在20Hz~20KHz之間，但是實驗發現人類的耳朵對較高頻(>5KHz)與較低頻(<3KHz)的聲音並不敏感，就算將它去除也聽不出來，所以依照聲音心理學模型將較高頻(>5KHz)與較低頻(<3KHz)的數位訊號除以較大的分母(讓耳朵不敏感的訊號減少)，而且愈高頻與愈低頻的聲音由於耳朵更不敏感，除以更大的分母，這個動作濾掉部分較高頻與較低頻的聲音訊號，可以減少不重要的數位訊號，才能使資料量變少，但是人類的耳朵聽不出來，得到如圖9-7(d)的結果。

➤ 訊號包裝(Frame packing)：將處理好的數位訊號依照MP3壓縮技術規格書的要求排列，再儲存在記憶體中，就是我們在檔案管理員裡看到的MP3音樂檔了。

　　大家可能會好奇，為什麼在進行MP3壓縮時要先將X軸為「時間(Time)」轉換成X軸為「頻率(Frequency)」呢？讓我們再看看圖9-7(d)，現在看出來了嗎？X軸為時間的訊號，所有頻率的聲音都混在一起散佈在各個時間，很難將較高頻(>5KHz)與較低頻(<3KHz)的訊號濾掉或減少；X軸為頻率的訊號，低頻的聲音在X軸的左邊，高頻的聲音在X軸的右邊，很容易將較高頻(>5KHz)與較低頻

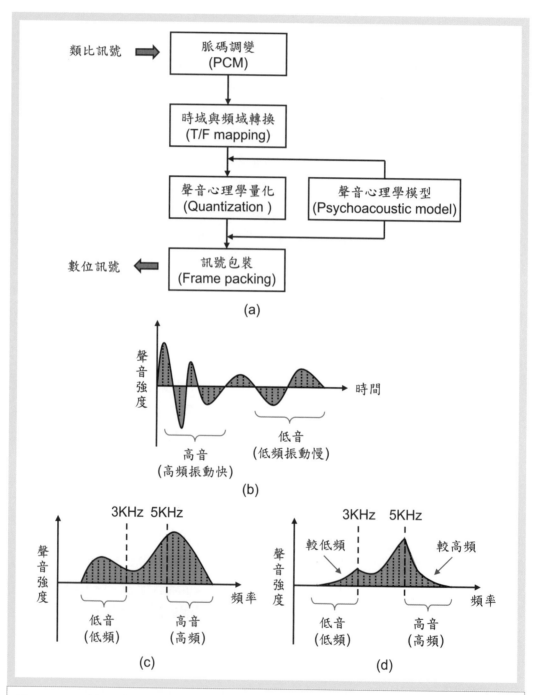

圖 9-7　MP3音訊壓縮的原理。(a)MP3壓縮的步驟；(b)X軸為時間：則低頻的聲音振動較慢，高頻的聲音振動較快；(c)X軸為頻率：則低頻的聲音在X軸的左邊，高頻的聲音在X軸的右邊；(d)依照聲音心理學模型濾掉部分較高頻(>5KHz)與較低頻(<3KHz)的聲音訊號。

(<3KHz)的訊號濾掉或減少，也正因為如此，MP3演算法在資料壓縮的過程中有將資料丟掉，所以科學家將它歸類為「失真壓縮(Lossy compression)」。

其他音訊壓縮技術簡介

除了MP3，我們常用的音訊壓縮技術還有WAV、WMA、AAC等，這裡簡單介紹這幾種音訊壓縮技術的發展過程與特性：

➤ WAV格式：是早期微軟公司發展的數位音訊壓縮格式，一般使用適應性差值脈碼調變(ADPCM)，主要應用在音樂光碟(CD-DA)，X軸取樣頻率為44.1KHz，Y軸量化為16位元二進位編碼，也就是Y軸強度分為2^{16}=65536個格子，這幾乎是人類的耳朵可以分辨的極限了，但是檔案很大，所以慢慢不流行了。

➤ WMA格式：全名為「Windows Media Audio」，是微軟公司開發的數位音訊壓縮格式，壓縮比可達18：1，比MP3更高所以壓縮以後的檔案比MP3更小，由於微軟的Windows作業系統內建的播放器Windows Media Player原本就支援這種格式，不需要另外安裝軟體因此一般使用者接受度很高。

➤ AAC格式：全名為「進階音訊編碼(AAC：Advanced Audio Coding)」，是由杜比實驗室、Fraunhofer IIS、AT&T、Sony等公司基於MPEG2與MPEG4的視訊壓縮而發展的技術，壓縮比可達18：1，比MP3更高所以壓縮以後的檔案比MP3更小，而且Y軸量化最高為32位元二進位編碼，音質比WAV格式更好。

數位立體音效

數位音效除了要求音質的真實，更要求音場的真實，「音場(Sound field)」是指在真實空間的聲音分佈情形，由於任何一個真實的空間一定會有從四面八方發射出來的聲音，大家可以想像當我們在看電影時，電影裡有一台汽車由左向右急駛而過，則一開始是左耳聽到的引擎聲較大，接著左耳的引擎聲愈來愈小，而右耳的引擎聲愈來愈大，換句話說，當我們在看電影的時候，如果只有一個聲音(聲道)，則沒有音場，也就不會有身歷其境的感覺了。

杜比數位音效(Dolby Digital)是由杜比實驗室(Dolby Laboratory)所制定的一種音效編碼與解碼技術，原名為「Dolby Surround AC-3」，其中的AC-3是「Audio

Code-3」的簡稱，壓縮比為12：1，在1992年首先被運用在電影院的音效，1995年導入家用影音市場，一直到現在仍然是我們最常用的數位立體音效。

➤杜比數位2.0聲道音效(Dolby Digital Stereo)：分別將二聲道的聲音(20~20KHz)獨立儲存成AC-3格式，並且以杜比數位系統解碼播放，可以分別獨立從左右聲道的喇叭發出聲音，想像當我們在看電影時，電影裡有一台汽車由左向右急駛而過，則一開始是左邊喇叭的引擎聲較大，接著左邊喇叭的引擎聲愈來愈小，而右邊喇叭的引擎聲愈來愈大，這樣才會有身歷其境的感覺，我們目前所使用的耳機都是二聲道，R代表右耳使用，L代表左耳使用，左右千萬別弄反囉！

➤杜比數位5.1聲道環繞音效(Dolby Digital 5.1)：如圖9-8所示，分別將獨立的五個聲道(主左右聲道、中央聲道、後左右聲道)，外加一個超重低音(20~120Hz)聲道編碼成AC-3格式，並且以杜比數位系統解碼播放，可以聽到五個聲道再加上一個超重低音聲道，由於這個超重低音聲道只涵蓋低頻的聲音，不是完整的頻率範圍，故稱為「0.1」。大家可能會好奇，為什麼要專門用一個超重低音聲道呢？因為每一個聲道都是一個獨立的聲音，所以都需要獨立的聲音檔案，也需要獨立的喇叭

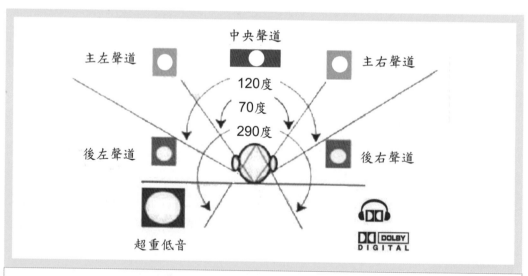

圖 9-8 杜比數位5.1聲道環繞音效，包括獨立的五個聲道(主左右聲道、中央聲道、後左右聲道)，外加一個超重低音聲道組成。資料來源：www.dolby.com。

來播放，換句話說，有多少個聲道，就必須要有多少聲音檔案與喇叭才行。因為喇叭是利用金屬或塑膠薄膜振動而發出聲音的，在工程上我們很難找到一種薄膜可以發出所有頻率的聲音，因此我們使用某一種喇叭來播放每個聲道，使用超重低音喇叭來播放超重低音聲道，也就是那個0.1聲道。

➢ DTS(Digital Theater System)：由美國Digital Theater System公司所發展出來的一種音效編碼與解碼技術，壓縮比只有3：1，比杜比數位音效的音質更佳，目前已經可以在一片DVD光碟片中同時收錄Dolby與DTS兩種音效格式，因為DTS發展較晚以及軟體區域代理商的市場政策等因素，台灣仍然不普及。

➢ THX：全名為「Tomlinson Holman's eXperiment」，是美國星際大戰系列的導演George Lucas所制定的電影院影音播放系統認證標準，目的是為了提高電影院的影音播放水準。為了使觀眾能夠完全感受到導演所要表達的內容，因此它對電影院的空間分佈、音響器材規格、銀幕的亮度等都有嚴格的規定，而且電影院在發給THX執照之後還必須每半年接受複檢一次，以免器材老舊而不符標準，THX是一個認證標準而不是影音壓縮技術，因此只要是符合這個標準的影音播放器材都會加以標示，三種音場技術的比較如表9-3所示。

表 9-3 Dolby Digital、DTS與THX技術比較表。

名稱	Dolby Digital	DTS	THX
內容	數位音訊編碼解碼	數位音訊編碼解碼	一種認證標準
研發公司	杜比實驗室	DTS公司	Lucas Film公司
資料傳輸率	448Kbps	1536Kbps	
壓縮比	12：1	3：1	
壓縮損失	損失為DTS的3倍	損失為Dolby的1/3	
聲道數目	1.1/2.1/4.1/5.1/6.1/7.1	5.1/6.1	
標章	DOLBY DIGITAL SURROUND·EX	DIGITAL dts SURROUND	LUCASFILM THX

9-2-3 靜態影像壓縮技術

「靜態影像(Still image)」是指靜止的畫面(Frame)，其實就是我們用照相機拍攝下來的照片，常見的靜態影像壓縮技術如表9-4所示，包括：JPEG、TIFF、GIF、BMP、PDF、PNG、PCX、PICT等，其中無失真壓縮一般採用「差值脈碼調變(DPCM)」來處理影像訊號，壓縮比較低，主要應用在醫學影像及檔案保存，例如：TIFF；失真壓縮一般採用「離散餘弦轉換(DCT)」來處理影像訊號，壓縮比較高，主要應用在網際網路的圖片或數位相機拍攝的照片，例如：JPEG，本節將以大家耳熟能詳的JPEG來介紹靜態影像壓縮的觀念。

表 9-4 幾種常見的靜態影像壓縮技術比較表。

種類	色彩種類	效果	失真	劉覽器	應用
JPEG	灰階、全彩	極佳	是	支援	網路瀏覽
TIFF	黑白、灰階、全彩	佳	否	不支援	保存圖片
GIF	黑白、灰階、全彩	佳	否	支援	網路瀏覽
BMP	黑白、灰階、全彩	普通	否	支援	保存圖片
PDF	黑白、灰階、全彩	普通	否	不支援	網路下載
PNG	灰階、全彩	佳	否	支援	網路預覽
PCX	黑白、灰階、全彩	普通	否	支援	保存圖片
PICT	黑白、灰階、全彩	普通	否	不支援	保存圖片

畫素與解析度

➤ 畫素(Pixel)：將一個畫面所要顯示的圖形或文字，切割成許多正方形的格子，這些格子稱為「畫素(Pixel)」或「像素」。如圖9-9(a)所示，我們可以將圖中的照片垂直方向切割成1920行(直的為行)，水平方向切割成1080列(橫的為列)，總共形成大約200萬個畫素(1920×1080≈2000×1000≈2M)，由於切割後的畫素很小，如圖9-9(b)所示，眼睛很難分辨，因此看起來和沒有切割前是相同的。如果將圖中的拱橋部分放大，可以明顯看出其實圖中的拱橋是由許多顏色不同的正方形畫素組成。換句話說，只要能在一個畫面上顯示出許多不同顏色的畫素，而且每個畫素

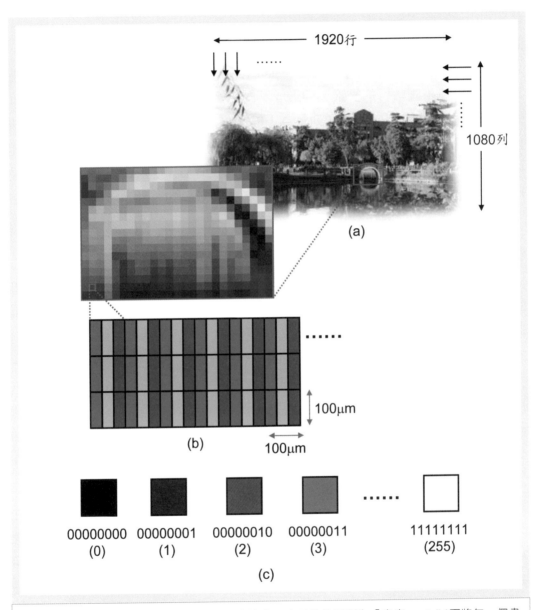

圖 9-9　畫素的定義。(a)將一個畫面切割成許多正方形的格子稱為「畫素」；(b)再將每一個畫素切割成三個「次畫素」，分別代表紅(R)、綠(G)、藍(B)三種顏色，分別控制紅階、綠階、藍階不同亮度則可以混合成各種顏色；(c)灰階就是指不同程度的灰色。

都足夠小使眼睛不易分辨，則我們便會將這個畫面看成是一個近似完美的圖片，而且切割的畫素愈多，則畫素愈小，畫面愈細緻，解析度也愈高。

➤ 解析度(Resolution)：用來定義一個畫面所能顯示圖形的細緻程度，相同大小的畫面，切割成不同數目的畫素，則形成不同的解析度規格，如表9-5所示。圖9-9的畫面中所使用的1920行×1080列稱為「Full HD」，是目前液晶電視最常見的規格，最近的智慧型手機也開始採用這種規格。藍光光碟片(Blue ray disk)就是使用Full HD(1920×1080)，以前我們使用的DVD光碟片是D1(720×480)，而更早之前使用的VCD光碟片則是CIF(352×288)，關於各種顯示器的原理請參考第二冊第6章「光顯示產業」的詳細介紹。

☐ 畫面的顯示

➤ 灰階(Grayscale)：是指「不同程度的灰色」，顯示器一定要能夠顯示不同程度的灰色才能夠顯示真實的景物，例如：真實的人、樹木、花草、山水等，也才能應用在顯示具有真實景物的照片、電視、電影等。一般而言，人類的眼睛可以分辨的灰階數目大約為256種，電腦常用的「8位元(bit)」等於「1位元組(Byte)」，恰好有2^8=256種排列組合，可以對應到不同程度的灰色，如圖9-9(c)所示，我們利用8位元(1位元組)來儲存一個畫素的灰階，例如：在數位訊號裡，「00000000(十進位0)」代表黑色；「00000001(十進位1)」代表有一點亮的灰色；「00000010(十進位2)」代表更亮的灰色；「00000011(十進位3)」代表再亮的灰色，依此類推，「11111111(十進位255)」代表白色，總共有256種灰色，稱為「256灰階」。

➤ 彩色(Color)：要使畫面中的每一個畫素都可以顯示各種不同的顏色，必須利用紅(R)、綠(G)、藍(B)三種顏色「不同亮度」組合成連續光譜中幾乎所有可見光的顏色，我們稱為「光的三原色」。而不同亮度就是「灰階」，所以不同亮度的紅色稱為「紅階」；不同亮度的綠色稱為「綠階」；不同亮度的藍色稱為「藍階」。先將每一個畫素切割成三個「次畫素」，分別代表RGB三種顏色，然後利用8位元(1位元組)來儲存R(有256種不同亮度的紅色)；8位元(1位元組)來儲存G(有256種不同亮度的綠色)；8位元(1位元組)來儲存B(有256種不同亮度的藍色)，則要儲存一個畫素總共需要24位元(3位元組)，每一個畫素可以表現大約一千六百多萬

表 9-5 常見的畫面解析度，代表每行與每列有多少畫素，以及其長度與寬度的比值。

畫面解析度定義	行	列	長寬比
(a) CIF (Common Intermediate Format)			
QCIF (Quarter CIF)	176	144	4：3
CIF (應用在VCD)	352	288	4：3
D1 (應用在DVD)	720	480	3：2
(b) VGA (Video Graphic Array)			
QVGA (Quarter VGA)	320	240	4：3
VGA (應用在傳統黑白電視)	640	480	4：3
SVGA (應用在傳統彩色電視)	800	600	4：3
(c) XGA (Extended Graphic Array)			
XGA (應用在傳統桌上型電腦螢幕)	1024	768	4：3
SXGA (Super XGA)	1280	1024	5：4
UXGA (Ultra XGA)	1600	1200	4：3
(d) HD (High Density)			
NHD (one ninth HD)	640	360	16：9
QHD (Quarter HD)	960	540	16：9
HD (High Density)	1280	720	16：9
FHD (Full HD)	1920	1080	16：9
4K UHD (4K Ultra HD)	3840	2160	16：9
8K UHD (8K Ultra HD)	7680	4320	16：9

種顏色($2^8 \times 2^8 \times 2^8 = 256 \times 256 \times 256 = 16,777,216$)，稱為「全彩24位元」，關於色彩的顯示原理請自行參考第二冊第5章「基礎光電科學」的詳細說明。

【範例】

請計算一張解析度為Full HD(1920×1080)的全彩照片，如果沒有使用壓縮技術，總共需要多大的記憶體才能儲存呢？

〔解〕

解析度為1920×1080的全彩照片總共有1920×1080≈2000×1000≈2M(二百萬

畫素)，而全彩照片的每個畫素必須使用24位元(3位元組)來儲存RGB三種不同的顏色(紅階、綠階、藍階)，所以總共需要的記憶體容量為：

$$1920 \times 1080(Pixel) \times 3(Byte) \approx 2,000,000(Pixel) \times 3(Byte) \approx 6,000,000(Byte) = 6MB$$

　　完全沒有壓縮的影像資料稱為「原始資料(Raw data)」，檔案非常大，通常使用在高級的數位單眼相機(DSLR：Digital Single Lens Reflex)用來保存原始照片檔案，從這個例子可以看出，解析度為二百萬畫素的照片原始資料高達6MB，目前的數位相機都在一千萬畫素以上，隨便一張照片原始資料就高達30MB以上，顯然靜態影像壓縮技術是很重要的，目前我們使用JPEG格式儲存一張全彩照片大約只需要3MB就夠了，與原始資料30MB差了10倍左右呢！

空間冗餘(Spatial redundancy)

　　當我們觀察一張靜態影像(照片)，如圖9-9(a)所示，會發現照片上其實有許多沒有用處的資訊，例如：照片天空中的第一個畫素與隔壁的第二個畫素顏色相差很少，而且畫素本身又很小，所以兩個畫素可以當成同一種顏色來儲存，人類的肉眼也很難分辨出來，這種在空間上多餘而沒有用處的影像資訊稱為「空間冗餘(Spatial redundancy)」，靜態影像壓縮技術就是要把空間冗餘去除。

JPEG的意義(Joint Photographic Experts Group)

　　JPEG壓縮技術是由國際電信聯盟(ITU)與國際標準組織(ISO)合作成立的「聯合影像專家組織(JPEG：Joint Photographic Experts Group)」所制定用來壓縮靜態影像的標準，是目前最常使用的一種靜態影像壓縮技術，依照不同的品質要求，JPEG的壓縮比可以達到10：1~100：1。

JPEG壓縮技術簡介

　　靜態影像壓縮最重要的觀念就是：把我們肉眼看不清楚的影像(空間冗餘)忽略或減少，這樣可以得到比較小的檔案，而肉眼其實看不太出來。JPEG壓縮技術的步驟包括：區塊切割、色座標轉換(RGB to YCbCr)、離散餘弦轉換(DCT)、量化

(Quantization)、資料排序(Zig-Zag scan)、長度編碼(VLC)等，如圖9-10所示，下面
我們說明每一個步驟的內容：

➤ 區塊切割(Raster to block)

圖9-11(a)為壓縮前的照片，圖9-11(b)為使用JPEG壓縮以後的照片，由圖中可
以看出，JPEG壓縮技術是先將整個畫面每8×8=64個畫素(Pixel)切割成一個「區塊
(Block)」，再以一個一個區塊為單位來進行壓縮運算。如果將圖9-11(b)中的一小
部分放大，可以明顯看出有9個區塊，每個區塊裡有8×8=64個畫素。

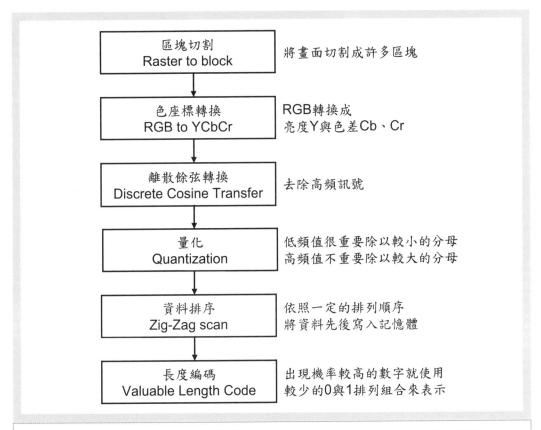

圖 9-10　JPEG的壓縮步驟包括：區塊切割、色座標轉換(RGB to YCbCr)、離散餘弦轉換(DCT)、
量化(Quantization)、資料排序(Zig-Zag scan)、長度編碼(VLC)等。

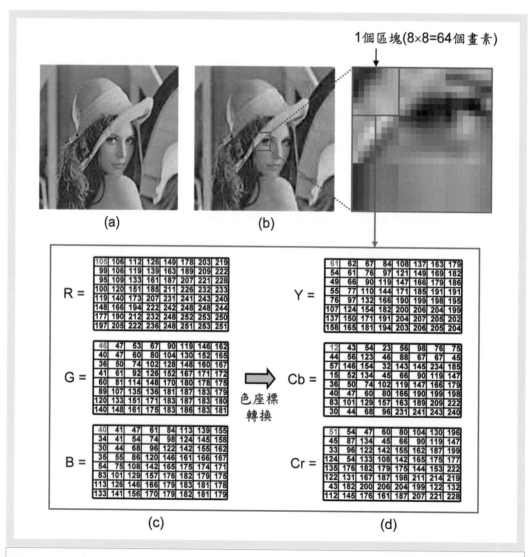

圖 9-11　區塊切割與色座標轉換。(a)壓縮前的照片(原始資料)；(b)使用JPEG壓縮後的照片，每8×8=64個畫素切割成一個「區塊(Block)」；(c)一個區塊轉換為數位訊號以後得到紅(R)、綠(G)、藍(B)三個8×8的矩陣；(d)經過矩陣轉換成Y、Cb、Cr三個8×8的矩陣。

➢ 色座標轉換(Color space conversion)

由於彩色影像的每一個畫素都可以由紅(R)、綠(G)、藍(B)三種顏色「不同亮度」組合而成,因此每一個畫素都可以對應到R、G、B三個數值(0~255),圖9-11(b)左上角的一個區塊轉換為數位訊號以後得到紅(R)、綠(G)、藍(B)三個8×8的矩陣,如圖9-11(c)所示。舉例來說,這一個區塊總共有8×8=64個畫素,左上角第一個畫素的顏色為R=105、G=46、B=40,第二個畫素的顏色為R=106、G=47、B=41,依此類推,每一個畫素的最小值為0(代表全暗),最大值為255(代表全亮),每個畫素的R、G、B值代表256種不同亮度的紅階、綠階、藍階。

科學家發現,人類的眼睛對亮度非常敏感,但是對顏色比較不敏感,經過簡單的矩陣轉換可以將R、G、B轉換成Y、Cb、Cr三個8×8的矩陣如圖9-11(d),稱為「色座標轉換(Color space conversion)」,Y代表亮度訊號,Cb、Cr代表色差訊號,其中Cb為藍色與綠色的差異(b代表blue),Cr為紅色與綠色的差異(r代表red),有一種影像輸出端子稱為「色差端子(Component)」,它的綠色端子傳送的就是Y訊號,藍色端子傳送的就是Cb訊號,紅色端子傳送的就是Cr訊號。很有趣的是,當我們只取出Y訊號而忽略Cb、Cr訊號,則會得到黑白照片(只有亮度訊號,沒有顏色訊號),由於人類的眼睛對亮度非常敏感,所以幾乎所有的影像壓縮技術都會先將RGB訊號轉換成YCbCr訊號,再進行壓縮運算。

如圖9-12(a)所示,我們只取出Y訊號(黑白照片)來說明JPEG壓縮的運算過程,Cb與Cr訊號依此類推即可。如圖9-12(b)所示,左邊的區塊對應一個8×8的矩陣,其左上角顏色較深,亮度較暗其值較小(約為61~144),愈往右下角顏色愈淺,亮度較亮其值較大(約為190~204);右邊的區塊對應另外一個8×8的矩陣,亮度都很亮,其值差不多(約為175~196),大家可以自行觀察這兩個矩陣的每一個畫素所對應的值。在影像訊號裡,高頻影像是指「亮度顏色差很多」,低頻影像是指「亮度顏色差不多」,比較圖9-12(b)的兩個矩陣可以發現,左邊的矩陣由左上角的深色變化到右下角的淺色,顯然是屬於亮度顏色差很多的高頻影像;而右邊的矩陣深淺都差不多,顯然是屬於亮度顏色差不多的低頻影像。

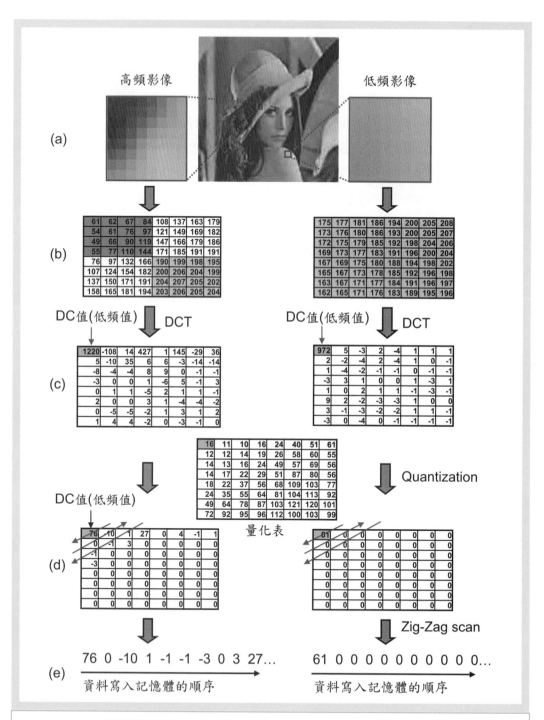

圖 9-12 JPEG的壓縮實例。(a)黑白照片(Y訊號)；(b)Y訊號的矩陣；(c)離散餘弦轉換(DCT)以後的矩陣；(d)量化(Quantization)以後的矩陣；(e)資料排序(Zig-Zag scan)以後的順序。

➤ **離散餘弦轉換**(DCT：Discrete Cosine Transfer)

　　將圖9-12(b)的兩個矩陣進行離散餘弦轉換(DCT)得到結果如圖9-12(c)，左上角的畫素稱為「DC值(低頻值)」，其他的畫素都稱為「AC值(高頻值)」，由圖中可以看出左邊的矩陣(高頻影像)經過DCT轉換以後的DC值為1220，由於是高頻影像，所以AC值(高頻值)都比較大，例如：-108、14、427…等；右邊的矩陣(低頻影像)經過DCT轉換以後的DC值為972，由於是低頻影像，所以AC值(高頻值)都比較小，例如：5、-3、2…等。離散餘弦轉換(DCT)是屬於工程數學中很重要的一種運算，主要的目的是將影像的低頻值(DC值)與高頻值(AC值)分開，由於大自然的影像大部分都是低頻值，所以經過DCT轉換以後都是左上角的低頻值(DC值)比較大，其他高頻值(AC值)相對很小，如圖9-12(c)所示。

➤ **量化**(Quantization)

　　量化的目的是將原本矩陣內的數值變小，以減少儲存所需要的記憶體空間，量化的方法是將DCT轉換後的矩陣，再除以一個「量化表(Quantization table)」，將圖9-12(c)中的兩個矩陣分別除以量化表可以得到圖9-12(d)的結果。大家可以自行計算矩陣內的值，左邊的矩陣依次為1220/16=76、-108/11=-10、14/10=1(四捨五入取整數)；右邊的矩陣依次為972/16=61、5/11=0、-3/10=0。有沒有發現？左邊的矩陣(高頻影像)經過量化以後AC值(高頻值)的數字比較大(比較少0)；右邊的矩陣(低頻影像)經過量化以後AC值(高頻值)的數字比較小(幾乎都是0)，顯然相同尺寸、不同內容的圖片經過JPEG壓縮以後檔案的大小不同。

　　大家可能會好奇，圖9-12量化表中的數字是怎麼來的？其實它是由科學家們經過實驗得來的，不同的廠商可以使用不同的量化表，由於每個人使用的量化表數字可能不同，所以在JPEG檔案格式中包含量化表。此外，仔細觀察會發現，量化表左上角的數字都比較小，因為DCT轉換後的矩陣左上角的畫素是低頻值，而大自然的影像大部分都是低頻值(很重要)，所以除以較小的分母，讓重要的訊號變小一點點；量化表右下角的數字都比較大，因為DCT轉換後的矩陣右下角的畫素是高頻值(不重要)，所以除以較大的分母，讓不重要的訊號變小很多，這樣可以減少不重要的數位訊號(和MP3的原理很像)，以節省記憶體空間。

> 資料排序(Zig-Zag scan)

　　要將二維的矩陣資料儲存到記憶體，必須依照一定的排列順序先後寫入，常用的資料排序方式為「Zig-Zag scan」，其排列順序如圖9-12(e)中箭號所示，左方的矩陣寫入記憶體的資料依序為76、0、-10、1、-1、-1、-3、0、3、27…；右方的矩陣寫入記憶體的資料依序為61、0、0、0、0、0、0、0、0、0、0…。

> 長度編碼(VLC：Valuable Length Code)

　　長度編碼(VLC)是將十進位的數字轉換為二進位，這樣才能儲存到記憶體，因為記憶體只能儲存二進位0與1兩種數字。目前JPEG壓縮運算最常使用的長度編碼(VLC)為「Huffman編碼(Huffman coding)」，就是利用統計學的方式計算不同數字出現的機率，出現機率較高的數字就使用較少的0與1排列組合來代表，這樣才能用最少的0與1排列組合出所有的數字，以節省記憶體空間。

【重要觀念】

→ 高頻聲音是指「高音」，低頻聲音是指「低音」。

→ 高頻影像是指「亮度顏色差很多」，低頻影像是指「亮度顏色差不多」。

☐ JPEG2000壓縮技術

　　JPEG2000壓縮技術是聯合影像專家組織(JPEG)在2000年所制定的靜態影像壓縮標準，使用「離散小波轉換(DWT：Discrete Wavelet Transform)」來取代離散餘弦轉換(DCT)，並且使用「算術編碼(AC：Arithmetic Coding)」來取代Huffman編碼，依照不同的品質要求，JPEG2000的壓縮比可以達到10：1~200：1，而且影像品質比JPEG更好，不過處理器的運算量卻比JPEG還要大很多，需要運算能力更強的處理器才能進行JPEG2000壓縮運算，所以目前的應用還不普遍。

9-2-4 動態影像壓縮技術

「動態影像(Moving picture)」是指動態的畫面，其實就是我們用錄影機拍攝下來的影片，常見的動態影像壓縮技術如表9-6所示，包括：MPEG1、MPEG2、MPEG4、H.264、WMV等，不同的壓縮技術可以有不同的壓縮比，如果要傳送相同解析度的影片，使用壓縮比較高的壓縮技術則運算較複雜(例如：H.264)，需要運算能力更強的處理器才能進行壓縮運算，但是可以得到較小的檔案，所以只需要較小的記憶體來儲存或較小的資料傳輸率來傳送，本節將以大家耳熟能詳的MPEG來介紹動態影像壓縮的觀念。

表 9-6 幾種常見的動態影像壓縮技術比較表。

種類	MPEG1	MPEG2	MPEG4	H.264/AVC	WMV/VC1
訂定年份	1992年	1995年	2000年	2002年	2003年
視訊品質	352x240 352x288	720x480 ~ 1920x1080	176x144 ~ 1920x1080	176x144 ~ 4096x2048	176x144 ~ 1920x1080
音訊品質	最多2聲道	最多8聲道	8聲道以上	8聲道以上	8聲道以上
資料傳輸率	1.5Mbps ~ 2Mbps	4Mbps ~ 9Mbps	28Kbps ~ 6Mbps	64Kbps ~ 48Mbps	96Kbps ~ 6Mbps以上
壓縮比	4:1~12:1	5:1~50:1	70:1~200:1	100:1~200:1	100:1~200:1
硬體要求	低	高	較高	極高	極高
運算量	1X	2X	3X	4X	3.5X
應用產品	VCD	DVD HDTV	HDTV 網路視訊 行動通訊	HDTV 影像電話 網路視訊 行動通訊	HDTV 影像電話 網路視訊 行動通訊
優點	軟硬體支援 碟片價格低	軟硬體支援 碟片價格低 影像品質佳	影像品質佳 壓縮比高 適合網路使用 適合行動通訊	影像品質佳 壓縮比高 適合網路使用 適合行動通訊	影像品質佳 壓縮比高 適合網路使用 保護著作權
缺點	解析度不佳	壓縮比不高 頻寬需求高	種類太多 授權金高	技術困難度高 授權金高	壓縮比不如 H.264

☐ 每秒畫面數目(fps：frame per second)

「畫面(Frame)」是指顯示器所顯示的一幅靜態影像，由於人類的眼睛有視覺暫留的現象，如果在很短的時間內連續播放一連串的畫面，人類的大腦會以為這一連串的畫面是連續的，這就是所謂的電影或動畫。要評量一個顯示器或影片品質好壞最重要的參數是每秒鐘(Second)所播放的畫面(Frame)數目，又稱為「每秒畫面數目(fps：frame per second)」，通常顯示器每秒鐘播放30個畫面(30fps)大概就是人類的眼睛所能分辨的極限了，目前一般的電視或電影每秒畫面數目大約為30fps；某些高品質要求的影片或高等級的錄影監視器可能會使用60fps；而皮克斯的立體動畫，例如：玩具總動員(Toy story)、怪獸電力公司(Monsters Inc.)等是使用電腦所繪製的立體動畫，通常可以達到30fps，所以動作看起來是連續的；早期迪士尼的平面卡通，例如：米老鼠與唐老鴨、大力水手等，是由動畫師以人工的方式繪製，通常只有10fps，所以動作看起來不太連續。

☐ 時間冗餘(Temporal redundancy)

當我們觀察一部電影或動畫(每秒播放30個畫面)，會發現這30個畫面上其實有許多沒有用處的影像資訊，想像電影的影像每秒之內能有多大變化呢？除了畫面裡的人物或汽車在移動，背景畫面其實並沒有太大變化，凡是連續的畫面裡沒有改變的影像資訊如果重覆儲存其實是沒有意義的，這種在時間上(兩個畫面的間隔之間)多餘而沒有用處的影像資訊稱為「時間冗餘(Temporal redundancy)」，動態影像壓縮技術就是要把這種時間上多餘(時間冗餘)而沒有用處的影像資訊去除，可以得到比較小的檔案，而肉眼其實看不太出來。

☐ MPEG的意義(Moving Picture Experts Group)

動態影像壓縮技術標準的發展如圖9-13所示，是由國際標準組織(ISO)成立的「動畫專家組織(MPEG：Moving Picture Experts Group)」與國際電信聯盟(ITU)成立的「視訊編碼專家組織(VCEG：Video Coding Experts Group)」各自制定不同的標準，其中國際標準組織(ISO)將這種技術稱為MPEG1、MPEG2、MPEG4；國際電信聯盟(ITU)將這種技術稱為H.261、H.263、H.263+、H.26L。在2001年兩

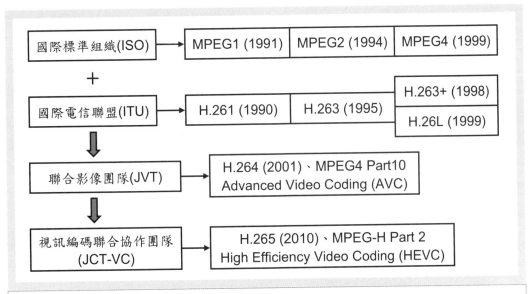

圖 9-13 國際標準組織(ISO)制定MPEG1、MPEG2、MPEG4,國際電信聯盟(ITU)制定H.261、H.263、H.263+、H.26L,2001年組成聯合影像團隊(JVT)制定H.264(AVC),2010年組成視訊編碼聯合協作團隊(JCT-VC)制定H.265(HEVC)。

個組織合作成立「聯合影像團隊(JVT:Joint Video Team)」制定「Advanced Video Coding(AVC)」,也可以稱為「H.264」或「MPEG4 Part10」,從此動態影像壓縮技術名稱也統一。在2010年兩個組織再次合作成立「視訊編碼聯合協作團隊(JCT-VC:Joint Collaborative Team on Video Coding)」,制定「High Efficiency Video Coding(HEVC)」,也可以稱為「H.265」或「MPEG-H Part 2」。

➤MPEG1(相當於H.261):應用於VCD,預設解析度為352×240或352×288畫素,每秒30個畫面,資料傳輸率大約1.5Mbps,VCD是第一個成功商業化的數位多媒體產品,但是畫質並不算好,依照現在的標準它的畫質其實很差。

➤MPEG2(相當於H.262):應用於DVD、高密度電視(HDTV)、數位電視(DTV)、隨選視訊(VOD),預設解析度為720×480~1920×1080畫素,每秒30個畫面,資料傳輸率大約4~10Mbps,MPEG2的運算量大約是MPEG1的2倍。

➤MPEG4(相當於H.263):應用於網際網路、視訊電話、視訊會議,解析度不固

定,可以依照資料傳輸率不同支援176×144~1920×1080畫素,每秒15~30個畫面,資料傳輸率大約28Kbps~6Mbps,MPEG4的運算量大約是MPEG1的3倍。

➤H.264(AVC):應用於網際網路、視訊電話、視訊會議、錄影監視器,解析度不固定,可以依照資料傳輸率不同支援176×144~4096×2048畫素,每秒15~60個畫面,資料傳輸率大約64Kbps~48Mbps,H.264的運算量大約是MPEG1的4倍。

➤H.265(HEVC):應用於網際網路、視訊電話、視訊會議、錄影監視器,解析度不固定,可以依照資料傳輸率不同支援176×144~8192×4320畫素,每秒15~120個畫面,資料傳輸率大約128Kbps~96Mbps,壓縮比更高運算量更大,H.265的運算量大約是H.264的2倍(MPEG1的8倍),主要應用在下一代高密度電視。

➤WMV/VC1:是微軟公司開發的一種動態影像壓縮標準,由於微軟的作業系統Windows內建的多媒體播放程式原本就支援這種壓縮標準,不需要安裝任何特別的應用程式,因此很快就成為市場上流通最廣的一種標準,解析度不固定,可以依照資料傳輸率不同支援176×144~1920×1080畫素,每秒15~30個畫面,資料傳輸率大約96Kbps~6Mbps以上,WMV的運算量大約是MPEG1的3.5倍。

☐ MPEG壓縮技術簡介

動態影像壓縮最重要的觀念就是:如果兩幅畫面有相同的東西,只需要第一幅畫面記錄整幅畫面的影像,第二幅畫面只記錄與第一幅畫面不同的影像即可。如圖9-14(a)所示,第一幅畫面(第30微秒)的A物體原本在左下角,第二幅畫面(第60微秒)的A物體移動到中央;第三幅畫面(第90微秒)的A物體移動到右上角,假設其他背景的影像都沒有改變,那麼只需要將第一幅畫面記錄整幅畫面的影像,其他畫面只記錄因為A物體位置改變所產生的影像變化(與第一幅畫面的差異),就可以將完整的資料儲存起來,也可以得到比較小的檔案,在解壓縮的時候只要反向運算就可以得到原來的影像了。在MPEG壓縮運算中總共可以分為I畫面、P畫面、B畫面三種,檔案大小不同:

➤I畫面(Intra frame):利用類似JPEG壓縮的第一幅畫面,具有比較完整的影像資訊,所以也是檔案最大的畫面,如圖9-14(b)中的I_1與I_2畫面。

➤P畫面(Predicted frame):以前方的I畫面或P畫面為準,使用「單向(只有前一個

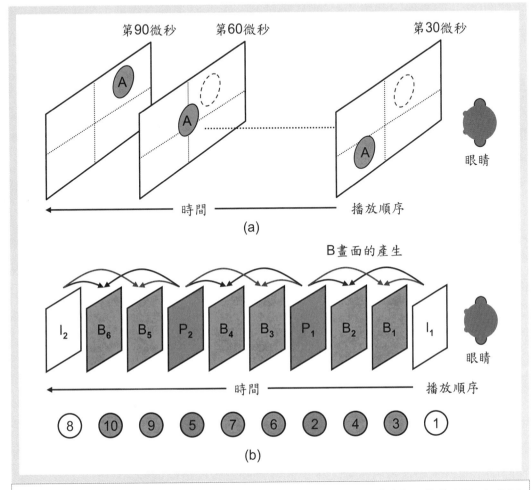

圖9-14 MPEG壓縮技術的原理。(a)第一幅畫面記錄整幅畫面的影像資訊，其他畫面只記錄因為A物體位置改變所產生的影像變化；(b)I畫面是完整的畫面，P畫面使用單向的移動預測，B畫面使用雙向的移動預測，圖中的數字代表壓縮與解壓縮的順序。

畫面)」的移動預測，只儲存與前面的I畫面或P畫面不同的影像資訊，檔案比I畫面小很多，如圖9-14(b)中的P_1畫面只記錄與I_1畫面不同的影像，P_2畫面只記錄與P_1畫面不同的影像，依此類推。

➤ B畫面(Bi-directional predicted frame)：以前方及後方的I畫面或P畫面為準，使用

「雙向(前一個及後一個畫面)」的移動預測,因為必須儲存與前方及後方畫面不同的影像資訊,故稱為「雙向(Bi-directional)」,檔案比P畫面更小,如圖9-14(b)中的B_1畫面只記錄與I_1及P_1畫面不同的影像,B_2畫面只記錄與I_1及P_1畫面不同的影像,B_3畫面只記錄與P_1及P_2畫面不同的影像,依此類推。

　　凡是向前或向後參考愈多畫面,愈容易找到相同的影像,一旦找到相同的影像就可以丟掉不需要重複儲存一次,這樣才能節省儲存空間,但是向前或向後參考愈多的畫面則演算法愈複雜,運算量也愈大,需要跑得更快的處理器才行。

➤ MPEG壓縮(Encode)的順序:先壓縮I_1畫面,再使用I_1畫面算出P_1畫面,接著使用I_1與P_1畫面算出B_1與B_2畫面,依此類推如圖9-14(b)數字標示的順序。

➤ MPEG解壓縮(Decode)的順序:與壓縮的順序相同,但是與播放的順序不同,換句話說,MPEG解壓縮並不是依照播放順序一張一張解壓縮,而是先解壓縮I_1畫面,再使用I_1畫面算出P_1畫面,接著使用I_1與P_1畫面算出B_1與B_2畫面,依此類推如圖9-14(b)數字標示的順序,其中I畫面與P畫面的解壓縮比較容易,B畫面的解壓縮就比較困難。

☐ 移動預測(Motion estimation)

　　MPEG的運算比JPEG複雜許多,所以很難使用JPEG的方式以實際的數字說明,其實MPEG運算裡最重要的觀念只有「移動預測(Motion estimation)」與「移動補償(Motion compensation)」,只要能了解這兩個原理,那麼對於動態影像如何在時間上進行壓縮就會有感覺了,下面我們簡單說明這兩個觀念。

　　移動預測的目的是在「預測」物體的移動方向,同時找出「移動向量(MV:Motion Vector)」,必須向前或向後參考其他畫面,並且尋找相同的影像,找到相同的影像就可以丟掉不需要重複儲存一次,這樣才能節省儲存空間。大家可能會好奇,P畫面單向的移動預測(只有前一個畫面)與B畫面雙向的移動預測(前一個及後一個畫面)有什麼差別?如圖9-15(a)所示,假設有一個方形的物體由畫面的左上角向右下角移動,畫面1中可以看到圓形,畫面2中的圓形恰好被方形擋住了,此時畫面3如果只向前一個畫面尋找一定找不到圓形,所以只好當成新的圖形重新儲存一次;如圖9-15(b)所示,假設畫面3向前一個畫面找不到圓形,又再向下一個畫

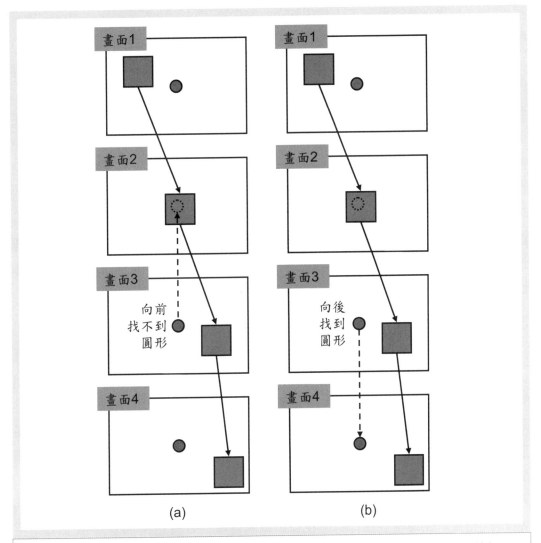

(a)　　　　　　　　(b)

圖 9-15 單向與雙向的移動預測。(a)畫面1中可以看到圓形，畫面2中的圓形恰好被方形擋住了，此時畫面3如果只向前一個畫面尋找一定找不到圓形；(b)畫面3向前一個畫面找不到圓形，又再向下一個畫面4尋找，結果就找到了。

面4尋找，結果就找到圓形了，找到相同的影像就可以丟掉不需要重複儲存一次，所以使用B畫面雙向的移動預測可以達到更高的壓縮比，但是運算比較複雜。

　　大家會不會好奇，影像裡的東西都是動來動去的，怎麼預測物體的移動方向同時找出「移動向量(MV)」呢？前面介紹過JPEG壓縮時是使用「區塊(Block)」做為單位來進行壓縮，一個區塊固定為8×8個畫素；MPEG在進行移動預測時是使用「巨區塊(MB：Macro Block)」做為單位來進行壓縮，至於巨區塊(MB)有多少畫素則與壓縮技術的種類有關，MPEG1、MPEG2的一個巨區塊固定為16×16個畫素，MPEG4、H.264則可能是4×4、4×8、8×8、8×16、16×16個畫素，而且壓縮的時候可以自由選擇巨區塊的大小，甚至一個畫面裡同時可以有許多大小不同的巨區塊，當前後兩個畫面的影像沒什麼變化的區域使用比較大的巨區塊來進行影像比對；當前後兩個畫面的影像有明顯變化的區域使用比較小的巨區塊來進行影像比對，可以有效節省儲存空間，當然運算又更複雜了。

☐ 移動補償(Motion compensation)

　　動態影像壓縮必須取出後一個畫面與前一個畫面的「差異影像」，我們稱為「預測誤差(Prediction error)」，同時將這個差異影像壓縮儲存起來，留在解壓縮的時候進行移動補償使用，如此一來就可以節省許多儲存空間。以MPEG1壓縮為例，我們只取出畫面中的12個巨區塊(MB)來說明，每一個巨區塊有16×16個畫素，如圖9-16(a)所示，假設有一個圓形的物體由畫面的左下角向右上角移動，畫面1的圓形在左下角的MB1，畫面2時跑到右上角的MB2，則運算規則如下：

➤ 壓縮(Encode)：當畫面2進行壓縮運算的時候，電腦先取出畫面2的MB2，再與畫面1的12個巨區塊逐一進行影像比對，結果發現只有畫面1的MB1影像最接近，於是先將MB2與MB1的位移記錄下來，這個位移就是「移動向量(MV)」，並且將畫面2的MB2減去畫面1的MB1得到的「差異影像」記錄下來，這個過程就是移動預測，如圖9-16(b)所示。依此類推，對畫面2的每一個巨區塊都進行類似的運算，就可以得到畫面2每一個巨區塊的移動向量(MV)與差異影像。

➤ 解壓縮(Decode)：當畫面2進行解壓縮運算的時候，電腦先取出記錄下來的移動向量(MV)與差異影像，並且將「移動向量(MV)」加上「畫面1的MB1」再加上

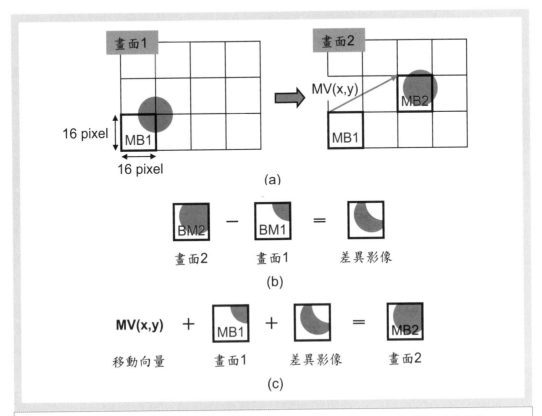

圖 **9-16**　移動預測與移動補償。(a)畫面1的圓形在左下角的MB1，畫面2時跑到右上角的MB2；
(b)壓縮時電腦將MB2與MB1的移動向量(MV)及差異影像紀錄下來；(c)解壓縮時電腦將
移動向量(MV)加上畫面1的MB1再加上差異影像，就可以得到畫面2的MB2影像。

「差異影像」，就可以得到「畫面2的MB2」影像，這個過程就是移動補償，如
圖9-16(c)所示。依此類推，對畫面2的每一個巨區塊都進行類似的運算，就可以得
到完整的畫面2。

☐ MJPEG壓縮技術

MJPEG(Motion JPEG)壓縮技術很簡單，就是在空間冗餘上使用JPEG壓縮靜
態影像，但是在時間冗餘上不做壓縮，換句話說，每秒鐘播放許多張JPEG壓縮的
靜態影像(I畫面)，就可以讓使用者看成是連續的動態影像，這種壓縮技術使用在
早期的數位相機或數位錄影機，壓縮比不高，目前較少使用。

　　值得一提的是，動態影像壓縮在時間軸上使用了移動預測，也就是說P畫面與B畫面有些資料被丟掉了，與真實的情況可能會有差異，那麼這樣的技術儲存下來的影片還能夠做為呈堂證供嗎？所以目前某些監視錄影系統可以同時壓縮錄製H.264(30fps)與MJPEG(10fps)的影像畫面，當H.264影像有爭議時可以參考MJPEG畫面，因為MJPEG檔案很大，因此一般都只有10fps，當然JPEG在空間上使用了離散餘弦轉換(DCT)所以與真實的情況也可能會有差異。

【重要觀念】

→ 靜態影像壓縮：在「空間(Space domain)」上進行數學運算，把空間上多餘而沒有用處的影像資訊(空間冗餘)去除，把畫面的資料量減少，例如：JPEG。

→ 動態影像壓縮：在「時間(Time domain)」上進行數學運算，如果兩幅畫面有相同的東西，只需要第一幅畫面記錄整幅畫面的影像，第二幅畫面只記錄與第一幅畫面不同的影像即可，把一連串畫面的資料量減少，例如：MPEG。

☐ 數位內容的管理

　　前面介紹了訊號數位化的原理與數位多媒體的音訊、靜態影像、動態影像等壓縮與解壓縮技術，接下來該如何保護這些數位資料呢？

➤ **數位版權管理**(DRM：Digital Right Management)：是一種數位內容加密技術，可以保護多媒體音樂、電影、網路音訊與視訊、電腦遊戲、電子書等資料，避免使用者非法拷貝，防止電子文件被篡改，也可以控制電子文件的閱讀時間、列印份數限制等。由於目前網際網路的發達，造成許多音樂、電影、電腦遊戲、電子書在網路上任意流通與分享，所以數位版權管理可以有效保障數位內容作者與供應商的權益，維護數位內容的智慧財產權，當然囉！我們一般的使用者是一定不會喜歡這種東西的啦！「數位浮水印(Digital watermarks)」是一種重要的數位版權管理(DRM)技術，其實就是一組數位訊息，紀錄智慧財產權擁有者的相關資訊，嵌入在數位內容中，當我們使用數位多媒體產品時，可以顯示此產品的智慧財產權擁有者，以及使用者是否合法使用此產品。

➢企業數位版權管理(EDRM：Enterprise Digital Right Management)：由於數位內容技術的發達，許多公司內部的重要文件，以前要影印厚厚一疊的資料，現在只要一張小小的隨身碟就可以拷貝帶走了，要如何有效管理公司的機密文件呢？數位版權管理(DRM)除了保護多媒體音樂、電影、網路音訊與視訊、電腦遊戲、電子書等資料，也被用來控制公司內部文件的使用權，例如：Word、PDF、AutoCAD等文件，這項技術通常需要一台「網路策略伺服器(NPS：Network Policy Server)」來針對特定文件進行使用者權限鑑定，目前提供EDRM的廠商包括：Microsoft、Adobe、EMC/Authentica等。

心得筆記

9-3 積體電路簡介

前面介紹過類比訊號與數位訊號的原理與處理技術,而用來處理這些電子訊號的元件就是大家耳熟能詳的「積體電路(IC:Integrated Circuit)」,本節先介紹各種處理類比訊號與數位訊號的積體電路,接著才能討論什麼是系統技術,積體電路的詳細原理與製造技術請參考第一冊「積體電路與微機電產業」。

9-3-1 處理器與指令集

處理器是最重要也最複雜的數位積體電路(Digital IC),主要用來處理數位訊號0與1的加減乘除運算工作,我們先由電子產品的系統方塊圖開始介紹,再說明處理器與指令集的種類與特性。

☐ 系統方塊圖(System block diagram)

所有的電子產品(包括電腦的主機板在內)一般都有下列幾個部分,分別由功能不同的數位積體電路(Digital IC)、類比積體電路(Analog IC)以及混合模式積體電路(Mixed mode IC)組成,如圖9-17所示,包括處理器(Processor)做為電子產品的大腦,記憶體(Memory)做為儲存資料的地方,訊號輸入端會有類比數位轉換器(ADC)與放大器(Amp),訊號輸出端會有數位類比轉換器(DAC)與放大器(Amp),此外還有介面與匯流排(Interface & Bus)、時脈與計時器(Clock & Timer)、隔離器(Isolator)、電源管理(Power management)等,另外還會有許多被動元件,例如:電阻、電容、電感等,這些元件同時固定在印刷電路板(PCB)上。

☐ 處理器的工作頻率與位元數

積體電路(IC)的工作速度稱為「工作頻率」,通常使用頻率(Frequency)來表示,頻率代表「訊號每秒鐘振動的次數」,單位為「赫茲(Hz:Hertz)」。我們可以想像數位訊號由0變成1或由1變成0是振動一次,則積體電路(IC)的工作頻率為1GHz,代表每秒鐘可以運算十億次(1G=十億),工作頻率愈高,代表工作速度愈

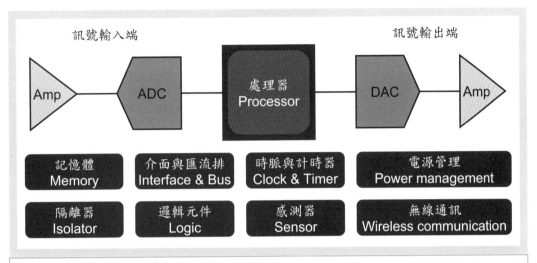

訊號輸入端　　　　　　　　　　　　　　　　　　訊號輸出端

Amp　ADC　處理器 Processor　DAC　Amp

| 記憶體 Memory | 介面與匯流排 Interface & Bus | 時脈與計時器 Clock & Timer | 電源管理 Power management |
| 隔離器 Isolator | 邏輯元件 Logic | 感測器 Sensor | 無線通訊 Wireless communication |

圖 **9-17**　電子產品的系統方塊圖，分別由功能不同的數位積體電路(Digital IC)、類比積體電路(Analog IC)、混合模式積體電路(Mixed mode IC)組成。

快，處理數位訊號的能力愈強，但是通常愈耗電。

　　我們常聽到處理器是32位元或64位元，指的其實是處理器內部的算術邏輯運算單元(ALU)、暫存器(Register)、匯流排(Bus)的寬度是32位元或64位元：

➤ **32位元的處理器**：算術邏輯運算單元(ALU)與匯流排(Bus)支援加法運算，可以在一個時脈週期(Clock)完成32個0或1與另外32個0或1的「加法運算」。

➤ **64位元的處理器**：算術邏輯運算單元(ALU)與匯流排(Bus)支援加法運算，可以在一個時脈週期(Clock)完成64個0或1與另外64個0或1的「加法運算」。

　　如果是32位元的「數位訊號處理器(DSP)」，則可以在一個時脈週期(Clock)同時完成32個0或1與另外32個0或1的「乘法與加法運算」，這是數位訊號處理器(DSP)與一般處理器(CPU、MPU、MCU)最大的差別，後面會再詳細討論。

□ **個人電腦的軟體架構**

　　處理器是由數千萬個電晶體(CMOS)排列組合而成，細節請參考第一冊第3章「積體電路產業」，要如何利用程式去指揮控制這些CMOS替我們運算呢？我們以個人電腦的軟體與硬體架構為例，如圖9-18所示，由下到上依序包括：

軟體(SW)	使用者介面	
	應用程式	Word、PowerPoint
	作業系統	Windows、Linux
韌體(FW)	軟體指令	For、While、Print
	硬體指令	ADD、PUSH、POP
硬體(HW)	中央處理器(CPU)	CMOS

圖 9-18 個人電腦的軟體與硬體架構圖，由下到上依序包括：中央處理器(CPU)、硬體指令、軟體指令、作業系統(OS)、應用程式(APP)、使用者介面(UI或GUI)等。

➤ 中央處理器(CPU)：由電晶體(CMOS)排列組合而成。

➤ 硬體指令：驅動電晶體(CMOS)運算的指令，例如：ADD、PUSH、POP等。

➤ 軟體指令：控制硬體指令來驅動電晶體(CMOS)運算的指令，例如：C語言所使用的指令For、While、If else、Print等，作業系統是由軟體指令撰寫而成。

➤ 作業系統(OS：Operating System)：管理個人電腦所有硬體與軟體的核心程式稱為作業系統，例如：DOS、Windows、Linux等。

➤ 應用程式(APP：Application Program)：在作業系統管理之下，具有某種特定功能的軟體稱為應用程式，例如：Word、PowerPoint、IE、RealPlayer等。

➤ 使用者介面(UI：User Interface)：使用者實際與個人電腦溝通的介面，早期使用DOS輸入指令，DOS的「C:\>」就是使用者介面，使用者可以經由這個介面與電腦溝通；目前已經進步到只需要使用滑鼠點選桌面上的圖形即可與電腦溝通，這些圖形稱為「圖形使用者介面(GUI：Graphic User Interface)」。

因此個人電腦的軟體架構是：使用者經由使用者介面(UI或GUI)執行應用程式，應用程式(APP)透過作業系統來管理與分配系統的資源，作業系統(OS)是由軟體指令組成，軟體指令是由硬體指令組成，最後硬體指令驅動硬體工作，這裡所謂的硬體包括中央處理器(CPU)與所有的週邊設備(Peripherals)。

□ 指令的種類

人類是經由下達指令的方式與處理器溝通，指令可以分為下列兩種：

➤ **軟體指令**(Software instruction)：是指作業系統(DOS、Windows、Linux)所使用的指令，例如：Copy、Delete、Rename等，或是程式語言(C語言或BASIC)所使用的指令，例如：For、While、Print等，我們可以在作業系統或程式開發工具直接使用這些指令，而且可以經由修改軟體，例如：修改Windows、Linux作業系統的原始程式碼(Source code)而改變這些指令的功能。

➤ **硬體指令**(Hardware instruction)：是指處理器所使用的指令，例如：ADD、PUSH、POP等，硬體指令是處理器製作的時候就已經固定了，因此無法修改。不同的公司設計的處理器，例如：Intel的中央處理器(CPU)與TI的數位訊號處理器(DSP)，其硬體指令並不相同。軟體指令都是由「數個硬體指令」組合而成，換句話說，當使用者在作業系統中執行Copy這個軟體指令，則處理器會進行ADD、PUSH、POP等數個硬體指令來達成Copy的動作。

□ 處理器的指令集

處理器(Processor)可以認得的所有硬體指令稱為「指令集(Instruction set)」，處理器依照不同的指令特性與運算特性，可以分為下列兩大類：

➤ **複雜指令集處理器**(CISC：Complex Instruction Set Computer)：所具有的指令比較多，功能較複雜，可以使用較少的指令來完成複雜的運算工作，雖然CISC的指令功能較多，但是指令較複雜，相關的電路設計也較為困難，使用到的電晶體(CMOS)數目較多，成本較高。這種處理器大多由電腦產業的廠商使用，又以Intel公司所設計與製造的80X86、Pentium處理器為代表。CISC最大的缺點是許多指令可能很少使用，換句話說，處理器支援很少使用到的某些指令，浪費了許多空間，如同傳統的雜貨店，雖然提供很多的商品，但是許多商品可能很少使用，一直放在店裡只是浪費空間而已，同時也浪費成本。

➤ **精簡指令集處理器**(RISC：Reduced Instruction Set Computer)：所具有的指令比較少，功能較精簡，必須使用較多的指令來完成複雜的運算工作。雖然RISC的指令功能較少，但是指令較簡單，相關的電路設計也較為容易，使用到的電晶體

(CMOS)數目較少，成本較低。這種處理器大多由資訊家電產業的廠商使用，又以ARM公司與MIPS公司所設計的處理器為代表。RISC最大的優點是只提供較常使用的指令，換句話說，處理器只支援較常使用的某些指令，節省了許多空間，如同新興的便利商店，雖然提供較少的商品，但是這些商品卻必須常常使用，因此可以節省空間，同時也節省成本。

【觀念】CISC與RISC的比較

→CISC就好像是工程用計算機，具有許多工程運算的功能，可以很容易計算出開根號、三角函數等複雜的運算，但是製作工程用計算機比較困難，成本較高；相反的，使用者不需要很強的數學知識就能完成高難度的數學運算。

→RISC就好像是一般的計算機，只具有加、減、乘、除這些簡單而基本的四則運算，如果要計算出開根號、三角函數等運算，就必須運用許多次的四則運算來完成，使用者也必須具備很強的數學知識才行。

→CISC和RISC那一種比較好，長久以來是大家爭論的話題，雖然曾經有預言RISC會主導市場，但是CISC還是有存在的價值，目前市場上存在的處理器已經沒有純粹CISC或RISC的設計了，大部分都是兩種設計混合使用。

9-3-2 處理器的種類

處理器依照不同的特性可以分為中央處理器(CPU)、數位訊號處理器(DSP)、微處理器(MPU)、圖形處理器(GPU)、微控制器(MCU)等，本節將介紹這五種處理器的架構、指令、種類與特性。

☐ 中央處理器(CPU：Central Processing Unit)

中央處理器(CPU)屬於「複雜指令集處理器(CISC)」，是利用「加法」為主來進行所有的運算工作，可以在一個時脈週期內進行一次加法運算，而乘法則必須使用「數個加法運算」才能達成。舉例來說：假設要花費10個加法運算才能完成

1個乘法運算,當CPU的工作頻率為1GHz(1G=10億),則使用這種CPU每秒鐘可以完成10億次「加法運算」,但是每秒鐘只能完成1億次「乘法運算」。CPU的代表廠商包括:英特爾(Intel)、超微半導體(AMD)等。

CPU的特色包括:工作頻率高、運算功能強、CMOS數目多、晶片面積大、成本高、耗電量大,目前大多應用在個人電腦、筆記型電腦、工作站、伺服器等較高階的產品上,這些產品另外還有一個共同的特色,由於CPU耗電量大產生廢熱,因此大部分必須使用風扇來散熱。

☐ 微處理器(MPU:Micro Processing Unit)

微處理器(MPU)屬於「精簡指令集處理器(RISC)」,基本上也是利用「加法」為主來進行所有的運算工作,可以在一個時脈週期內進行一次加法運算,而乘法則必須使用「數個加法運算」才能達成。MPU的代表廠商包括:安謀國際(ARM)或MIPS公司等,這兩家公司本身不賣處理器,只授權處理器的設計圖。

➤ARM處理器:由ARM公司所設計,廣泛地應用在汽車電子、多媒體、影音娛樂等工業或消費性電子產品上做為「應用處理器(AP:Application Processor)」,著名的產品型號包括:ARM7、ARM9、AMR11、Cortex-A8/A9/A15等,細節請參考第一冊第2章「電子資訊產業」的說明。

➤MIPS處理器:由MIPS公司所設計,大多應用在網路通訊等電子產品上,例如:ADSL數據機、纜線數據機(Cable modem)、交換器(Switch)、路由器(Router)、閘道器(Gateway)等,著名的產品型號包括:MIPS32、MIPS64等。

MPU的特色包括:工作頻率較低、運算功能較差、晶片面積小、CMOS數目少、成本低、耗電量小,比較適合用來作為「嵌入式處理器(EP)」,這些產品共同的特色就是不能使用風扇,而且對成本的控管比較嚴格。由於半導體製程技術的進步,目前微處理器(MPU)的工作頻率也愈來愈高,和中央處理器(CPU)已經很接近,而智慧型手機、平板電腦的功能也愈來愈接近個人電腦,甚至已經威脅到個人電腦的市場了,在可以預見的未來,MPU的市場仍然持續成長,但是CPU的市場則很難成長,甚至已經開始衰退了。

☐ 數位訊號處理器(DSP：Digital Signal Processor)

數位訊號處理器(DSP)屬於「精簡指令集處理器(RISC)」，它的核心為「乘加器(MAC：Multiply Add Calculator)」，可以在一個時脈週期內進行一次「乘法與加法」運算。舉例來說：假設DSP的工作頻率為1GHz(1G=10億)，代表每秒鐘可以同時完成10億次「乘法與加法運算」。DSP的代表廠商包括：德州儀器(TI)、亞德諾(ADI)、恩智浦半導體(NXP)、飛思卡爾(Freescale)等。

DSP的特色包括：工作頻率高、運算功能強、晶片面積大、CMOS數目多、成本高、耗電量大，一般來說DSP由於一個時脈週期內可以進行一次乘法與加法運算，因此工作頻率不需要像CPU那麼高，例如：Intel的CPU工作頻率可以高達4GHz，但是TI的DSP工作頻率只需要2GHz，雖然看起來DSP好像比CPU或MPU功能強大，但是使用到的CMOS數目很多，通常價格並不便宜。

DSP適合用來進行各種乘加運算(SOP：Sum of Products)，例如：有限脈衝響應濾波運算(FIR：Finite Impulse Response)、無限脈衝響應濾波運算(IIR：Infinite Impulse Response)、離散傅立葉轉換(DFT：Discrete Fourier Transform)、離散餘弦轉換(DCT：Discrete Cosine Transform)、點積運算(Dot product)、卷積運算(Convolution)，以及矩陣多項式的求值運算等，大家可能會好奇，這些運算都用在那些地方呢？基本上多媒體的影音壓縮技術(MP3、JPEG、MPEG等)、語音辨識(Voice recognition)、噪音去除(Noise reduction)、影像辨識、通訊系統等訊號處理演算法大部分都是乘加運算(SOP)，因此使用DSP比CPU或MPU更合適，假設要花費10個加法運算才能完成1個乘法運算，則在進行乘加運算(SOP)的時候DSP的效能是CPU或MPU的十倍。

☐ 圖形處理器(GPU：Graphic Processing Unit)

圖形處理器(GPU)是專門用來處理個人電腦、伺服器、遊戲機甚至智慧型手機上的影像運算工作，主要就是把3D的物件表現在平面的顯示器上，可以分擔中央處理器(CPU)或微處理器(MPU)的影像處理工作。GPU的代表廠商包括：輝達(Nvidia)、英特爾(Intel)、超微半導體(AMD/ATI)等，由於嵌入式系統的發展，許多處理器廠商開始將GPU內建在處理器內變成系統單晶片(SoC)，例如：安謀國際(ARM)將GPU內建在其MPU中，型號為Mali-300/400/450/T604/T642等。

注 意

➡ 上面的分類只是為了讓大家容易了解各種處理器的特色，但是別忘了，每一種軟體都同時含有加法與乘法運算，只是多少的問題而已；同樣的道理，CPU或MPU雖然是利用「加法」為主來進行所有的數學運算工作，但是Intel或ARM也一直努力地將支援乘法與除法運算相關的指令集放入處理器內，只是效能和DSP還有一段差距而已。

☐ 微控制器(MCU：Micro Control Unit)

微控制器(MCU)屬於「精簡指令集處理器(RISC)」，一般用來稱呼最低階的處理器，基本上也是利用「加法」為主來進行所有的運算工作，可以在一個時脈週期內進行一次加法運算，而乘法則必須使用「數個加法運算」才能達成。MCU的代表廠商眾多包括：德州儀器(TI)、瑞薩(Renesas)、飛思卡爾(Freescale)、Atmel公司、Microchip公司、英飛凌(Infineon)、富士通(Fujitsu)、恩智浦(NXP)、意法半導體(STM)、三星(Samsung)等。

MCU的特色包括：工作頻率低、運算功能差、晶片面積小、CMOS數目少、成本很低、耗電量很小，應用範圍很廣，例如：電子產品的按鍵控制、鍵盤滑鼠、電子錶、電動牙刷、搖控器、血糖計、血壓計、電錶、煙霧偵測器、馬達控制、車用電子等，幾乎所有的電子產品內都有微控制器。

【觀念】處理器的運算效能

➡ 中央處理器(CPU)、微處理器(MPU)、微控制器(MCU)的運算效能是依照每秒鐘可以執行多少次指令來定義的，單位為「MIPS(Million Instructions per Second)」。

➡ 數位訊號處理器(DSP)的運算效能是依照每秒鐘可以執行多少次乘加運算(MAC)來定義的，單位為「MMACS(Million Multiply Accumulate Cycles per Second)」。

→ 圖形處理器(GPU)的運算效能是依照每秒鐘可以執行多少次多邊形(Polygon) 運算來定義的，單位為「MPPS(Million Polygons per Second)」。

9-3-3 記憶體(Memory)

　　主機板上的電腦記憶體是指電寫電讀的記憶體，主要分為「揮發性記憶體」與「非揮發性記憶體」兩大類，如圖9-19所示：

➤ 揮發性記憶體(Volatile memory)：電源開啟時資料存在，電源關閉則資料立刻流失(資料揮發掉)，例如：SRAM、DRAM、SDRAM、DDR-SDRAM等。

➤ 非揮發性記憶體(Non-volatile memory)：電源開啟時資料存在，電源關閉資料仍然可以保留，例如：ROM、P-ROM、EP-ROM、EEP-ROM/OTP-ROM、Flash ROM、FRAM、MRAM、PCRAM等。

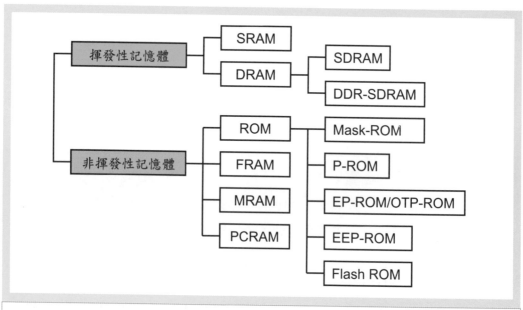

圖 9-19　電腦記憶體的種類，主要分為「揮發性記憶體」與「非揮發性記憶體」兩大類。

☐ 隨機存取記憶體(RAM：Random Access Memory)

隨機存取記憶體(RAM)使用時可以讀取資料也可以寫入資料，當電源關閉以後資料立刻消失，由於資料容易更改，一般應用在電子產品做為暫時儲存資料的記憶體，依照特性又可以分為「靜態(Static)」與「動態(Dynamic)」兩種：

➤ 靜態隨機存取記憶體(SRAM：Static RAM)：以6個電晶體來儲存1個位元(1bit)的資料，而且使用時不需要週期性地補充電源來保持記憶的內容，故稱為「靜態(Static)」。SRAM的構造較複雜(6個電晶體儲存1個位元的資料)使得存取速度較快，但是成本也較高，因此一般都製作成對容量要求較低但是對速度要求較高的記憶體，例如：中央處理器(CPU)內建256KB或512KB的「快取記憶體(Cache memory)」，一般都是使用SRAM。

➤ 動態隨機存取記憶體(DRAM：Dynamic RAM)：以1個電晶體加上1個電容來儲存1個位元(1bit)的資料，而且使用時必須要週期性地補充電源來保持記憶的內容，故稱為「動態(Dynamic)」。DRAM構造較簡單(1個電晶體加上1個電容儲存1個位元的資料)使得存取速度較慢(電容充電放電需要較長的時間)，但是成本也較低，因此一般製作成對容量要求較高但是對速度要求較低的記憶體，例如：個人電腦主機板通常使用1GB以上的DRAM，由於CPU的速度愈來愈快，目前都改良成速度更快的SDRAM或DDR-SDRAM等兩種型式來使用。

☐ 同步動態隨機存取記憶體(SDRAM：Synchronous DRAM)

利用同步存取技術，使存取資料時的工作時脈(Clock)與主機板同步，以提高資料存取速度，故稱為「同步(Synchronous)」。因此SDRAM的存取速度較DRAM快，早期電腦主機板上都是使用SDRAM來取代傳統的DRAM。

SDRAM是利用石英振盪器所產生的「時脈(Clock)」來進行同步的動作，我們將石英振盪器連接到SDRAM的某一個金屬接腳(Pin)，如圖9-20(a)所示，做為SDRAM讀取資料時的標準時間，石英振盪器所產生的時脈如圖9-20(b)所示，其實就是電壓大小在1V(伏特)與0V之間不停地變化。當電壓由0V變成1V時形成一個「上升邊緣(Rising edge)」，而當電壓由1V變成0V時形成一個「下降邊緣(Falling edge)」。當SDRAM與主機板同時讀到一個「上升邊緣」時，SDRAM將

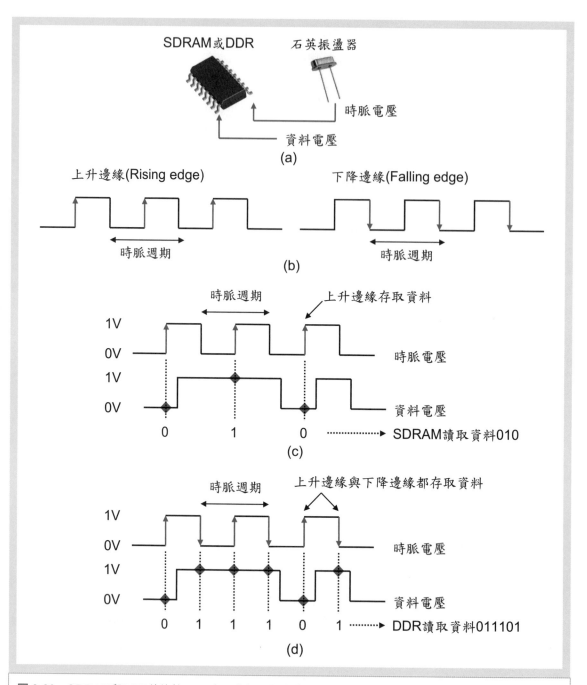

圖 9-20　SDRAM與DDR的比較。(a)由石英振盪器產生的時脈(Clock)來同步；(b)石英振盪器的上升邊緣與下降邊緣；(c)SDRAM只有在時脈的上升邊緣存取資料；(d)DDR可以在時脈的上升邊緣與下降邊緣存取資料。

資料傳送到主機板上，主機板也同時將資料接收進來；相反地，主機板也可能將資料傳送到SDRAM上，而SDRAM也同時將資料接收進來，這就是所謂的「同步(Synchronous)」，也就是SDRAM與主機板同時(同步)進行存取的動作，至於是存還是取，一般會有另外一支金屬接腳(Pin)來決定，在此不再詳細討論。

　　SDRAM是在時脈的「上升邊緣」存取資料，也就是在時脈電壓上升時存取資料，電壓下降時則不存取資料，所以一個時脈週期只能讀取1位元(bit)的資料，如圖9-20(c)所示，雖然傳送到SDRAM的資料電壓一直在改變，但是經由與時脈電壓「上升邊緣」同步後，可以確定SDRAM讀取的數位資料是「010(讀取3位元)」。SDRAM配合處理器(CPU)的外頻而有不同的規格，例如：SDRAM-200的工作頻率為200MHz，資料傳輸率為1.6GB/s，如表9-7所示。

□ 二倍資料速度－同步動態隨機存取記憶體(DDR-SDRAM)

　　利用同步存取技術，使存取資料時的工作時脈(Clock)與主機板同步，以提高資料存取速度，而且一個時脈週期可以讀取2位元(bit)的資料，工作速度比SDRAM快二倍，故稱為「二倍資料速度(DDR：Double Data Rate)」，而且DDR只需要將SDRAM的電路少量修改，成本增加不多就可以得到兩倍的資料存取速度，因此一上市就立刻取代SDRAM成為主流產品。

　　DDR是在時脈的「上升邊緣」與「下降邊緣」均可存取資料，也就是在時脈電壓上升時存取資料，電壓下降時也可以存取資料，所以一個時脈週期可以讀取2位元(bit)的資料，如圖9-20(d)所示，雖然傳送到DDR的資料電壓一直在改變，

表 9-7　同步動態隨機存取記憶體(SDRAM)的比較，表中所有的記憶體工作頻率都是200MHz，但是資料傳輸率與SDRAM相比，DDR是二倍，DDR2是四倍，DDR3是八倍。

標準名稱	工作頻率	工作電壓	數據速率	資料寬度	資料傳輸率
SDRAM-200	200MHz	3.3V	200MT/s	64bit	1.6GB/s
DDR-400	200MHz	2.5V	400MT/s	64bit	3.2GB/s
DDR2-800	200MHz	1.8V	800MT/s	64bit	6.4GB/s
DDR3-1600	200MHz	1.5V	1.6GT/s	64bit	12.8GB/s
DDR4-3200	200MHz	1.2V	3.2GT/s	64bit	25.6GB/s

但是經由與時脈電壓「上升邊緣」和「下降邊緣」同步後，可以確定DDR讀取的數位資料是「011101(讀取6位元)」，顯然相同時間存取速度恰好是SDRAM的兩倍。DDR配合處理器(CPU)的外頻而有不同的規格，例如：DDR-400的工作頻率為200MHz，但是資料傳輸率為3.2GB/s，恰好比SDRAM-200快二倍，如表9-7所示，DDR的工作頻率最高可達350MHz(DDR-700)。

➢ DDR2：由於個人電腦的CPU運算速度愈來愈快，因此科學家們開發出速度更快的DDR2與DDR3，增加許多新的功能來提升存取速度，由於原理複雜在此不再詳細描述。基本上DDR2一個時脈週期可以存取4位元(bit)的資料，所以資料存取速度是SDRAM的4倍，例如：DDR2-800的工作頻率為200MHz，但是資料傳輸率可達6.4GB/s，恰好比SDRAM-200快四倍，如表9-7所示，DDR2的工作頻率最高可達300MHz(DDR2-1200)。

➢ DDR3：DDR3一個時脈週期可以存取8位元(bit)的資料，所以資料存取速度是SDRAM的8倍，例如：DDR3-1600的工作頻率為200MHz，但是資料傳輸率可達12.8GB/s，恰好比SDRAM-200快八倍，如表9-7所示，DDR3的工作頻率最高可達275MHz(DDR3-2200)。

➢ DDR4：DDR4一個時脈週期可以存取16位元(bit)的資料，所以資料存取速度是SDRAM的16倍，例如：DDR4-3200的工作頻率為200MHz，但是資料傳輸率高達25.6GB/s，恰好比SDRAM-200快16倍，如表9-7所示，目前DDR4已經量產但是仍不普及，一般預計2014年以後才會大量使用。

➢ MDDR(Mobile DDR)：又稱為「LPDDR(Low Power DDR)」是DDR的一種，主要是降低工作電壓來達到省電的目的，例如：MDDR的工作電壓從原本DDR的2.5V降低到1.8V，MDDR2的工作電壓從原本DDR2的1.8V降低到1.2V，可以應用在手持式電子產品，包括：平板電腦、智慧型手機等。

此外，表9-7可以看出DDR的發展過程，工作電壓愈來愈低，由SDRAM的3.3V降低到DDR4的1.2V；數據速率與資料傳輸率愈來愈快，其中「T/s」代表「Transfer per second」，就是每秒傳送多少次，由於資料寬度是64bit，每一次可以傳送64bit(8Byte)的資料，所以DDR4的數據速率為3.2GT/s，則其資料傳輸率為3.2GT/s×8Byte=25.6GB/s。

☐ 唯讀記憶體(ROM)

唯讀記憶體(ROM：Read Only Memory)是記憶體在製造的時候就將資料寫入，使用時只能讀取資料而無法寫入資料，當電源關閉後資料仍然存在，由於資料不易更改，一般應用在個人電腦BIOS晶片或不需要常常更改資料的地方，依照特性又可以分為Mask-ROM、P-ROM、EP-ROM、EEP-ROM等四種：

➤ 光罩式唯讀記憶體(Mask-ROM)：在製造的時候，用一個特製的「光罩(Mask)」將資料製作在線路中，資料寫入後就不能更改，這種記憶體的製造成本極低，通常應用在個人電腦的BIOS晶片儲存電腦的開機啟動程式(就是作業系統執行前的開機啟動程式)，由於無法更改資料，所以目前已經很少使用了。

➤ 可程式化唯讀記憶體(P-ROM：Programmable ROM)：在製造的時候尚未將資料寫入，購買唯讀記憶體的廠商(例如：主機板廠商)在購買後可以依照不同的需要以「高電流」將P-ROM內部的熔絲燒斷寫入資料，而且資料只能寫入一次，不可以重複使用。P-ROM的優點是記憶體製造時不需要將資料寫入，廠商在購買後可以依照不同的需要寫入資料，應用的靈活性比Mask-ROM高；缺點則是資料只能寫入一次，不可更改，使用仍然不方便。

➤ 可抹除可程式化唯讀記憶體(EP-ROM：Erasable P-ROM)：在製造的時候尚未將資料寫入，購買唯讀記憶體的廠商(例如：主機板廠商)在購買後可以依照不同的需要以「高電壓」將資料寫入；如果需要更改內容，可以使用「紫外光」將舊的資料抹除(Erase)，再以高電壓將新資料寫入，因此可以重複使用。EP-ROM的優點是記憶體製造時不需要將資料寫入，廠商在購買後可以依照不同的需要寫入資料，而且可以更改資料，應用靈活性較P-ROM高；缺點則是更改資料時必須先使用紫外光將舊資料抹除，使用仍然不方便。此外，EP-ROM的封裝外殼必須預留一個石英窗，讓紫外光可以照射到浮動閘極，由於價格較高，後來大部分都沒有預留石英窗，資料寫入之後就不能再抹除，變成只能寫入一次的「一次可程式化唯讀記憶體(OTP-ROM：One Time Programmable ROM)」。

➤ 電子式可抹除可程式化唯讀記憶體(EEP-ROM：Electrically EP-ROM)：在製造的時候尚未將資料寫入，購買唯讀記憶體的廠商(例如：主機板廠商)在購買後可以依

照不同的需要以「高電壓」將資料寫入；如果需要更改內容，可以使用「高電壓」將舊資料抹除(Erase)，再以高電壓將新資料寫入，因此可以重複使用。EEP-ROM的優點是記憶體製造時不需要將資料寫入，廠商在購買後可以依照不同的需要寫入資料，而且可以更改資料，又不需要使用紫外光，應用靈活性較EP-ROM高；缺點則是EEP-ROM以小區塊(通常是位元組B)為清除單位來抹除資料，抹除與寫入的速度很慢，使用仍然不方便，經過改良才發展出目前廣泛使用在可攜帶式電子產品的「快閃記憶體(Flash ROM)」，因此我們可以將EEP-ROM看成是快閃記憶體的始祖。EEP-ROM由於可以電寫電讀，目前廣泛的應用在各種防偽晶片，例如：IC電話卡、IC金融卡、IC信用卡(信用卡附防偽晶片)、健保IC卡、手機用戶識別卡(SIM)等，做為儲存少量客戶資料的記憶體。

□ 快閃記憶體(Flash ROM)

快閃記憶體的構造及工作原理與EEP-ROM相似，不同的是以大區塊(通常是千位元組KB)為清除單位來抹除資料，故稱為「快閃(Flash)」。依照不同的IC設計邏輯，又可以分為「NOR閘型」與「NAND閘型」兩大類：

➤ NOR閘型快閃記憶體(NOR flash)：使用「NOR閘」為基本邏輯元件來設計，容量較低，存取速度較快，價格較高，又稱為「Code storage flash」，一般用來儲存資料量較少的軟體程式，例如：行動電話或個人數位助理(PDA)的開機程式與作業系統，可以快速隨機存取，適合快速開機載入作業系統時使用。

➤ NAND閘型快閃記憶體(NAND flash)：使用「NAND閘」為基本邏輯元件來設計，容量較高，存取速度較慢，價格較低，又稱為「Data storage flash」，一般用來儲存資料量較大的使用者資料庫，例如：行動電話的電話簿、錄音筆的錄音內容、數位相機與數位錄影機的記憶卡等，不可快速隨機存取，必須依照寫入順序讀取資料，因此比較不適合快速開機載入作業系統時使用。

NAND閘型快閃記憶體雖然不可快速隨機存取，但是這個問題已經利用修改控制晶片來解決，所以目前也可以快速隨機存取了，而且存取速度大幅提升，所以目前所有智慧型手機內的作業系統(例如：Android、iOS、Windows phone等)，都是使用NAND閘型快閃記憶體來儲存。大家猜猜看，目前世界上使用量最大的

快閃記憶體是NOR閘型或NAND閘型呢？因為NOR閘型都是用在儲存開機用的作業系統，所以使用量很小，但是NAND閘型主要是用來儲存資料，再加上製程線寬不斷縮小，1GB以上的NAND閘型已經非常普及，32GB以上的也已經上市，所以用量最大的當然是NAND閘型快閃記憶體囉！目前甚至可以結合控制晶片與大容量的NAND閘型快閃記憶體，用來取代傳統的硬碟機應用在平板電腦或筆記型電腦上，我們稱為「固態硬碟(SSD：Solid State Disk)」。

9-3-4　類比積體電路(Analog IC)

　　類比積體電路的種類很多，不容易在短短的一個章節內完整的描述，這裡我們簡單的介紹幾種市場上常見的類比積體電路，包括：放大器(Amplifier)、類比與數位轉換器(ADC/DAC)、電源管理(Power management)等，讓大家認識這種較少有機會接觸的產品，細節請參考第一冊第2章「電子資訊產業」的說明。

☐ 放大器(Amplifier)

　　放大器可以組成放大電路，用來增強訊號的輸出功率，使微小的輸入訊號(電壓或電流)轉換成較大的輸出訊號(電壓或電流)，通常用一個三角形符號來表示，左方為輸入端，右方為輸出端，其中最常使用的有下列兩種：

➤ 音訊功率放大器(Audio power amplifier)：一般隨身聽輸出音樂訊號的音源孔輸出電壓只有200mV(毫伏特)而已，這麼小的電壓訊號連接到沒有內建放大器的喇叭根本就聽不到音樂，這是因為音源孔輸出的訊號功率不足以推動喇叭這麼大的「負載(Load)」，因此需要在隨身聽內建功率放大器，將音樂訊號的功率放大以後再輸出到喇叭，所謂的負載(Load)就是消耗電能的電子元件。

➤ 射頻功率放大器(RF power amplifier)：手機的訊號要傳送到幾十公里以外的基地台，射頻訊號必須先經過放大，再經由天線傳送出去；基地台傳送過來的微小訊號也必須先經過放大才能處理，因此手機的射頻電路含有功率放大器，它也是整個射頻電路中最耗電的積體電路(IC)。

➤ 運算放大器：早期是用來進行加、減、微分、積分的類比數學運算，因此被稱

為「運算放大器(OP Amp：Operational Amplifier)」，它也可以用來放大電壓或電流，同時結合電阻、電容、電感形成各種類比電路，例如：反向放大器、非反相放大器、加法器、減法器、微分器、積分器、比較器、穩壓電路、濾波器等。

❑ 類比數位轉換器(ADC：Analog to Digital Converter)

大自然裡一切的訊號，包括我們聽到的聲音、看到的影像，都屬於類比訊號(Analog signal)，而處理器與記憶體運算或儲存的則是數位訊號(Digital signal)，因此在所有的電子產品裡，輸入端通常需要類比數位轉換器(ADC)將外界輸入的類比訊號(A)轉換成數位訊號(D)；而輸出端通常需要數位類比轉換器(DAC)將數位訊號(D)轉換成類比訊號(A)才能輸出到外界，如圖9-17所示。

將類比訊號(Analog)轉換成數位訊號(Digital)的積體電路(IC)，稱為「ADC」或「A/D」，如圖9-21(a)所示，轉換後的數位訊號只有0與1兩種。

➢ 視訊解碼器(Video decoder)：是指將類比影像訊號轉換成數位影像訊號的積體電路(IC)，其實就是一個影像的類比數位轉換器(ADC)，可以將類比的影像訊號，例如：AV端子(Composite)、RGB端子(RGB component)、S端子(S-video)、色差端子(Component)，轉換成數位的影像訊號(0與1)，如圖9-21(b)所示。

➢ 音訊解碼器(Audio decoder)：是指將類比聲音訊號轉換成數位聲音訊號的積體電路(IC)，其實就是一個聲音的類比數位轉換器(ADC)，可以將類比的聲音訊號(AV端子的左右聲道、TRS端子)轉換成數位訊號(0與1)，如圖9-21(c)所示。

❑ 數位類比轉換器(DAC：Digital to Analog Converter)

將數位訊號(Digital)轉換成類比訊號(Analog)的積體電路(IC)，稱為「DAC」或「D/A」，如圖9-22(a)所示，轉換後的類比訊號就是一個連續的電壓輸出。

➢ 視訊編碼器(Video encoder)：是指將數位影像訊號轉換成類比影像訊號的積體電路(IC)，其實就是一個影像的數位類比轉換器(DAC)，可以將數位的影像訊號(0與1)轉換成類比的影像訊號，例如：AV端子(Composite)、RGB端子(RGB component)、S端子(S-video)、色差端子(Component)，如圖9-22(b)所示。

➢ 音訊編碼器(Audio encoder)：是指將數位聲音訊號轉換成類比聲音訊號的積體電

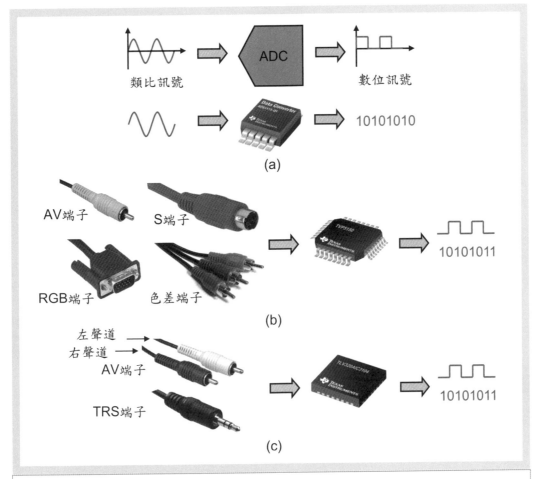

圖 9-21 類比數位轉換器(ADC)。(a)ADC將類比訊號轉換成數位訊號；(b)視訊解碼器(Video decoder)；(c)音訊解碼器(Audio decoder)。

路(IC)，其實就是一個聲音的數位類比轉換器(DAC)，可以將數位的聲音訊號(0與1)轉換成類比訊號(AV端子的左右聲道、TRS端子)，如圖9-22(c)所示。

☐ 電源管理(Power management)

講到電源管理就必須先了解「電源供應器(PSU：Power Supply Unit)」，所有的電子產品都需要電源才能工作，因此如何管理電源就成為最大的問題，家裡的

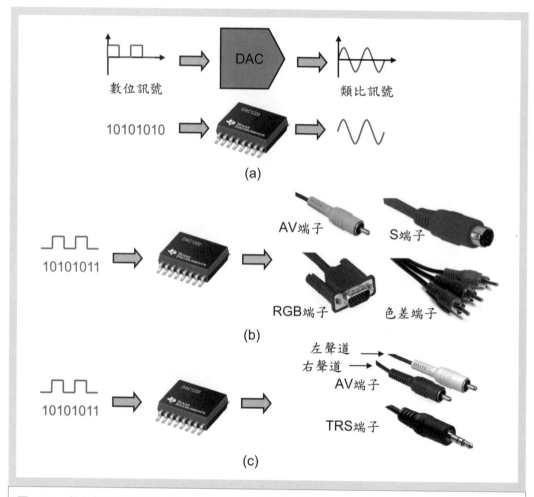

圖 9-22 數位類比轉換器(DAC)。(a)DAC將數位訊號轉換成類比訊號；(b)視訊編碼器(Video encoder)；(c)音訊編碼器(Audio encoder)。

插座一般是提供110V(伏特)或220V的交流電，但是筆記型電腦的電源孔需要19V的直流電，而主機板上的CPU與DDR可能需要3.3V或1.8V的直流電，如何將110V的交流電轉換成19V、3.3V、1.8V的直流電，是電源管理最重要的工作，而負責轉換電壓的積體電路(IC)泛稱為「電源積體電路(Power IC)」，細節請參考第一冊第2章「電子資訊產業」的詳細說明。

　　電子產品的印刷電路板上如果要轉換電壓，一般只需要提供較小的電流與電壓差，因此可以使用體積很小的積體電路(IC)，我們稱為「穩壓器(Regulator)」或「非隔離型DC/DC轉換器」，主要分為線性式與交換式兩大類：

➢ **線性穩壓器(Linear regulator)**：屬於「線性式(Linear)」，積體電路內含有電晶體(工作在飽和區)、放大器、電阻、電容來調節不穩定的電壓，使輸出電壓穩定，一般只能用來降壓，使高電壓輸入變成低電壓輸出(通常必須降壓0.7V以上)，後來開始有廠商推出「低壓降穩壓器(LDO：Low Drop Out)」，強調只需要降壓0.1V左右就可以輸出穩定的電壓。線性穩壓器的構造簡單，輸出電壓的潔淨度高，沒有漣波(Ripple)、雜訊(Noise)、電磁干擾(EMI)，但是轉換效率最差。如果輸入電壓改變或是負載電流增加，則電阻與電容的功率消耗也會增加，所以稱為「線性式(Linear)」，這樣會造成元件發熱與轉換效率下降，只適合應用在低電流的條件，價格最便宜。

➢ **電荷幫浦(Charge pump)**：屬於「交換式(Switching)」，積體電路內含有電晶體(工作在截止區、飽和區與放大區互相切換)、放大器、電阻、電容來調節不穩定的電壓，使輸出電壓穩定，由於使用電容做為電能儲存裝置，所以又稱為「電容式(無電感式)交換穩壓器」，可以升壓(Boost)、降壓(Buck)、升降壓(Buck-Boost)、反相(Invert)，但是電荷幫浦一般都是用來升壓(Boost)，所以又稱為「升壓轉換器(Boost converter)」。電荷幫浦與線性穩壓器比較構造複雜一些，輸出電壓的潔淨度差一些，但是轉換效率比較高，可以提供較大的電流，價格中等。

➢ **交換式穩壓器(Switching regulator)**：屬於「交換式(Switching)」，積體電路內含有電晶體(工作在截止區、飽和區與放大區互相切換)、放大器、電阻、電容、電感來調節不穩定的電壓，使輸出電壓穩定，由於有電感做為電能儲存裝置，所以又稱為「電感式交換穩壓器」，可以升壓(Boost)、降壓(Buck)、升降壓(Buck-Boost)、反相(Invert)，但是交換式穩壓器一般都是用來降壓(Buck)，所以又稱為「降壓轉換器(Buck converter)」。交換式穩壓器構造最複雜，輸出電壓的潔淨度差一些，但是轉換效率最高，可以提供較大的電流，價格最高。

　　電荷幫浦與交換式穩壓器由於透過電晶體開關切換把電能從輸入端傳遞到輸

出端,所以稱為「交換式(Switching)」。以筆記型電腦為例,電源供應器一般是將110V交流電轉換成19V直流電再輸入到主機板(請自行查看筆記型電腦的電源孔多為19Vdc);而主機板上會使用交換式穩壓器(Switching regulator)將19V直流電降壓轉換成5V、3.3V、1.8V、1.2V提供處理器、記憶體、北橋與南橋晶片、週邊介面等積體電路(IC)使用,所以說:交換式穩壓器一般都是用來降壓。

☐ 電源管理積體電路(PMIC:Power Management IC)

由於手機或平板電腦的印刷電路板都很小,沒有足夠的空間同時使用許多顆不同的電源積體電路(Power IC),所以目前許多廠商都推出整合型的「電源管理積體電路(PMIC:Power Management IC)」,同時將許多低壓降穩壓器(LDO)、電荷幫浦(Charge pump)、交換式穩壓器(Switching regulator)整合在同一個積體電路(IC)內,可以提供不同的電壓給處理器、記憶體、北橋與南橋晶片、週邊介面、顯示器等使用,著名的供應商包括:德州儀器(TI)、飛思卡爾(Freescale)、美信國際(Maxim)、凌力爾特(Linear Technology)等公司。

☐ 電池管理系統(BMS:Battery Management System)

二次電池是指可以充電重複使用的電池,包括:鎳氫電池、鋰離子電池、聚合物鋰電池、鋰鐵電池等,目前大量使用在小型的電子產品,例如:手機、平板電腦、數位相機、數位錄影機,甚至大型的電動工具、油電混合車、電動車等產品上,不同的二次電池具有不同的特性,例如:充電或放電特性、儲存能量密度、循環充電次數與使用壽命、不同的安全性等。

電池組裝的最小單位稱為「單位電池(Cell)」,如果要提高電壓則必須將單位電池串聯,如果要增加電流則必須將單位電池並聯,而且放電時必須使每個單位電池均衡放電,充電時也必須均衡充電,才能延長電池的使用壽命,同時必須隨時監控電池的電量,提高電池的使用效率,防止電池出現過度充電或過度放電,此外就像電源供應器一樣通常也需要進行過電壓保護(OVP)、過電流保護(OCP)、過溫度保護(OTP)、短路保護(SCP)等,因此需要經由一個電子系統來管理,我們稱為「電池管理系統(BMS:Battery Management System)」。

9-4 系統技術(System technology)

　　所有的電子產品、光電產品、通訊產品、生物科技產品，都必須先進行「系統整合(SI：System Integration)」，才能變成一個具有完整功能的科技產品。進行系統整合組裝這些科技產品的廠商稱為「系統整合商(System Integrator)」，台灣有名的電子公司包括：鴻海(Foxcomm)、廣達(Quanta)、華碩(ASUS)、和碩(Pegatron)、仁寶(Compal)、緯創(Wistron)等都是屬於系統整合商。

9-4-1 嵌入式系統(Embedded system)

　　嵌入式系統(Embedded system)是我們常常聽到的名詞，有別於一般我們所使用的電腦(Computer)，本節我們先簡單介紹嵌入式系統的定義與特性，大家就可以區分在所有的電子資訊產品中那些是屬於嵌入式系統產品了。

❏ 嵌入式系統的定義

　　完全嵌入在系統內部，專為特定應用而設計的電子產品泛稱為「嵌入式系統(Embedded system)」，根據英國電機工程師協會(Institution of Electrical Engineer)的定義，嵌入式系統是控制、監視或輔助設備機器或用於工廠運作的裝置，而嵌入式系統所使用的處理器泛稱為「嵌入式處理器(EP：Embedded Processor)」。簡單的說，個人電腦是通用的電腦系統，每台個人電腦都是安裝Windows或Linux作業系統，因此可以安裝不同的應用程式(APP)而進行不同的功能；嵌入式系統通常使用特別的作業系統，而且只能執行預先設定的工作任務，例如：銀行的自動櫃員機、航空電子、汽車電子、手機、電信交換機、網路裝置、印表機、影印機、傳真機、計算機、家用電器、醫療裝置等。

❏ 嵌入式系統的產品特性

　　基本上嵌入式系統的應用還是以消費性電子與通訊產品為最大的市場，而消費性電子與通訊產品最大的特性依序有下列五項：

➢ **必須擁有(Must to have)**：消費者在日常生活中必須使用這個產品才行，如果缺少這個產品會造成生活上的不方便，例如：智慧型手機現在已經是每個人生活中的必須品，我們已經習慣隨時隨地都會用手機和別人聯絡，看看公車和捷運上的低頭族就明白，那一天手機忽然忘了帶出門，必然會造成許多不方便，由此可以確定，手機必定是一個可以在市場上熱賣的嵌入式產品。

➢ **容易使用(Easy to use)**：消費性電子與通訊產品必須容易使用，代表消費者在沒有閱讀任何說明書的情況下也會使用這個產品，我們都知道手機附有一本厚厚的說明書，請問有誰買了手機以後，會先讀完說明書才開始打電話呢？顯然產品的使用者介面(UI)或人機介面(HMI：Human Machine Interface)必須愈人性化、愈簡單才行，例如第一代Apple iPhone其實是一支功能普通的手機，但是一上市就造成**轟動**，不是因為它的通訊功能強大，而是使用起來非常順手，尤其是它的觸控式螢幕具有多點觸控(Multi touch)的功能，讓使用過的人都印象深刻。

➢ **價格便宜(Low cost)**：通常一個新產品上市之初價格都會比較高，所以銷售量不一定能夠立刻提高，但是過了一陣子價格開始慢慢下降，此時市場的銷售量就會開始快速上升，顯然價格的高低會影響消費者的購買意願。

➢ **網路連線(Internet connection)**：一般而言，大部分的消費性電子與通訊產品都需要具有網路連線的功能，主要是網路可以隨時提供使用者許多資訊，也可以提供許多即時服務，一般都是使用乙太網路或無線網路系統連接到網際網路，目前則慢慢朝向第三代(3G)或第四代(4G)行動通訊網路連線。

➢ **低耗電(Low power)與低噪音(Low noise)**：個人電腦所使用的處理器工作頻率高，但是消耗的能量也大，所以常常需要加裝風扇來解決過熱的問題，嵌入式系統產品與個人電腦最大的差別就是低耗電，尤其許多手持式產品必須依賴電池提供電能，因此低耗電是很重要的，而且不能加裝風扇，所以噪音也比較低。

　　嵌入式系統產品的設計理念與個人電腦的市場完全不同，因此在設計產品時必須仔細思考上面五個產品特性，而且重要性依序為：必須擁有、容易使用、價格便宜，凡是同時滿足這三個條件的產品在市場上必定熱賣；如果只滿足必須擁有、容易使用兩個條件，但是價格很高，通常還是會有一定的銷售量；但是如果不滿足必須擁有這個條件，那就很難賣出去了。

消費性電子與個人電腦產品的差異

大家有沒有想過，消費性電子產品與個人電腦產品有什麼不同呢？其實只要記得消費性電子產品是在客廳要使用的，而個人電腦產品是在書房要使用的，如果想通了這一點，就會明白它們之間的差異了。

我們花時間學習如何使用微軟的PowerPoint、Word、Outlook等軟體，因為這是我們工作必須使用的，但是當我們買了一台新電視，安裝好了以後，我們通常不會花時間看使用手冊，也不想去學如何使用這支搖控器，就急著想要看電視了，如果用這支搖控器，按來按去就是看不到自己想要看的電視節目，那並不是使用者的錯，而是設計者沒有考慮到「容易使用(Easy to use)」的設計概念；同樣的，當我們拿到一支新手機，是會先將那本厚厚的使用手冊看完，還是急著打電話給別人呢？是不是發現消費性電子產品與個人電腦產品有什麼不同了？

我們常常使用電腦上網、收發電子郵件，因此有人突發奇想，設計出一種數位多媒體中心(DMC：Digital Multimedia Center)，也就是把電腦重新包裝放在客廳，使用電視做為顯示器，這樣子我們就可以在客廳瀏覽網頁、收發電子郵件，為了達到這個目的，還特別設計了一組鍵盤和滑鼠可以放在客廳的茶几上，讓我們再來想想看，這樣的產品會不會熱賣呢？客廳是全家人一起使用的地方，你(妳)會在這種地方收發電子郵件，把朋友的信件給全家人一起看嗎？瀏覽網頁常常是自己看想要看的內容，如何在這種全家人一起使用的地方瀏覽網頁呢？在客廳裡用鍵盤和滑鼠是不是也怪怪的呢？顯然這個產品不滿足必須擁有(Must to have)的條件，再加上電腦的單價很高，也不符合價格便宜(Low cost)的要求。

相反的，Google公司推出的Chromecast也是用來使電視連接網路，但是只要US$35元(大約NT$1000元)非常便宜，而功能主要是讓電視能連接Youtube或其他多媒體網站觀看網路影片或音樂，又能支援所有不同作業系統的手機，所以發展的方向完全正確，唯一的問題是目前影片的版權仍然掌握在有線電視業者手中，這是目前網路電視發展最大的困境，但是網路的發展一日千里，我們的生活習慣也隨著網路改變，相信在不久的將來網路電視的市場一定成功，Chromecast滿足容易使用(Easy to use)與價格便宜(Low cost)的要求，而必須擁有(Must to have)的條件仍在培養當中，這個產品的成功仍然需要一點時間。

□ 數位相框(DPF)──成功的嵌入式系統產品實例

　　數位相機技術的成熟，從1995年開始，短短的幾年內就讓傳統相機消失了，從前我們用傳統相機照像，然後將底片取出送到照相館沖洗，現在卻直接將數位相機內的照片和影片儲存在記憶卡中，用電腦直接觀賞，也可以上傳到部落格直接和朋友分享，造成了整個相機產業的大革命。早在1995年就有日本的數位相機廠商發現，因為愈來愈多的人不到照相館洗照片了，所以傳統的相框愈來愈沒有用，取而代之的是市場上可能需要一種可以直接播放電子照片的相框，因此使用7吋的液晶顯示器設計出一種可以直接解壓縮JPEG檔案的電子相框，可惜1995年數位相機還不普及，再加上當時7吋的液晶顯示器單價很高，這一款電子相框的售價高達NT$20,000元以上，市場接受度不佳，最後草草收場，從這個例子可以看出，必須擁有、容易使用、價格便宜這三個條件，在1995年數位相框只滿足了第二項「容易使用」，自然不可能會是一個成功的商品。

　　到了2005年，數位相機技術成熟價格下跌，已經到了人手一台的地步，在照相機的市場佔有率已經超過九成，同時液晶顯示器也因為技術成熟價格下跌，顯然該是數位相框重出江湖的時候了。經過市場調查，發現在歐美國家，許多爺爺奶奶並沒有和兒孫同住，從前都是居住在外地的兒女將孫子、孫女們的照片寄回家，才能看到自己的孫子、孫女們可愛的模樣，但是自從數位相機出現之後，都是數位照片的電子檔案，如何讓這些不會使用電腦的爺爺奶奶們看到照片呢？顯然市場上需要一種直接用記憶卡就可以自動播放照片的電子相框，於是Philips公司首先於2005年發表第一款「數位相框(DPF：Digital Photo Frame)」，一上市就成為耶誕節送給爺爺奶奶最好的禮物，只要將儲存照片的記憶卡寄給他們，就可以讓遠在千里外的親人看到家人們的照片，這款數位相框剛上市的時候售價高達US$249元(大約NT$8000元)，卻在一年多的時間內銷售超過一百萬台，從這個例子可以看出，必須擁有、容易使用、價格便宜這三個條件，只要滿足了前兩項「必須擁有、容易使用」，即使不滿足第三項「價格便宜」，還是有可能成為一個成功的商品，符合嵌入式系統產品的特性。

　　問題是，數位相框這樣的產品會繼續成長下去嗎？2007年開始，各家廠商發現了這個商機，開始紛紛投入數位相框產品的開發，一時之間市場上的數位相框

玲瑯滿目，但是銷售的數量卻沒有明顯的成長，甚至開始下滑。如果我們再進一步觀察市場的變化，2007年開始，網路相簿流行，年輕人開始把自己的照片放在Google+或Facebook等網路相簿上，透過網路和朋友分享照片，相較之下數位相框反而不是那麼重要了。此時新的數位相框開始加入網路功能，將網路相簿上的照片直接下載到數位相框內，這樣的點子聽起來不錯，但是結合了網路功能的數位相框，不再那麼「容易使用」，市場的接受度可能就沒有預期的那麼高了，後來取而代之的是具有觸控螢幕使用簡單又可以連接網路的「平板電腦(Tablet)」。從這個例子我們也可以看出，成功的嵌入式消費性電子產品，常常是功能簡單的，如果設計者放入了太多複雜的功能，有時候反而不被消費者接受。

9-4-2　程式語言(Program & Language)

「軟體(SW：Software)」是使用軟體指令(Software instruction)命令電腦執行加、減、乘、除、移位、比較、判斷式等基本動作，在資訊工程的專業術語稱為「程式(Program)」或「語言(Language)」，Program的英文原意是「節目表」，意思是執行一個程式，就像演一齣戲一樣，按照原先安排的順序，一幕一幕地演下去，程式的執行就是按照邏輯順序，一個指令接著一個指令執行。

☐ 硬體與軟體

硬體(Hardware)、軟體(Software)，甚至韌體(Firmware)都是大家經常聽到的名詞，在討論系統整合之前讓我們先了解一下硬體、軟體與韌體到底有什麼差別？工程師又是如何開發軟體與韌體的呢？

➤ 硬體(HW：Hardware)：泛指佔有空間具有實體的電子元件或設備，例如：一台電腦、一塊主機板、一張網路卡甚至一顆積體電路(IC)等，負責設計與製作硬體的工程師稱為「硬體工程師(Hardware engineer)」。大家必須了解，硬體才是真正讓人類使用的元件或設備，因此任何設計圖都必須實際製作成硬體才能使用，例如：建築師畫了一張建築設計圖(藍圖)，如果沒有營造廠將它實際蓋成大樓，人類是無法居住的；同理，IC設計工程師畫了一張IC設計圖，如果沒有晶圓廠將它

實際製作成積體電路(IC)，人類也是無法使用的。

➤ 軟體(SW：Software)：泛指在電子元件(硬體)內執行的「程式(Program)」，例如：電腦的作業系統(Windows、Linux)與應用程式(小算盤、小畫家)，智慧型手機的作業系統(Android、iOS)與應用程式(Line、Whatsapp)，負責撰寫軟體的工程師稱為「軟體工程師(Software engineer)」。值得注意的是，所有的電子產品都必須有軟體才能執行工作，因此除了電腦與手機，包括：數位相機(DSC)、數位錄影機(DVC)、DVD播放機，甚至電視機、電冰箱、冷氣機、電風扇、汽車電子等設備的處理器內一定都有軟體存在，唯一的差別是，愈複雜的電子產品，通常使用高階的處理器(例如：CPU、MPU、DSP)，軟體也愈複雜；愈簡單的電子產品，通常使用低階的處理器(例如：MCU)，軟體也愈簡單。

➤ 韌體(FW：Firmware)：韌體其實也是一種軟體，只不過我們特別將用來驅動硬體工作的軟體稱為韌體，也就是我們一般俗稱的「驅動程式(Driver)」。當我們在使用電腦的時候常常需要驅動一些週邊設備來工作，例如：驅動印表機列印文件、驅動顯示器顯示影像、驅動音響播放音樂等，不論使用什麼軟體來執行工作，最後都需要韌體才能達成驅動週邊設備的目的，負責撰寫韌體程式的工程師稱為「韌體工程師(Firmware engineer)」。我們可以說，任何一個電子產品都是軟體在管理韌體，韌體在驅動硬體。

☐ 程式語言的種類

程式(Program)或語言(Language)可以概略分為機器語言(機器碼)、低階語言(組合語言)、高階語言等三種，如圖9-23所示，我們先簡單介紹如下：

➤ 機器語言(Machine language)：又稱為「機器碼(Machine code)」，是指0與1的排列組合，如圖9-23(a)所示，由於電腦只認得0與1(關與開)，因此不論什麼軟體程式，最後都必須轉換成0與1的排列組合(機器碼)才能被電腦執行。

➤ 低階語言(Low level language)：又稱為「組合語言(Assembly language)」，是使用「硬體指令」所形成的程式，前面曾經介紹過，硬體指令是指處理器所認得的指令，例如：ADD、PUSH、POP等，由於不同的公司設計的處理器硬體指令並不相同，所以使用的組合語言也不相同。使用組合語言撰寫的程式如圖9-23(b)所

記憶體位置	程式內容			
00030700	01001110	01001110	01001110	01101110
00030704	11110101	01011001	00000000	10101010
00030708	00101010	10101111	11111111	11110101
00030712	01010111	00000000	01011010	11110101
00030716	00101010	11111111	01001110	11110101
00030720	00101010	00101010	01001110	11110101
00030724	01001110	11111111	00101010	11111111
00030728	11110101	11111111	00000000	00101010

(a)

```
.Model SMALL
.STACK
.DATA
            NUMBER1 DB 4
            NUMBER2 DB 2
.CODE
            MOV  AX, @DATA
            MOV  DS, AX
            MOV  DL, NUMBER2
            MOV  AL, NUMBER1
            MUL  DL
            MOV  DL, AL
            ADD  DL, '0'
            MOV  AH, 02
            INT  21h
            MOV  AH, 4Ch
            INT  21h
END
```

(b)

```
#include <stdio.h>
int main ()
{
     int number;
     int a[20]={0,1,2,3,4,5};
     int b[20]={0,1,2,3,4,5};
     y = function(a, b, 10);
     printf ("Number= %d\n",number );
}
int function (int *m, int *n,int count)
{
     int i;
     int product;
     int sum = 0 ;
     for ( i=0 ; i < count ; i ++ )
     {
          product = m[i] * n[i];
          sum += product;
     }
   return (sum);
}
```

(c)

圖 9-23　程式語言的實例。(a)機器語言只是一堆0與1，人類很難了解；(b)低階語言人類比較不容易了解，圖中為80X86組合語言；(c)高階語言人類比較容易了解，圖中為C語言。

示，我們勉強可以看懂它在做什麼，例如：MOV是移動到某一個變數，ADD是在進行加法，INT是在設定整數等。由於機器語言是指0與1的排列組合，雖然電腦看得懂，但是對人類來說看到一大堆的0與1可是會頭昏眼花的，要叫人類直接撰寫一大堆0與1的排列組合來讓電腦執行也是不可能的事，因此科學家發明了組合語言來協助人類撰寫程式。

➢ 高階語言(High level language)：是使用「軟體指令」所形成的程式，由於使用組合語言來撰寫程式仍然有困難，因此科學家發明了高階語言來協助人類撰寫程式，高階語言的一行描述式(軟體指令)就相當於組合語言的多行硬體指令，比組合語言更容易撰寫，語法也與人類所使用的英文接近。使用高階語言撰寫好的程式如圖9-23(c)所示，我們可以看到程式中宣告了「整數(integer)」矩陣a[20]與b[20]，並且定義了「函式(function)」為y，這個函式內含有一個for迴圈，迴圈內重覆執行m與n相乘的次數，不論大家有沒有真的看懂，至少聽起來比較有邏輯，顯然比較接近人類的語言，使軟體工程師更容易撰寫程式。

值得注意的是，低階語言(組合語言)與處理器「相關(Dependent)」，由於組合語言是使用硬體指令撰寫，不同的處理器具有不同的硬體指令，因此必須使用不同的組合語言來撰寫；高階語言通常與處理器「不相關(Independent)」，由於高階語言是使用軟體指令撰寫，比較容易在不同的處理器之間移植。

☐ 高階語言的種類

高階語言依照觀念與語法的不同，又分為結構導向與物件導向兩大類：

➢ 結構導向(Structure-oriented)：又稱為「程序導向(Procedure-oriented)」，是依照一定的邏輯順序，按部就班地撰寫程式，根據我們想要的結果，將運算處理的過程依照邏輯順序撰寫成程式，也就是俗稱的「演算法(Algorithm)」，讓電腦能依序執行以完成工作，常見的有C語言、BASIC語言等。

➢ 物件導向(Object-oriented)：是以「物件(Object)」的觀念來設計程式，也就是將生活中所看到的人、車、手機、電視、樹木、建築物等視為物件，在撰寫程式時先以「抽象(Abstraction)」的概念描述出這些物件，再藉由組合這些物件，建立互動關係來完成指定的工作，此外，所有物件分屬不同的「類別(Class)」，類別

與類別之間還可以「繼承(Inheritance)」，整個程式每個部分的關係就和人類的社會一樣。以物件導向的程式設計方式，程式碼可以被重複使用，因此能減少開發時間，也比較容易維護，是高階語言的發展趨勢。物件導向的三大特性為：封裝(Encapsulation)、繼承(Inheritance)、多型(Polymorphism)，我們將這種程式設計方法稱為「物件導向程式設計(OOP：Object-Oriented Programming)」，常見的有C++語言、Java語言等。

☐ 軟體的開發流程

軟體程式的開發流程如圖9-24(a)所示，軟體工程師一般會先使用高階語言(例如：C語言)撰寫軟體程式，再經由編譯器(Compiler)、組譯器(Assembler)、連結器(Linker)、載入器(Loader)，將程式載入處理器與記憶體內執行：

➢ **原始檔(Source file)**：又稱為「原始程式碼(Source code)」，是指高階語言(例如：C語言、C++語言、Java語言)所撰寫的程式，如圖9-23(c)所示，接著使用「編譯器(Compiler)」轉換成「組語檔(Assembly file)」。

➢ **組語檔(Assembly file)**：是指低階語言(組合語言)所撰寫的程式，如圖9-23(b)所示，接著使用「組譯器(Assembler)」轉換成「目的檔(Object file)」。組語檔可以是高階語言經由編譯器產生，也可以是軟體工程師直接撰寫，但是直接撰寫組合語言並不容易，因此目前大多是由高階語言經由編譯器產生。

➢ **目的檔(Object file)**：是指組譯器所產生的機器碼，如圖9-23(a)所示。基本上目的檔已經是機器碼，可以直接載入處理器與記憶體內執行，但是我們一般會將「目的檔(Object file)」與「函式庫(Library)」經由「連結器(Linker)」連結在一起形成「執行檔(Executable)」，再載入處理器與記憶體內執行。

➢ **函式庫(Library)**：也是指組譯器所產生的機器碼，程式不一定是同一位工程師撰寫，如果要將不同工程師所撰寫的程式整合在一起，則一般會將別人撰寫的程式經由「編譯器(Compiler)」與「組譯器(Assembler)」轉換成「函式庫(Library)」；有時候我們會由別的公司購買軟體程式，而購買的軟體程式一般都不會是原始檔(Source file)，而是以函式庫(Library)的型式買入，再將自己撰寫的「目的檔(Object file)」與別人撰寫的「函式庫(Library)」經由「連結器(Linker)」連結在一

雲端通訊與多媒體產業

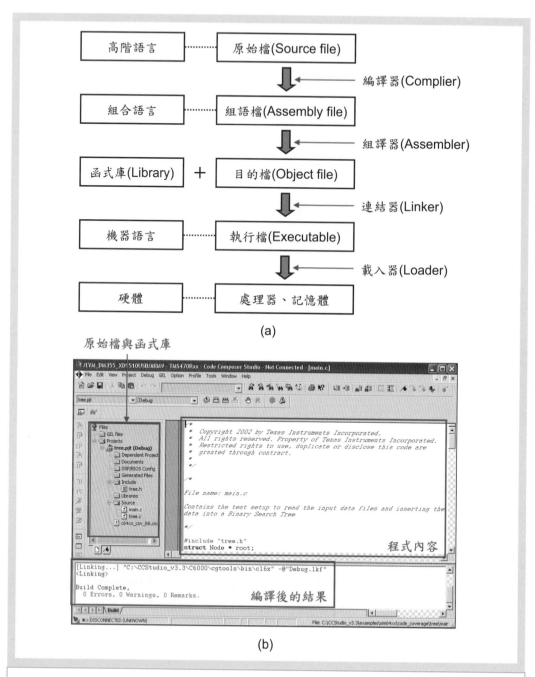

圖 **9-24** 軟體的開發流程。(a)高階語言(原始檔)經由編譯器轉換成低階語言(組語檔),再經由組
譯器轉換成機器碼(目的檔),再經由連結器連結別人所撰寫的機器碼(函式庫)形成機器碼
(執行檔),最後經由載入器載入處理器與記憶體內執行;(b)CCS整合開發環境。

起形成「執行檔(Executable)」，再載入處理器與記憶體內執行。

➤ 執行檔(Executable)：是指最後經由「載入器(Loader)」載入處理器與記憶體內執行的機器碼(Machine code)，如圖9-23(a)所示。

　　值得注意的是，前面介紹的編譯器(Compiler)、組譯器(Assembler)、連結器(Linker)、載入器(Loader)等都是可以在電腦內執行的軟體開發工具，並不是什麼「機器」，千萬別誤會囉！目前各廠商都會將這些軟體開發工具整合在一起形成「整合開發環境(IDE：Integrated Development Environment)」，如圖9-24(b)為德州儀器公司的整合開發環境CCS(Code Composer Studio)，可以將工程師撰寫的高階語言(原始檔)經由編譯器轉換成低階語言(組語檔)，再經由組譯器轉換成機器碼(目的檔)，再經由連結器連結別人所撰寫的機器碼(函式庫)形成機器碼(執行檔)，最後經由載入器載入處理器與記憶體內執行。

▢ 韌體的開發流程

　　由於韌體也是一種軟體，因此韌體開發的流程和軟體相似，可以使用「高階語言」或「低階語言」來撰寫，只是韌體工程師必須更了解如何利用指令去驅動硬體設備工作，而驅動硬體設備工作通常就是設定積體電路(IC)內製作好的暫存器(Register)的數值(Value)，暫存器的數值是生產積體電路(IC)的廠商所決定，因此撰寫韌體必須詳細閱讀規格書(Specification)，是一件費時又辛苦的差事。

【說明】
→ 編譯器(Compiler)：將高階語言(C語言)轉換成低階語言(組合語言)。
→ 組譯器(Assembler)：將低階語言(組合語言)轉換成機器碼(目的檔)。
→ 連結器(Linker)：連結別人所撰寫的機器碼(函式庫)形成機器碼(執行檔)。
→ 載入器(Loader)：將機器碼(執行檔)載入處理器與記憶體內執行。

9-4-3　作業系統(OS：Operating System)

處理器(CPU、MPU、DSP、MCU)在電子產品中用來控制所有週邊其他的積體電路(IC)，就好像我們的大腦一樣，而「作業系統(OS：Operating System)」則是處理器內所有軟體的管理者，本節將介紹作業系統的種類與特性。

☐ 作業系統的種類

講到作業系統(OS)大家會直接聯想到Windows、Linux等大型的作業系統，其實幾乎所有比較大型的電子產品都有作業系統，只是愈複雜的電子產品，通常使用複雜的作業系統；愈簡單的電子產品，通常使用簡單的作業系統，作業系統依照開放程度的差別，可以分為下列兩大類：

➢ **開放式系統(Open system)**：是指這種作業系統是「開放的」，提供一個標準的開發介面與規格(Specification)給所有程式設計師開發應用程式(APP)，因此具有相容性，任何滿足這個開發介面與規格的應用程式都可以安裝在這種作業系統上執行，例如：Windows、Linux等。開放式系統一般都是大型的作業系統，也就是必須儲存在容量較大的硬碟機(HDD)或快閃記憶體(Flash memory)中，等到開機時才載入主記憶體(DRAM)執行，由於作業系統程式龐大所以開機載入比較費時，大多應用在個人電腦或伺服器等比較大型的電子產品中。

➢ **封閉式系統(Close system)**：是指這種作業系統是「封閉的」，並沒有提供標準的開發介面給所有程式設計師開發應用程式(APP)，而只保留這個開發介面給製作這個產品的公司自己的程式設計師開發應用程式，因此不具相容性，不同的資訊家電產品中所使用的軟體不太相同，再加上是「封閉的」，大部分的工程師都不太熟悉，開發應用程式也比較困難。封閉式系統一般都是小型的作業系統，是指直接內建(內嵌)在容量較小的唯讀記憶體(ROM)或快閃記憶體(Flash memory)中，等到開機的時候才載入主記憶體(DRAM)執行，因此又稱為「嵌入式作業系統(Embedded OS)」，由於作業系統程式較小所以開機載入比較省時，有些設備甚至一直在開機狀態，只有維修時才會關機，大多應用在銀行的自動櫃員機、航空電子、汽車電子、手機、電信交換機、網路裝置、印表機、影印機、傳真

機、計算機、家用電器、醫療裝置等,這些產品又稱為「嵌入式系統(Embedded system)」,所使用的處理器稱為「嵌入式處理器(EP:Embedded Processor)」。封閉式系統一般都是使用小型的作業系統,常見的有μcLinux、Windows CE、Palm OS、μItron、VxWorks、Nucleus、QNX、μCOS-II、FreeRTOS等。

早期的手機所使用的作業系統都是「封閉的」,例如:Nokia的蝴蝶機所使用的作業系統只有Nokia的工程師可以為它開發應用程式(APP),並沒有提供標準的開發介面給其他軟體公司使用,後來智慧型手機盛行,Google的Android、Apple的iOS、Microsoft的Windows phone等,雖然不算是大型的作業系統,但是卻已經是「開放的」,任何程式設計師都可以開發應用程式(APP)在這些作業系統上執行,所以才會有「應用程式商店(APP store)」這種新興的商業模式出現。

☐ 作業系統的軟體架構

作業系統的軟體架構如圖9-25所示,主要的內容包括核心(Core)、系統呼叫(System call)、殼層(Shell)等,其實作業系統(OS)也是一個程式(Program),但是這個程式的主要工作在管理電腦所執行的應用程式(APP),同時驅動硬體工作,也就是讓處理器可以運算數值與判斷邏輯,使程式與資料載入主記憶體(DRAM)

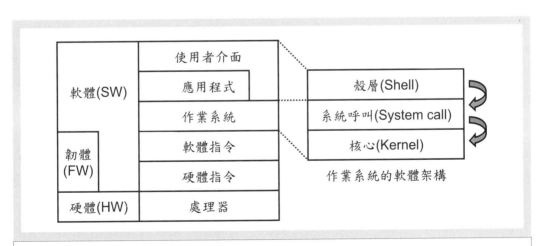

圖 9-25 作業系統的軟體架構,主要包括核心(Core)、系統呼叫(System call)、殼層(Shell),殼層是透過系統呼叫來與核心溝通,而核心負責管理與分配系統的資源。

執行，讓週邊介面可以存取資料等，使電子產品所有的動作都透過作業系統來達成，而控制這些功能的就是作業系統的「核心(Kernel)」，請大家特別注意，這裡我們說的「核心(Kernel)」是指作業系統的主要程式，它是一種軟體，而處理器的「核心(Core)」是指硬體，千萬不要混淆囉！

➢核心(Kernel)：主要負責管理與分配系統的資源，包括：應用程式、記憶體、檔案系統、週邊設備等，核心的功能簡單說明如下：

1.程序管理(Process management)：當我們利用電腦同時執行許多工作(Task)時稱為「多工(Multi task)」，每一個工作就是一個「程序(Process)」，處理器在進行多工時必須由作業系統的核心來管理這些程序，讓處理器的資源做有效的分配，特別是程序的排程機制，就是工作執行的先後順序，才能提升處理器的效能。

2.記憶體管理(Memory management)：核心另外一個重要的功能是管理整個系統的記憶體，因為所有的程式與資料都必須存放在記憶體中，每個工作(Task)執行時都必須分配記憶體，如果分配不當系統可是會崩潰(Crash)的唷！

3.檔案系統管理(File system management)：就是管理硬碟機或快閃記憶體內的檔案，包括：檔案的輸入輸出、不同檔案格式的支援等，例如：Windows的FAT32、NTFS；Linux的EXT2、EXT3等，就是屬於不同的檔案格式。

4.元件驅動程式(Device driver)：週邊硬體的管理是核心的主要工作之一，就是驅動程式囉！目前都是把裝置的驅動程式「模組化(Modularity)」，也就是可以將驅動程式編輯成模組，使用時直接安裝即可，不一定需要重新編譯核心。

5.系統呼叫介面(System call interface)：與上層的系統呼叫(System call)溝通的介面，程式設計師開發的應用程式(APP)可以透過這個介面與核心溝通，使用核心所管理的硬體與週邊設備，系統呼叫介面存在的目的是為了避免程式設計師直接使用核心程式，萬一不小心將核心程式停止或破壞，將會導致整個作業系統崩潰(Crash)，因此核心程式放置在記憶體中的區塊一般是受到保護的。

➢系統呼叫(System call)：作業系統會提供一個標準的開發介面(Interface)與規格(Specification)給程式設計師開發應用程式(APP)，所以當程式設計師使用C語言來開發應用程式，只需要參考C語言的函式即可，不需要真的了解核心的相關

功能，因為核心的系統呼叫介面會自動將C語言的函式轉換成核心可以認得的函式，這樣核心才能夠順利執行這個應用程式(APP)。

➤ 殼層(Shell)：泛指所有為使用者提供操作介面的程式，也就是程式和使用者互動的層面，因此作業系統(OS)的使用者介面(UI)或圖形使用者介面(GUI)就是屬於殼層(Shell)，不過也有人將應用程式(APP)當做殼層(Shell)的一部分。

　　由圖9-25可以看出，殼層(使用者介面或應用程式)是透過系統呼叫來與核心溝通，而核心是由軟體指令組成，軟體指令是由硬體指令組成，最後硬體指令驅動硬體工作，硬體包括處理器(Processor)與所有的週邊設備(Peripherals)。

☐ 作業系統與應用程式的相容性

　　作業系統的核心(軟體指令)是直接參考處理器的硬體規格(硬體指令)寫成，所以作業系統必須直接針對不同的處理器修改成不同的版本。例如：Windows XP只能在Intel的中央處理器(CPU)上執行，無法在ARM的處理器上運作；因此微軟為了要進入智慧型手機與平板電腦的市場，在Windows 8中特別推出Windows RT版本來支援ARM處理器；此外，Windows 7又分為32位元及64位元的版本，就是因為Intel的中央處理器(CPU)有32位元及64位元兩種不同的架構，因此作業系統也必須配合不同的處理器硬體規格而有不同的版本，挺麻煩的吧！

　　應用程式(APP)的開發都是參考作業系統提供的開發介面與規格，所以應用程式也必須針對不同的作業系統更改成不同的版本，因為不同的作業系統會有不同的編譯器與組譯器，因此產生的應用程式執行檔也只能在某一種作業系統上執行，例如：Windows作業系統的編譯器與組譯器產生的應用程式執行檔(副檔名.exe或.com)，只能在Windows上執行；Linux作業系統的編譯器與組譯器產生的應用程式執行檔(副檔名不固定)，只能在Linux上執行，現在大家明白為什麼購買一個應用程式，安裝光碟上會寫著這個軟體適合安裝在那一種作業系統了吧！同理，智慧型手機最暢銷的通訊軟體Line一定有至少兩個不同的版本，一個給Android作業系統使用，另外一個給iOS作業系統使用囉！

☐ 虛擬機器(VM：Virtual Machine)

　　虛擬機器(VM)是一種特殊的軟體，可以在處理器與使用者之間建立一個虛擬的環境，而使用者可以透過這個軟體所建立的環境來操作軟體程式，就好像在真實的機器裡執行軟體程式一樣，虛擬機器主要可以分為下列兩大類：

➤ **系統虛擬機器**：在電腦作業系統上安裝並且執行另外一種作業系統，就好像有另外一台虛擬的電腦在你(妳)的電腦裡面一樣，例如：Oracle公司的VirtualBox，VMware公司的VMware Workstation。試想目前我們的電腦都是安裝Windows作業系統，如果程式設計師想在Linux作業系統下開發軟體，那不就得花錢再買另外一台電腦來安裝Linux作業系統嗎？因此我們可以在Windows作業系統內安裝VMware Workstation這種系統虛擬機器，相當於在你(妳)的電腦裡面同時建立另外一台虛擬的電腦，就可以再安裝Linux作業系統了，這樣在同一台電腦硬體設備裡不就同時擁有Windows與Linux兩種作業系統了嗎？

➤ **程式虛擬機器**：前面提到過不同的作業系統會有不同的編譯器與組譯器，因此產生的應用程式執行檔也只能在某一種作業系統上執行，程式開發上很不方便，有沒有辦法讓同一個應用程式在不同的作業系統上執行呢？因此科學家發明了程式虛擬機器安裝在不同的作業系統上，再使用這個程式虛擬機器的編譯器與組譯器產生應用程式執行檔，這個應用程式可以在程式虛擬機器上執行，而不管下方的作業系統是那一種，等於是程式虛擬機器把作業系統隱藏起來。例如：Sun公司的Java虛擬機器(JVM：Java Virtual Machine)，當程式設計師撰寫Java原始檔以後，經由Java程式語言的編譯器(Compiler)產生Java執行檔(副檔名.class)，就可以在Java虛擬機器(JVM)上執行，而不管下方的作業系統是那一種，Java虛擬機器(JVM)會自動將執行檔轉換到不同的作業系統環境中執行。

　　使用虛擬機器(VM)可以為程式設計師帶來許多方便，例如：程式設計師只需要一台電腦硬體設備就可以擁有兩種以上的作業系統環境來開發軟體；只需要撰寫一種應用程式執行檔就可以在不同的作業系統上執行，但是處理器執行虛擬機器這種軟體也會消耗掉額外的記憶體與運算資源，還好目前的處理器速度都很快，記憶體也都很大，足夠額外執行虛擬機器使用。

Linux作業系統的軟體架構

Linux的核心(Kernel)是由早期大型的伺服器或工作站所使用的Unix作業系統發展而來，是一個分時多行程核心，系統穩定性與執行效率高，而且滿足GNU與GPL的規範，開放原始程式碼(Source code)，可以免費取得原始檔與技術文件，任何人都可以分析、改寫，如果有漏洞或錯誤通常很快就會被修正，因此改版的速度很快，也因為如此，版本比較混亂，相容性沒有微軟公司掌控的Windows來得高，這也是Linux在個人電腦產業上一直無法全面取代Windows的主要原因，不過近年來平板電腦與智慧型手機興起，以Linux核心為基礎的Android作業系統大行其道，未來Linux的發展似乎又會有很大的改變，值得大家拭目以待。Linux作業系統的軟體架構如圖9-26(a)所示，主要分為下列兩個部分：

➤**使用者模式**(User mode)：就是使用者可以使用的空間，應用程式(例如：sh、vi、OpenOffice等)、複雜函式庫(例如：KDE、glib等)、簡單函式庫(例如：opendbm、sin等)、C函式庫(例如：open、read、socket、exec、calloc等)，在使用者模式下，不同的使用者各自擁有自己的檔案目錄與權限，不會影響別人的資源。

➤**核心模式**(Kernel mode)：處理作業系統核心(Kernel)的工作，例如：檔案系統管理(File system management)透過抽象化的虛擬檔案系統(Virtual file system)支援多種不同類型的檔案系統；記憶體管理(Memory management)提供虛擬記憶體管理與記憶體分配以滿足程序(Process)執行時的需求；程序管理(Process management)管理程序(Process)的執行，處理程序的建立(Create)、終結(Terminate)、等候(Wait)、本文交換(Context switch)，並且提供不同的排程方式(Scheduling)；程序間通訊(IPC：Inter Process Communication)提供多種不同程序(Process)之間的通訊機制；網路管理(Network management)支援多種不同的通訊協定，管理封包的傳送與接收；驅動程式(Driver)提供多種不同硬體設備的驅動程式，負責週邊硬體設備的控制與管理，例如，顯示器、音效卡、印表機等。

Linux作業系統最大的特色是良好的記憶體管理，普通的程序(Process)不能存取核心區域的記憶體，任何程序想要存取不屬於自己的記憶體空間只能透過系統呼叫(System call)來達成。一般程序是處於使用者模式(User mode)，而執行系統呼

使用者模式	應用程式(sh/vi/OpenOffice)
	複雜函式庫(KDE/glib)
	簡單函式庫(opend bm/sin)
	C函式庫(open/read/socket/exec/calloc)
核心模式	系統呼叫、系統中斷、錯誤訊息
	檔案系統、記憶體、程序管理、程序間通訊
	網路系統、驅動程式
硬體	處理器、記憶體、週邊設備

(a)

應用程式	Home	Contact	Phone	Browser	Others
應用框架 Application Framework	Activity Manager	Window Manager	Content Providers	View System	Others
	Package Manager	Telephony Manager	Resource Manager	Location Manager	Notification Manager
函式庫 Library	Surface Manager	Media Framework	SQLite	Android Runtime	
	OpenGL/ES	FreeType	WebKit	Core Library	
	SGL	SLL	Libc	Dalvik Virtual Machine	
Linux核心	Display Driver	Camera Driver	Audio Driver	Binder Driver	
	Keypad Driver	Wireless Driver	Flash memory	電源管理	
硬體	處理器、記憶體、週邊設備				

(b)

圖 9-26 作業系統的實例。(a)Linux的軟體架構,主要包括核心模式與使用者模式;(b)Android的軟體架構,主要包括Linux核心、函式庫、執行環境、應用框架、 應用程式等。

叫時會被切換到核心模式(Kernel mode)，所有的特殊指令只能在核心模式執行，只讓核心管理系統內部與外部裝置，並且拒絕沒有權限的程序提出請求，使應用程式執行時產生的錯誤不會讓Linux作業系統崩潰(Crash)。

【名詞解釋】GNU與GPL的意義

➔GNU(GNU's Not Unix)是1983年發起的自由軟體集體協作計畫，目標是建立一套完全自由而且相容於Unix的作業系統，同時要重現當年軟體界互助合作的團結精神，Unix是一種廣泛使用在伺服器或工作站的商用作業系統名稱。

➔GNU通用公共許可證(GPL：GNU General Public License)：為了保證GNU軟體可以自由地使用、複製、修改、發行，同時授予程式接受人以任何目的執行此程式的權利、再發行複製版本的權利、改進此程式並且公開發佈改進的權利，這個就是「開放原始碼(Open source)」與「公共版權」的概念。

☐ Android作業系統

Android英文念作\æn`droid\，中國大陸音譯為「安卓」，是一個以Linux為基礎的開放原始碼作業系統，主要應用在智慧型手機與平板電腦等行動裝置，2007年由Google成立「開放手持設備聯盟(OHA：Open Handset Alliance)」，同時發佈了Android作業系統，提供硬體製造商、軟體開發商、電信營運商共同研發改良，由於開放原始碼而且免授權金，任何公司都可以使用，因此立刻被各大手機廠商用來做為智慧型手機的作業系統，目前市佔率高達80%以上，後來更逐漸推展到平板電腦及其他行動裝置上，Google後來成立官方網路商店平台Google Play，提供各種應用程式(APP)和遊戲讓用戶下載使用。

Android作業系統的軟體架構如圖9-26(b)所示，主要可以分為Linux核心、函式庫、執行環境、應用框架、應用程式等五個部分。值得注意的是，Android嚴格來說應該是「包含Linux作業系統在內的軟體堆疊(Software stack)」，而不應該說它是一種作業系統，只是因為它應用在智慧型手機上，又包含作業系統，所以大家就將Android當成一種手機的作業系統囉！

➤ Linux核心(Linux kernel)：Android是使用Linux作業系統的核心(Kernel)，負責管理與分配系統的資源，包括：應用程式、記憶體、檔案系統、週邊設備等。

➤ 函式庫(Library)：使用C/C++寫成的函式庫(Library)，提供給程式設計師將「目的檔(Object file)」與「函式庫(Library)」經由「連結器(Linker)」連結在一起形成「執行檔(Executable)」，再載入處理器與記憶體內執行，程式設計師必須透過「應用框架(Application framework)」來呼叫使用這些函式庫(Library)。

➤ Android執行環境(Android runtime)：其中核心函式庫(Core library)是專門為手機的應用而發展的函式庫，包含許多Java所需要呼叫的函式(Function)；Dalvik虛擬機器(DVM：Dalvik Virtual Machine)是一種暫存器型態的虛擬機器(VM)，類似Java虛擬機器的概念，每一個應用程式(APP)都會對應一個專屬的Dalvik虛擬機器，使不同的應用程式之間相互獨立不會彼此互相影響。

➤ 應用框架(Application framework)：是程式設計師開發應用程式(APP)的標準開發介面(Interface)，可以透過Java撰寫的應用程式(APP)呼叫應用框架所提供的應用程式界面(API：Application Programming Interface)。

➤ 應用程式(APP：Application Program)：就是智慧型手機的使用者在應用程式商店(APP store)所下載安裝的應用程式，通常是以Java語言撰寫而成。

　　Android應用程式的開發流程是：程式設計師先使用Java程式語言撰寫原始檔(.java)，經由Java程式語言編譯器(Compiler)產生Java執行檔(.class)，再使用Android軟體開發工具(SDK：Software Development Kit)裡的dx工具轉換成Dalvik執行檔(.dex)，經由壓縮包裝成一個Android應用封裝檔(.apk)，就可以放在應用程式商店(APP store)提供智慧型手機的使用者直接下載安裝囉！

【名詞解釋】軟體堆疊(Software stack)

軟體堆疊是指許多軟體程式的集合(Set)，可能包含作業系統(OS)與應用程式(APP)，以及作業系統與應用程式之間的中介軟體(Middleware)等，這些軟體程式分工合作才能達成我們所需要的功能，例如：

➜ 應用堆疊(Application stack)：是指應用程式執行時所使用的軟體堆疊。

➜ 協定堆疊(Protocol stack)：是指網際網路與無線通訊所使用的軟體堆疊。

9-4-4　系統整合(SI：System Integration)

經由硬體組裝與軟體整合形成一個具有完整功能的電子產品、光電產品、通訊產品、甚至生物科技產品，稱為「系統整合(SI：System Integration)」，系統整合包含「硬體系統整合」與「軟體系統整合」兩個部分，其中軟體系統整合是整個系統整合工作成敗的關鍵，比硬體系統整合更複雜。本節將以數位相機與iPod隨身聽為例，介紹它們的系統方塊圖(System block diagram)，這是想要熟悉電子產品的人必須看懂的，此外，第12章還會介紹含有無線通訊功能的智慧型手機與平板電腦系統方塊圖，讓大家了解電子產品是如何進行系統整合的。

❒ 核心晶片(Core chip)

在電子產品中最重要的處理器稱為「核心晶片(Core chip)」，就好像人類的大腦一樣，是所有控制命令的來源，有些電子產品可能不只一個處理器，但是最重要功能最強的處理器通常只有一個，一般而言核心晶片可以分為下列兩大類：

➢ 個人電腦所使用的核心晶片：在個人電腦(PC)與筆記型電腦(Laptop)產品中，核心晶片一般指的就是中央處理器(CPU)，是屬於複雜指令集處理器(CISC)，它的工作頻率很高，工作速度很快，但是它的高效能是利用高頻率來達成，通常耗電量較大而且散熱也是個問題。

➢ 嵌入式系統所使用的核心晶片：在資訊家電(IA：Information Appliance)產品中，核

心晶片又稱為「應用處理器(AP：Application Processor)」，就是用來執行應用程式(APP)的處理器，可以使用微處理器(MPU)、數位訊號處理器(DSP)、微控制器(MCU)，是屬於精簡指令集處理器(RISC)，它的工作頻率較低，工作速度較慢，但是耗電量較小所以比較沒有散熱的問題。

☐ 硬體系統整合(Hardware system integration)

由硬體工程師進行印刷電路板(PCB：Printed Circuit Board)的設計，包括線路「繪圖(Schematics)」與「佈局(Layout)」，印刷電路板(PCB)製作完成以後再使用「表面黏貼技術(SMT：Surface Mount Technology)」將各種功能不同的積體電路(IC)與被動元件(電阻、電容、電感)黏貼在印刷電路板(PCB)上，讓所有的電子元件一起工作，而達成我們所需要的功能，形成一個具有完整功能的產品。例如：主機板(Mother board)是將中央處理器(CPU)、北橋晶片(North bridge)、南橋晶片(South bridge)與其他數十個功能不同的積體電路(IC)安裝在印刷電路板上，再使用電腦外殼包裝起來；智慧型手機是將微處理器(MPU)與其他數十個功能不同的積體電路安裝在印刷電路板上，再整合觸控面板、液晶顯示器、按鍵、麥克風、喇叭等元件。雖然不同的電訊號在印刷電路板上流動，彼此之間可能有電磁干擾(EMI：Electro Magnetic Interference)的問題，但是硬體系統整合實際上困難度並不像軟體系統整合那麼高，國內的系統整合商都能做的很好。

硬體系統整合的終極目標就是「系統單晶片(SoC：System on a Chip)」，也就是將功能不同的數個晶片(Chip)，整合成具有完整系統功能的一個SoC晶片，再封裝成一個積體電路(IC)，這樣不但會縮小體積，而且更省電，關於系統單晶片(SoC)的技術原理請參考第一冊第3章「積體電路產業」的介紹。

☐ 軟體系統整合(Software system integration)

軟體工程師將各種功能不同的軟體(SW)與韌體(FW)整合起來，安裝(Install)到硬體工程師設計好的硬體系統中執行，達到我們所需要的功能，形成一個具有完整功能的產品。例如：個人電腦是將作業系統(Windows、Linux)安裝到中央處理器(CPU)上，再整合驅動顯示器、硬碟機、光碟機等週邊設備所需要的韌體；智

慧型手機是將作業系統(Android、iOS)安裝到微處理器(MPU)上、再整合驅動觸控面板、液晶顯示器、按鍵、麥克風、喇叭所需要的韌體，千萬別忘了，任何硬體都需要軟體與韌體分工合作才能工作。

　　大家可能會覺得奇怪，安裝這些軟體與韌體到電腦上，只要把光碟放進光碟機，它就會自動執行，我們只要按下一步、下一步、下一步、OK就好了，不是很簡單嗎？其實會這麼簡單，就是因為許多軟體工程師在幕後辛苦工作的結果，幫我們把程式寫好，才會讓我們這麼容易安裝在電腦上的。除了電腦以外，所有的嵌入式系統產品，由於沒有固定的硬體架構，軟體與韌體工程師必須依照不同的硬體去開發軟體與韌體，所以更是辛苦，軟體系統整合比硬體系統整合複雜許多也困難許多，換句話說，**軟體系統整合是整個系統整合工作成敗的關鍵**，而開發軟體需要為數眾多的工程師，目前國內系統整合商大多不願意投資太多人力開發軟體，因此軟體開發能力較差，例如：桌上型或筆記型電腦所使用的Windows作業系統，其實是Microsoft公司開發的；智慧型手機所使用Android作業系統其實是Google公司開發的，國內系統整合商沒有自己的軟體開發能力，就無法做出革命性的創新產品，這是目前國內系統整合商需要努力的地方。

　　在世界各國中，軟體能力表現最好的，不是美國也不是日本，而是中國大陸和印度，有研究顯示印度人對於邏輯與數學能力確實比較優秀，而中國地大物博人口眾多，軟體這種東西只要一些時間，加上許多人一起努力，團結就是力量，因此目前許多世界級的大廠都將軟體研發中心設置在中國大陸或印度，同樣的，台灣許多科技大廠也開始由印度引進軟體工程師，或是將軟體開發工作轉包到中國大陸的子公司，這對本土的軟體工程師的確是很大的威脅。

☐ 數位相機(DSC：Digital Still Camera)

　　圖9-27(a)為數位相機的系統方塊圖，主要有微處理器(MPU)與數位訊號處理器(DSP)，此外，還有視訊(Video)輸入與輸出、音訊(Audio)輸入與輸出，「A/D」為類比數位轉換器(ADC)、「D/A」為數位類比轉換器(DAC)：

➤ 微處理器(MPU)：通常使用ARM做為微處理器(MPU)，執行作業系統(OS)，主要的功能在控制記憶體與週邊設備，包括視訊(Video)的輸入與輸出、音訊(Audio)的

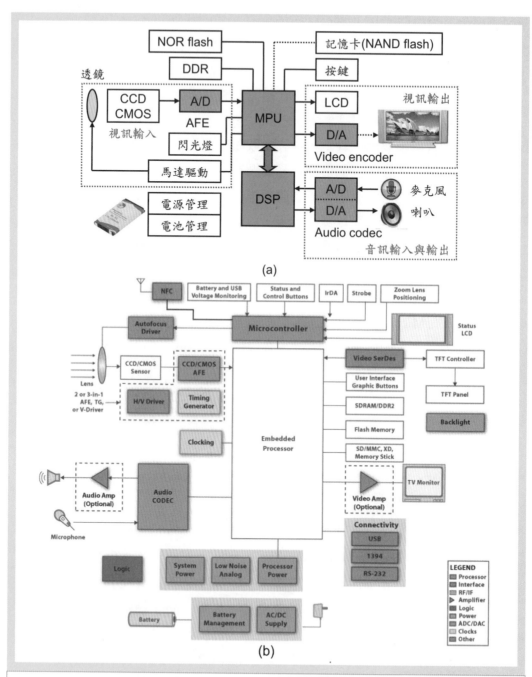

圖 9-27　數位相機的系統方塊圖。(a)主要包括微處理器(MPU)、數位訊號處理器(DSP)、視訊輸入與輸出、音訊輸入與輸出、快閃記憶體與許多A/D或D/A晶片，圖中虛線代表外接的元件；(b)德州儀器公司數位相機的系統方塊圖實例。資料來源：www.ti.com。

輸入與輸出、按鍵控制、閃光燈、馬達控制、外接記憶卡等。

➤ 數位訊號處理器(DSP)：主要的功能在進行照像時的靜態影像(JPEG格式)與動態影像(MPEG4格式)壓縮與解壓縮等數位訊號運算工作，由於數位相機生產數量龐大，因此目前廠商都是使用特定應用積體電路(ASIC)來取代DSP，甚至目前都已經將ARM與DSP或ASIC整合成一個「系統單晶片(SoC)」以縮小產品的體積。

➤ 快閃記憶體：NOR閘型快閃記憶體(NOR flash)用來儲存數位相機開機時所使用的小型作業系統(嵌入式作業系統)，例如：µcLinux、µItron等；NAND閘型快閃記憶體(NAND flash)通常用來儲存使用者所拍攝的照片或影片，可以直接內建在印刷電路板上，也可以使用插卡的方式擴充，也就是我們使用的記憶卡，例如：MS、MMC/SD、SM、CF、xD等，關於NOR閘型與NAND閘型快閃記憶體的特性，請參考第二冊第6章「光儲存產業」的說明。

➤ 動態隨機存取記憶體：任何電子產品都和電腦一樣必須使用動態隨機存取記憶體(DRAM)做為暫時儲存資料的地方，例如：SDRAM、DDR、MDDR等。

➤ 視訊輸入：數位相機的影像輸入通常是使用CCD或CMOS影像感測器，由於影像感測器輸入的訊號仍然是類比訊號，所以必須使用一個「A/D」將類比訊號轉換成數位訊號，又稱為「類比前端(AFE：Analog Front End)」，此外，數位相機通常還必須控制閃光燈，並且使用「馬達驅動積體電路(Motor driver IC)」來控制馬達調整鏡頭的凸透鏡前後移動進行「自動對焦(AF：Auto Focus)」。

➤ 視訊輸出：數位相機的影像輸出通常有兩組，一組是數位訊號連接液晶顯示器(LCD)，另外一組先經過一個「D/A」將數位訊號轉換成類比影像訊號，又稱為「視訊編碼器(Video encoder)」，或是使用「HDMI(High Definition Multimedia Interface)」直接輸出數位影像訊號，再使用一條訊號線外接到電視機。

➤ 音訊輸入與輸出：音訊輸入通常是錄影時經由麥克風接收進來的聲音，先經過「A/D」將類比聲音訊號轉換成數位訊號，又稱為「音訊解碼器(Audio decoder)」，再傳送到數位訊號處理器(DSP)進行壓縮運算；音訊輸出通常是播放影片時播出的聲音，先經過「D/A」將數位訊號轉換成類比聲音訊號，又稱為「音訊編碼器(Audio encoder)」，再傳送到喇叭播放出來，因為大部分電子產品會同時使用麥克風與喇叭，因此目前都會整合成一個「音訊編碼解碼器(Audio codec)」。

➢ 電源管理：目前數位相機都是使用外部的電源供應器(PSU)，就是那個大大的插頭囉！一般是將110V的交流電轉換成19V的直流電輸入，經由數位相機內部的電源積體電路(Power IC)，例如：線性穩壓器(Linear regulator)、升壓轉換器(Boost converter)、降壓轉換器(Buck converter)等轉換成3.3V、1.8V、1.2V提供給印刷電路板(PCB)上的處理器、記憶體，以及其他積體電路(IC)使用。

➢ 電池管理：數位相機必須使用電池，因此必須進行電池管理，其中「充電積體電路(Charger IC)」負責監控電池的充電電壓與控制電池的充電電流；「電池容量積體電路(Gas gauge IC)」負責監控電池剩餘電量與充電電量，然後回報給微處理器(MPU)，最後顯示在液晶顯示器(LCD)上，才會有我們常常看到的電池剩餘電量囉！「保護積體電路(Protection IC)」，通常使用微控制器(MCU)進行過電壓保護(OVP：Over Voltage Protection)、過電流保護(OCP：Over Current Protection)、過溫度保護(OTP：Over Temperature Protection)、短路保護(SCP：Short Circuit Protection)等，由於目前大部分的手持式裝置都是使用鋰電池，鋰的活性很高，所以必須使用一些積體電路來控制，避免過度充電造成爆炸。

圖9-27(b)為德州儀器公司數位相機的系統方塊圖實例，看起來比較複雜，但是和前面畫的簡圖其實是一樣的，只是加上更多可能的週邊介面而已。

☐ iPod touch隨身聽

圖9-28(a)為Apple iPod touch隨身聽的系統方塊圖，功能比數位相機簡單，主要有微處理器(MPU)，以及音訊(Audio)輸入與輸出，「A/D」為類比數位轉換器(ADC)、「D/A」為數位類比轉換器(DAC)，圖9-28(b)為實機分解，表9-8為內部所有的晶片型號、生產公司、規格功能與成本，包括下列積體電路(IC)：

➢ Apple A5/APL2498：為Apple公司設計，並且委託Samsung公司代工生產的應用處理器(AP)，使用ARM Cortex-A9核心(向ARM公司授權使用)。

➢ K4X1GA53PE：為Samsung公司生產的MDDR2動態隨機存取記憶體(DRAM)，容量為1Gb(128MB)，使用PoP封裝堆疊在應用處理器(AP)下面所以圖中看不見。

➢ THGBX2G8D4：為Toshiba公司生產的NAND閘型快閃記憶體，容量為8GB。

➢ 33851064：為Apple公司專門為A5處理器設計的電源管理積體電路(PMIC)。

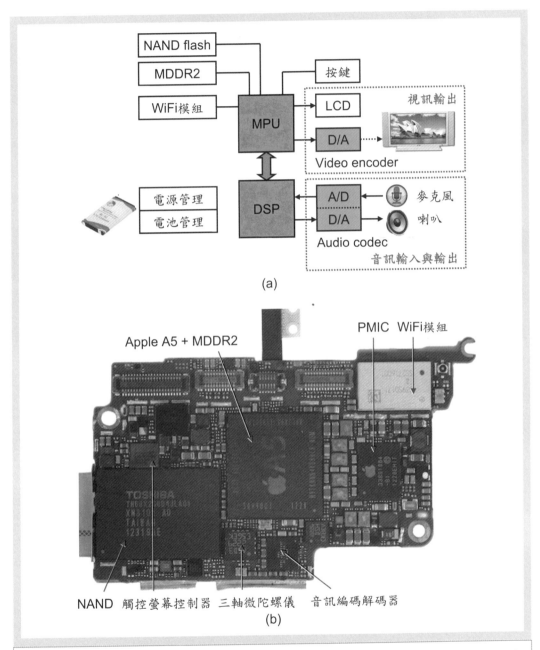

(a)

(b)

圖 9-28 Apple iPod touch的系統方塊圖。(a)主要包括微空制器(MPU)、視訊輸出、音訊輸入與輸出、快閃記憶體與許多A/D或D/A晶片;(b)實機分解圖。
資料來源:www.eettaiwan.com。

➤ BCM5974：為Broadcom公司生產的觸控螢幕控制器。

➤ LIS302DL：為STM公司生產的三軸微陀螺儀(3 axis micro gyroscope)。

➤ WM8758BG：為Wolfson公司生產的音訊編碼解碼器(Audio codec)。

　　由表9-8可以看出，iPod touch隨身聽的材料成本(BOM：Bill of Materials)約為US$149.18元，但是Apple賣到市場上的零售價(Retail price)大約為US$299元，一般而言，電子產品的零售價(Retail price)大約是材料成本(BOM)的兩倍，之間的價差主要是被品牌廠商(Apple)、通路商(經銷商)、廣告商給賺走了，只有大約5~10%是代工廠賺到的錢，顯然品牌的價值是很高的。

表 9-8 Apple iPod touch隨身聽內部所有的晶片型號、生產公司、規格功能與成本，本表僅供教學參考使用與實際情況可能會有誤差。資料來源：iSuppli Corp。

晶片型號	設計生產公司	規格功能	成本(US$)
Apple A5/APL2498	Apple/Samsung	應用處理器(AP)	13.19
K4X1GA53PE	Samsung	1Gb MDDR2	12.00
THGBX2G8D4	Toshiba	8GB NAND	40.00
33851064	Apple	電源管理(PMIC)	2.61
BCM5974	Broadcom	觸控螢幕控制器	2.95
LIS302DL	STM	三軸微陀螺儀	2.25
WM8758BG	Wolfson	音訊編碼解碼器	1.04
THS7318YZFT	TI	Video放大器	1.10
LM3512ASN	NS	RGB訊號轉換器	1.08
—	Murata	WiFi模組	6.50
3.5in TFT LCD	Epson	320x480 TFT LCD	21.99
Touch screen	Balda/Optrex	觸控螢幕模組	21.70
PCB	WUS	8層印刷電路版	4.28
Battery	—	800mAh鋰離子電池	2.35
Other materials	—	—	16.15
Total BOM			149.18
Retail price			299.00

【習題】

1. 什麼是「類比訊號」？什麼是「數位訊號」？請問兩者之間有什麼差別？我們通常使用什麼積體電路將類比訊號轉換成數位訊號？我們通常使用什麼積體電路將數位訊號轉換成類比訊號？
2. 什麼是「脈碼調變(PCM)」？請簡單說明脈碼調變的過程。手機的取樣頻率是多少？量化位階取多少格子？CD的取樣頻率是多少？量化位階取多少格子？
3. 請簡單說明數位訊號的優點，並且舉出一個實際的例子來說明。
4. 數位訊號壓縮的基本概念可以使用「差異調變(DM：Delta Modulation)」與「差值脈碼調變(DPCM：Differential PCM)」來說明，什麼是差異調變(DM)？什麼是差值脈碼調變(DPCM)？數位訊號壓縮的基本概念是什麼？
5. 如何定義「失真壓縮(Lossy compression)」？如何定義「無失真壓縮(Lossless compression)」？請簡單比較兩者之間的差別，並且分別舉出一個實際的壓縮技術做為實例來說明。
6. 如何定義「空間冗餘(Spatial redundancy)」？如何定義「時間冗餘(Temporal redundancy)」？請簡單比較兩者之間的差別，並且分別舉出一個實際的壓縮技術做為實例來說明。
7. 動態影像壓縮最重要的觀念就是什麼？什麼是「I畫面(Intra frame)」？什麼是「P畫面(Predicted frame)」？什麼是「B畫面(Bi-directional predicted frame)」？請簡單比較三者的差別。
8. 如何定義「硬體(Hardware)」？什麼是「軟體(Software)」？什麼又是「韌體(Firmware)」？請簡單比較軟體中的高階語低、低階語言、機械語言的差別。
9. 什麼是「複雜指令集處理器(CISC)」？什麼是「精簡指令集處理器(RISC)」？什麼是「數位訊號處理器(DSP)」？它們分別使用在什麼產品上。
10. 什麼是「系統整合(SI：System Integration)」？什麼是「硬體系統整合」？什麼是「軟體系統整合」？那一種系統整合比較困難？請舉例說明。

10 通訊原理與電腦網路
——無遠弗屆真便利

　　電腦網路與行動通訊是二十世紀最重要的發明，1990年電腦網路開始發展，將分散在全世界的電腦連結起來，讓大家可以方便的分享資料；2000年行動通訊讓我們不必坐在家裡等電話，可以讓電話帶著走；到了2010年第三代(3G)與第四代(4G)行動通訊將電腦網路與行動通訊結合，再加上智慧型手機的發展，讓我們可以隨時隨地上網，增加了許多新的應用，電腦網路與行動通訊的許多專有名詞，什麼是TDMA、FDMA、CDMA、OFDM，什麼是ASK、FSK、PSK、QAM？什麼是中繼器(Repeater)、橋接器(Bridge)、路由器(Router)、閘道器(Gateway)？要了解電腦網路與行動通訊，就必須先學習通訊原理與電腦網路。

　　本章的內容包括10-1電磁波與頻寬：介紹科學數量級、電磁波、電磁波頻譜、頻寬(Bandwidth)、使用執照與頻譜分配；10-2通訊原理：介紹調變與解調、訊號傳輸技術、類比訊號調變技術、數位訊號調變技術、多工技術(Multiplex)；10-3通訊協定：介紹通訊協定的制定、通訊協定模型、實體層(Physical layer)、資料聯結層(Data link layer)、網路層(Network layer)、傳訊層(Transport layer)；10-4網際網路的架構：介紹網際網路的組成、網路拓撲(Network topology)、網路進出控制等，對於想要了解通訊原理與網際網路，本章是重要的入門概念。

10-1 電磁波與頻寬

要了解通訊科技，就必須先了解「電磁波與頻寬」，雖然電磁波與頻寬聽起來有點枯燥無味，但是大家是不是都有手機呢？又是不是每天都要上網收發電子郵件呢？到底手機是怎麼讓我們通話的？電子郵件又是如何能夠在這麼短的時間內把資料傳送到手機上的？怎麼樣，是不是覺得愈來愈有趣了呢？如果想要了解這些天天和我們生活在一起的科技產品，就耐心地繼續看下去吧！

10-1-1 科學數量級

相信大家在報章雜誌或是產業新聞常常看到次微米製程(Sub-micro process)、奈米科技(Nano-technology)、百萬位元組(MB：Mega Byte)、十億赫茲(GHz：Giga Hertz)這些名詞，它們指的到底是什麼呢？

在科學上常常有很微小或巨大的物理量需要描述，例如：原子的大小、分子的大小、半導體製程的大小等「微小的物理量」；或是地球的大小、光的速度、電腦記憶體的大小等「巨大的物理量」，因此必須定義許多名詞來稱呼它們才方便。所謂的「科學數量級」指的就是「數字的大小」，請大家注意，科學數量級只討論「大小」，並不包括「單位」，換句話說，任何單位的前面都可以使用科學數量級。本書將科學數量級分成「微小數量級」與「巨大數量級」兩個部分。

☐ 微小數量級

如果將數字1定義成基本數量，則比基本數量1還要小的數字定義為「微小數量級」，每間隔千分之一(1/1000)定義一個新的數量級來稱呼：

➤ 毫(mini)：代表千分之一，也可以寫成10^{-3}代表0.001。

➤ 微(micro)：代表百萬分之一，也可以寫成10^{-6}代表0.000001。

➤ 奈(nano)：代表十億分之一，也可以寫成10^{-9}代表0.000000001。

依此類推如表10-1所示，特別注意的是，微小數量級所使用的代號包括m、

中文	英文	代號	科學表示	傳統表示
毫(千分之一)	mini	m	10^{-3}	0.001
微(百萬分之一)	micro	μ	10^{-6}	0.000001
奈(十億分之一)	nano	n	10^{-9}	0.000000001
皮(兆分之一)	pico	p	10^{-12}	依此類推
飛(千兆分之一)	fanto	f	10^{-15}	依此類推

表 10-1 微小數量級的種類與代號，代號一般常用小寫字母代表。

μ、n、p、f，一般習慣上都是使用小寫字母來代表。

巨大數量級

如果將數字1定義成基本數量，則比基本數量1還要大的數字定義為「巨大數量級」，每間隔一千倍(1000)定義一個新的數量級來稱呼：

➤ 千(Kilo)：代表一千，也可以寫成10^3代表1,000。

➤ 百萬(Mega)：代表一百萬，也可以寫成10^6代表1,000,000。

➤ 十億(Giga)：代表十億，也可以寫成10^9代表1,000,000,000。

依此類推如表10-2所示，特別注意的是，巨大數量級所使用的代號包括K、M、G、T，一般習慣上都是使用大寫字母來代表。

表 10-2 巨大數量級的種類與代號，代號一般常用大寫字母代表。

中文	英文	代號	科學表示	傳統表示
千	Kilo	K	10^3	1,000
百萬	Mega	M	10^6	1,000,000
十億	Giga	G	10^9	1,000,000,000
兆	Tela	T	10^{12}	1,000,000,000,000
千兆	Peta	P	10^{15}	依此類推

注　意

→ 十的負幾次方：代表小數點後面有幾位數：「十的負三次方(10^{-3})」代表小數點後面有三位數，故$10^{-3}=0.001$；而「十的負六次方(10^{-6})」代表小數點後面有六位數，故$10^{-6}=0.000001$。

→ 十的正幾次方代表小數點前面有幾個零：「十的正三次方(10^3)」代表小數點前面有三個零，故$10^3=1,000$；而「十的正六次方(10^6)」代表小數點前面有六個零，故$10^6=1,000,000$。

→ 數量級並不包含單位，因此不論描述那種物理量，數量級都必須配合單位使用才有意義，後面將會舉例說明。

☐ 長度的單位

　　目前積體電路的製程技術可以將電子元件的「線寬」製作得非常微小，科學家對於微小尺寸的稱呼，通常是以「微米(μm)」為基準，如圖10-1所示，線寬大於1μm的製程技術稱為「微米製程(Micro process)」，線寬小於1μm的製程技術稱為「次微米製程(Sub-micro process)」。人類的野心不止於此，目前製程技術將會朝向奈米(nm)的大小演進，線寬小於0.1μm(相當於100nm)的製程技術稱為「奈米製程(Nano process)」或「奈米科技(Nanotechnology)」。過去商業化量產的製程線寬為0.25μm、0.18μm、0.13μm屬於次微米製程，後來慢慢演進到90nm、65nm、45nm屬於奈米製程，台積電更將研發下一代22nm、20nm、16nm的製程技術，換句話說，目前的積體電路產業應該要改名為「奈米科技產業」了。

　　材料的尺寸與名稱如圖10-1所示，圖中每一個刻度相差10倍，毫米(mm)、微米(μm)與奈米(nm)各自相差三個刻度，因此相差1000倍，而且0.1μm(微米)等於100nm(奈米)，使用高科技製程所製作出來的產品，其線寬或尺寸小於100nm時，我們將「製作的技術」與「生產的產品」泛稱為「奈米科技(Nanotechnology)」，這是奈米科技的基本定義，請大家務必牢記。

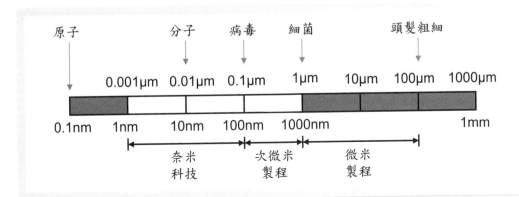

圖 10-1　微米與奈米之間的關係，圖中每一個刻度相差10倍，毫米(mm)、微米(μm)與奈米(nm)各自相差三個刻度，因此相差1000倍。

10-1-2　電磁波(Electromagnetic wave)

電磁波(Electromagnetic wave)是由互相垂直的「電場(Electric field)」與「磁場(Magnetic field)」交互作用而產生的一種「能量(Energy)」，這種能量在前進的時候就像水波一樣會依照一定的頻率不停地振動，如圖10-2(a)所示。電磁波具有振幅(Amplitude)、波長(Wavelength)、頻率(Frequency)，其中最重要的特性就是：波長與頻率成反比；頻率與能量成正比。

☐ 電磁波的波長與頻率

「波(Wave)」基本上是能量沿著某一個方向前進所造成的現象，例如：當我們將一塊石頭丟入水中，由於石頭將本身的動能轉換成另外一種型式的能量，因此這個能量會使水面以「水波」的型式向四面八方擴散；當我們以手抖動一條繩子，由於手抖動將動能轉換成另外一種型式的能量，因此這個能量會使繩子以「繩波」的型式沿著繩子的方向傳播；同理，電磁波本身也是一種能量，因此也會以波的型式沿著某一個方向前進。「波長(Wavelength)」是使用在波動力學的名詞，其單位與長度的單位相同，通常使用「微米(μm)」或「奈米(nm)」。

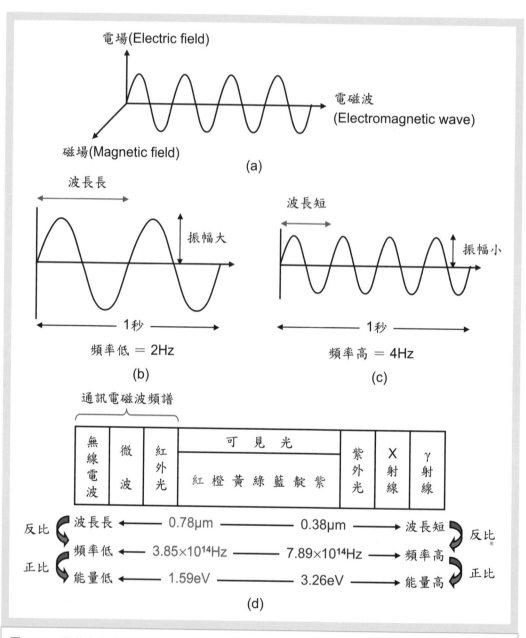

圖 10-2 電磁波的波長與頻率。(a)電磁波是由彼此互相垂直的電場與磁場交互作用而產生的能量；(b)波長愈長，頻率愈低(2Hz)；(c)波長愈短，頻率愈高(4Hz)；(d)電磁波頻譜，波長與頻率成反比，頻率與能量成正比。

➤ 波長(Wavelength)：是指電磁波的波峰到波峰的距離，如圖10-2(b)與(c)所示，電磁波的波長很短，通常是以微米(μm)或奈米(nm)為單位，例如：紅光的波長約為0.78μm(等於780nm)，紫光的波長約為0.38μm(等於380nm)。

➤ 頻率(Frequency)：是指電磁波一秒鐘振動的次數，單位為「赫茲(Hz)」。

➤ 光速(Velocity of light)：電磁波前進的速度稱為「光速」，其值固定為$3×10^8$公尺／秒(相當於30萬公里／秒)，因此不論電磁波的波長與頻率是多少，光速都是固定的，換句話說，1秒鐘內不同波長與頻率的電磁波前進的距離相同。

➤ 振幅(Amplitude)：是指電磁波振動幅度的大小，代表電磁波的強度，振幅愈大則強度愈強，振幅愈小則強度愈弱，振幅大小與波長或頻率無關。

　　假設有兩種不同波長與頻率的電磁波一秒鐘內前進了相同的距離，當波長較長，則一秒鐘振動2次，其頻率較低(為2Hz)，如圖10-2(b)所示；當波長較短，則一秒鐘振動4次，其頻率較高(為4Hz)，如圖10-2(c)所示，由此可見，電磁波的波長愈長，一秒鐘內振動的次數愈少，頻率愈低；電磁波的波長愈短，一秒鐘內振動的次數愈多，頻率愈高，換算公式如下：

$$v(頻率) = \frac{c(光速)}{\lambda(波長)} \tag{10-1}$$

　　其中光速固定為$c=3×10^8$公尺／秒，將電磁波的波長代入即可求出頻率，由公式可以看出，波長愈長(分母λ愈大)，頻率愈低(其值v愈小)；波長愈短(分母λ愈小)，頻率愈高(其值v愈大)，顯然電磁波的波長與頻率成反比。

☐ 電磁波頻譜(Spectrum)

　　電磁波的波長與頻率的關係如圖10-2(d)所示稱為「電磁波頻譜(Spectrum)」，由圖中可以看出，光波主要是指紅外光(IR：Infrared)、可見光(人類肉眼可以看見的光)與紫外光(UV：Ultraviolet)等三個部分，其實只是所有電磁波頻譜的中央部分，所以光是一種「電磁波(Electromagnetic wave)」。

　　可見光是人類眼睛可以看見的光，不同波長的可見光人類的眼睛看起來「顏色不同」，大約可以分為紅、燈、黃、綠、藍、靛、紫等七大顏色區塊，如圖10-2(d)所示，紅光的波長約為0.78μm(微米)，相當於頻率$3.85×10^{14}$Hz(赫茲)，相當於

能量1.59eV(電子伏特)；紫光的波長約為0.38μm，相當於頻率7.89×10^{14}Hz，相當於能量3.26eV，所以紅光的波長較長、頻率較低、能量較低；藍光的波長較短、頻率較高、能量較高；紫光的波長更短、頻率更高、能量更高，顯然電磁波的波長與頻率成反比，頻率與能量成正比。「電子伏特(eV)」是一種能量的單位，請參考第二冊第5章「基礎光電科學」的說明。

在可見光右邊的電磁波波長比紫光更短(能量更高)，依序為紫外光、X射線與γ射線，這些電磁波因為頻率較高(能量較高)，對人類都有一定程度的傷害。

➤紫外光(UV：Ultraviolet)：波長比紫光更短(能量更高)的電磁波，通常用來殺菌、消毒或除臭，太陽光中含有紫外光，照射時間過久對人體會有傷害。

➤X射線(X-ray)：波長比紫外光更短(能量更高)的電磁波，通常在醫院裡用來穿透人體拍攝X光片，或在實驗室裡用來進行繞射實驗決定固體材料的原子排列方式，也就是第一冊第1章「基礎電子材料科學」所提到的簡單立方結晶、體心立方結晶、面心立方結晶、鑽石結構結晶與單晶、多晶、非晶材料的分析。

➤γ射線(γ-ray)：波長比X射線更短(能量更高)的電磁波，是由放射性物質所發出來的輻射線，能量最高，也最危險，就是照射以後會產生「秘雕魚」的那種東西，通常在醫院裡用來對病人進行放射線治療殺死癌細胞，或在實驗室裡用來進行光譜實驗決定材料的電子特性進行學術研究使用。

在可見光左邊的電磁波波長比紅光更長(能量更低)，依序為紅外光、微波與無線電波，這些電磁波因為頻率較低(能量較低)，對人類的傷害較小。

➤紅外光(IR：Infrared)：波長比紅光更長(能量更低)的電磁波，可以用來加熱物體，也可以應用在無線通訊，例如：搖控器與無線鍵盤、無線滑鼠等短距離通訊。

➤微波(MW：Microwave)：波長比紅外光更長(能量更低)的電磁波，通常應用在無線通訊，例如：行動電話(GSM、GPRS、WCDMA、LTE等)、衛星通訊(GPS、DBS、DTH等)、數位廣播(DTV、DAB等)、無線電視與廣播。

➤無線電波(Radio wave)：波長比微波更長(能量更低)的電磁波，通常應用在無線通訊，例如：軍警所使用的無線電、香腸族與火腿族所使用的無線對講機。

☐ 手機電磁波的安全性

　　波長愈長的電磁波，頻率愈低、能量愈低，是不是代表就愈安全呢？例如：手機所使用的電磁波屬於「微波」，它的能量甚至比紅光或紅外光更低，人類照射紅光都不會怎麼樣了，是不是就像手機系統業者廣告的一樣，使用手機講話也很安全呢？要判斷電磁波對人類有無傷害，必須由電磁波的「能量(Energy)」與「功率(Power)」兩個因素一起決定，能量的單位是「焦耳(Joule)」，功率的單位是「瓦特(Watt)」，其定義為單位時間的能量大小。能量小的電磁波，如果功率很大，對人類仍然會有一定的傷害，例如：目前我們所使用的行動電話是以微波來通訊，能量雖然很小，但是功率卻不小，長時間使用對人體仍然可能會有不良的影響；同理，能量大的電磁波，如果功率很小，對人類的傷害就不明顯，例如：太陽光的成份原本就含有許多γ射線，這些γ射線經過大氣層過濾以後仍然會有極少量照射到地球表面上，換句話說，我們天天都在照射γ射線，能量雖然很大，但是功率卻很小(大部分都被大氣層過濾掉了)，長期照射也沒有太大的影響，至少沒聽說過有人在海水浴場做日光浴最後變成「秘雕人」的嘛！

☐ 微波爐(Microwave oven)

　　講到「微波(Microwave)」大部分的人不會想到手機，而會想到「微波爐」，其實微波爐所使用的電磁波和手機所使用的電磁波都是屬於電磁波頻譜中的微波，只是頻率不同而已。由於水分子(H_2O)的氫原子與氧原子之間的鍵結振動頻率為2.4GHz(赫茲)，因此頻率為2.4GHz的微波照射到水分子時能量會被水分子吸收，同時與水分子產生「共振(Resonance)」，造成水分子劇烈振動，水分子振動會與食物的分子摩擦而產生高熱，因此可以在極短的時間內加熱食物。

　　使用微波爐加熱有些限制，由於金屬會導電，因此微波在金屬內會產生環形短路電流，累積能量到一定的程度則會瞬間釋放到空氣中的水份而產生火花，因此不能將金屬放到微波爐加熱，最好使用耐熱塑膠、陶瓷、玻璃等容器；純水由於沒有食物分子可以摩擦，加熱時又不會產生對流，可能產生過了沸點水還不開的現象，只要一點擾動就可能會「突沸」而噴濺出來造成危險，因此應該避免直接將純水放到微波爐加熱。

頻率為2.4GHz的微波容易被水分子吸收，在通訊上使用應該要很小心，別忘了人體中大約有70%的水份，但是目前我們定義2.4GHz的電磁波在通訊上稱為「ISM頻帶(Industrial Scientific Medical)」，主要應用在藍牙(Bluetooth)、無線區域網路(IEEE802.11)、家用數位無線電話等短距離無線通訊，只是功率比微波爐還低很多，而且這些使用ISM頻帶的產品都必須通過對人體無傷害的測試，所以影響沒有那麼嚴重而已，不過下回能少用還是少用這些產品吧！關於ISM頻帶的內容，將在第12章「無線通訊產業」中詳細介紹。

☐ 通訊電磁波頻譜

　　我們可以將圖10-2(d)左邊用來通訊的紅外光、微波與無線電波的部分放大，並且旋轉90°，得到如圖10-3所示的「通訊電磁波頻譜」，由上到下依序為紅外光、微波(至高頻、超高頻、特高頻、極高頻、高頻、中頻)、無線電波(低頻、特低頻、聲頻)等，圖中列出相對應的波長與頻率，以及這些電磁波的應用。

➤ 紅外光(IR：Infrared)：波長大約0.78~100μm(微米)，頻率大約100T~1THz(赫茲)，通常應用在光通訊，如果應用在有線通訊以「光纖(Fiber)」為介質。

➤ 微波(Microwave)：分為兩個部分，頻率大約100G~1GHz的電磁波(至高頻、超高頻、特高頻)，通常應用在頻率較高的衛星通訊、衛星定位、雷達與微波通訊等，如果應用在有線通訊以「波導(Waveguide)」為介質，波導是空心金屬管，可以讓電磁波沿著金屬表面傳播；頻率大約100M~1MHz的電磁波(極高頻、高頻、中頻)，通常應用在無線電視、行動通訊(手機)、調幅廣播(AM)、業餘無線電、調頻廣播(FM)等，如果應用在有線通訊以「同軸電纜(Coaxial cable)」為介質。

➤ 無線電波(Radio wave)：頻率大約100K~1KHz的電磁波(低頻、特低頻、聲頻)，通常應用在頻率較低的航空無線電、海底電纜、電話與電報等，如果應用在有線通訊以「雙絞銅線(Twisted pair)」為介質。

　　值得注意的是，一般我們在討論光通訊時使用「波長(微米)」來做為單位，因為光的頻率太高(THz以上)使用不便；而討論通訊電磁波時使用「頻率(赫茲)」來做為單位，因為電磁波的波長太長(數公分到數公里)使用不便，由公式(10-1)可以看出波長與頻率互為倒數，不管使用那一種單位其實意義都是相同的。

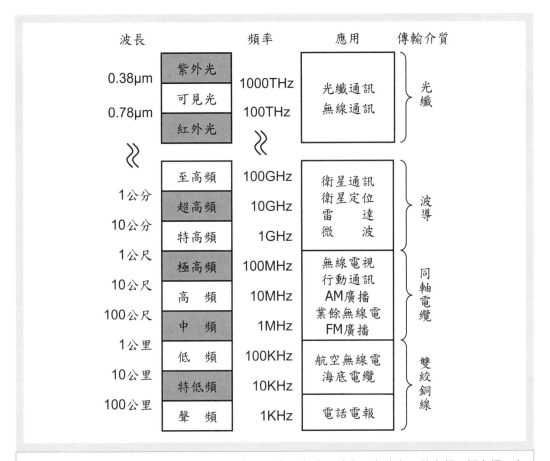

圖 10-3 通訊電磁波頻譜，由上到下依序為紅外光、微波(至高頻、超高頻、特高頻、極高頻、高頻、中頻)、無線電波(低頻、特低頻、聲頻)等。

☐ 電磁波的頻率與天線

　　根據電磁學原理，天線的長度為電磁波波長的1/2或1/4時收訊情形最好，有些電子產品因為尺寸小無法製作太長的天線，則可以加入電感來補足。

➤ 高頻電磁波(GHz)：因為高頻電磁波的波長很短，所以天線比較短；又因為頻率高能量高，所以不需要消耗很大的電力(比較省電)就能使天線產生足夠的增益(Gain)傳送比較遠的距離，雖然可以傳送比較遠，但是高頻電磁波的繞射性質比較差，不容易繞過障礙物，所以室內接收訊號的品質比較差，例如：直傳衛星電

視(DTH)必須在屋頂架設碟型天線才能接收訊號，全球衛星定位系統(GPS)在室內的接收效果不好，因此在室內無法利用GPS來定位。

➤ 中低頻電磁波(MHz、KHz)：因為中低頻電磁波的波長較長，所以天線比較長；又因為頻率低能量低，所以需要消耗較大的電力(比較耗電)才能使天線產生足夠的增益(Gain)傳送比較遠的距離，雖然不能傳送太遠，但是中低頻電磁波的繞射性質比較好，容易繞過障礙物，所以室內接收訊號的品質比較好，例如：手機與收音機的通訊頻率大約在MHz附近，在室內仍然可以接收到訊號。

天線其實只是一條長長的金屬線，所以不一定要像收音機一樣拉著一條長長的金屬，我們可以直接以濺鍍(Sputter)與蝕刻(Etching)的方式將微型天線製作在矽晶片上稱為「晶片天線(Chip antenna)」，或製作在印刷電路板(PCB)上稱為「電路板天線(Board antenna)」，這樣就能夠隱藏在手機或平板電腦等攜帶式行動裝置，甚至可以利用其他金屬線來代替，例如：耳機本身就是長長的金屬線，所以MP3隨身聽都是利用耳機當做天線來接收FM廣播；某些汽車會將細細長長的金屬線直接印刷在後擋風玻璃上，這樣就不用在車頂上拉一條長長的金屬天線囉！

【範例】

第二代行動電話歐洲GSM1800系統所使用的通訊電磁波，其中心頻率大約1800MHz，請換算其電磁波的波長多少？天線應該設計多長？

〔解〕

由公式(10-1)

$$\lambda(波長) = \frac{c(光速)}{v(頻率)} = \frac{3 \times 10^8 (m/s)}{1800 \times 10^6 (1/s)} = 0.16(m) = 16(cm)$$

故頻率1800MHz的電磁波，其波長大約16cm(公分)，比紅光的波長(0.78μm)還要長很多，所以通訊電磁波的波長是很長的。天線的長度為電磁波波長的1/2或1/4時收訊情形最好，因此天線的長度大約8cm或4cm最為恰當。

10-1-3　頻寬(Bandwidth)

在電磁波通訊中我們經常聽到「頻寬(Bandwidth)」一詞，一般常用的解釋是：頻寬就好像高速公路，頻寬愈寬就好像高速公路愈寬(車道愈多)，代表行車速度愈快，也就是通訊時資料傳輸率愈高，這樣的觀念是對的，但是這種解釋是不科學的，以下我們說明在「科學上」如何定義頻寬。

🔲 頻寬的定義

頻寬的定義為「可以傳遞訊號的頻率範圍」，單位與頻率相同為「赫茲(Hz)」。我們以下面兩個觀念來說明頻寬的意義，請大家注意，通訊一定有「傳送端」與「接收端」，所以一定是成對的，我們總不會用手機一個人自言自語吧！

➤ 每一對通訊使用者必須使用一個「頻率範圍」來通話：通訊時不能只使用一個「頻率」，必須使用一個「頻率範圍」，這個頻率範圍稱為「頻寬(Bandwidth)」。我們說話不可能只有一種頻率，而會有高音(高頻)與低音(低頻)的變化，因此我們說話其實是發出某一個頻率範圍(頻寬)的聲音(聲波)。同理，當我們以高頻電磁波來傳送語音訊號時，也必須使用某一個頻率範圍(頻寬)才行。

➤ 每一對通訊使用者必須使用「不同的頻率範圍」來通話：假設甲和乙使用頻率900~901MHz的電磁波通話，則丙和丁使用頻率901~902MHz的電磁波通話。手機並不會分辨到底是誰和誰在通話，而是接收「某一個頻率範圍」，因此甲與乙的手機接收頻率900~901MHz的電磁波，而丙與丁的手機接收頻率901~902MHz的電磁波，換句話說，所有的通訊元件都是「只認頻率不認人」。如果甲的手機可以同時接收頻率900~901MHz與901~902MHz的電磁波，則他會同時聽到乙、丙、丁三個人的聲音。

🔲 有線電視的頻寬

早期有線電視為類比訊號，大部分的頻寬用來傳送類比有線電視頻道，頻譜分佈如圖10-4(a)所示，總頻寬大約750MHz，可以分為下列三個部分：

➤ 上傳頻帶(10MHz~42MHz)：總頻寬為32MHz(42MHz–10MHz)保留將訊號由用戶

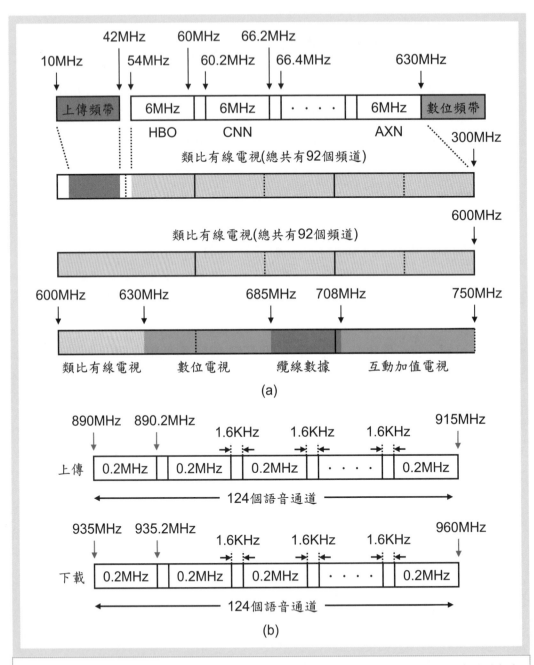

圖 10-4 電磁波頻譜的實例。(a)有線電視的頻譜,總頻寬為750MHz,每個類比電視頻道的頻寬為6MHz;(b)第二代行動電話GSM900系統的頻譜,總頻寬為70MHz,每個語音通道的頻寬為0.2MHz(200KHz)。

端上傳到電視台使用，但是這個頻率範圍的電磁波容易受到業餘無線電廣播的干擾而產生雜訊，因此使用上限制較多。

➤ 類比有線電視頻帶(54MHz~630MHz)：總頻寬為576MHz(630MHz–54MHz)，用來傳送類比有線電視訊號，每個電視頻道的頻寬為6MHz，頻道與頻道之間保留0.2MHz做為「保護帶(Guard band)」，以避免不同的頻道之間互相干擾，總共有92個頻道。例如：頻率54~60MHz傳送HBO、頻率60.2~66.2MHz傳送CNN等，依此類推，當我們在電視機前面用搖控器選台，其實就是改變電視的接收頻率範圍而已，當電視接收54~60MHz的電磁波，則畫面就播放HBO的電影；當電視接收60.2~66.2MHz的電磁波，則畫面就播放CNN的新聞。

➤ 數位頻帶(630MHz~750MHz)：總頻寬為120MHz(750MHz–630MHz)，用來傳送數位電視、纜線數據機(Cable modem)、互動加值電視等數位訊號，這個頻率範圍的電磁波是最穩定的。

其中類比有線電視每個頻道的頻寬愈寬畫質愈好，但是總頻道數目愈少(電視台數目愈少)；相反地，每個電視台的頻寬愈窄畫質愈差，但是總頻道數目愈多(電視台數目愈多)，魚與熊掌不可兼得，因此最後決定使用6MHz的頻寬，大約可以傳送1個解析度為VGA(640×480)的類比影像，看起來畫質不好，而且類比訊號容易受到干擾，畫面看起來常常閃爍像在下雨一樣，實在很不舒服。

早期有線電視為類比訊號，大部分的頻寬用來傳送類比有線電視頻道，因此目前只有630~750MHz的頻寬用來傳送數位電視與纜線數據機，大家有沒有注意到，類比有線電視頻寬有576MHz(54~630MHz)只能傳送92個解析度為VGA的類比影像，而數位電視的頻寬只有55MHz(630~685MHz)卻可以傳送大約180個解析度為VGA的數位影像，數位訊號真的比較厲害吧！到底是為什麼呢？我們將在後面詳細討論。隨著技術的發展未來有線電視全面數位化是必然的趨勢，由於原有的類比有線電視台仍在播送，因此只能慢慢將頻道收回來改為數位有線電視使用，此外，最新的技術可以使用同軸電纜傳送最高860MHz，甚至1GHz的電磁波來增加頻寬，但是要再提高頻率則有困難，因為同軸電纜適合用來傳送MHz的電磁波，如果是GHz的電磁波必須改用波導做為介質才合適。

□ 第二代行動電話(GSM900)的頻寬

　　第二代行動電話GSM900系統使用數位訊號，頻譜分佈如圖10-4(b)所示，總頻寬為70MHz(890~960MHz)，由於手機可以同時上傳(說)與下載(聽)，因此必須將頻寬再切割成上傳890~915MHz與下載935~960MHz兩個部分：

➤ 上傳頻帶(Uplink)：使用890~915MHz由手機傳送電磁波到基地台(說)，其中每個語音通道的頻寬為0.2MHz(200KHz)，頻道與頻道之間保留1.6KHz做為保護帶，總共分為124個語音通道，同時可以提供124個人使用(說)。

➤ 下載頻帶(Downlink)：使用935~960MHz由基地台傳送電磁波到手機(聽)，其中每個語音通道的頻寬為0.2MHz(200KHz)，頻道與頻道之間保留1.6KHz做為保護帶，總共分為124個語音通道，同時可以提供124個人使用(聽)。

　　當我們使用手機通話，必須同時佔用一個上傳語音通道與一個下載語音通道，每個語音通道的頻寬愈寬，則音質愈好，但是總通道數目愈少，代表愈少人可以同時使用；相反地，每個語音通道的頻寬愈窄，音質愈差，但是總通道數目愈多，代表愈多人可以同時使用，魚與熊掌不可兼得，目前GSM系統使用0.2MHz(200KHz)的語音通道，音質和傳統的收音機(AM或FM)差不多，尚可接受。有沒有人覺得好奇，前面的介紹看起來GSM900系統「同時」可以提供124個人使用(說與聽)，但是如果超過124個人想打電話怎麼辦呢？你(妳)會聽到系統說：現在線路都在使用中，請您稍後再播。代表沒有多的語音通道可以使用，那麼124個語音通道會不會太少了一點？隨便也會有超過124個人同時想打電話呀！怎麼辦呢？繼續看下去吧！

注　意

➜ 全雙工(Full-duplex)：讓使用者同時可以上傳與下載(說與聽)。

➜ 分頻雙工(FDD)：使用不同的頻率範圍(頻寬)來上傳與下載(說與聽)。

➜ 分頻多工接取(FDMA)：利用不同的頻率範圍(頻寬)給不同的使用者同時使用。

□ 頻寬與資料傳輸率

資料傳輸率的單位是「每秒位元數(bps：bit per second)」，代表每秒可以傳送幾個位元，也就是每秒可以傳送幾個0或1，例如：1Gbps(1G=10億)代表每秒可以傳送十億個位元(十億個0或1)，由於目前大部分的通訊系統都是屬於數位通訊，因此使用資料傳輸率來描述更恰當，資料傳輸率的大小是由傳輸介質與傳輸設備共同決定，頻寬愈寬通常可以提供更高的資料傳輸率。

「頻寬(Bandwidth)」與「資料傳輸率(Data rate)」的意義很類似，常常讓我們混淆，有時候甚至積非成是大家都誤用了，這裡簡單說明它們之間的差別：

➤ **頻寬(Bandwidth)是類比訊號使用的名詞**：由圖10-2可以看出，電磁波是一種連續的波動能量，既然是連續的當然一定是類比訊號，因此「頻寬(Bandwidth)」和它的單位「赫茲(Hz)」指的都是電磁波在有線通訊介質(同軸電纜、雙絞銅線)或無線通訊(沒有介質)的物理特性。

➤ **資料傳輸率(Data rate)是數位訊號使用的名詞**：當我們將類比訊號轉換為數位訊號，所有資料都會變成0與1兩種不連續的訊號，因此「資料傳輸率(Data rate)」和它的單位「每秒位元數(bps)」指的都是數位通訊時實際傳送每個位元資料的速率，重點是：**數位訊號讓我們可以利用不同的調變與多工技術使相同頻寬的介質具有更高的資料傳輸率**，這就是目前許多新的通訊技術，例如：3G的WCDMA、4G的OFDM等被發明出來的原因，後面會再詳細說明。

舉例來說，前面介紹過類比有線電視每個頻道的頻寬為6MHz，這樣的頻寬大約可以傳送1個解析度為VGA(640×480)的類比影像，如果改用數位調變技術(256QAM)則6MHz的頻寬最多可以傳送20個解析度為VGA(640×480)的數位影像，等於將頻寬增加20倍，而且接收端看到的數位影像和電視台發射出來的數位影像完全相同沒有雜訊，現在發現數位訊號的厲害了吧！

最後提醒大家，我們到中華電信申請的ADSL是屬於數位通訊，因此要選擇10Mbps、100Mbps指的其實都是「資料傳輸率」，不應該說是「頻寬」，但是大家積非成是都說成是頻寬，下回別再用錯名詞囉！

10-1-4 使用執照與頻譜分配

前面介紹過，不同的通訊使用者必須使用「不同的頻率範圍」來通訊，因為通訊元件都是「只認頻率不認人」，所以不論有線或無線通訊，頻率都不能重覆使用，不能重覆代表有人在管理這些頻率，在美國負責頻譜分配的是「聯邦通信委員會(FCC：Federal Communications Commission)」，在台灣負責頻譜分配的是「國家通訊傳播委員會(NCC：National Communications Commission)」。

☐ 有線通訊的使用執照與頻譜分配

前面介紹過，有線電視不同的電視台必須使用不同的頻率範圍來傳送電視節目，那麼是由誰來決定那一個電視台使用那一個頻率範圍呢？國內的電視台早期是由行政院新聞局來管理，目前則由國家通訊傳播委員會(NCC)管理，電視台想要獲得播放權必須取得某一個頻率範圍的使用權利來播放節目，並且支付使用執照費，這個費用最後會轉嫁到安裝第四台的消費者身上囉！

有線通訊的頻譜分配比較沒有那麼嚴格，使用執照費也比較低一些，主要因為它是「有線」，假設台北有一條有線電視傳輸線，傳送有線電視頻道給台北地區的人收看；高雄有另外一條有線電視傳輸線，傳送有線電視頻道給高雄地區的人收看，在台北的傳輸線可以使用54~60MHz傳送HBO；而在高雄的傳輸線也可以使用54~60MHz傳送CNN，不同的傳輸線可以重覆使用相同的頻率範圍來傳送不同的電視訊號，彼此不會互相干擾，換句話說，如果覺得一條有線電視傳輸線的頻寬(750MHz)不夠用，再拉一條傳輸線就可以有兩倍的頻寬了，只不過成本變成兩倍而已，由於目前750MHz的頻寬已經足夠，所以並不需要這麼做。

☐ 無線通訊的使用執照與頻譜分配

無線通訊的頻譜分配非常嚴格，執照費用也比有線通訊高，主要因為它是「無線」，請大家特別注意，有線通訊不同的傳輸線可以重覆使用相同的頻率範圍來傳送不同的電視訊號，但是無線通訊就沒有這個優點，因為無線通訊的傳輸介質是我們眼睛可以看到的空間，而我們大家是共用同一個空間，所有的訊號都

往同一個空間裡丟，所以相同的頻率範圍只能使用一次，例如：第二代行動電話GSM900系統使用頻率範圍890~960MHz，則其他的無線通訊(例如：無線電視、無線收音機、衛星通訊、衛星定位、雷達等)就不能再使用這個頻率範圍了，否則會互相干擾，這就是為什麼無線通訊的頻譜非常珍貴，當然使用執照費也比較高囉！不只如此，由於我們大家是共用同一個空間，如果無線通訊設備任意發出頻率不正確的訊號會干擾到其他通訊設備，因此所有的無線通訊設備，包括我們使用的手機與無線區域網路等產品都必須先進行測試合格才可以上市銷售。

那麼是由誰來決定那一種系統使用那一個頻率範圍呢？國內的無線通訊早期是由交通部電信總局來管理，目前則是由國家通訊傳播委員會(NCC)管理，每一家系統業者(例如：中華電信、台灣大哥大、遠傳電信等)都必須先向國家通訊傳播委員會(NCC)取得使用執照才能經營無線通訊業務，由於無線通訊的頻譜非常珍貴，可以使用的頻率範圍有限，所以使用執照有限，通常會以公開標售的方式讓出價最高的電信業者取得使用執照，這就是最近熱門的「第四代(4G)行動寬頻業務釋照」，當然，最後這個費用會轉嫁到使用手機的消費者身上囉！

☐ 第一類與第二類電信事業

根據我國電信法規定，電信事業分為第一類與第二類電信事業：

➤第一類電信事業：係指電信公司有設置基礎設施，例如：擁有無線通訊頻譜執照、有線傳輸網路、基地台或衛星地面站等通訊設備。著名的廠商包括：有線通訊的中華電信、台灣固網；無線通訊的中華電信、台灣大哥大、遠傳電信等。

➤第二類電信事業：係指電信公司沒有設置基礎設施提供基本電信服務，通常只能向第一類電信事業所屬公司租用線路，經營語音、傳真、電話的出租與行動通訊等業務的轉售或加值服務，例如：統一超商電信服務、家樂福電信等。

10-2 通訊原理

要了解通訊科技產品的原理，就必須先了解通訊的基本概念，本節在討論訊號的調變與解調、訊號傳輸技術、類比訊號調變技術、數位訊號調變技術、多工技術等，只要能概略了解，以後就不會再害怕那些通訊的專有名詞囉！

10-2-1 通訊基本概念

通訊最基本的概念就是訊號「調變(Modulation)」與「解調(Demodulation)」，在通訊上我們常常聽到的「Modem」這個字，其實就是「Mo」與「Dem」兩個字首組合起來形成的新字，意思就是調變與解調。

☐ 調變與解調(Modulation & Demodulation)

在通訊設備中進行調變與解調的流程如圖10-5所示，先簡單介紹如下：

➤ 調變(Modulation)：發射端將「低頻訊號(聲音)」處理成「高頻訊號(電磁波)」以後，再傳送出去稱為「調變(Modulation)」，如圖10-5(a)所示。

➤ 解調(Demodulation)：接收端將「高頻訊號(電磁波)」接收以後，還原成「低頻訊號(聲音)」稱為「解調(Demodulation)」，如圖10-5(b)所示。

用來進行高頻電磁波調變與解調的積體電路(IC)稱為「射頻積體電路(RF IC：Radio Frequency Integrated Circuit)」，通常是使用砷化鎵晶圓或矽鍺晶圓製作，成本較高，目前也慢慢開始使用矽晶圓製作，可以降低成本同時縮小體積。

☐ 低頻訊號與高頻訊號

➤ 低頻訊號：科學家發現低頻訊號傳輸時損耗比較大，容易受到干擾，所以無法傳遞很遠，例如：人類的聲音頻率大約300~3400Hz，只能傳遞數百公尺，就好像人類走路很慢，只能走數百公尺。

➤ 高頻訊號：科學家發現高頻訊號傳輸時損耗比較小，不容易受到干擾，所以能夠傳遞很遠，例如：FM收音機的頻率大約88~108MHz，可以傳遞數百公里，就好

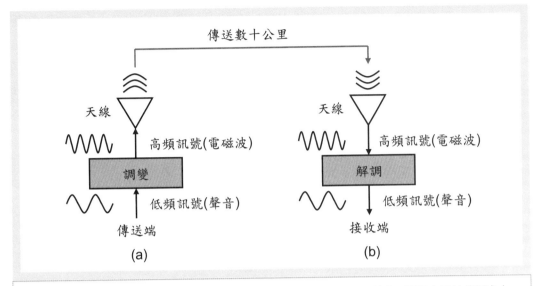

圖 10-5 調變與解調。(a)傳送端將低頻的聲音「調變」成高頻的電磁波,再經由天線傳送出去;(b)接收端經由天線將高頻的電磁波接收進來,再「解調」成低頻的聲音。

像汽車跑得很快,可以跑數百公里。

我們試著思考一下:人類走路很慢,只能走數百公尺;汽車跑得很快,可以跑數百公里,那麼要怎麼讓只能走數百公尺的人類移動數百公里呢?答案很簡單,只要讓人類坐在汽車上,就可以讓汽車載著人類移動數百公里囉!

☐ 高頻載波技術

由於低頻訊號(聲音)無法傳遞很遠,而高頻訊號(電磁波)可以傳遞很遠,因此聰明的科學家就想到了要以高頻的電磁波「載著」低頻的聲音,如此一來就可以傳遞數百公里了,我們稱為「高頻載波技術」。大家還記得嗎?人類講話的聲音頻率大約300~3400Hz(低頻訊號),而第二代行動電話GSM900系統的通訊頻率大約890~960MHz(高頻訊號),當我們對著手機講話,傳送端的手機會先將低頻的聲音「調變」成高頻的電磁波,再經由天線傳送出去,如圖10-5(a)所示;接收端的手機經由天線將高頻的電磁波接收進來,再「解調」成低頻的聲音,才能讓我們的耳朵聽見,如圖10-5(b)所示,這就是現代通訊技術的基本概念。

大家可能會好奇，低頻的聲音難道真的不能直接傳送很遠嗎？其實要將低頻的聲音傳送很遠最簡單的方法就是使用「擴音器」直接將聲音的振幅放大，但是用這種方法了不起也只能傳個幾公里吧！而且如果所有的手機都使用這種方式通訊，這麼多聲音在空中丟來丟去準會把我們給吵死了，高頻的電磁波不但可以傳遞很遠，而且我們的耳朵聽不到，所以目前都是使用這種調變技術來通訊。

10-2-2 訊號傳輸技術

　　在介紹通訊各種複雜的調變技術之前，我們先介紹幾個基本的訊號傳輸技術與專有名詞，包括：訊號與傳輸、基頻傳輸與寬頻傳輸、線路交換與封包交換，讓大家對這些專有名詞與分類先有概略的認識。

☐ 訊號與傳輸

　　訊號本身可以分為「類比訊號」與「數位訊號」兩種，而訊號在傳輸的時候又可以分為「類比傳輸」與「數位傳輸」兩類，通常類比傳輸是使用「電磁波(高頻載波技術)」來傳輸訊號，數位傳輸是直接使用「低電壓(0V)與高電壓(1V)」來傳輸訊號。所以總共可以分為下列四類，如表10-3所示：

➢ 類比訊號類比傳輸：包括振幅調變(AM)、頻率調變(FM)、相位調變(PM)等三種，都是屬於「高頻載波技術」，目前較常應用在傳統收音機、傳統無線電話、軍警與香腸族、火腿族所使用的無線對講機、第一代行動電話(AMPS)等。

➢ 數位訊號類比傳輸：包括振幅位移鍵送(ASK)、頻率位移鍵送(FSK)、相位位移鍵送(PSK)、正交振幅調變(QAM)等，都是屬於「高頻載波技術」，目前較常應用在第二代行動電話(GSM、CDMA)、第三代行動電話(WCDMA、CDMA2000)、第四代行動電話(LTE)、無線式行動電話(PHS)、無線區域網路(IEEE802.11)等。

➢ 類比訊號數位傳輸：包括脈幅調變(PAM)、脈寬調變(PWM)、脈相調變(PPM)、脈碼調變(PCM)等，其實我們可以將這種調變方式想像成先將類比訊號轉換為數位訊號再傳輸，基本上就是第9章所介紹的「訊號數位化」。

➢ 數位訊號數位傳輸：直接以低電壓(0V)代表0，高電壓(1V)代表1，目前較常應用

| 表 10-3 | 訊號本身可以分為「類比訊號」與「數位訊號」兩種，而訊號在傳輸的時候又可以分為「類比傳輸」與「數位傳輸」兩類，總共可以分為四類。 |

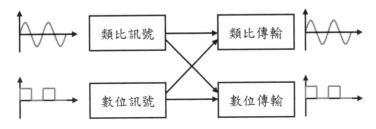

種類	類比訊號	數位訊號
類比傳輸	AM、FM、PM	ASK、FSK、PSK、QAM
數位傳輸	PAM、PWM、PPM、PCM	低電壓(0V)代表0 高電壓(1V)代表1

在電子產品的印刷電路板(PCB)上，積體電路(IC)與積體電路(IC)之間的訊號傳輸，這種傳輸方式訊號無法傳遞很遠。

☐ 基頻傳輸與寬頻傳輸

➤基頻傳輸(Baseband transmission)：不使用高頻載波技術，而是直接控制訊號的狀態來傳送訊號稱為「基頻傳輸」，例如：以低電壓(0V)代表0，高電壓(1V)代表1經由電纜傳送訊號；或以光暗(Off)代表0，光亮(On)代表1經由光纖傳送訊號，主要應用在印表機、數據機、區域網路等，通常在短距離傳輸(大約數百公尺)才能使用這種方法。例如：乙太網路就是使用基頻傳輸，所以早期傳送乙太網路的介質又稱為「基頻同軸電纜(電阻50歐姆，比較細)」，如果有許多人要使用這個介質傳送資料通常以「分時多工接取(TDMA)」輪流使用。

➤寬頻傳輸(Broadband transmission)：使用前面介紹過的高頻載波技術調變產生高頻電磁波來傳送訊號稱為「寬頻傳輸」，通常使用在長距離傳輸(大約一公里以上)才需要使用這種方法，例如：目前有線電視就是使用寬頻傳輸，所以傳送有線電視的介質又稱為「寬頻同軸電纜(電阻75歐姆，比較粗)」，如果有許多人要使用這個介質傳送資料通常以「分頻多工接取(FDMA)」同時使用。

□ 線路交換與封包交換

➤ 線路交換(Circuit switch)：是指傳送端與接收端之間先建立一條專用的連線，再使用不同的調變技術進行通訊，傳統的「語音通信(Telecom)」都是屬於線路交換，如圖10-6(a)所示，台北的有線電話在使用前必須先撥號，經由長途電話交換中心轉接到高雄的有線電話，使用者才能通話。傳統的國內電話與國際電話、行動電話等在通話之前都必須先撥號，等交換機將電話接通之後才可以通話，就是

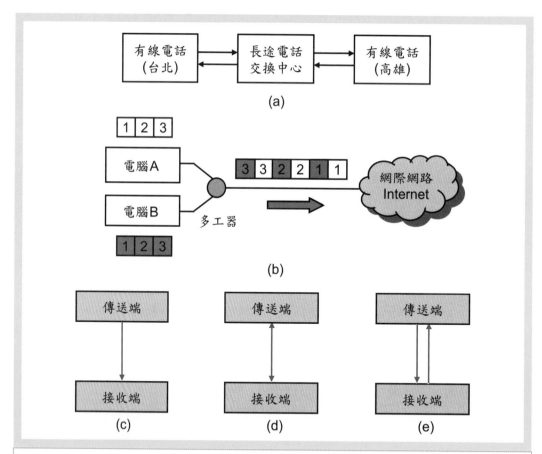

圖 10-6　訊號傳輸技術。(a)線路交換：傳送端與接收端之間先建立一條專用的連線；(b)封包交換：先將要傳送的資料切割成許多較小的「封包」；(c)單工：資料只能由一端傳送到另一端；(d)半雙工：資料可以雙向傳送，但是同一個時間只有一個方向可以傳送；(e)全雙工：資料可以同時雙向傳送。

使用線路交換的方式，通常費用是以「使用時間」計算，例如：撥打市內電話或行動電話，使用愈久費用愈高。

➤ 封包交換(Packet switch)：是指傳送端與接收端之間共用一條線路，必須先將要傳送的資料切割成許多較小的「封包(Packet)」，再使用不同的多工技術進行通訊，目前的「資料通信(Datacom)」都是屬於封包交換，如圖10-6(b)所示，兩台電腦同時要傳送資料，電腦先將要傳送的資料切割成許多較小的封包再送進網路中，電腦A先傳送一個封包、再換電腦B傳送一個封包、再換電腦A傳送一個封包，依此類推，直到所有的封包傳送完畢為止，使用者要傳送的資料愈少，則封包數目愈少，傳送的時間愈短；使用者要傳送的資料愈多，則封包數目愈多，傳送的時間愈長，顯然這種方式比較公平。電腦網路在通訊之前並不需要撥號，只要將網路線連接即可使用，就是使用封包交換的方式，通常費用是以「資料傳輸率」來計算，例如：申請中華電信的ADSL，不同資料傳輸率費用不同，但是使用時間沒有限制。

單工與雙工

➤ 單工(Simplex)：資料只能單向傳送，由一端傳送到另一端，如圖10-6(c)所示，例如：有線電視、無線電視、收音機等。以有線電視為例，我們家中的電視只能接收訊號，不能發射訊號，只能單向傳送(下載)，就是屬於單工技術。有人會問：誰說的？電視台可以「Call in」呀！別忘了，Call in是使用電話線來上傳，而不是使用有線電視的同軸電纜來上傳。

➤ 半雙工(Half-duplex)：半雙工是指資料可以雙向傳送，但是同一個時間只有一個方向可以傳送，如圖10-6(d)所示，例如：軍警與香腸族、火腿族所使用的無線對講機。大家常常看到電視裡的警察拿著無線對講機，用手指壓著按鈕，然後開始說話，結束之後會加上一句「Over」，然後手指放開按鈕，換對方說話，同一個時間只有一個方向可以傳送(上傳或下載)，就是屬於半雙工技術。

➤ 全雙工(Full-duplex)：全雙工是指資料可以同時雙向傳送，如圖10-6(e)所示，例如：傳統有線電話、行動電話(GSM、WCDMA、LTE)、無線式行動電話(PHS)、電腦網路等。一般我們所使用的電話同時可以上傳(說)也可以下載(聽)；電腦網路

也是同時可以上傳與下載資料,就是屬於全雙工技術。或許有人會說,不對呀!平常在用電話,當我講的時候對方就在聽,當我聽的時候對方就在講,真的是全雙工嗎?回想一下雙方用電話吵架時兩個人都對著電話吼叫,是不是同時可以講也可以聽呢?

10-2-3　類比訊號調變技術

類比訊號調變技術是指類比訊號類比傳輸,也就是我們俗稱的「類比通訊」,包括我們所使用的傳統電話、類比收音機(AM、FM)、類比無線電視、軍警與香腸族、火腿族所使用的無線對講機,甚至早期我們所使用的第一代行動電話090,俗稱「黑金剛」,大大一支黑色的手機,兼具通訊與「防身」的功能,這些都是我們使用了將近一個世紀的通訊元件。

☐ 電磁波的訊號特性

由圖10-2可以看出,基本上電磁波可以視為一個「正弦波(Sinusoid wave)」,因此我們使用下面的數學式來表示電磁波的訊號特性:

$$S(t)=A\cos(2\pi ft+\phi) \tag{10-2}$$
$$電磁波(時間)=振幅×\cos(2\pi×頻率×時間+相位)$$

其中S代表電磁波,A代表振幅,f代表頻率,φ代表相位,看這個公式大家猜猜我們能夠調變電磁波的參數有那些?很明顯科學家能夠調變電磁波的參數只有三個:振幅(Amplitude)、頻率(Frequency)、相位(Phase)。

☐ 類比訊號調變技術

常常聽說使用類比訊號調變的類比通訊是過去的技術,顯然有許多缺點需要改善,到底類比通訊有那些缺點呢?我們的聲音屬於低頻類比訊號,如圖10-7(a)所示,雖然那是我們想要傳遞的聲音,但是頻率太低無法傳遞很遠;高頻載波(電磁波)如圖10-7(b)所示,雖然頻率很高可以傳遞很遠,但是卻沒有任何聲音的訊號

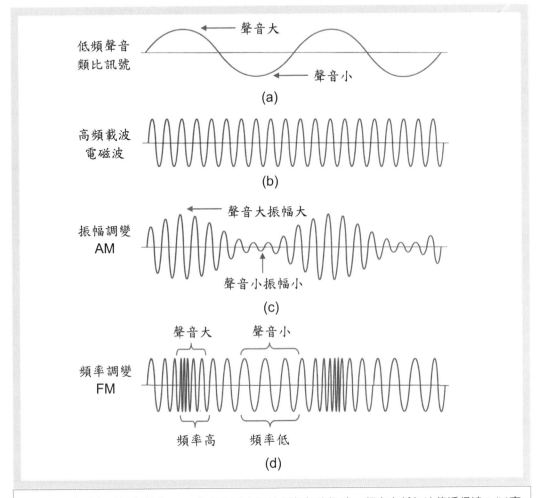

圖 **10-7** 類比訊號調變技術。(a)我們的聲音屬於低頻類比訊號，頻率太低無法傳遞很遠；(b)高頻載波(電磁波)頻率很高可以傳遞很遠；(c)振幅調變(AM)：聲音大振幅大，聲音小振幅小；(d) 頻率調變(FM)：聲音大頻率高，聲音小頻率低。

在裡面，接下來可以使用振幅調變(AM)、頻率調變(FM)、相位調變(PM)等類比訊號調變技術來處理：

➢ 振幅調變(AM：Amplitude Modulation)：使用高頻載波(電磁波)依照「振幅大小」載著低頻的類比訊號(聲音)傳送出去。也就是將圖10-7(a)的低頻聲音(類比訊號)與

圖10-7(b)的高頻載波(電磁波)進行振幅調變以後得到圖10-7(c)的結果,由圖中可以看出,調變以後的訊號頻率很高可以傳遞很遠,而且裡面隱含著我們想要傳遞的聲音,聲音大的時候「振幅大」,聲音小的時候「振幅小」。

➢ 頻率調變(FM:Frequency Modulation):使用高頻載波(電磁波)依照「頻率高低」載著低頻的類比訊號(聲音)傳送出去。也就是將圖10-7(a)的低頻聲音(類比訊號)與圖10-7(b)的高頻載波(電磁波)進行頻率調變以後得到如圖10-7(d)的結果,由圖中可以看出,調變以後的訊號頻率很高可以傳遞很遠,而且裡面隱含著我們想要傳遞的聲音,聲音大的時候「頻率高」,聲音小的時候「頻率低」。

➢ 相位調變(PM:Phase Modulation):使用高頻載波(電磁波)依照「相位不同」載著低頻的類比訊號(聲音)傳送出去。我相信說到這裡,大家一定還是一頭霧水,到底什麼是電磁波的相位呢?

❑ 訊號星座圖

利用電磁波的振幅或頻率來調變很容易由圖形直接理解,但是利用電磁波的相位來調變就不容易用圖形理解了,我們換個方式來說明。圖10-8(a)為不同相位的電磁波,所謂的相位就是「不同的電磁波波形」,但是用這些波形來說明又顯得很困難,試想圖中每一個相位相差90°,要看出差別還算容易,如果只相差1°怎麼看得出差別呢?因此科學家使用「訊號星座圖」來說明相位(Phase),其實就是我們高中學過的「極座標(Polar coordinate)」,以X軸來代表「實部(I:In phase)」,Y軸來代表「虛部(Q:Quadrature)」,所以又稱為「IQ平面」,將公式(10-2)的電磁波訊號特性表現在極座標上得到圖10-8(b)的結果,其中紅色的點代表某一個相位的電磁波,這個電磁波到原點的長度A代表電磁波的「振幅(Amplitude)」,夾角φ代表電磁波的「相位(Phase)」,不同位置的點代表不同的訊號波形,圖10-8(a)中分別畫出相位為0°、90°、180°、270°的電磁波在訊號星座圖上。

雖然利用電磁波的相位來調變類比訊號不容易用圖形理解,我們仍然試著說明看看,讓大家更有感覺,假設我們的聲音只有四種聲音大小(只用相位為0°、90°、180°、270°的電磁波來調變比較容易看出差別),聲音屬於低頻類比訊號,如圖10-8(c)所示,雖然那是我們想要傳遞的聲音,但是頻率太低無法傳遞很遠;

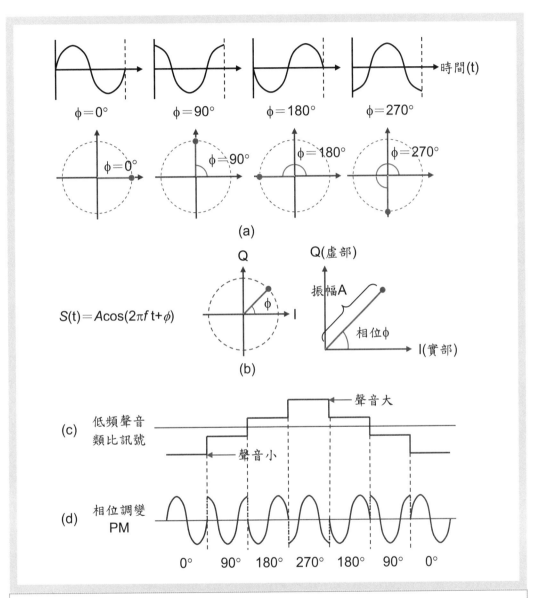

圖 **10-8** 相位調變(PM)。(a)不同相位的電磁波就是不同的電磁波波形；(b)訊號星座圖(IQ平面)的長度A代表電磁波的振幅，夾角φ代表電磁波的相位；(c)假設我們的聲音只有四種聲音大小；(d)相位調變(PM)：聲音小的時候相位0°，聲音大的時候相位270°。

高頻載波雖然頻率很高可以傳遞很遠，但是卻沒有任何聲音的訊號在裡面；當我們將兩個訊號進行相位調變以後得到如圖10-8(d)的結果，由圖中可以看出，調變以後的訊號頻率很高可以傳遞很遠，而且裡面隱含著我們想要傳遞的聲音，聲音小的時候「相位0°」，聲音大的時候「相位270°」。

▢ 類比通訊的缺點

類比通訊的缺點很多，包括：雜訊很難去除、無法加密、無法壓縮等。類比訊號調變的電磁波在傳送的過程中，如果因為反射或其他原因產生雜訊，很難將雜訊去除。以振幅調變(AM)無線通訊為例，無線通訊設備都會有天線與功率放大器，傳送端先將低頻類比訊號(聲音)調變成高頻訊號(電磁波)，經由功率放大器將訊號放大，再經由天線傳送出去，如圖10-9(a)所示，經過數十公里以後訊號會衰減，並且因為大樓或建築物反射或繞射而產生雜訊，接收端的天線接收到這個訊號，經由功率放大器將訊號放大，如圖10-9(b)所示，結果不只訊號放大了，連雜訊也放大了，所以造成訊號失真，這個雜訊很難去除，是類比通訊最大的缺點，雜訊通常都是一個瞬間的突波，因此是屬於高頻訊號，要濾掉高頻雜訊可以使用「低通濾波器(LPF：Low Pass Filter)」，所謂的「低通」就是指只有低頻訊號可以通過，高頻雜訊會被濾除，但是不論如何處理，效果總是有限。

10-2-4　數位訊號調變技術

數位訊號調變技術是指數位訊號類比傳輸，也就是我們俗稱的「數位通訊」，包括我們所使用的第二代行動電話(GSM、CDMA)、第三代行動電話(WCDMA、CDMA2000)、第四代行動電話(LTE/LTE-A)、無線式行動電話(PHS)、無線區域網路(WLAN)、數位電視(DVB)等，顯然數位通訊是未來的趨勢。

▢ 數位訊號調變技術

使用數位訊號調變技術的數位通訊是未來的趨勢，到底數位通訊有那些優點呢？首先我們將聲音(類比訊號)轉換成數位訊號(0與1)，如圖10-10(a)所示；高頻

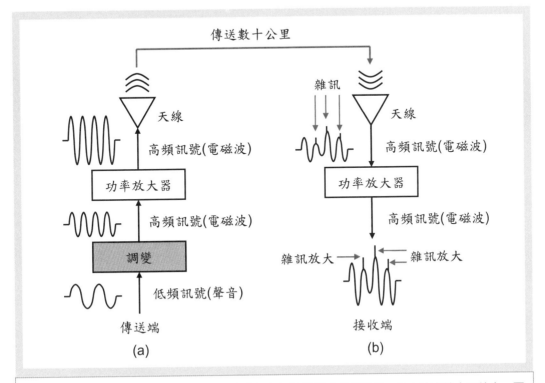

圖 10-9 類比通訊的缺點。(a)傳送端:先將低頻訊號調變成高頻訊號,經由功率放大器放大,再經由天線傳送出去;(b)經過數十公里以後訊號會衰減並且產生雜訊,天線接收後經由功率放大器將訊號放大,連雜訊也放大了。

載波(電磁波)如圖10-10(b)所示,雖然頻率很高可以傳遞很遠,但是卻沒有任何聲音的訊號在裡面,接下來可以使用振幅位移鍵送(ASK)、頻率位移鍵送(FSK)、相位位移鍵送(PSK)、正交振幅調變(QAM)等數位訊號調變技術來處理:

➢ **振幅位移鍵送**(ASK:Amplitude Shift Keying):使用高頻載波(電磁波)依照「振幅大小」載著數位訊號(0與1)傳送出去。也就是將圖10-10(a)的數位訊號(0與1)與圖10-10(b)的高頻載波(電磁波)進行振幅位移鍵送得到圖10-10(c)的結果,當電磁波「振幅小」代表0;當電磁波「振幅大」代表1。ASK的技術最簡單,抗雜訊能力最差,較少使用在無線通訊,而是使用在光纖通訊。

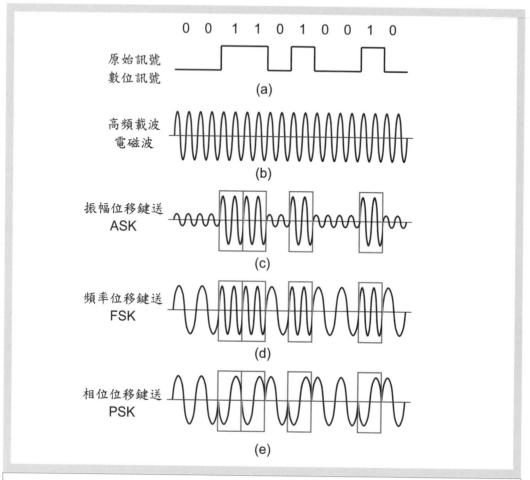

圖 10-10　數位訊號調變技術。(a)將聲音(類比訊號)轉換成數位訊號(0與1)；(b)高頻載波頻率很高可以傳遞很遠；(c)振幅位移鍵送(ASK)：振幅小代表0，振幅大代表1；(d)頻率位移鍵送(FSK)：頻率低代表0，頻率高代表1；(e)相位位移鍵送(PSK)：相位0°代表0，相位180°代表1。

➤ 頻率位移鍵送(FSK：Frequency Shift Keying)：使用高頻載波(電磁波)依照「頻率高低」載著數位訊號(0與1)傳送出去。也就是將圖10-10(a)的數位訊號(0與1)與圖10-10(b)的高頻載波(電磁波)進行頻率位移鍵送得到圖10-10(d)的結果，當電磁波「頻率低」代表0；當電磁波「頻率高」代表1。FSK在頻率改變的瞬間可能使電

磁波不連續,造成頻譜特性變差,後來有人發明CPFSK(Continuous Phase FSK)、MSK(Minimum Shift Keying)、GMSK(Gaussian MSK)等技術,基本上都是FSK的一種,目的就是改善頻率改變的瞬間電磁波不連續的問題,FSK的技術比較複雜,抗雜訊能力比ASK好,錯誤率比ASK低,可以使用在無線通訊,例如:第二代行動電話歐洲GSM系統使用GMSK。

➢相位位移鍵送(PSK:Phase Shift Keying):使用高頻載波(電磁波)依照「相位不同(波形不同)」載著數位訊號(0與1)傳送出去。也就是將圖10-10(a)的數位訊號(0與1)與圖10-10(b)的高頻載波(電磁波)進行相位位移鍵送得到圖10-10(e)的結果,當電磁波相位0°(先上後下振動)代表0;當電磁波相位180°(先下後上振動)代表1。PSK的技術最複雜,抗雜訊能力最好,因此較常使用在無線通訊,例如:第二代行動電話美國CDMA系統、日本PHS系統,無線區域網路(WLAN)。

❑ 多相位移鍵送(MPSK:Multi Phase Shift Keying)

在圖10-10(e)的相位位移鍵送只有使用0°與180°兩種相位不同的電磁波來進行數位調變,所以又稱為「雙相位移鍵送(BPSK:Binary PSK)」,訊號星座圖上可以看到0°與180°兩個點,如圖10-11(a)所示,每一個符號(Symbol)只能傳送1位元(bit),所以資料傳輸率不高,該如何提高資料傳輸率呢?

➢四相位移鍵送(QPSK:Quadrature PSK):如果使用0°、90°、180°、270°四種不同相位的電磁波來進行數位調變,訊號星座圖上可以看到4個點,如圖10-11(b)所示,每一個符號(Symbol)可以傳送2位元(bit),資料傳輸率可以提高。

➢八相位移鍵送(8PSK):如果使用0°、45°、90°、135°、180°、225°、270°、315°八種不同相位的電磁波來進行數位調變,訊號星座圖上可以看到8個點,如圖10-11(c)所示,每一個符號(Symbol)可以傳送3位元(bit),資料傳輸率可以更高。

依此類推,可以使用16種不同相位的電磁波來進行數位調變,訊號星座圖上可以看到16個點,我們稱為「16相位移鍵送(16PSK)」,如圖10-11(d)所示,每一個符號(Symbol)可以傳送4位元(bit),資料傳輸率可以再高。由這些訊號星座圖可以看出,使用愈多的相位來進行數位調變,每一個符號(Symbol)可以傳送愈多位元(bit),資料傳輸率愈高,但是點與點之間(不同相位之間)的差異愈小,在傳送的

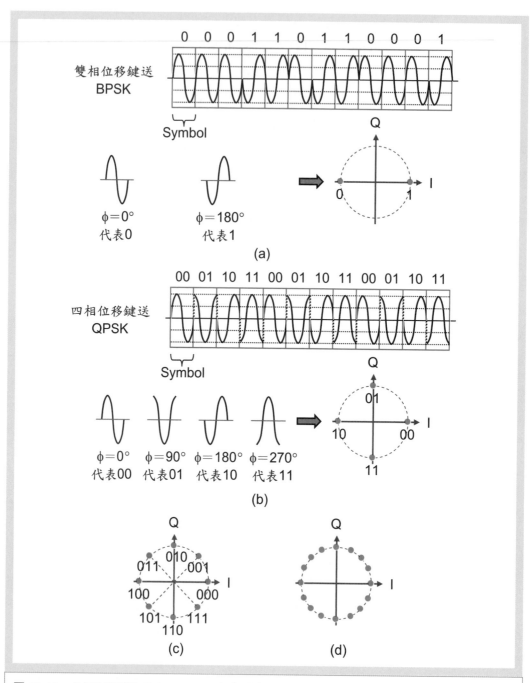

圖 10-11　多相位移鍵送(MPSK)。(a)二相位移鍵送(BPSK)；(b)四相位移鍵送(QPSK)；(c)八相位移鍵送(8PSK)的訊號星座圖；(d)16相位移鍵送(16PSK)的訊號星座圖。

過程中容易因為干擾而誤判，抗干擾能力愈差，所以資料錯誤率會提高，在資料傳輸通道品質比較好的時候才可以使用。

☐ 正交振幅調變(QAM：Quadrature Amplitude Modulation)

我們其實可以同時使用振幅(Amplitude)與正交相位(Phase)來進行調變，稱為「正交振幅調變(QAM)」，其實就是一種「振幅相位位移鍵送(APSK：Amplitude Phase Shift Keying)」，這樣可以再提高資料傳輸率，如圖10-12所示：

➤ 四正交振幅調變(4QAM)：使用兩種不同振幅與兩種不同相位(0°、180°)的電磁波來進行數位調變(總共有4種排列組合)，訊號星座圖上可以看到4個點，如圖10-12(a)所示，每一個符號(Symbol)可以傳送2位元(bit)，第一個位元代表振幅，第二個位元代表相位。為了讓每一個符號(Symbol)彼此之間差異愈大愈好，也就是訊號星座圖上的每個點距離愈遠愈好，在傳送的過程中才不容易因為干擾而誤判，由訊號星座圖中可以看出圖10-11(b)的QPSK點與點之間的距離比圖10-12(a)的4QAM還遠，因此目前都是使用QPSK而不會使用4QAM。

➤ 16正交振幅調變(16QAM)：使用四種不同振幅與四種不同相位(0°、90°、180°、270°)的電磁波來進行數位調變(總共有16種排列組合)，訊號星座圖上可以看到16個點，如圖10-12(b)所示，每一個符號(Symbol)可以傳送4位元(bit)，前兩個位元代表振幅，後兩個位元代表相位。為了讓每一個符號(Symbol)彼此之間差異愈大愈好，也就是訊號星座圖上的每個點距離愈遠愈好，在傳送的過程中才不容易因為干擾而誤判，所以一般我們都不選0°、90°、180°、270°這四種相位，而是使用其他振幅與相位的電磁波來進行數位調變，結果變成我們常見的16QAM訊號星座圖，如圖10-12(c)所示。

依此類推，可以使用八種不同振幅與八種不同相位(0°、45°、90°、135°、180°、225°、270°、315°)的電磁波來進行數位調變(總共有64種排列組合)，訊號星座圖上可以看到64個點，如圖10-12(d)所示，我們稱為「64正交振幅調變(64QAM)」，每一個符號(Symbol)可以傳送6位元(bit)，前三個位元代表振幅，後三個位元代表相位。由這些訊號星座圖可以看出，使用愈多的振幅與相位來進行數位調變，每一個符號(Symbol)可以傳送愈多位元(bit)，資料傳輸率愈高，但是點

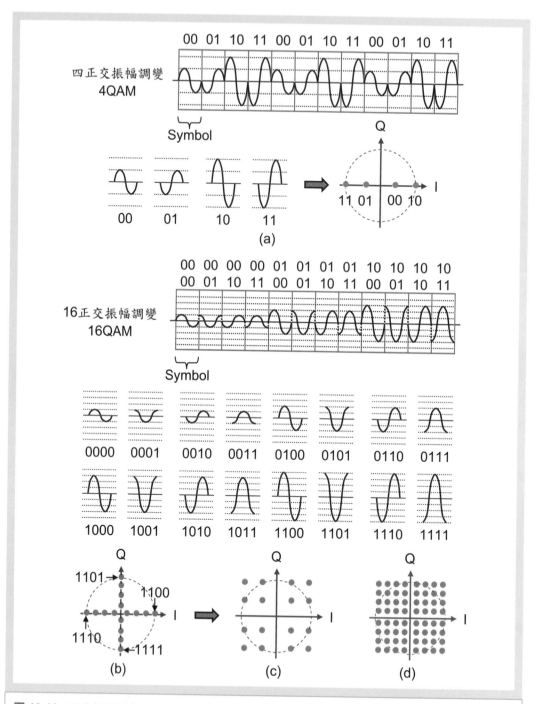

圖 **10-12** 正交振幅調變(QAM)。(a)四正交振幅調變(4QAM)；(b)16正交振幅調變(16QAM)；(c)使用其他振幅與相位角度的16QAM；(d)64正交振幅調變(64QAM)的訊號星座圖。

與點之間(不同振幅與相位之間)的差異愈小，在傳送的過程中容易因為干擾而誤判，抗干擾能力愈差，所以資料錯誤率會提高，在資料傳輸通道品質比較好的時候才可以使用。

❑ 數位通訊的優點

　　數位通訊的優點很多，包括：容易校正、可以偵錯、可以除錯、可以加密與解密、可以壓縮與解壓縮等。數位訊號調變的電磁波在傳送的過程中如果因為反射或其他干擾產生雜訊，很容易經由校正將雜訊去除。以振幅位移鍵送(ASK)無線通訊為例，無線通訊設備都會有天線與功率放大器，傳送端先將數位訊號(0與1)調變成高頻訊號(電磁波)，經由功率放大器將訊號放大，再經由天線傳送出去，如圖10-13(a)所示，經過數十公里以後訊號會衰減，並且因為大樓或建築物反射或繞射而產生雜訊，接收端的天線接收到這個訊號，經由功率放大器將訊號放大，如圖10-13(b)所示，結果不只訊號放大了，連雜訊也放大了，但是數位訊號只有0與1兩種，所以接收端只要接收到的電磁波振幅小於50%則判斷為0；振幅大於50%則判斷為1，這種技術我們稱為「校正(Correction)」。除非雜訊非常大才有可能會產生判斷錯誤，這種情形發生的機率不高，就算發生了還是可以使用偵錯與除錯的方法補救，偵錯與除錯將在後面詳細介紹。

10-2-5　多工技術(Multiplex)

　　多人共同使用一條資訊通道的方法稱為「多工技術(Multiplex)」如圖10-14所示。所有的通訊都有一個特色，就是必須設計給所有的人使用，而且彼此不能互相干擾，因此必須使用多工技術，而且常常必須同時使用兩種以上的多工技術來增加資料傳輸率，才能滿足大家的需求。

❑ 分時多工接取(TDMA：Time Division Multiplex Access)

　　使用者依照「時間先後」輪流使用一條資訊通道，我們稱為「分時多工接取(TDMA)」。如圖10-14(a)所示，假設資料通道只有一個，但是有三個人要使用，則最簡單的方法就是甲先傳送資料，再換乙、再換丙、再輪回甲，再換乙、再換

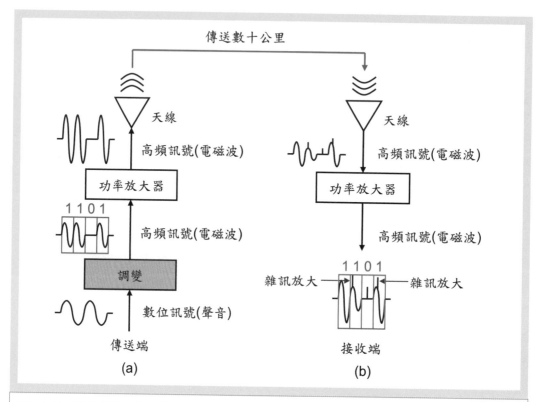

圖 10-13　數位通訊的校正技術。(a)傳送端：先將數位訊號調變成高頻訊號，經由功率放大器與天線傳送出去；(b)接收端：經過數十公里以後訊號會衰減並且產生雜訊，因為數位訊號只有0與1兩種，電磁波振幅小於50%判斷為0；振幅大於50%判斷為1。

丙，依此類推。就好像有一條很窄的吊橋，同時只能讓一個人正面通過，但是有三個人要過橋，最簡單的方法就是甲先過、再換乙、再換丙囉！

　　目前大部分的第二代行動電話(GSM、GPRS)、無線式行動電話(PHS)、電腦網路等都有使用分時多工接取(TDMA)。

☐ 分頻多工接取(FDMA：Frequency Division Multiplex Access)

　　使用者依照「頻率不同」同時使用一條資訊通道，我們稱為「分頻多工接取(FDMA)」。如圖10-14(b)所示，假設資料通道只有一個，但是有三個人要使用，而且三個人都要同時傳送，則只好先將資料通道依照不同的頻率切割成三等分，

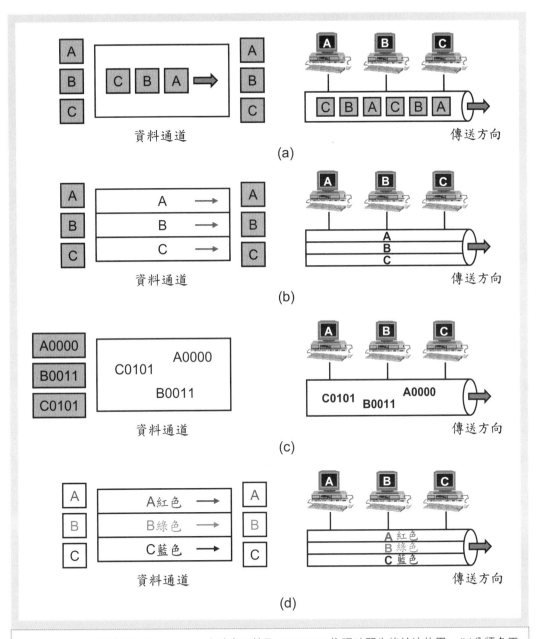

圖 10-14　多工技術(Multiplex)。(a)分時多工接取(TDMA)：依照時間先後輪流使用；(b)分頻多工接取(FDMA)：依照頻率不同同時使用；(c)分碼多工接取(CDMA)：將不同使用者的資料分別與特定的密碼運算；(d)分波多工(WDM)：依照波長不同同時使用。

再將甲、乙、丙的資料同時傳送，由於資料通道被切割成三等分，所以每個人只能使用原來1/3的頻寬來傳送資料，需要比較長的時間。就好像有一條很窄的吊橋，同時只能讓一個人正面通過，但是同時有三個人要過橋，而且三個人又互不相讓，怎麼辦呢？只好委屈一點，把身體側過來像螃蟹一樣慢慢地走過去囉！

目前大部分的第二代行動電話(GSM、GPRS)、第三代行動電話(WCDMA)、第四代行動電話(LTE)、無線式行動電話(PHS)等都有使用分頻多工接取(FDMA)。例如：有線電視訊號，頻率54~60MHz傳送HBO、頻率60.2~66.2MHz傳送CNN，每個電視頻道的頻寬為6MHz；第二代行動電話GSM系統，每個語音通道的頻寬為0.2MHz(200KHz)，就是屬於分頻多工接取(FDMA)。

□ 分碼多工接取(CDMA：Code Division Multiplex Access)

將不同使用者的資料分別與特定的「密碼(Code)」運算以後，再傳送到資料通道，接收端以不同的密碼來分辨要接收的訊號，使用在CDMA上的密碼又稱為「正交展頻碼(Orthogonal spreading code)」。假設資料通道只有一個，但是有三個人要使用，而且三個人都要同時傳送，又不想要將頻率切割成三等分，真是又要馬兒跑又要馬兒不吃草，怎麼辦呢？由於手機的元件都是「只認頻率不認人」，如果三個人都使用相同的頻率，則手機無法分辨(會同時聽到三個人的聲音)，科學家們想到，如果能夠在甲、乙、丙傳送的數位訊號裡加入特定的密碼，則接收端只要分辨不同的密碼就可以選擇接收正確的數位訊號囉！

如圖10-14(c)所示，首先我們將聲音(類比訊號)轉換成數位訊號(0與1)，接著在甲傳送的訊號中加入0000的密碼，在乙傳送的訊號中加入0011的密碼，在丙傳送的訊號中加入0101的密碼，然後將這些數位訊號以相同的頻率傳送到空中，接收端只要讀到0000的密碼，就知道那是甲的訊號；只要讀到0011的密碼，就知道那是乙的訊號；只要讀到0101的密碼，就知道那是丙的訊號，這種方法必須將數位訊號與密碼進行運算，顯然只能使用在數位通訊系統中。

CDMA技術對於頻寬的使用效率比FDMA或TDMA更好，因為CDMA可以讓多個使用者同時使用相同的頻寬來傳送資料，再由接收端根據不同的密碼解讀資料，不像FDMA或TDMA都必須分配一個固定的頻寬或固定頻寬中的某一段時

間，因此CDMA技術可以大幅增加原本FDMA或TDMA技術所能容納的使用者數目。其實說穿了，就是因為無線通訊的傳輸介質是我們眼睛可以看到的空間，而我們大家是共用同一個空間，所以頻寬很珍貴，才會用那麼複雜的多工技術。目前的第二代行動電話(CDMA)、第三代行動電話(WCDMA、CDMA2000、TD-SCDMA)都是使用分碼多工接取(CDMA)。

□ 分波多工(WDM：Wavelength Division Multiplex)

使用者依照「波長不同」同時使用一條通道，我們稱為「分波多工(WDM)」。如圖10-14(d)所示，假設資料通道只有一個，但是有三個人要使用，而且三個人都要同時傳送，則可以使用不同波長的光波來傳送，不同波長的光顏色不同，使用波長多工器將不同波長(顏色)的光同時送入一條光纖中傳輸，不同波長(顏色)的光彼此不會互相干擾，因此不需要增加光纖鋪設數目就可以增加頻寬，詳細內容請參考第二冊第8章「光通訊產業」的說明。

【思考】　多工技術的比喻

我們可以想像在房子裡，甲與乙要講話，丙與丁要講話，戊與己要講話：

→ 分時多工接取(TDMA)：甲與乙先講一句，再換丙與丁講一句，再換戊與己講一句，依此類推，大家輪流(分時)講話彼此就不會互相干擾。

→ 分頻多工接取(FDMA)：甲與乙在客廳講話，丙與丁在書房講話，戊與己在臥室講話，大家在不同的房間(分頻)講話彼此就不會互相干擾。

→ 分碼多工接取(CDMA)：甲與乙用中文講話，丙與丁用英文講話，戊與己用日文講話，這樣雖然大家在同一個房子裡講話，各自仍然可以分辨出各自不同的語言，當甲與乙用中文講話時，丙與丁的英文以及戊與己的日文只是聲音干擾而已，不會造成甲與乙解讀中文的困擾；同理，當丙與丁用英文講話時，甲與乙的中文以及戊與己的日文只是聲音干擾而已，不會造成丙與丁解讀英文的困擾，在這個例子裡「不同的語言」就好像「不同的密碼」一樣。

10-3　通訊協定(Communication protocol)

為了使所有通訊設備有共同的通訊規則可以交換資料，必須採用相同的通訊協定(網路溝通語言)，所以必須由具有公信力的國際組織制定大家共同遵守的規則，這種通訊規則稱為「通訊協定(Communication protocol)」，就好像我們要和外國人溝通，就必須使用同一種語言，否則雞同鴨講，彼此很難溝通。

10-3-1　通訊協定的制定

通訊協定的制定通常是由具有公信力的國際組織(例如：ITU或ISO)，或是影響力大的國家(例如：美國IEEE、ANSI)、或是影響力大的企業(例如：IBM、Novell、Microsoft)來決定，本節將簡單介紹目前國際上規模較大的組織。

□ 國際電信聯盟(ITU：International Telecommunication Union)

1865年成立於法國巴黎，為聯合國分支機構，主要負責確立國際無線電和電信的管理制度與通訊規則，主要包括下列三個委員會：

➢ 世界頻率註冊委員會(IFRB：International Frequency Registration Board)

➢ 國際無線電委員會(CCIR：Consultative Committee of International Radio)

➢ 國際電報電話咨詢委員會(CCITT：Consultative Committee of International Telephone and Telegraph)

□ 國際標準組織(ISO：International Standard Organization)

1947年成立的非政府組織(NGO：Non Government Organization)，目的是為了加速工業標準之國際化與單一化、促進貨品與服務的國際交換，發展全球智慧財產權、科學、技術與經濟活動的合作，最重要的包括下列規範：

➢ ISO/IEC7498：定義了網際網路互相聯結的七層架構，也就是「開放式系統互連模型(OSI)」，這個模型後來被廣泛應用到所有的有線與無線通訊領域。

➢ ISO9000：國際性的品質管理系統，用來評估企業在生產過程中對流程控制的

能力，是一個組織管理的標準，被世界各國的企業廣泛接受。

➤ ISO14000：針對企業環境管理所制定的標準，主要是環境管理系統和相關的環境管理工具，產品生命週期評估、企業環境報告書、綠色標章等。

☐ **美國電子電機工程師學會(IEEE：Institute of Electrical Electronic Engineers)**

1963年成立的組織，由於美國為科技大國，再加上網際網路起源於美國，所以IEEE是目前通訊領域最重要的組織之一，制定的通訊標準涵蓋整個有線與無線通訊領域，由於技術的進步規範的內容也愈來愈多，主要包括下列幾項：

➤ IEEE802.1：內部網路與系統管理。

➤ IEEE802.2：邏輯連結控制(LLC：Logical Link Control)。

➤ IEEE802.3：載波偵測多重存取／碰撞偵測(CSMA/CD)，應用在乙太網路。

➤ IEEE802.4：記號匯流排網路(Token bus)。

➤ IEEE802.5：記號環網路(Token ring)。

➤ IEEE802.6：都會區域網路(MAN：Metropolitan Area Network)。

➤ IEEE802.7：寬頻網路技術(Broadband network)。

➤ IEEE802.8：光纖光纜技術(Fiber network)。

➤ IEEE802.9：語音與資料整合通信(VoIP：Voice over IP)，應用在網路電話。

➤ IEEE802.10：網路安全技術(Network security)。

➤ IEEE802.11：無線區域網路(WLAN：Wireless Local Area Network)。

➤ IEEE802.12：高速區域網路(High-speed Local Area Network)。

➤ IEEE802.13：高速乙太網路(High-speed Ethernet)。

➤ IEEE802.14：有線電視網路(CATV：Community Antenna TV)。

➤ IEEE802.15：無線個人區域網路(WPAN：Wireless Personal Area Network)。

➤ IEEE802.16：無線寬頻接取技術(Wireless MAN)，主要應用在WiMAX。

➤ IEEE802.17：彈性封包環網路(Resilient packet ring)。

其實制定通訊協定的組織很多，除了國際組織以外，世界各國也都有各自的國內組織，例如：美國國家標準(ANSI：American National Standards Institute)、美國電子工業協會(EIA：American Industry Association)等，其他像是歐洲、中國大

陸、日本,甚至台灣都有自己的組織,只是每個組織的影響力大小不同,例如:美國、歐洲、中國大陸、日本為科技大國,所以這些國家所制定的標準常常是其他國家重要的參考依據,就好像世界各國都有各自的語言,但是英文卻是唯一可以通行全球的語言一樣的道理。

10-3-2　通訊協定模型

通訊協定(Communication protocol)是大家都要遵守的規則,需要一個固定的模型來描述整個通訊的過程,因此國際標準組織(ISO)制定了「開放系統互連模型(OSI:Open Systems Interconnection)」,我們先簡單介紹這個模型的基本概念。

□ 分層負責的概念

我們可以將目前所使用的網際網路,想像成傳統郵差送信一樣,假設A公司的老板有一封公文要寄給B公司的老板,則先由A公司的老板撰寫公文草稿,交給秘書修飾文字,由助理撰寫信封,再交給司機送到郵局,信件進了郵局以後,會先由郵務人員進行分類,再由包裝人員進行包裝,最後交給郵差遞送郵件;到達目的地以後,會先由包裝人員打開包裝,交給郵務人員進行分類,最後由B公司的司機取回B公司,由助理先拆開信封,再交由秘書翻譯文字,最後才將公文交給老板批示,如圖10-15所示。

在公文傳送的過程中,最重要的一個觀念是「分層負責」,A公司老板寫的公文只有B公司老板才能批示;A公司的秘書負責修飾文字和B公司的秘書負責翻譯文字、A公司的助理負責撰寫信封和B公司的助理負責拆開信封、A公司的司機將公文送到郵局和B公司的司機到郵局將公文取回等都是相同的層級;此外,台北與高雄的郵務人員進行信件分類與整理,包裝人員進行信件包裝與拆開包裝,郵差進行郵件遞送等,也都是相同層級的人進行相同層級的工作。

在網路上傳送的資料也是「分層負責」的概念,當傳送端的使用者想要將資料傳送到網路上(例如:寄件人寄出一封Email),則傳送端的電腦會先將資料依序經由應用層、表現層、會議層、傳訊層、網路層、資料連結層、實體層處理後,

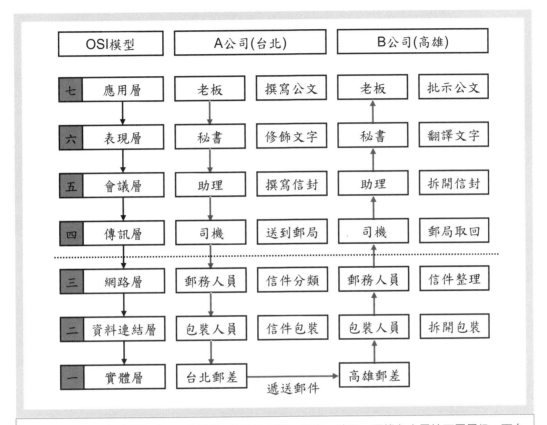

圖 10-15 分層負責的概念，A公司與B公司的老板、秘書、助理、司機各自屬於不同層級，而台北與高雄的郵務人員、包裝人員、郵差各自屬於不同層級，電腦網路的應用層、表現層、會議層、傳訊層、網路層、資料連結層、實體層也各自屬於不同層級。

再將資料傳送到網路中；接收端的電腦收到這個資料以後，會將資料反向經由實體層、資料連結層、網路層、傳訊層、會議層、表現層、應用層處理後，接收端的使用者才能看到這份資料(例如：收件人閱讀一封Email)。

開放系統互連模型(OSI：Open Systems Interconnection)

　　開放系統互連模型(OSI)是由國際標準組織(ISO)於1984年制定，也是所有通訊原理與電腦網路的基礎，OSI模型每一層規範的內容如圖10-16所示，都是封包送進網路之前必須外加的一些重要訊息，沒有這些訊息，這個封包即使送進網路

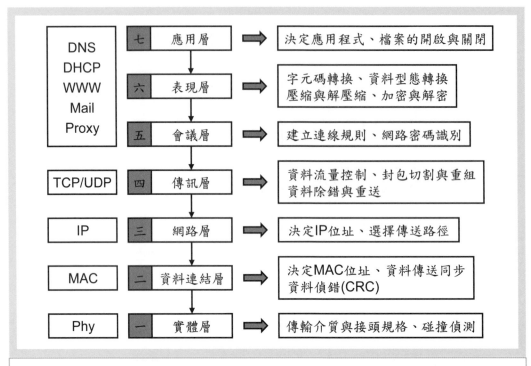

圖 10-16 開放系統互連模型(OSI)每一層規範的內容,由下到上分別為實體層、資料連結層、網路層、傳訊層、會議層、表現層、應用層。

也不可能到達目的地,OSI模型由下到上每一層規範的內容如下:

➢ **實體層**(Physical layer):簡稱為「Phy層」,讀音為/fai/,用來規範網路傳輸的介質種類與接頭規格、碰撞偵測等訊息,例如:使用光纖傳輸、基頻或寬頻同軸電纜、雙絞銅線(RJ45網路線或RJ11電話線)、無線通訊等。

➢ **資料連結層**(Data link layer):又稱為「MAC層」,規範資料傳送時是否要同步(Synchronize),並且決定資料的「MAC位址」,以及偵錯與除錯的工作。

➢ **網路層**(Network layer):又稱為「IP層」,決定資料的「IP位址」,IP的版本與服務種類,選擇封包的傳送路徑與存活時間等工作。

➢ **傳訊層**(Transport layer):又稱為「TCP/UDP層」,規範資料的流量控制,封包的切割與重組,資料是否需要重新傳送等工作。

➢ **會議層**(Session layer)：規範傳送端與接收端的連線規則，網路密碼識別等。

➢ **表現層**(Presentation layer)：規範資料字元碼的轉換，資料型態的轉換，資料的壓縮與解壓縮、資料的加密與解密等工作。

➢ **應用層**(Application layer)：規範資料屬於那一種應用程式(APP)、檔案的開啟與關閉等，包括網路的DNS、DHCP、WWW、Mail、Proxy等都是屬於應用層。此外，也有人將會議層、表現層、應用層整合起來稱為應用層。

☐ 封包傳送過程

前面曾經介紹過，網路上的資料是使用「封包交換(Packet switch)」來傳送，傳送端必須先將要傳送的資料切割成許多較小的「封包(Packet)」，再傳送到網路上，那麼應用層、表現層、會議層、傳訊層、網路層、資料連結層、實體層是如何分層負責地處理這些封包呢？其實，電腦處理封包的方法很簡單，就是在封包的前面與後面加上一些相關的訊息，也就是加上一些0與1的訊息，而這些0與1的訊號具有某種特別的意義，加在封包前面的訊息稱為「表頭(Header)」，加在封包後面的訊息稱為「表尾(Tailer)」，如圖10-17所示。

假設寄件人將一封Email傳送出去，則在他使用Outlook應用程式編輯好內容並且按下「傳送(Send)」之後，電腦開始進行下列軟體處理工作：

➢ 在封包的前面加上「表頭7」，指明這個封包屬於Outlook應用程式。

➢ 在表頭7前面加上「表頭6」，指明這個封包如何壓縮與加密。

➢ 在表頭6前面加上「表頭5」，指明傳送端與接收端的連線規則。

➢ 在表頭5前面加上「表頭4」，指明封包如何切割，如果傳送錯誤要如何重送。

➢ 在表頭4前面加上「表頭3」，指明這個封包的傳送端與接收端的「IP位址」，IP位址就好像傳統郵件寄件人與收件人的「公司名稱」。

➢ 在表頭3前面加上「表頭2」，指明封包的傳送端與接收端的「MAC位址」，MAC位址就好像傳統郵件寄件人與收件人的「門牌地址」；同時在封包的後面加上「表尾2」，記錄這個封包與表頭的「循環式重覆檢查碼(CRC)」。

➢ 在表頭2前面加上「表頭1」，指明這個封包經由那一種介質傳送出去。

大家要記得，表頭(Header)和表尾(Tailer)其實都是電腦加在資料封包前面和

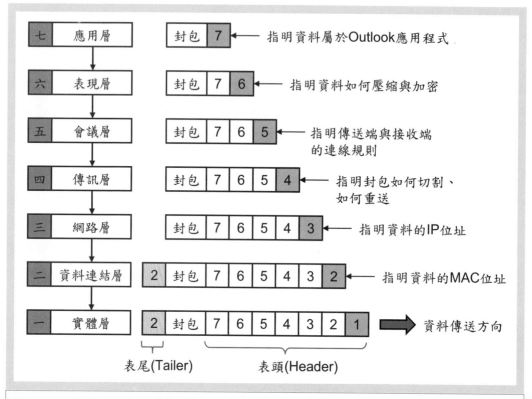

七　應用層　　封包　7　←─ 指明資料屬於Outlook應用程式

六　表現層　　封包　7　6　←─ 指明資料如何壓縮與加密

五　會議層　　封包　7　6　5　←─ 指明傳送端與接收端的連線規則

四　傳訊層　　封包　7　6　5　4　←─ 指明封包如何切割、如何重送

三　網路層　　封包　7　6　5　4　3　←─ 指明資料的IP位址

二　資料連結層　2　封包　7　6　5　4　3　2　←─ 指明資料的MAC位址

一　實體層　　2　封包　7　6　5　4　3　2　1　➡ 資料傳送方向

表尾(Tailer)　　　表頭(Header)

圖 10-17 個人電腦依照開放系統互連模型(OSI)的不同層級,依序在封包前面加上「表頭(Header)」,包括表頭7~表頭1,在封包後面加上「表尾(Tailer)」,主要只有表尾2。

後面的一些0與1的訊號,而這些0與1的排列順序具有某種特別的意義,後面我們會針對表頭1、表頭2與表尾2、表頭3、表頭4詳細介紹,只要了解這幾個表頭與表尾的內容,一定會對網際網路有很深入的認識。

10-3-3　實體層(Physical layer)

實體層(Physical layer)主要是在規範網路傳輸的介質種類與接頭規格,傳送端先將這些訊息依照格式寫成「表頭1」,再將封包與所有表頭表尾一起送進網路,如圖10-17所示,記得表頭1是封包送進網路之前最後才加上去的唷!

傳輸介質的種類

由於傳輸介質與接頭特性都是工業規格,在這裡介紹表頭1的格式(0與1的排列順序)其實沒有意義,我們來看看網路傳輸到底有那些常見的介質吧!

➤ 有線通訊(Wire communication):有線通訊常見的介質包括下列三種:

1. 雙絞銅線(Twisted couple pair):主要有RJ45網路線或RJ11電話線。

2. 同軸電纜與海底電纜(Coaxial & Submarine cable):基頻或寬頻同軸電纜。

3. 光纖與海底光纜(Fiber & Submarine fiber):單模或多模光纖。

➤ 無線通訊(Wireless communication):雖然沒有介質,但是封包在傳送的時候仍然必須在表頭1註明,才能讓封包正確傳送到接收端,以下舉出幾個例子:

1. 蜂巢式行動電話(Cellular phone):例如:GSM、GPRS、WCDMA、LTE等。

2. 無線式行動電話(Cordless phone):例如:PHS、PACS、DECT等。

3. 衛星通訊(Satellite communication):例如:GPS、DBS、DTH等。

雙絞銅線(Twisted couple pair)

由兩對或四對相互纏繞的銅線組成,纏繞的目的在減少電流流過導線時所產生的「射頻干擾(RFI:Radio Frequency Interference)」,也就是我們一般所說的「串音(Cross talk)」,射頻干擾可能會造成資料傳輸錯誤,或語音通話的雜音(Noise),電訊號的傳輸一般是一條導線接正電壓與一條導線接地形成一組訊號,所以雙絞銅線的每一組訊號必須使用二條銅線來傳送,常見的雙絞銅線有兩種:

➤ 無遮蔽式雙絞銅線(UTP:Unshielded Twisted Pair):銅線外層先包覆絕緣材料,最外面再包覆絕緣材料(塑膠皮),如圖10-18(a)所示,是我們最常使用的一種有線通訊介質,例如:「RJ45」就是我們使用的乙太網路傳輸線,總共有四對銅線(8條銅線);「RJ11」就是我們使用的電話傳輸線,總共有二對銅線(4條銅線)。

➤ 遮蔽式雙絞銅線(STP:Shielded Twisted Pair):銅線外層先包覆絕緣材料,再包覆屏蔽導體,最外面再包覆絕緣材料(塑膠皮),如圖10-18(b)所示,大家一定都使用過USB2.0的傳輸線,由於USB2.0的資料傳輸率很高,為了確保傳輸品質,早期所使用的傳輸線都是透明的塑膠皮,可以看到裡面有一層屏蔽導體包覆,就是屬於遮蔽式雙絞銅線(STP),目前較少使用。

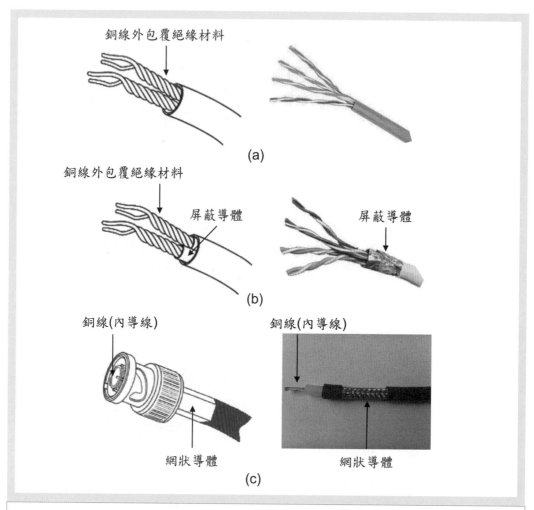

銅線外包覆絕緣材料

(a)

銅線外包覆絕緣材料

屏蔽導體

屏蔽導體

(b)

銅線(內導線)

銅線(內導線)

網狀導體

網狀導體

(c)

> **圖 10-18** 雙絞銅線與同軸電纜。(a)無遮蔽式雙絞銅線(UTP)：銅線外先包覆絕緣材料；(b)遮蔽式雙絞銅線(STP)：銅線外先包覆絕緣材料，再包覆屏蔽導體；(c)同軸電纜：由一根銅線製成內導線，外面再包覆網狀導體。資料來源：allworldcable.diytrade.com。

　　雙絞銅線單位長度纏繞的次數愈多，則銅線愈不平行，可以更有效減少射頻干擾(RFI)，擁有更高的資料傳輸率，如表10-4所示，其中Cat 3雙絞銅線應用在10Mbps的乙太網路(Ethernet)，Cat 5與Cat 5e應用在100Mbps與1000Mbps的高速乙太網路(Fast Ethernet)與超高速乙太網路(Gigabit Ethernet)。

種類	資料傳輸率	應用
Cat 1(Category 1)	1Mbps	傳統電話線
Cat 2(Category 2)	4Mbps	ISDN或T1/E1專線
Cat 3(Category 3)	10Mbps	乙太網路(10BaseT)
Cat 4(Category 4)	16Mbps	記號環網路(Token ring)
Cat 5(Category 5)	100Mbps	高速乙太網路(100BaseT)
Cat 5e(Category 5e)	1000Mbps	超高速乙太網路(1000BaseT)

表 10-4 雙絞銅線的種類、資料傳輸率與應用。

☐ 同軸電纜(Coaxial cable)

由一根銅線製成內導線傳遞訊號，先包覆一層絕緣體，外面再包覆網狀導體防止電磁波散射，並且具備接地功能防止雜訊干擾，最後再包覆絕緣材料(塑膠皮)，如圖10-18(c)所示，目前較常使用的同軸電纜有兩種：

➤ 基頻同軸電纜(Baseband coaxial cable)：電阻50歐姆，資料傳輸率大約10Mbps，是早期乙太網路所使用的傳輸介質，必須使用串接的方法架設網路，網路上任何一台電腦故障則整個網路都會故障，所以目前已經被RJ45網路線取代了。

➤ 寬頻同軸電纜(Broadband coaxial cable)：電阻75歐姆，頻寬750MHz以上，目前廣泛地使用在有線電視與纜線數據機(Cable modem)，大家可以自行把電視後面的有線電視纜線拆下來看一看，那就是寬頻同軸電纜囉！

10-3-4 資料聯結層(Data link layer)

資料聯結層(Data link layer)又稱為「MAC層」，主要是在規範資料傳送時是否要同步(Synchronize)，並且決定傳送端與接收端的「MAC位址」，以及資料偵錯與除錯，傳送端先將這些訊息依照格式寫成「表頭2」與「表尾2」，再將封包與所有表頭表尾一起送進網路，如圖10-17所示。我們以大家最常使用的乙太網路為例，說明表頭2與表尾2填寫的內容(0與1的排列順序)代表什麼意義。

乙太網路表頭2的格式

乙太網路表頭2的格式如圖10-19所示，請注意圖中資料的傳送方向與圖10-17不同，這樣比較容易說明，表頭2主要的內容包括：

➤ 前同步符號(Preamble)：表頭2的最前面8位元組(Byte)填入固定的0與1，用來通知接收端準備同步接收資料，有點類似軍隊攻擊前進行對時一樣。

➤ 傳送端MAC位址：接下來6位元組(Byte)填入傳送端的MAC位址。

➤ 接收端MAC位址：再接下來6位元組(Byte)填入接收端的MAC位址。

➤ 表頭長度：最後2位元組(Byte)填入表頭2的長度。

媒體存取控制(MAC：Media Access Control)

媒體存取控制位址(MAC位址)又稱為「硬體位址(Hardware address)」或「實體位址(Physical address)」，電腦所使用的每張網路卡在出廠的時候都會在唯讀記憶體(ROM)中燒錄唯一的MAC位址，MAC位址總共6位元組(Byte)，前面3Byte是生產網路卡的廠商代碼，後面3Byte是這張網路卡的編號，所以全世界所使用的每一張網路卡的MAC位址都不同，這樣封包在傳送的時候才不會錯誤。MAC位址就好像傳統郵件寄件人與收件人的「門牌地址」，大家回想一下，全世界每個人家裡的門牌地址是不是都不同呢？當然不同，否則郵差怎麼送信呀！

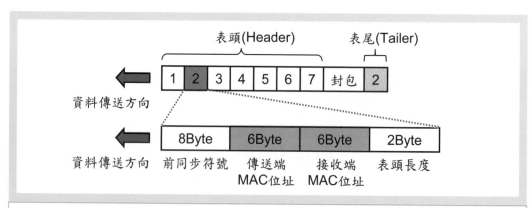

圖 10-19　乙太網路表頭2的格式，主要內容包括：前同步符號、傳送端MAC位址、 接收端MAC位址、表頭長度等，請注意圖中資料的傳送方向與圖10-17不同。

在網路的世界裡，為了要將封包傳送到正確的位置，必須在封包的表頭2填入接收端網路卡的MAC位址(Destination MAC)與傳送端網路卡的MAC位址(Source MAC)，大家會不會覺得奇怪，我們平常在寫Email的時候都是填寫收件人的Email位址(例如：hightechtw@gmail.com)，好像從來沒有填過接收端網路卡的MAC位址，更扯的是我們根本不可能知道接收端網路卡的MAC位址，甚至連自己電腦網路卡的MAC位址都不知道，怎麼填呢？別急別急，當你(妳)在寄Email的時候，MAC位址是電腦自動填好的，電腦當然知道自己網路卡的MAC位址，至於接收端網路卡的MAC位址，電腦必須使用接收端的IP位址來查詢，查好以後電腦也會自動填好，再將這個封包傳送出去，不知不覺之中電腦就替你(妳)做了這麼多工作，幫你(妳)把Email寄給對方囉！

MAC位址總共6位元組(48位元)，可以提供全球2^{48}(大約281兆)個MAC位址，暫時足夠目前所有的有線與無線通訊設備網路卡使用，包括乙太網路(Ethernet)、無線區域網路(WLAN)、藍牙無線傳輸(Bluetooth)、射頻識別元件(RFID)、近場通訊元件(NFC)等，都具有唯一的MAC位址。

□ 循環式重複檢查碼(CRC：Cyclic Redundancy Check)

前面曾經提過，數位通訊的優點很多，包括：容易校正、可以偵錯、可以除錯、可以加密與解密、可以壓縮與解壓縮等，循環式重複檢查碼(CRC)的目的就是在進行偵錯，我們先以簡單的「加法運算」為例來說明：

➤ 傳送正確：如圖10-20(a)所示，假設傳送端要傳送的資料是100001，則傳送端先進行「加法運算」，結果1+0+0+0+0+1=2(二進位為10)，將這個運算的結果填入表尾2，再將封包與表尾2一起傳送到接收端；接收端收到這個資料以後「重複」相同的運算，結果1+0+0+0+0+1=2(二進位為10)，然後和表尾2內的數值「10」比對，比對結果相同，表示傳送正確。

➤ 傳送錯誤1位元：如圖10-20(b)所示，如果傳送的過程中有1位元發生錯誤，則接收端收到這個資料以後「重複」相同的運算，結果1+1+0+0+0+1=3(二進位為11)，然後和表尾2內的數值「10」比對，比對結果不同，表示傳送錯誤，這個時候接收端的電腦就知道傳送錯誤了，但是並不知道是那一個位元傳送錯誤。

➤傳送錯誤2位元：有趣的是，如圖10-20(c)所示，如果傳送的過程中有2位元發生錯誤，則接收端收到這個資料以後「重複」相同的運算，結果0+1+0+0+0+1=2(二進位為10)，然後和表尾2內的數值「10」比對，比對結果竟然相同，電腦以為傳送正確，其實這是因為同時錯了2位元的資料才會造成電腦判斷錯誤。

由上面的例子可以看出，電腦在收到資料的時候並不需要知道資料的內容是什麼，只要直接進行某種數學「演算法(Algorithm)」的運算就可以知道傳送是否正確，而且這種演算法一定不會是簡單的「加法運算」，因為加法運算實在太容

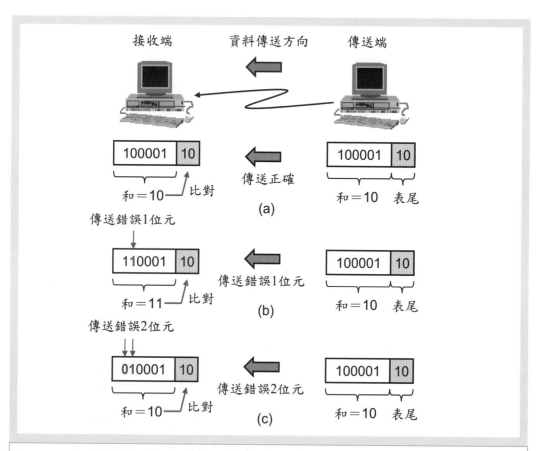

圖 10-20　循環式重複檢查碼(CRC)。(a)傳送正確：傳送端運算結果為10，接收端重複相同的運算結果為10；(b)傳送錯誤1位元：接收端重複相同的運算結果為11，表示傳送錯誤；(c)傳送錯誤2位元：接收端重複相同的運算結果為10，電腦以為傳送正確。

易造成電腦判斷錯誤，實際上目前使用的演算法稱為「多項式函數運算」，基本上是使用除法運算，傳送端先將要傳送的二進位數字當成被除數，然後除以某一個除數，得到的餘數填入表尾2；接收端收到這個資料以後再重複這個運算，得到的餘數與表尾2內的餘數比對，如果相同代表傳送正確，如果不同代表傳送錯誤，檢查的正確性很高，現在又發現數位訊號的好處了吧！

數位訊號不只可以使用多項式函數運算進行偵錯，更可以使用特別的編碼方式進行除錯，其中最常使用的是「漢明碼(Hamming code)」，在我們要傳送的數位訊號中插入驗證碼，不但可以偵錯同時可以除錯(更正1位元的錯誤)，如果要更正2位元以上的錯誤，則需要插入更多位元的驗證碼，但是並不能百分之百確保完全可以除錯，這種技術稱為「錯誤偵測碼(ECC：Error Check Code)」。

10-3-5　網路層(Network layer)

網路層(Network layer)又稱為「IP層」，主要是在規範資料的傳送路徑，並且決定傳送端與接收端的「IP位址」，傳送端先將這些訊息依照格式寫成「表頭3」，再將封包與所有表頭表尾一起送進網路，如圖10-17所示。我們以大家最常使用的乙太網路為例，說明表頭3填寫的內容(0與1的排列順序)代表什麼意義。

☐ 乙太網路表頭3的格式

乙太網路表頭3的格式如圖10-21所示，請注意圖中資料的傳送方向與圖10-17不同，這樣比較容易說明，每一行可以填入4位元組(32位元)的資料，最上方的每一個小方格代表1位元的資料，表頭3主要的內容包括：

➤ 版本：最前面4位元記錄IP的版本，主要是IP第四版(IPv4)與IP第六版(IPv6)。

➤ 表頭長度(IHL：Internet Header Length)：接下來4位元填入表頭3的長度。

➤ 服務種類：再接下來8位元填入封包處理的方式、優先順序、延遲性、傳輸量、可靠度與成本，讓路由器做為是否要立即傳送這個封包的參考。

➤ 識別碼：記錄封包的發送順序以便在接收端可以重組。

➤ 存活時間：記錄封包在網際網路上能存活多久，若超過存活時間仍然沒有傳送到

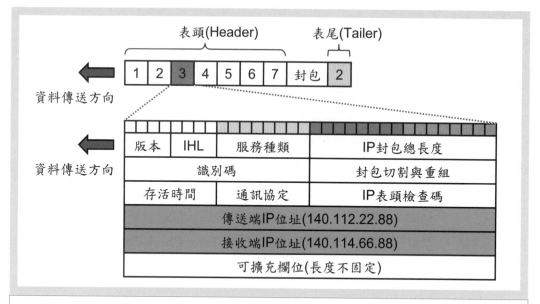

圖 **10-21** 乙太網路表頭3的格式，主要內容包括：版本、表頭長度(IHL)、服務種類、識別碼、存活時間、通訊協定、傳送端IP位址、接收端IP位址、可擴充欄位等。

接收端，則會被視為「無主封包」而直接刪除。

➤ 通訊協定：記錄這個封包屬於何種通訊協定。

➤ 傳送端IP位址：總共4位元組(32位元)，填入傳送端的IP位址。

➤ 接收端IP位址：總共4位元組(32位元)，填入接收端的IP位址。

➤ 可擴充欄位：預留特殊用途使用，通常這個欄位的大小不固定。

☐ IP位址(Internet Protocol)

IP位址又稱為「軟體位址(Software address)」或「邏輯位址(Logical address)」，全世界所有能夠連接網際網路的節點(Node)都具有一個IP位址，封包傳送到網際網路必須指定IP位址才能夠協助電腦查詢MAC位址，最後封包才能夠順利傳送到接收端。IP位址就好像傳統郵件寄件人與收件人的「公司名稱」，大家回想一下，假設寄件人與收件人都是公司，全世界每間公司的名稱理論上是不是都應該不同呢？當然每間公司的名稱應該不同，否則郵差一不小心還是會送錯囉！

　　全球的IP位址由「網際網路名稱與號碼分配組織(ICANN：Internet Corporation for Assigned Names and Numbers)」來管理(http://www.icann.org)，而台灣的IP位址由「台灣網路資訊中心(TWNIC：Taiwan Network Information Center)」來管理(http://www.twnic.net)，目前使用的IP版本為第四版(IPv4：IP version 4)，格式為「140.112.66.88」，又可以分為兩個部分：

➢ **網路位址(Network ID)**：網路系統的位址。

➢ **主機位址(Host ID)**：同一個網路系統中，不同主機的位址。

　　為了讓網管人員方便管理網路，可以將IP位址切割成數個「子網路」，讓網際網路上的主機可以分辨出網路位址與主機位址，如圖10-22(a)所示，假設網管人員設定IP位址為「140.112.66.88」對應的子網路遮罩為「255.255.255.0」，則轉換成二進位以後可以明顯看出，子網路遮罩1的部分對應到的IP就是「網路位址」；子網路遮罩0的部分對應到的IP就是「主機位址」，這樣的設計最大的好處是位於相同子網路上的主機，其網路位址都相同，網際網路上凡是目的地為140.112.66.X(X=0~255)的封包一律丟給140.112.66.1這台路由器(Router)，如圖10-22(b)所示，再由這台路由器去尋找主機位址即可，換句話說，圖中140.112.66.2、140.112.66.3、140.112.66.4、140.112.66.5等都是140.112.66.X(X=0~255)這個子網路的主機，也就是連接在這個子網路上的電腦主機。

▢ IP位址的數目

　　目前我們所使用的IP版本為第四版(IPv4)，總共有32位元，可以提供全球2^{32}(大約43億)個IP位址，如果每一台連接網路的電腦都使用一個IP位址，那麼43億個IP位址夠不夠呢？全球大約有60億人，扣掉落後國家的鄉下地方，需要連接網路的電腦應該不會超過30億台，看起來好像夠用，不過別忘了現在的智慧型手機和平板電腦也需要連接網路，換句話說，我們一個人可能就要佔用幾個IP位址，而且網路的連接有一個重要的觀念：每一張網路卡都需要一個IP位址，一般的個人電腦通常只有一張網路卡，所以只需要一個IP位址，但是網路上所有的節點(路由器或閘道器)要負責轉送封包的通訊設備，通常都有許多網路卡，所以需要許多IP位址，顯然43億個IP位址是不夠用的，更何況這43億個IP位址有許多是

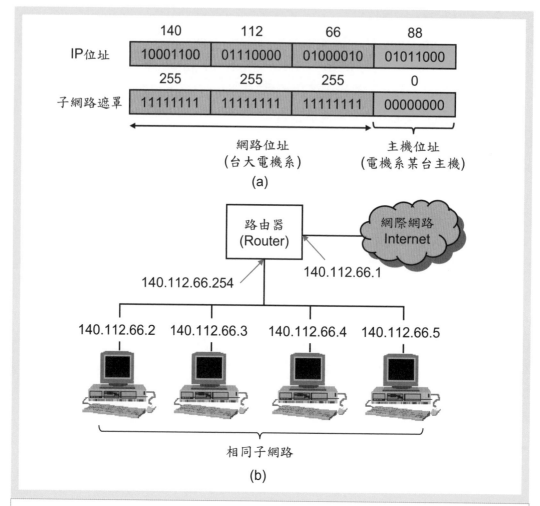

圖 10-22 網路位址與主機位址。(a)子網路遮罩1對應到的IP是網路位址,子網路遮罩0對應到的IP是主機位址;(b)位於相同子網路上的主機,其網路位址都相同(140.112.66.X)。

不能使用的,例如:X.X.X.0與X.X.X.255(X=0~255),通常預設某些特定的功能,不能夠拿來做為傳送封包的IP位址使用。

【重要觀念】「MAC位址」和「IP位址」有什麼不同？

「MAC位址」燒錄在網路卡的唯讀記憶體(ROM)內，是固定不變的，就好像「門牌地址」一樣；「IP位址」是由網管人員手動設定，是可以改變的，就好像「公司名稱」一樣，同一個門牌地址，賣給了不同的人開公司，就會有不同的公司名稱，所以門牌地址是固定不變的，而公司名稱是可以改變的。

那麼既然有了MAC位址，為什麼還需要IP位址呢？經過前面的介紹，大家應該發現IP位址的32位元數字是有意義的，當我們看到140.112.66.88，我們會立刻知道這是台大的IP位址(140.112.X.X)，所以這台電腦主機一定是在台大，但是我們很難從MAC位址知道那是在什麼地方的網路卡，最多只知道是那一家廠商製造的網路卡而已，用處實在不大，對網管人員來說，能夠從IP位址簡單地知道網路的相關資訊，也能夠輕易地切割子網路，更能夠隨時改變IP位址，以達到實際網路不同架構的需求，所以IP位址是非常重要的。

最後一個重要的觀念，封包在網路中傳送的時候，只是知道接收端的IP位址是不夠的，必須知道接收端的MAC位址才行，所以除了電腦以外，網路上所有的節點(路由器或閘道器)都必須利用IP位址查詢MAC位址，然後填入表頭2，才能將封包正確地傳送到接收端。

要查詢自己電腦的MAC位址與IP位址很容易，先到DOS模式下，在C:\>後面輸入指令「ipconfig /all」，再按下「Enter」，電腦就會列出目前與網路相關的訊息，如圖10-23所示，例如：我的電腦有以下的通訊介面：

➜ 乙太網路(Intel 82557LM Gigabit Network Connection乙太網路卡)：

MAC位址為「00-23-18-D9-C7-D9」，這是十六進位表示法，使用小算盤轉換成二進位為：「00000000-00100011-00011000-11011001-11000111-11011001」，總共恰好有6位元組(48位元)；IP位址為「123.193.84.137」。

➜ 無線網路(Intel Centrino Advanced-N 6200 AGN無線網路卡)：

MAC位址為「58-94-6B-34-D9-70」；IP位址為「172.20.10.4」。

➜ 藍牙無線網路(Bluetooth Personal Area Network藍牙無線網路卡)：

MAC位址為「4C-ED-DE-52-E5-D9」；IP位址為「172.20.10.2」。

```
C:\WINDOWS\system32\cmd.exe                                    _ □ ✕

C:\Documents and Settings\a0388806>ipconfig /all

Windows IP Configuration

Ethernet adapter Wired Network Connection:

        Connection-specific DNS Suffix  . : dynamic.kbronet.com.tw
        Description . . . . . . . . . . . : Intel(R) 82577LM Gigabit Network Con
nection
        Physical Address. . . . . . . . . : 00-23-18-D9-C7-D9
        Dhcp Enabled. . . . . . . . . . . : Yes
        Autoconfiguration Enabled . . . . : No
        IP Address. . . . . . . . . . . . : 123.193.84.137
        Subnet Mask . . . . . . . . . . . : 255.255.255.0
        Default Gateway . . . . . . . . . : 123.193.84.1
        DHCP Server . . . . . . . . . . . : 192.168.76.25
        DNS Servers . . . . . . . . . . . : 61.31.233.1
                                            61.31.1.1
                                            168.95.1.1

Ethernet adapter Wireless Network Connection 2:

        Connection-specific DNS Suffix  . :
        Description . . . . . . . . . . . : Intel(R) Centrino(R) Advanced-N 6200
 AGN
        Physical Address. . . . . . . . . : 58-94-6B-34-D9-70
        Dhcp Enabled. . . . . . . . . . . : Yes
        Autoconfiguration Enabled . . . . : No
        IP Address. . . . . . . . . . . . : 172.20.10.4
        Subnet Mask . . . . . . . . . . . : 255.255.255.240
        Default Gateway . . . . . . . . . : 172.20.10.1
        DHCP Server . . . . . . . . . . . : 172.20.10.1
        DNS Servers . . . . . . . . . . . : 61.31.233.1
                                            168.95.1.1

Ethernet adapter Local Area Connection:

        Connection-specific DNS Suffix  . :
        Description . . . . . . . . . . . : Bluetooth Personal Area Network
        Physical Address. . . . . . . . . : 4C-ED-DE-52-E5-D9
        Dhcp Enabled. . . . . . . . . . . : Yes
        Autoconfiguration Enabled . . . . : No
        IP Address. . . . . . . . . . . . : 172.20.10.2
        Subnet Mask . . . . . . . . . . . : 255.255.255.240
        Default Gateway . . . . . . . . . : 172.20.10.1
        DHCP Server . . . . . . . . . . . : 172.20.10.1
        DNS Servers . . . . . . . . . . . : 61.31.233.1
                                            168.95.1.1
```

圖 10-23 使用DOS模式查詢有線與無線網路卡的MAC位址與IP位址，包括：乙太網路卡、無線網路卡、藍牙無線網路卡等。

❑ IP位址的分配

除了電腦以外，網路上所有的節點(路由器或閘道器)都必須使用IP位址，那麼網管人員要如何分配IP位址才能滿足所有的使用者呢？

➤ **靜態IP(Static IP)**：又稱為「固定IP(Fix IP)」，也就是使用者以手動的方式設定個人電腦的IP位址，而且這個IP位址是固定的，電腦隨時可以使用這個IP位址連接網路，除非使用者再以手動的方式變更設定。雖然固定IP最直接也最穩定，但是必須由使用者自行手動設定，一不小心就會設定錯誤，對於不懂網路的人更是困難，而且每台電腦都使用一個固定IP位址來連接網路，43億個IP位址肯定是不夠用的，此外，固定IP容易被網路上的怪客(Cracker)得知而進行攻擊，所以網路安全性比較低，目前只有特別用途的網路才需要使用，例如：企業架設公司的網頁伺服器(WWW伺服器)提供別人連結時使用。

➤ **動態IP(Dynamic IP)**：又稱為「浮動IP(Floating IP)」，為了節省子網路中IP位址的使用量，可以設定網路中的一台主機做為指揮中心稱為「DHCP伺服器」，負責動態分配IP位址，當網路中有任何一台電腦要連線時，才向DHCP伺服器要求一個IP位址，DHCP伺服器會從資料庫中找出一個目前尚未被使用的IP位址提供給該電腦使用，使用完畢後電腦再將這個IP位址還給DHCP伺服器，提供其他上網的電腦使用，關於DHCP伺服器將會在第11章詳細介紹。由於動態IP是DHCP伺服器自動指定給電腦的，使用者不需要手動設定，不容易發生設定錯誤，此外，動態IP不固定，不容易被網路上的怪客(Cracker)攻擊，網路安全性比較高，所以目前大部分的公司企業、政府機構，甚至我們家裡申請的ADSL都是使用動態IP，以中華電信ADSL數據服務為例，如果使用者申請固定IP，通常中華電信會提供使用者3個固定IP位址；如果使用者申請浮動IP，則使用者連接網路的時候才會由中華電信的DHCP伺服器指定一個動態IP位址給電腦使用。

❑ IP位址的等級

為了讓網管人員更容易分辨IP位址的特性，我們會依照申請機關團體的大小不同而給予不同的IP位址，換句話說，只要知道某一個機關團體的IP位址，就可以大概知道這個機關團體的規模有多大了。

➢ 等級A(Class A)：IP位址為1.X.X.X~126.X.X.X(X=0~255)，換算成二進位最前面一個位元是「0」，主要分配給國家或特殊單位，如圖10-24(a)所示，網路位址為前8位元，主機位址為後24位元，總共可以提供2^{24}(大約一千六百多萬)個主機位址給不同的電腦使用，這大約足夠一個小型國家或特殊單位使用了。

➢ 等級B(Class B)：IP位址為128.X.X.X~191.X.X.X(X=0~255)，換算成二進位最前面二個位元是「10」，主要分配給跨國企業或大型團體，如圖10-24(b)所示，網路位址為前16位元，主機位址為後16位元，總共可以提供2^{16}(大約六萬五千多)個主機位址給不同的電腦使用，這大約足夠一個跨國企業或大型團體使用了。

➢ 等級C(Class C)：IP位址為192.X.X.X~223.X.X.X(X=0~255)，換算成二進位最前面三個位元是「110」，主要分配給本國企業或小型團體，如圖10-24(c)所示，網路位址為前24位元，主機位址為後8位元，總共可以提供2^8(大約二百多)個主機位址給不同的電腦使用，這大約足夠一個本國企業或小型團體使用了。

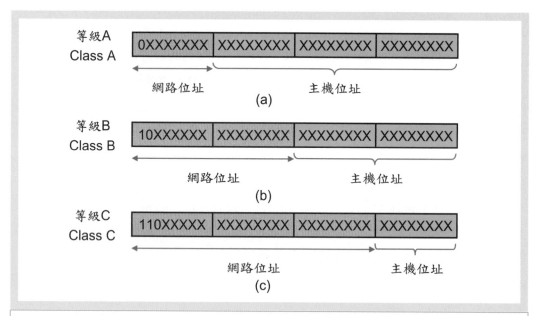

圖 10-24　IP的等級。(a)等級A：可以提供2^{24}個IP位址給主機使用；(b)等級B：可以提供2^{16}個IP位址給主機使用；(c)等級C：可以提供2^8個IP位址給主機使用。

▢ 私有IP(Private IP)

可以在網際網路上使用的IP位址，也就是網際網路上的節點(路由器或閘道器)認得的IP位址稱為「外部IP(External IP)」或「真實IP(Real IP)」。但是我們平常使用網路一定是連接到外部的網際網路嗎？有沒有可能只是公司內部的電腦之間傳送資料而已呢？一般公司通常都有數百台電腦，有時候只是在公司內部傳送資料，何必一定要用真實IP(外部IP)？更何況如果每台電腦都要使用一個真實IP，那IP第四版(IPv4)大約43億個IP位址怎麼樣也不夠用吧！因此科學家設計了一種只能在公司內部使用的IP位址，也就是網際網路上的節點(路由器或閘道器)並不認得的IP位址，這種不能在網際網路上使用的IP位址稱為「內部IP(Internal IP)」或「私有IP(Private IP)」，又稱為「虛擬IP(Virtual IP)」。

當封包只是在公司內部的電腦之間傳送的時候，使用私有IP(內部IP)就可以了；當封包要傳送到公司外部的網際網路時，再經由一台伺服器指定真實IP(外部IP)給這個封包使用，這樣子不但可以減少真實IP的使用量，也可以讓公司內部的網路更安全，這台可以更改封包IP位址的伺服器稱為「NAT伺服器」，是網路防火牆最重要的成員，將會在第11章「雲端通訊產業」中詳細介紹。

由網路位址分配組織(IANA：Internet Assigned Numbers Authority)建議保留給私人網路使用的私有IP(內部IP)位址包括下列三個等級：

➢ Class A：10.X.X.X(子網路255.0.0.0)，可用IP10.0.0.0~10.255.255.255。
➢ Class B：172.16.X.X(子網路255.240.0.0)，可用IP172.16.0.0~172.31.255.255。
➢ Class B：192.168.X.X(子網路255.255.0.0)，可用IP192.168.0.0~192.168.255.255。

所以大家在一般的機關團體常常看到的IP位址192.168.X.X(X=0~255)其實就是私有IP(內部IP)，只能提供公司內部使用，每一家不同的公司都可以自由地重覆使用這些私有IP，但是封包要傳送到公司外部的網際網路時，必須經由一台NAT伺服器指定一個真實IP(外部IP)給這個封包使用，這樣網際網路上的節點(路由器或閘道器)才會認得，封包也才能傳送到目的地。

▢ IP第六版(IPv6：IP version 6)

雖然公司內部可以使用私有IP(內部IP)，不需要讓每台連接網路的電腦都有一

個真實IP(外部IP)，但是隨著網際網路的發展，未來一定還是會面臨真實IP不夠使用的問題，目前我們所使用的IP版本為第四版(IPv4)，總共有32位元可以提供全球總共2^{32}(大約43億)個IP位址，下一代的IP版本為第六版(IPv6)，採用十六進位，其格式為：FEDC：BA98：7654：3210：0000：0000：0000：FEDC。

　　IPv4總共有32位元，可以提供全球2^{32}(大約43億)個IP位址，IPv6總共有128位元，可以提供全球2^{128}個IP位址，那麼2^{128}到底是多少呢？那是一個龐大的天文數字。科學家們考慮到將來人類會登陸到全宇宙的每個星球上，由於宇宙裡的星球實在是太多了，將來說不定外星人也要使用網路，為了怕以後IP位址不夠使用，所以才會在IPv6制定這麼多的IP位址，啊～我扯到那裡去了，真是科幻電影看太多，在電影「ID4星際終結者(Independent Day 4)」裡，男主角使用Intel處理器上Microsoft作業系統的電腦病毒去感染外星人的電腦，造成外星人的電腦當機防護罩失靈，最後打了勝仗，那個被消滅的外星人一定到現在還想不通，宇宙裡怎麼會有人類這種生物，閒閒沒事去寫病毒這種東西來破壞別人的電腦，而我也實在想不通，Intel和Microsoft的系統竟然這麼出名，連外星人的電腦都要使用。

　　其實IPv6會制定這麼多的IP位址，主要是考慮到人類將來所有的電子產品可能都要連接網路，例如：智慧型手機、網路冰箱、網路電鍋，甚至網路電視機(可以經由網路傳送電視節目)、網路冷氣機(可以在回家之前先經由網路將冷氣打開)等應用，每一種電子產品都要上網稱為「物聯網(IoT：Internet of Things)」，當然就需要更多的IP位址囉！此外，IPv6還可以提供認證服務以確保資料安全，未經認證的封包路由器不會轉送，而且可以提供不同的傳送流量等級，這樣才能達到「服務品質(QoS：Quality of Service)」。

▢ 存活時間

　　網際網路的封包是經由節點(路由器或閘道器)轉送才能到達目的地，由於網路是屬於分散式控制架構，如果封包經過節點一再轉送以後仍然無法到達接收端，就會成為「無主幽魂」，啊～不是啦！是「無主封包」，這種無主封包如果不從網路裡刪除，那麼節點會一再地轉送，無緣無故浪費許多頻寬，所以每個封包的表頭3裡都必須填入存活時間(0~255)，每通過一個節點就會將存活時間減1，

當某個節點收到一個封包，發現它的存活時間為0，則直接將這個封包刪除不再轉送。換句話說，任何一個封包最多只能經過256個節點轉送一定要到達接收端，否則就永遠到不了了，不過別擔心，一般而言，就算是從台灣連線到地球另一端的美國，也不過經過幾十個節點轉送而已，不需要256個這麼多啦！

□ 路由器(Router)與路由表(Routing table)

封包在網際網路裡傳送的時候必須經過許多節點(路由器或閘道器)，這些網路上的節點是怎麼決定要將這個封包轉送到那個方向去才對呢？

以路由器為例，當路由器收到一個封包，會先從這個封包的表頭3讀取接收端的IP位址，再比對路由器的記憶體中儲存的「路由表(Routing table)」，由路由表查出網路上相關的IP位址來判斷傳送方向，路由表裡記錄的內容包括：

➤ 目的地IP位址(Network destination)：接收端的IP位址。

➤ 傳輸介面(Interface)：從那個IP方向傳送出去。

➤ 閘道器(Gateway)：下一個路由器是誰。

➤ 路由成本(Metric)：要經過幾個路由器才能到達接收端。

假設有一個校園網路如圖10-25所示，圖中R1與R2為路由器，同時列出R1的路由表，別忘了，每一張網路卡都需要一個IP位址，因為R1有四個方向(四張網路卡)，所以有四個IP位址(140.112.1.1、140.112.2.1、140.112.3.1、140.112.4.1)，我們以下面兩個例子說明路由器R1轉送封包的過程：

➤ 如果路由器R1收到一個封包目的地為140.112.2.0：則由記憶體內的路由表查出傳輸介面(Interface)=140.112.2.1，於是路由器R1會將這個封包向140.112.2.1的網路卡丟出去，如圖10-25(a)所示，因為沒有下一個路由器，所以路由表中預設閘道器(Default gateway)=140.112.2.1(代表R1自己)。

➤ 如果路由器R1收到一個封包目的地為140.112.4.0：則由記憶體內的路由表查出傳輸介面(Interface)=140.112.3.1，於是路由器R1會將這個封包向140.112.3.1的網路卡丟出去，如圖10-25(b)所示，這個封包還要經過下一個路由器R2，所以路由表中預設閘道器(Default gateway)=140.112.3.2(代表R2)。

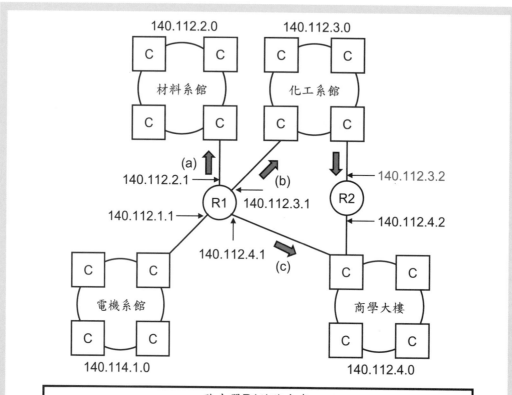

路由器R1的路由表				
Network destination	子網路遮罩 Subnet mask	傳輸介面 Interface	預設閘道器 Default gateway	Metric
目的地 IP位址	網路位址 主機位址	從那個IP 傳送出去	下一個 路由器是誰	路由 成本
140.112.1.0	255.255.255.0	140.112.1.1	140.112.1.1	1
140.112.2.0	255.255.255.0	140.112.2.1	140.112.2.1	1
140.112.3.0	255.255.255.0	140.112.3.1	140.112.3.1	1
140.112.4.0	255.255.255.0	140.112.3.1	140.112.3.2	2
140.112.4.0	255.255.255.0	140.112.4.1	140.112.4.1	1

圖 10-25 校園網路實例。(a)R1收到目的地為140.112.2.0的封包,會將這個封包向140.112.2.1的網路卡丟出去;(b)R1收到目的地為140.112.4.0的封包,會將這個封包向140.112.3.1的網路卡丟出去;(c)也可以直接向140.112.4.1的網路卡丟出去。

　　每一台能夠連接網路的設備都有路由表，要查詢自己電腦的路由表很容易，先到DOS模式下，在C:\>後面輸入指令「route print」，再按下「Enter」，電腦就會列出目前電腦裡的路由表囉！趕快動手試試看吧！

☐ 路由成本(Metric)

　　由於網路是屬於分散式控制，大家都可以隨便亂丟的結果常常造成封包有許多不同的路徑都可以到達目的地，如圖10-25所示，要到達商學大樓有兩個路徑，一個是經由R1到R2再到達商學大樓，如圖10-25(b)所示；另一個是直接經由R1到達商學大樓，如圖10-25(c)所示，當路由器R1遇到目的地是140.112.4.0的封包，該往那個路徑傳送出去才對呢？所以路由器R1的路由表裡有一個欄位稱為「路由成本(Metric)」，意思是要經過幾個路由器才能到達接收端，由於直接經由R1到達商學大樓的路由成本=1(只需要經過1個路由器)；而經由R1到R2再到達商學大樓的路由成本=2(必須經過2個路由器)，顯然R1會選擇路由成本較小的方向，將這個封包向140.112.4.1的網路卡丟出去。所以路由器在決定封包傳送方向時必須考慮路由成本，路由成本愈小，代表要經過的路由器愈少，成本愈低。

　　有趣的是，是不是要經過的路由器比較少，封包就會愈快到達接收端呢？過年到了，要從台北開車到高雄有兩條路徑可以選擇，一條是走中山高速公路，從台北經由台中、台南到達高雄；另一條是走北宜公路，經過宜蘭、花蓮、屏東到達高雄，理論上走中山高速公路距離比較近，比較快到達，成本也比較低，不幸的是，因為大家都這麼想，結果全部的車子都開上了高速公路，所有的車子都塞在上面動彈不得，開了12個小時才到高雄；當初選擇經過宜蘭、花蓮、屏東的車子，只開了10個小時就到高雄了，而且沿途還欣賞了好山好水呢！網際網路的路由器也有相同的問題，路由成本愈低的路徑常常是所有路由器選擇的方向，也因為所有路由器都這麼做，往往造成網路塞車，所以單純地將路由成本定義為「要經過幾個路由器才能到達接收端」是不恰當的，還必須考慮到網路實際的流量才行，有許多論文研究就是在使用更好的演算法(Algorithm)，讓路由器能夠找出最小路徑或最短時間將封包傳送到接收端，其中一個可能的方法是路由器定時發出測試封包，再由測試封包回傳的時間來判斷那個方向網路塞車。

❑ 路由表的建立

大家有沒有好奇，網路既然是分散式控制，隨時都有新的網域加入，隨時也都可能會有網域斷線，那麼電腦或路由器記憶體裡的路由表是如何產生的呢？

➤ 靜態路由(Static routing)：由網管人員以手動方式將新的IP位址加入路由表中，由於網路變化太快，使用這種方法緩不濟急，所以一般不會使用。

➤ 動態路由(Dynamic routing)：路由器依照通訊協定自動建立路由表，並且隨時動態地更改路由表的內容，當有一台新的電腦加入某一個路由器所管理的網域，新加入的電腦會自動發出一個訊息封包通知這台路由器「我來了」，並且在固定的時間間隔(例如：1秒鐘)發出一個訊息封包通知這台路由器「我還在」，當這台路由器所管理的網域裡有某一台電腦故障或網路斷線，由於路由器沒有在這個固定的時間間隔內收到「我還在」的訊息封包，就會判斷這台電腦或網路不存在了，而將路由表中的這一個路徑刪除，這樣就可以動態地保持路由表的正確性了。

❑ 虛擬私有網路(VPN：Virtual Private Network)

私有IP(內部IP)主要是提供公司的電腦在公司的內部傳送資料，但是如果這家公司是一個跨國的大型企業，在全世界數十個國家都有分公司，那麼分公司與總公司之間的電腦要如何連接起來，才能讓分公司的電腦和總公司的電腦能夠使用私有IP(內部IP)來傳送資料呢？

「虛擬私有網路(VPN)」是在網際網路上使用加密方法建立一個私人且安全的網路，可以從世界各地透過任何網路系統連接到總公司的內部網路，也可以將分散在全球各地分公司的電腦連接到總公司的內部網路，就好像一個「虛擬的」私有網路，不過由於這種方式可以由任何地點連接到公司的內部網路，可以存取公司內部網路的機密資料，所以網路安全格外重要，目前所使用的加密技術是標準的IPsec(IP security)方式，IPSec結合了加密(Encryption)、認證(Authentication)、金鑰管理(Key management)、數位檢定(Digital certification)等安全標準，具有高度的保護能力，可以確保虛擬私有網路的安全性。

10-3-6 傳訊層(Transport layer)

傳訊層(Transport layer)又稱為「TCP/UDP層」，主要是在規範資料的流量控制、封包的切割與重組、資料的重送，並且決定傳送端與接收端的「連接埠編號(Port number)」，傳送端先將這些訊息依照格式寫成「表頭4」，再將封包與所有表頭一起送進網際網路，如圖10-17所示。傳訊層有兩種格式：TCP的表頭4屬於「連線導向(Connection-oriented)」，封包在傳送前先經過連線的動作，這樣傳送時比較不容易遺失；UDP的表頭4屬於「非連線導向(Nonconnection-oriented)」，封包在傳送前不需要先經過連線的動作，這樣傳送時比較容易遺失，但是不經過連線的動作反應時間比較快。我們以大家最常使用的乙太網路為例，說明表頭4填寫的內容(0與1的排列順序)代表什麼意義。

☐ 連接埠(Port)

由於一台電腦可能同時執行許多個應用程式，而且每個應用程式都要連接網路，例如：FTP(通常設定Port=23)、Internet Explorer(通常設定Port=80)等，當封包到達接收端時應該傳送到那一個應用程式呢？所以每一個封包的表頭4都會填入不同的「連接埠編號(Port number)」，當封包到達接收端時，就會依照表頭4中所記載的連接埠編號，傳送給相對的應用程式。

☐ TCP(Transport Communication Protocol)

TCP表頭4的格式如圖10-26(a)所示，主要內容包括：

➤ 傳送端連接埠編號：記錄這個封包是由傳送端的那一個應用程式傳送過來。

➤ 接收端連接埠編號：記錄這個封包要傳送到接收端的那一個應用程式過去。

➤ 傳送序號：記錄這個封包是傳送端切割出來的第幾號封包。

➤ 回應序號：記錄接收端已經收到第幾號封包。

➤ 表頭長度(IHL：Internet Header Length)：記錄表頭4的長度。

➤ 視窗大小：記錄每一次要丟多少封包再等回應(ACK)。

➤ TCP檢查碼：記錄檢查碼，以確定是否傳送正確，是否需要重送。

➤ 可擴充欄位(長度不固定)：預留特殊用途使用。

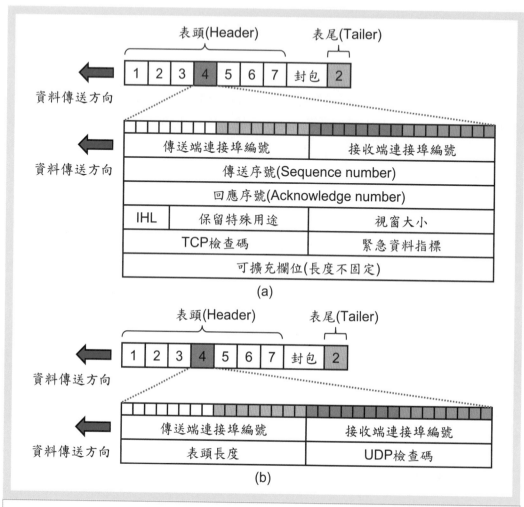

圖 10-26 乙太網路表頭4的格式。(a)TCP的表頭4，除了連接埠編號，還有傳送序號、回應序號、表頭長度、視窗大小、TCP檢查碼等；(b)UDP的表頭4除了連接埠編號，還有表頭長度、UDP檢查碼等。

❑ UDP(User Datagram Protocol)

　　UDP表頭4的格式如圖10-26(b)所示，主要內容包括：

➢ **傳送端連接埠編號**：記錄這個封包是由傳送端的那一個應用程式傳送過來。

➢ **接收端連接埠編號**：記錄這個封包要傳送到接收端的那一個應用程式過去。

➤ 表頭長度(IHL：Internet Header Length)：記錄表頭4的長度。

➤ UDP檢查碼：記錄檢查碼，以確定是否傳送正確。

❑ TCP傳送機制

　　傳送端盲目地送出封包，但是接收端有沒有收到？處理地如何了？確認封包是否到達接收端，以及封包如何重送，都是由TCP傳送機制來控制，如圖10-27所示，垂直的箭號代表時間，水平的箭號代表封包傳送的過程：

➤ 確認機制(ACK：Acknowledgement)：如圖10-27(a)所示：

1.甲傳送「封包1」給乙。

2.乙回應「確認封包(ACK1)」給甲，表示「封包1」已經收到。

3.甲傳送「封包2」給乙。

4.乙回應「確認封包(ACK2)」給甲，表示「封包2」已經收到。

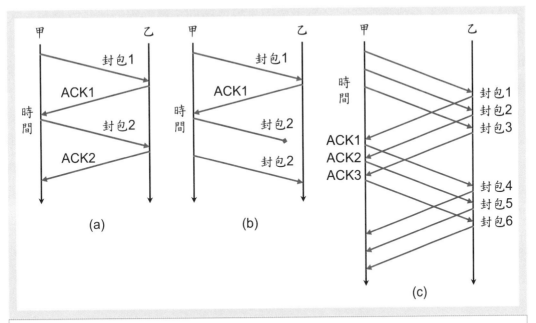

圖 10-27　TCP傳送機制。(a)確認機制(ACK)；(b)重送機制；(c)移動視窗機制(Sliding window)：每一次都傳送數個封包再等待接收端回應「確認封包(ACK)」。

➤ **重送機制**：如圖10-27(b)所示：

1. 甲傳送「封包1」給乙。

2. 乙回應「確認封包(ACK1)」給甲，表示「封包1」已經收到。

3. 甲傳送「封包2」給乙。

4. 乙沒有收到，所以沒有回應「確認封包(ACK2)」給甲。

5. 甲等待一段時間後沒有收到「確認封包(ACK2)」，則重送「封包2」。

➤ **移動視窗機制**(Sliding window)：如圖10-27(c)所示：

1. 甲傳送「封包1、2、3」給乙。

2. 乙回應「確認封包(ACK1、2、3)」給甲，表示「封包1、2、3」已經收到。

3. 甲傳送「封包4、5、6」給乙。

4. 乙回應「確認封包(ACK4、5、6)」給甲，表示「封包4、5、6」已經收到。

　　有沒有發現，如果傳送端每次只傳送一個封包就等待接收端回應一個確認封包(ACK)，是不是會等很久呢？為了要節省等待時間，移動視窗機制就是每一次都傳送數個封包再等待接收端回應確認封包(ACK)，比較圖10-27(a)與(c)就會發現，使用移動視窗機制在相同的時間裡可以傳送更多的封包。那麼一次要傳送多少個封包再等待回應確認封包(ACK)最有效率呢？如果一次傳送太多則和沒有切割封包一樣；如果一次傳送一個又和沒有使用移動視窗機制一樣，因此科學家們定義了「視窗大小(Window size)」代表一次要傳送多少個封包再等回應，通常視窗大小會依照網路流量做動態調整，當網路塞車的時候，電腦會自動將視窗變小，以避免一次傳送太多封包到網路上讓塞車更嚴重；當網路暢通的時候，電腦會自動將視窗變大，可以一次傳送更多的封包到網路上，以節省等待時間。

10-4 　網際網路的架構

前面討論過通訊協定的原理，那麼我們是如何利用這些原理，將世界各地的網路節點，包括：中繼器、橋接器、路由器、閘道器等連接起來形成網際網路的呢？本節將介紹網際網路的組成與架構。

10-4-1 　網際網路的組成

在世界各地將各種不同型態的區域網路(LAN)、都會區域網路(MAN)、廣域網路(WAN)，包括：乙太網路(Ethernet)、光纖分散數據介面(FDDI)、非同步傳輸模式(ATM)等，連結成世界級的網路系統稱為「網際網路(Internet)」，就是我們在討論雲端技術與雲端服務的時候常常看到的那朵雲囉！

☐ 網際網路的種類

網際網路依照分佈的範圍與區域的大小，一般可以分為下列三種：

➤ 區域網路(LAN：Local Area Network)：電腦網路分散在一個「較小而且有限制」的範圍內，區域網路可以分佈在一家公司、一所學校、一個家庭之內，因為傳輸距離很近，傳輸可靠度很高，傳輸速度很快，應用範圍最廣。例如：大學校園網路、公司內部網路、家庭內部網路等。

➤ 都會區域網路(MAN：Metropolitan Area Network)：電腦網路分散在一個「較大但是有限制」的範圍內，都會區域網路將各地區網路結合在一起，網路結構較嚴謹，較容易控制，因為傳輸距離較近，傳輸可靠度較佳，傳輸速度較快，應用範圍較廣。例如：中華電信的HiNet網路、資策會的SeedNet網路等。

➤ 廣域網路(WAN：Wide Area Network)：電腦網路連接在一個「廣大而難以估計」的範圍內，廣域網路由各地區網路連接而成，網路結構鬆散，不易控制，因為傳輸距離較遠，傳輸可靠度較差，傳輸速度較慢，應用上較受限制。

☐ 網路的連結

網路的連結方式如圖10-28所示,包括四種可能的連結方式:

➤ 區域－區域網路(LAN-LAN):使用橋接器(Bridge)將台大校園內的電機系與材料系兩個不同的區域網路(LAN)連接起來,如圖10-28(a)所示。

➤ 區域－廣域網路(LAN-WAN):使用路由器(Router)將台大校園內的電機系區域網路(LAN)連接到校園外的廣域網路(WAN),如圖10-28(b)所示。

➤ 區域－廣域－區域網路(LAN-WAN-LAN):使用路由器(Router)將台大校園內的電機系區域網路(LAN)連接到校園外的廣域網路(WAN),再連接到政大校園內的區域網路(LAN),如圖10-28(c)所示。

➤ 廣域－廣域網路(WAN-WAN):使用閘道器(Gateway)將網際網路(Internet)與公共交換電信網路(PSTN)兩個不同的廣域網路(WAN)連接起來,如圖10-28(d)所示。

☐ 網路的節點(Node)

連接網際網路上的所有通訊設備泛稱為「節點(Node)」,包括任何可以上網的個人電腦、平板電腦、智慧型手機等,這裡我們討論網路上的通訊設備:

➤ 中繼器(Repeater):屬於「非智慧型(Unintelligent)」的節點,只能連接相同型態的區域網路,如圖10-29(a)所示,用來延長網路範圍,中繼器只負責接收資料,複製後再傳送到另一段網路,沒有資料庫(Database),只會讀寫封包的實體層(表頭1),一般乙太網路所使用的「集線器(Hub)」就是屬於中繼器。

➤ 橋接器(Bridge):屬於「智慧型(Intelligent)」的節點,可以連接相同型態或不同型態的區域網路與區域網路,如圖10-29(b)所示,橋接器負責接收資料,判斷傳送方向,複製後再傳送,有資料庫(Database),可以判斷傳送方向,可以讀寫封包的實體層(表頭1)、資料連結層(表頭2),一般乙太網路所使用的「交換器(Switch)」或「交換集線器(Switching hub)」就是屬於橋接器。

➤ 路由器(Router):屬於「智慧型(Intelligent)」的節點,可以連接相同型態或不同型態的區域網路與廣域網路,如圖10-29(c)所示,路由器負責接收資料,判斷傳送方向,複製後再傳送,有資料庫(路由表),可以判斷傳送方向,具有學習功能,能夠自動更新資料庫(路由表),可以讀寫封包的實體層(表頭1)、資料連結層(表

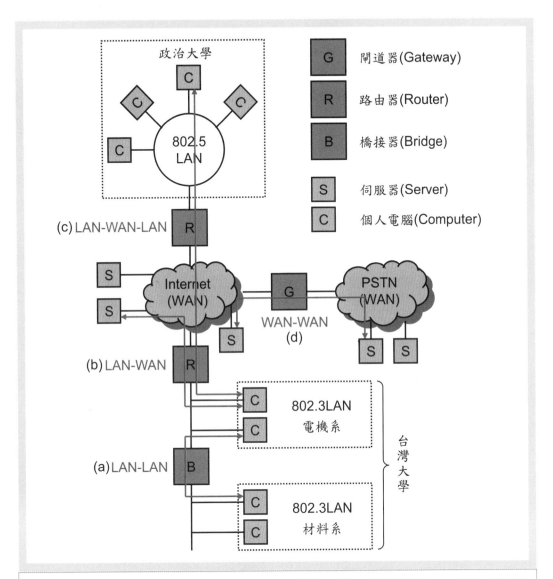

圖 10-28 網路的連結。(a)區域－區域網路：使用橋接器連接兩個區域網路；(b)區域－廣域網路：使用路由器連接區域與廣域網路；(c)區域－廣域－區域網路：使用路由器連接區域、廣域、區域網路；(d)廣域－廣域網路：使用閘道器連接兩個廣域網路。

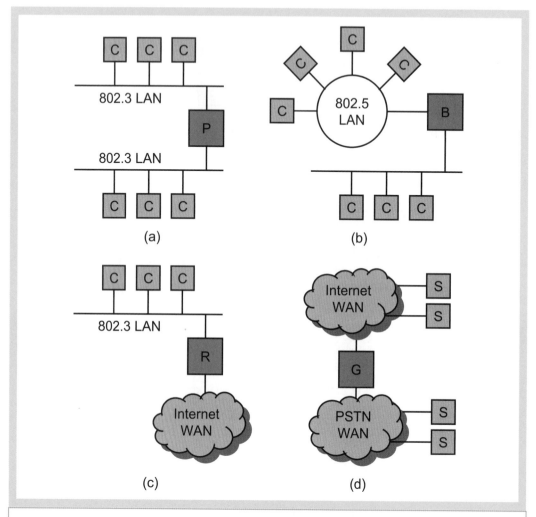

圖 10-29 網路的節點。(a)中繼器(Repeater)：連接相同型態的區域網路；(b)橋接器(Bridge)：連接相同型態或不同型態的區域網路；(c)路由器(Router)：連接相同型態或不同型態的區域網路與廣域網路；(d)閘道器(Gateway)：連接不同型態的廣域網路。

頭2)、網路層(表頭3)，是網際網路上最常使用的節點。

➤ 閘道器(Gateway)：屬於「智慧型(Intelligent)」的節點，是最高級的節點，可以連接不同型態的廣域網路，如圖10-29(d)所示，閘道器負責接收資料，判斷傳送方

向，複製後再傳送，有資料庫(路由表)，可以判斷傳送方向，具有學習功能，能夠自動更新資料庫(路由表)，依照功能的不同可以讀寫封包的表頭1~表頭7。

10-4-2　網路拓撲(Network topology)

網路上的節點，包括：中繼器、橋接器、路由器、閘道器等要如何連接才能發揮最大的使用效率，讓封包可以在最短的時間內傳送到接收端，是網路工程師面臨的重要問題，我們稱為「網路拓撲(Network topology)」。

▢ 集中式拓撲(Centralized topology)

將網際網路上所有通訊設備(節點)的資料集中到同一台固定的主機處理，由這台主機統一管理所有的通訊設備(節點)，如圖10-30(a)所示，稱為「集中式拓撲(Centralized topology)」，也可以稱為「星形拓撲(Star topology)」，由於所有的封包都必須傳送到這台主機來管理，所以比較好控制，安全性也比較高，但是這台主機必須處理所有的封包，因此負擔很重，也容易造成網路塞車，如果主機故障時則整個網路就癱瘓無法通訊。

▢ 分散式拓撲(Distributed topology)

將網際網路上所有通訊設備(節點)的資料分散到各台主機處理，如圖10-30(b)所示，稱為「分散式拓撲(Distributed topology)」，工作分散可以減少每台主機的負擔，一般會使用下面的方式來連接分散在網路上的主機：

➤ 匯流排拓撲(Bus topology)：使用單一纜線，所有主機(節點)以連接器分別掛在纜線上，可以使用最少的纜線而且容易擴充。封包以廣播方式(Broadcast)傳送給所有的主機，每台主機均能判斷IP位址，以決定是否抓取封包，例如：IEEE802.4記號匯流排(Token bus)就是一種匯流排拓撲。圖10-30(c)為「單匯流排拓撲」，圖10-30(d)為「樹狀匯流排拓撲」。

➤ 環形拓撲(Ring topology)：使用單一纜線形成一個環形迴路，所有主機(節點)以連接器分別掛在環形迴路上，頻寬平均分配，延遲時間較長。封包以固定方向沿環形迴路傳送到下一台主機，每台主機均能判斷IP位址，以決定是否抓取封包，

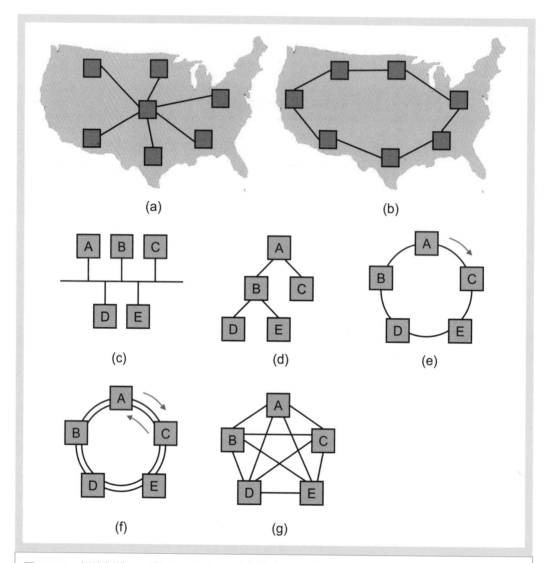

圖 **10-30** 網路拓撲。(a)集中式拓撲：將資料集中到一台固定的主機處理，又稱為星形拓撲；(b)分散式拓撲：將資料分散到各台主機處理；(c)單匯流排拓撲；(d)樹狀匯流排拓撲；(e)單向環形拓撲；(f)雙向環形拓撲；(g)網狀拓撲。

封包經過各主機時可以偵錯並除錯，例如：IEEE802.5記號環(Token ring)就是一種環形拓撲。圖10-30(e)為只有單一傳送方向的「單向環形拓撲」，圖10-30(f)為同時有兩個傳送方向的「雙向環形拓撲」。

➤ **網狀拓撲**(Mesh topology)：使用許多纜線(也可以是無線)連接所有主機，兩兩主機彼此之間都可以通訊，可以分散負擔但是成本較高，當網路上某台主機故障時，可以使用「跳躍(Hopping)」的方式形成新的傳送路由將資料傳送到接收端，例如：Zigbee無線網路就是一種「網狀拓撲」，如圖10-30(g)所示。

不同的傳輸介質，由於不同介質的物理特性，所以通常會使用不同的方法來連接網路，例如：雙絞銅線通常會使用匯流排或環形拓撲；基頻同軸電纜(早期的乙太網路10Base2)通常會使用匯流排或環形拓撲；寬頻同軸電纜(有線電視)通常會使用匯流排或星形拓撲；光纖通常會使用環形拓撲，如表10-5所示。

表 10-5 不同的傳輸介質，由於不同介質的物理特性，會使用不同的方法來連接網路。

網路拓撲	匯流排	環形	星形
雙絞銅線	O	O	X
基頻同軸電纜	O	O	X
寬頻同軸電纜	O	X	O
光纖	X	O	X

10-4-3 網路進出控制

由於傳輸通道只有一條，卻要提供所有的通訊設備(節點)連接網路使用，所以網路進出控制的目的在「決定誰是下一個傳輸通道的使用者」，以避免多台主機(節點)同時搶用傳輸通道而造成網路塞車。

☐ 網路進出控制的種類

➤ **集中式控制**(Centralized control)：通常使用集中式拓撲(Centralized topology)連結所有的通訊設備(節點)，同時指定網路上的某一台主機為指揮中心管理整個網

路，其他主機必須先獲得指揮中心的許可才能傳送資料。

➤ 分散式控制(Distributed control)：網路上的通訊設備(節點)取得「記號(Token)」才可以傳送資料封包，其他主機必須等待下一次機會取得記號(Token)才可以傳送資料封包，例如：記號環(Token ring)、記號匯流排(Token bus)等。

➤ 隨機式控制(Random control)：網路上的通訊設備(節點)隨時都可以傳送資料封包，但是傳送之前必須先偵測傳輸通道是否有其他主機在使用，如果無人使用，則立刻傳送資料封包；如果有人使用，則等待一段「隨機時間」之後再傳送資料或訊號，例如：載波偵測多重存取／碰撞偵測(CSMA/CD)、載波偵測多重存取／碰撞避免(CSMA/CA)等。

☐ 記號環(Token ring)

記號環使用在IEEE802.5記號環網路(Token ring)系統，假設電腦A有一個資料封包要傳送給電腦C，則封包的傳送方式如圖10-31所示：

1. 電腦A取得「記號(Token)」，如圖10-31(a)所示。
2. 電腦A將封包掛在記號後面傳送給電腦C，如圖10-31(b)所示。
3. 電腦B複製封包後，發現不是給自己的，故將此封包刪除，如圖10-31(c)所示。
4. 電腦C複製封包後，發現是給自己的，故將此封包讀取，如圖10-31(d)所示。
5. 電腦D複製封包後，發現不是給自己的，故將此封包刪除，如圖10-31(e)所示。
6. 電腦A將封包收回，並將記號傳送給下一台電腦使用，如圖10-31(f)所示。

☐ 記號匯流排(Token bus)

記號匯流排使用在IEEE802.4記號匯流排網路(Token bus)系統，假設電腦A有一個資料封包要傳送給電腦C，則封包的傳送方式如圖10-32所示：

1. 電腦A取得「記號(Token)」，如圖10-32(a)所示。
2. 電腦A將封包掛在記號後面傳送給電腦C，如圖10-32(b)所示。
3. 電腦B複製封包後，發現不是給自己的，故將此封包刪除，如圖10-32(c)所示。
4. 電腦C複製封包後，發現是給自己的，故將此封包讀取，如圖10-32(d)所示。
5. 電腦D複製封包後，發現不是給自己的，故將此封包刪除，如圖10-32(e)所示。
6. 記號與封包被網路末端的終端電阻吸收，如圖10-32(f)所示。

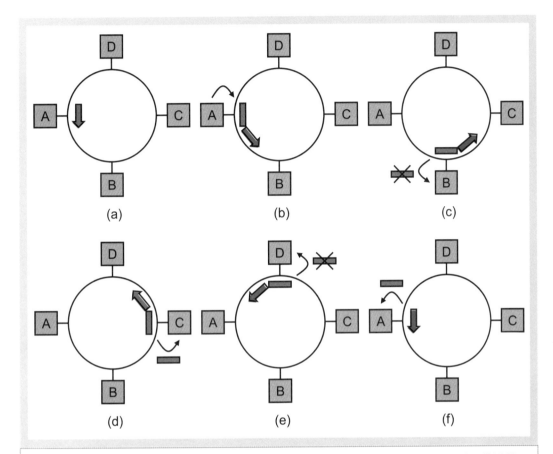

圖 10-31 記號環網路(Token ring)。(a)電腦A取得記號；(b)電腦A將封包掛在記號後面傳送給電腦C；(c)電腦B將此封包讀取後刪除；(d)電腦C將此封包讀取；(e)電腦D將此封包讀取後刪除；(f)電腦A將封包收回，並將記號傳送給下一台電腦使用。

☐ 載波偵測多重存取／碰撞偵測(CSMA/CD)：乙太網路(Ethernet)

➤ 載波偵測(Carrier Sense)：是指資料傳送之前必須先偵測傳輸通道是否有其他主機在使用，如果無人使用，則立刻傳送資料；如果有人使用，則等待一段「隨機時間」之後再傳送資料。

➤ 多重存取(Multiple Access)：是指網路上的通訊設備(節點)都具有唯一的「媒體存取控制(MAC：Media Access Control)位址」，傳送端的主機必須在表頭2內指定資

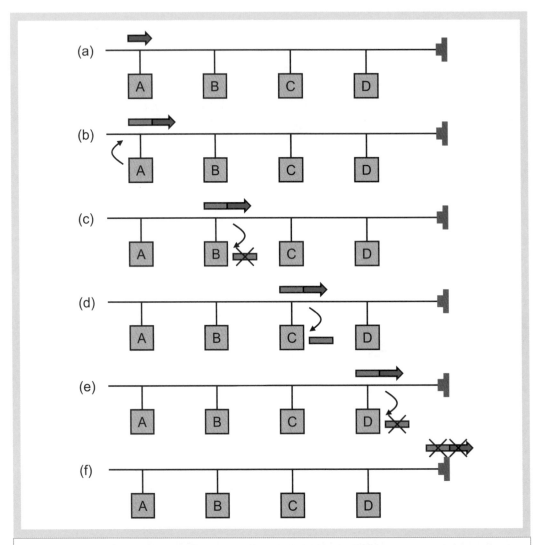

圖 10-32 記號匯流排網路(Token bus)。(a)電腦A取得記號；(b)電腦A將封包掛在記號後面傳送給電腦C；(c)電腦B將此封包讀取後刪除；(d)電腦C將此封包讀取；(e)電腦D將此封包讀取後刪除；(f)記號與封包被網路末端的終端電阻吸收。

料封包的傳送端與接收端MAC位址，才能讓網路上的主機知道這個資料封包是由那一台主機送來，要到那一台主機去。

➤ 碰撞偵測(CD：Collision Detection)：是指通訊設備(節點)如果偵測到訊號碰撞就

會產生一個干擾訊號，並且發送到傳輸通道上，通知網路上的每一台主機目前網路有碰撞發生，所有的主機監聽到這個干擾訊號就會暫緩資料傳送。

CSMA/CD使用在IEEE802.3乙太網路系統，假設電腦A和電腦C同時要傳送封包，則封包的傳送方式如圖10-33所示，依照順序執行下列步驟：

1.電腦A與電腦C在傳送封包之前先偵測傳輸通道是否有其他主機在使用，結果無人使用，所以電腦A與電腦C立刻傳送封包，如圖10-33(a)所示。

2.因為電腦A與電腦C同時傳送資料，結果造成訊號碰撞，假設訊號碰撞的位置靠近電腦A，則電腦A會先收到碰撞反射訊號，如圖10-33(b)所示。

3.電腦A送出干擾訊號通知所有電腦目前網路已經發生碰撞，電腦A與電腦C都停止封包傳送，如圖10-33(c)所示，並且各自等待一段「隨機時間」。

4.電腦A經過1微秒(μs)以後重新送出封包，如圖10-33(d)所示，由於線路上沒有其他訊號因此可以順利到達接收端。

5.電腦C經過2微秒(μs)以後重新送出封包，如圖10-33(e)所示，由於線路上沒有其他訊號因此可以順利到達接收端。

值得注意的是，當干擾訊號通知所有的電腦目前網路已經發生碰撞，則電腦A與電腦C都停止封包傳送，並且各自等待一段「隨機時間」，由於隨機時間是亂數，因此每台電腦等待的時間不同，下回再傳送封包才不會再碰撞，如果等待的時間相同，那麼就會一直碰撞而永遠無法傳送資料了。

☐ 載波偵測多重存取／碰撞避免(CSMA/CA)：無線區域網路(WLAN)

對於具有實體介質(網路線)的網路可以偵測訊號碰撞，但是沒有實體介質的無線網路要偵測訊號碰撞極為困難，因此科學家發明了「碰撞避免(CA：Collision Avoidance)」來取代「碰撞偵測(CD：Collision Detection)」。無線網路卡要傳送資料封包時，並不會立刻傳送出去，而是先產生一個隨機的「延遲時間」，在延遲時間之內如果無線網路卡發現頻道忙碌，則會停止延遲時間的計算，直到確認頻道是空閒的才繼續計時，當延遲時間到了才開始傳送訊號。

CSMA/CA使用在IEEE802.11無線區域網路系統，假設電腦A和手機C同時要傳送封包，則封包的傳送方式如圖10-34所示，依照順序執行下列步驟：

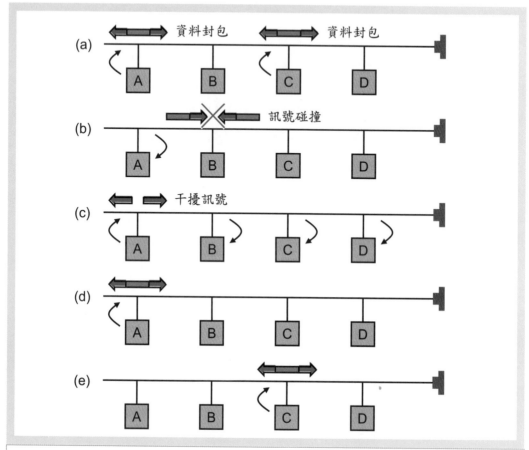

圖 10-33 載波偵測多重存取／碰撞偵測(CSMA/CD)。(a)先偵測傳輸通道是否有其他主機在使用，如果無人使用，則立刻傳送封包；(b)訊號碰撞的位置靠近電腦A，則電腦A會先收到碰撞反射訊號；(c)電腦A送出干擾訊號通知所有電腦；(d)電腦A經過1微秒(μs)以後重新送出封包；(e)電腦C經過2微秒(μs)以後重新送出封包。

1. 電腦A產生隨機的延遲時間T1為0.1微秒(μs)，手機C產生隨機的延遲時間T2為0.2微秒(μs)，如圖10-34(a)所示。

2. 電腦A在延遲時間之內如果發現頻道忙碌，則會停止延遲時間的計算，直到確認頻道是空閒的才繼續計時，0.1微秒(μs)後電腦A發出「傳送要求(RTS：Request To Send)」訊號，如圖10-34(b)所示。

圖 10-34　載波偵測多重存取／碰撞避免(CSMA/CA)。(a)電腦A產生隨機的延遲時間T1=0.1微秒 (μs)，手機C產生隨機的延遲時間T2=0.2微秒(μs)；(b)0.1微秒(μs)後電腦A發出「傳送 要求(RTS)」訊號；(c)接取點(AP) 回應「允許傳送(CTS)」訊號；(d)電腦A把封包傳送 出去；(e)0.2微秒(μs)後手機C發出「傳送要求(RTS)」訊號。

3.假設接收端為接取點(AP：Access Point)，則接取點(AP)收到傳送要求(RTS)訊號後會回應「允許傳送(CTS：Clear To Send)」訊號，如圖10-34(c)所示。

4.電腦A收到允許傳送(CTS)訊號後才把封包傳送出去，如圖10-34(d)所示。

5.手機C在延遲時間之內如果發現頻道忙碌，則會停止延遲時間的計算，直到確認頻道是空閒的才繼續計時，0.2微秒(μs)後手機C發出「傳送要求(RTS：Request To Send)」訊號，如圖10-34(e)所示。

　　接下來重覆前面的步驟手機C就可以將資料傳送出去，其他要傳送資料的通訊設備如果偵測到傳輸通道中存在RTS或CTS訊號時，則會停止延遲時間的計算，因此不會在此時傳送訊號；如果此時恰好延遲時間到了，就會發出RTS訊號，結果造成許多RTS或CTS訊號在無線空間發生碰撞，對於要傳送的資料封包並不會造成任何影響。透過上面的規則，無線區域網路會把發生碰撞的機率控制在RTS或CTS訊號發送期間，因此可以大幅降低碰撞發生的機率，提高傳送效率。

【重要觀念】

　　大家有沒有覺得好奇，為什麼網路需要「進出控制」呢？因為傳輸介質只有一條，但是必須提供所有的人共同使用，目前只有兩種方法：

→多工技術(Multiplex)：通常使用分時多工(TDMA)、分頻多工(FDMA)、分碼多工(CDMA)等方式，讓多人共同使用一條資訊通道，這些技術比較複雜所以系統管理比較嚴謹，成本較高，通常可以傳送較遠的距離(數公里以上)，實際的應用包括：行動電話、無線電視、收音機、有線電視等。

→進出控制：如果傳輸的距離不遠，或是不希望通訊設備太複雜成本太高，通常就不需要使用多工技術，而是使用進出控制，例如：記號環(Token ring)、記號匯流排(Token bus)、載波偵測多重存取／碰撞偵測(CSMA/CD)、載波偵測多重存取／碰撞避免(CSMA/CA)等方式，讓多人共同使用一條資訊通道，實際的應用包括：乙太網路、無線區域網路、記號環網路、記號匯流排網路等。

【習題】

1. 什麼是「電磁波(Electromagnetic wave)」？電磁波的波長與頻率是成正比還是反比？電磁波的波長與能量是成正比還是反比？電磁波的頻率與能量是成正比還是反比？

2. 通訊電磁波頻譜包括「高頻電磁波(GHz)」與「中低頻電磁波(MHz、KHz)」，請問這兩種不同頻段的電磁波有什麼不同，分別應用在什麼地方？

3. 什麼是「頻寬(Bandwidth)」？什麼是「資料傳輸率(Data rate)」？頻寬與資料傳輸率有何不同？

4. 什麼是「調變(Modulation)」？什麼是「解調(Demodulation)」？請簡單說明如何使用高頻載波(電磁波)技術讓低頻訊號(聲音)傳遞很遠。

5. 什麼是數位訊號調變技術？請簡單說明振幅位移鍵送(ASK)、頻率位移鍵送(FSK)、相位位移鍵送(PSK)、正交振幅調變(QAM)有什麼不同？

6. 什麼是「線路交換(Circuit switch)」？什麼是「封包交換(Packet switch)」？此外，什麼是「單工(Simplex)」？什麼是「半雙工(Half-duplex)」？什麼是「全雙工(Full-duplex)」？

7. 什麼是「多工技術(Multiplex)」？什麼是「分時多工接取(TDMA)」？什麼是「分頻多工接取(FDMA)」？什麼是「分碼多工接取(CDMA)」？

8. 什麼是「開放系統互連模型(OSI)」？請簡單說明OSI模型的七層模型當中每一層負責什麼樣的工作？

9. 什麼是「MAC位址」？什麼是「IP位址」？請簡單比較兩者之間的差別。什麼是「真實IP(外部IP)」？什麼是「私有IP(內部IP)」？什麼是「靜態IP(固定IP)」？什麼是「動態IP(浮動IP)」？

10. 網路的節點包括：中繼器(Repeater)、橋接器(Bridge)、路由器(Router)、閘道器(Gateway)，請簡單說明四者的差別。

11 雲端通訊產業
——遙遙天涯若比鄰

　　1985年代個人電腦與筆記型電腦快速成長,使用者花費了許多金錢購買價格昂貴的硬體與軟體來協助自己的工作或娛樂;1990年代網際網路快速發展,將世界各地的電腦連結起來,同時也誕生了Google與Yahoo等網路搜尋引擎公司,開啟了雲端技術的應用;1995年代無線通訊技術快速成長,從剛開始以語音通信為主的手機,到後來以資料通信為主的智慧型手機,讓我們可以隨時隨地與不同網站連結;2000年代由於伺服器與工作站技術成熟,「雲端(Cloud)」的概念進一步實用化,使用者開始將許多運算工作交由位於雲端的伺服器或工作站處理,除了電子郵件、資料搜尋、地圖資訊、網路硬碟、影音媒體、新聞氣象、網路相簿、行事曆等資料,甚至文件編輯、商業貿易、金融交易、科學計算等運算工作都可以交由雲端處理,在可以預見的未來,我們可能不必再花大錢購買價格昂貴的硬體與軟體,而是以一個網頁瀏覽器連結到雲端的伺服器或工作站就可以完成我們所需要的運算工作與服務,到底什麼是雲端技術?雲端技術又可以提供我們那些服務呢?

　　本章的內容包括11-1雲端技術與伺服器:介紹伺服器(Server)、動態主機組態協定伺服器(DHCP server)、網域名稱系統伺服器(DNS server)、網頁伺服器(Web server)、郵件伺服器(Mail server)、網路位址轉譯伺服器(NAT server)、伺服器與防火牆(Firewall)、應用伺服器(Application server)、分散式資料庫(DDB:Distributed Database);11-2雲端運算與網路安全:討論基礎密碼學(Cryptography)、密碼學演算法(Algorithm)、公開金鑰基礎建設(PKI)、網路安全(Network security)、雲端運算(Cloud computing)、雲端服務(Cloud service);11-3有線通訊技術:介紹長程有線通訊技術、乙太網路(Ethernet)、家用網路(Home network)、語音通信(Telecom);11-4高速網際網路:討論網路的組成、光纖網路系統、非同步傳輸模式網路(ATM)、高速網際網路的未來等,都是了解雲端與有線通訊技術的基本內容。

11-1　雲端技術與伺服器

當我們討論雲端技術的時候,第一個應該想到的就是網際網路裡成千上萬的伺服器(Server),要如何將這些伺服器用網路連接起來才能達到最大的工作效率?第二個應該想到的就是全球幾十億人都把自己的資料放在雲端的伺服器上,那麼多的資料要如何傳送?如何管理?如何備份?如何確保資訊安全呢?

11-1-1　伺服器(Server)

雲端技術裡最重要的就是「伺服器(Server)」,因為它提供網路上的用戶端電腦,也就是使用者所有的服務,包括:Google搜尋、Google map地圖、Gmail郵件、Google news新聞、Google雲端硬碟、Google+社群網站、Youtube影音等服務,要了解雲端技術就必須先認識伺服器。

☐ 伺服器的定義

能夠向網路上的用戶端電腦提供特定服務的硬體(Hardware)和軟體(Software)整合起來稱為「伺服器(Server)」,其實所謂的伺服器(Server)也是電腦,早期的個人電腦運算速度比較慢,所以伺服器通常是指「運算速度比較快的電腦」,但是現在個人電腦的中央處理器(CPU)運算速度都在2GHz以上,所以和伺服器已經沒有太大的差別了,我們可以說:現在的個人電腦就可以拿來做為伺服器使用。

➤ 硬體(Hardware):和個人電腦類似,具有處理器(Processor)做為電子產品的大腦,記憶體(Memory)做為儲存資料的地方,介面與匯流排(Interface & Bus)、時脈與計時器(Clock & Timer)、隔離器(Isolator)、電源管理(Power management)等,另外還會有許多被動元件,例如:電阻、電容、電感等,這些元件同時固定在印刷電路板(PCB)上形成「主機板(Mother board)」,由於伺服器是功能強大的電腦,因此必須將許多主機板安裝在一起工作,如圖11-1(a)所示為IBM公司的伺服器外觀。

➤ 軟體(Software):伺服器的軟體架構和個人電腦相當類似,在中央處理器(CPU)

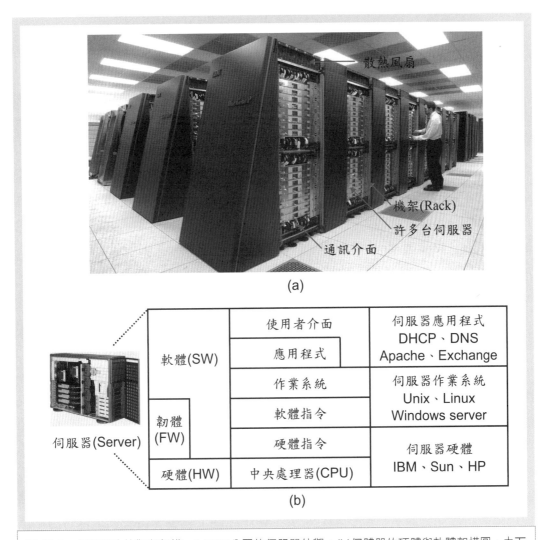

圖 11-1 伺服器的外觀與架構。(a)IBM公司的伺服器外觀；(b)伺體器的硬體與軟體架構圖，由下到上依序包括：伺服器硬體、作業系統、應用程式。資料來源：www.ibm.com。

的上面必須安裝作業系統(OS：Operating System)與應用程式(APP：Application Program)，如圖11-1(b)所示，由於伺服器每台主機都可能要同時支援數千人使用，因此作業系統(OS)一定要能夠支援「多使用者(Multi user)」，同時有許多使用者連線進入使用，也必須支援「多工(Multi task)」，同時開啟許多應用程式(APP)。

□ 伺服器的種類

伺服器依照外觀大致可以分為直立式伺服器(Pedestal server)、機架伺服器(Rack server)、刀鋒伺服器(Blade server)三種,如圖11-2所示:

➢ 直立式伺服器(Pedestal server):外觀類似桌上型個人電腦,就連內部的主機板結構都很類似,如圖11-2(a)所示,為了要服務網路上許多使用者,可能需要許多硬碟機來儲存容量比較大的資料庫,一般我們用來架設個人網站時可以使用。

➢ 機架伺服器(Rack server):由於傳統直立式伺服器體積太大又佔空間,當大型企業需要使用多台伺服器時,主機存放空間更是可觀,因此設計了標準規格高度為1.75英吋(1U),寬度為19英吋的機架伺服器,如圖11-2(b)所示,同時可以將數台的主機放置在機櫃裡統一管理,可以有效縮小伺服器多台主機所佔用的空間。

➢ 刀鋒伺服器(Blade server):由於雲端產業的發展,我們需要體積更小的伺服器,因此設計了卡板式的機座,機座上可以插置多張單板電腦,因為形狀類似刀片(Blade)故稱為「刀鋒」,同時以集中的方式統一提供電源、風扇散熱、網路通訊等功能,如圖11-2(c)所示,但是由於體積更小,因此對散熱的要求更高。

伺服器和個人電腦最大的差別是「穩定性(Stability)」與「可靠性(Reliability)」,由於伺服器是要讓許多人連線上來使用的,所以穩定性很重要,此外,以Google的網站為例,每天提供全球數十億人服務,分散到全球的機房內每一台伺服器可能都有數千人同時連線上來使用,如果不小心當機了怎麼辦?如果硬碟不小心掛掉了怎麼辦?所以伺服器在設計的時候都會考慮到故障排除與維護的問題,例如:伺服器可能同時有兩個硬碟機儲存完全相同的備份資料,當其中一個硬碟機故障的時候,系統會自動切換到另外一個硬碟機,網管人員立刻更換故障的硬碟機,使用者完全沒有發覺。這種不用關機就可以更換硬體的動作稱為「熱插拔(Hot plug)」,伺服器依照不同的穩定性要求,會有不同的架構,不只硬碟機可以熱插拔,中央處理器(CPU)、主記憶體(DRAM),甚至整片主機板都可以熱插拔。

□ 伺服器軟體

伺服器就是功能強大的電腦,但是它的功能其實是由軟體決定的,而且伺服器的穩定性(Stability)與可靠性(Reliability)其實也和軟體息息相關,因此我們先來

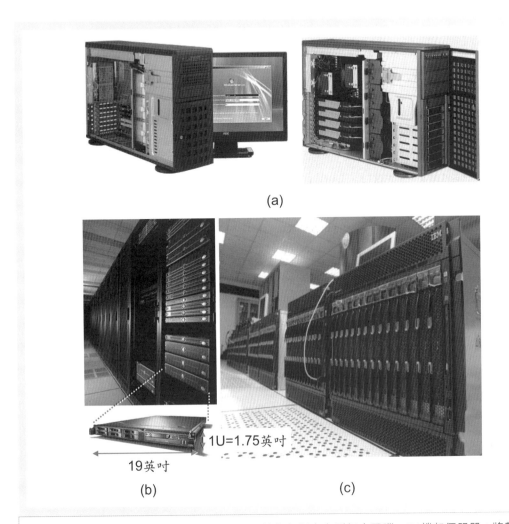

(a)

1U=1.75英吋

19英吋

(b)   (c)

圖 11-2　伺服器的種類。(a)直立式伺服器：外觀類似桌上型個人電腦；(b)機架伺服器：將數台的主機放置在機櫃裡統一管理；(c)刀鋒伺服器：機座上可以插置多張單板電腦。資料來源：www.broadberry.co.uk、www.ibm.com、www.ithome.com.tw。

簡單介紹一下伺服器常見的作業系統(OS)與應用程式(APP)：

➤作業系統(OS：Operating System)：市面上常見到的Unix系列作業系統有IBM-AIX、HP-UX、IRIX、Linux、FreeBSD、Solaris、Mac OS X Server、OpenBSD、NetBSD、SCO OpenServer等，微軟公司也推出Microsoft Windows系列作業系統

Windows NT Server、Windows Server 2000/2003/2008/2012等。

➤應用程式(APP：Application Program)：伺服器的功能主要是由應用程式(軟體)的種類來決定，和硬體的關係反而沒這麼明顯，常見的伺服器與應用程式名稱包括：

1. 動態主機組態協定伺服器(DHCP server)：ISC DHCP4。

2. 網域名稱系統伺服器(DNS server)：Bind9。

3. 網頁伺服器(Web server)：Apache、thttpd、Windows Server IIS等。

4. 郵件伺服器(Mail server)：Lotus Domino、Microsoft Exchange、Sendmail、Postfix、Qmail等。

5. 網路位址轉譯伺服器(NAT server)：Microsoft WINS。

6. 代理伺服器(Proxy server)：Squid。

7. 檔案傳輸協定伺服器(FTP server)：Pureftpd、Proftpd、WU-ftpd、Serv-U等。

8. 資料庫伺服器(Database server)：Oracle Database、MySQL、PostgreSQL、Microsoft SQL Server等。

9. 檔案伺服器(File server)：Novell NetWare。

10. 應用伺服器(Application server)：Bea WebLogic、JBoss、Sun GlassFish等。

　　值得注意的是，上面提到的都是伺服器的應用程式，我們可以將許多不同的應用程式(伺服器)安裝在同一台主機內，因此我們可以在同一台主機內同時安裝DHCP伺服器、DNS伺服器、Web伺服器、Mail伺服器、NAT伺服器、Proxy伺服器等應用程式(軟體)，則這台主機就同時具有這些伺服器的功能。

11-1-2　動態主機組態協定伺服器(DHCP server)

　　前面曾經介紹過，由於IP位址不夠，為了節省子網路中IP位址的使用量，可以設定網路中的一台主機做為指揮中心，稱為「DHCP伺服器」，負責動態分配IP位址，當網路中有任何一台電腦要連線時，才向DHCP伺服器要求一個IP位址，DHCP伺服器會從資料庫中找出一個目前尚未被使用的IP位址提供給該電腦使用，使用完畢後電腦再將這個IP位址還給DHCP伺服器，提供給其他上線的電腦使用。

☐ DHCP伺服器的定義

「動態主機組態協定(DHCP：Dynamic Host Configuration Protocol)」主要的功能是提供用戶端電腦動態的IP位址、子網路遮罩(Subnet mask)、預設閘道器(Default gateway)、DNS伺服器的IP位址等，可以減少用戶端手動設定IP位址的麻煩，並且減少手動設定發生錯誤的機率，又可以節省IP位址的使用量。

講到網路設定，大部分的人就開始有點頭痛了，其實只要了解一點網路的原理，設定網路就會變得很簡單，圖11-3是Windows網路設定的畫面，用戶端電腦設定IP位址的方法有下列兩種：

➢ **手動設定(Manual)**：使用者以手動的方式自行為電腦設定IP位址，每次連線的IP位址是固定的，除非使用者再以手動的方式變更設定，如圖11-3(a)所示。

➢ **動態設定(Dynamic)**：用戶端電腦向DHCP伺服器要求IP位址，DHCP伺服器動態指定一個未被使用的IP位址給用戶端電腦使用，動態設定的IP位址通常並不固定，如圖11-3(b)所示。

☐ DHCP的工作流程

圖11-3(c)為用戶端電腦向DHCP伺服器要求IP位址的流程，包括下列步驟：

➢ **DHCP探索(DHCP discover)**：由用戶端電腦發出廣播封包到整個子網路，向負責這個子網路的DHCP伺服器要求IP位址來連接網路。

➢ **DHCP提供(DHCP offer)**：由DHCP伺服器回應用戶端電腦的要求，指定一個未被使用的IP位址給用戶端電腦使用。

➢ **DHCP回覆(DHCP request)**：用戶端電腦收到DHCP伺服器所提供的IP位址後，發出回覆給DHCP伺服器，表示接受DHCP伺服器所指定的IP位址。

➢ **DHCP確認(DHCP ACK：DHCP Acknowledgement)**：由DHCP伺服器回應用戶端電腦確認訊號，表示用戶端電腦可以使用這個IP位址連接網路。

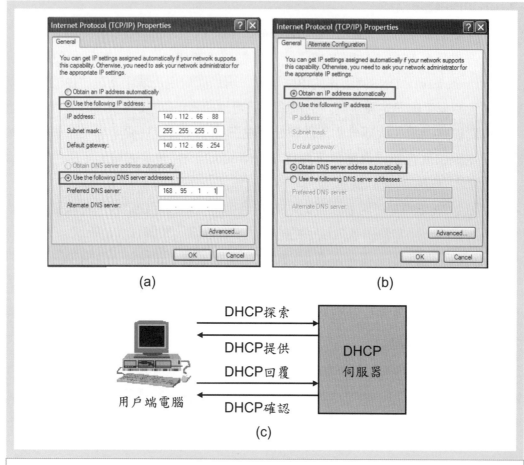

(a) (b)

(c)

圖 11-3 DHCP伺服器。(a)手動設定：使用者以手動的方式變更設定；(b)動態設定：DHCP伺服器動態指定一個未被使用的IP位址給用戶端電腦使用；(c)DHCP的工作流程，依序為DHCP探索、DHCP提供、DHCP回覆、DHCP確認。

11-1-3 網域名稱系統伺服器(DNS server)

　　如果我們是使用手動設定IP位址，則其設定如圖11-3(a)所示，使用者必須手動設定用戶端電腦的四個項目，包括：IP位址(IP address)、子網路遮罩(Subnet mask)、預設閘道器(Default gateway)、DNS伺服器，那麼到底什麼是DNS呢？

☐ 完整網域名稱(FQDN：Fully Qualified Domain Name)

大家一定都使用過「網址」來連接網際網路，例如：www.google.com、www.hightech.tw、www.ntu.edu.tw等，這些網址我們稱為「完整網域名稱(FQDN)」，完整網域名稱的總長度不得超過255個字母，單項(兩個點號之間)不得超過63個字母。使用網址來連接網路主要是為了方便人類記憶，因為www代表「WWW伺服器」、ntu代表「National Taiwan University」、edu代表「Education」、tw代表「Taiwan」，當大家看到網址www.ntu.edu.tw就知道這是位於台灣的一個教育單位──台灣大學的WWW伺服器內的網頁內容。

完整網域名稱(FQDN)雖然可以方便人類記憶，但是路由器只認得IP位址，卻不認得網址，所以當我們在網頁瀏覽器(例如：Google Chrome、Internet Explorer)的網址列輸入www.ntu.edu.tw時，用戶端電腦必須先向DNS伺服器查詢這個網址所對應的IP位址，查詢結果是140.112.8.116，再使用這個IP位址來連接這個網址的WWW伺服器。換句話說，在手動進行網路設定的時候，就必須將DNS伺服器的IP位址告訴電腦，這樣電腦才知道要向誰查詢我們輸入的網址對應的IP位址。

☐ 網域名稱系統(DNS：Domain Name System)

先思考一個有趣的問題，全世界的網址那麼多，一台DNS伺服器怎麼可能知道這麼多網址對應的IP位址是什麼呢？為了要解決這個問題，我們把全世界所有的網址區分為許多不同的「網域(Domain)」，如圖11-4所示：

➤ 根網域(Root domain)：根網域是DNS架構最上層的伺服器，全球共約16台，當下層的任何一台DNS伺服器無法查出某個網址對應的IP位址時，則會向最上層負責根網域的DNS伺服器查詢。

➤ 頂層網域(Top level domain)：使用國際標準組織(ISO)所制定的國碼(Country code)來區分頂層網域，例如：美國使用「us」、台灣使用「tw」、中國大陸使用「cn」、日本使用「jp」，由於美國是網際網路的創始國，所以通常可以不使用us，全球的網域名稱是由「網際網路名稱與號碼分配組織(ICANN：Internet Corporation for Assigned Names and Numbers)」來管理(http://www.icann.org)。

➤ 第二層網域(Second level domain)：由使用單位向各國的網址註冊中心申請，

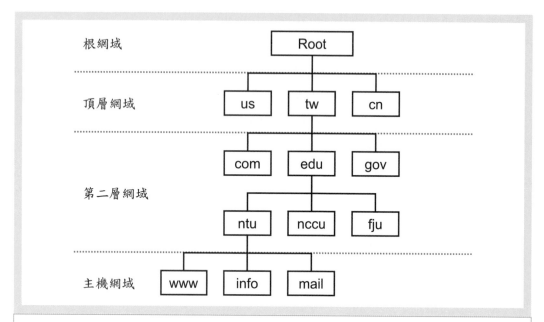

圖 11-4　全球DNS伺服器架構，包括根網域、頂層網域、第二層網域、主機網域等，其中頂層網域與第二層網域名稱必須向國際與國內的網址註冊中心申請並繳交年費。

台灣的網域名稱是由「台灣網路資訊中心(TWNIC：Taiwan Network Information Center)」來管理(http://www.twnic.net)，使用單位繳交年費即可取得第二層網域的使用權，例如：教育單位台大使用ntu.edu.、政大使用nccu.edu.；政府單位台北市政府使用taipei.gov、國科會使用nsc.gov；營利單位谷歌使用google.com、台積電使用tsmc.com、聯發科使用mediatek.com等。

➤主機網域(Host domain)：由各使用單位之網管人員，依照實際需要自行細分成許多主機使用，每一台主機可以設定一個網域名稱，例如：台大的網頁使用www、台大的選課系統使用info、台大的郵件伺服器使用mail等。

【動動手】

→讓我們先來查查www.ntu.edu.tw對應的IP位址是多少吧！先到DOS模式下，在C:\>後面輸入指令「ping www.ntu.edu.tw」(中間要空一格)，再按下「Enter」，電腦就會列出www.ntu.edu.tw對應的IP位址是140.112.8.116。

→網頁瀏覽器的網址列可以輸入網址http://www.ntu.edu.tw，如果你(妳)記憶力很好，知道這個網址的IP位址是140.112.8.116，那麼當然也可以在網址列直接輸入IP位址http://140.112.8.116，這樣子電腦就不用再向DNS伺服器查詢囉！

→請大家打開網頁瀏覽器，在網址列輸入http://www.ntu.edu.tw並且按下「Enter」，就會發現這是台灣大學的網站；現在我們在網址列輸入http://info.ntu.edu.tw並且按下「Enter」，就會發現這是台灣大學的選課系統。

□ DNS的查詢流程

用戶端電腦向DNS伺服器查詢www.ntu.edu.tw的IP位址流程如圖11-5所示：

➢用戶端電腦向DNS伺服器查詢www.ntu.edu.tw的IP位址，如圖11-5(a)所示。

➢DNS伺服器查詢自己的記憶體，如果曾經被詢問過就會有記錄，如果第一次被詢問則沒有記錄，於是轉向根網域DNS伺服器查詢，如圖11-5(b)所示。

➢根網域DNS伺服器回答：我不知道www.ntu.edu.tw的IP位址，但是我知道「管理tw的DNS伺服器」的IP位址，如圖11-5(c)所示。

➢DNS伺服器再轉向「管理tw的DNS伺服器」查詢，如圖11-5(d)所示。

➢管理tw的DNS伺服器回答：我不知道www.ntu.edu.tw的IP位址，但是我知道「管理edu.tw的DNS伺服器」的IP位址，如圖11-5(e)所示。

➢DNS伺服器再轉向「管理edu.tw的DNS伺服器」查詢，如圖11-5(f)所示。

➢管理edu.tw的DNS伺服器回答：我不知道www.ntu.edu.tw.的IP位址，但是我知道「管理ntu.edu.tw的DNS伺服器」的IP位址，如圖11-5(g)所示。

➢DNS伺服器再轉向管理ntu.edu.tw的DNS伺服器查詢，如圖11-5(h)所示。

➢管理ntu.edu.tw的DNS伺服器回答：www.ntu.edu.tw.的IP位址是140.112.8.116，如

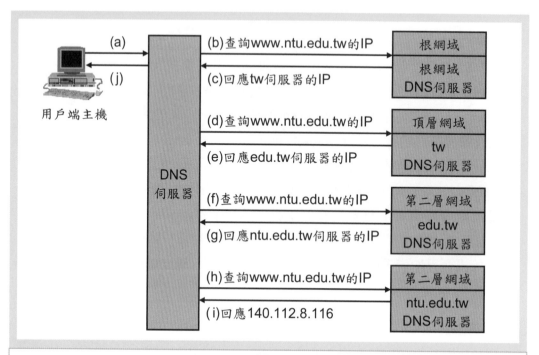

圖 11-5　DNS查詢流程。(a)用戶端電腦向DNS伺服器查詢；(b)與(c)DNS伺服器轉向根網域DNS伺服器查詢；(d)與(e)再轉向tw的DNS伺服器查詢；(f)與(g)再轉向edu.tw的DNS伺服器查詢；(h)與(i)再轉向ntu.edu.tw的DNS伺服器查詢；(j)DNS伺服器傳回用戶端電腦。

圖11-5(i)所示，呵～看來要查詢一個網址的IP位址還真辛苦！

➤DNS伺服器先將www.ntu.edu.tw對應的IP位址140.112.8.116儲存在自己的記憶體，以方便下一次用戶端電腦再查詢時使用，下一次就不用這麼辛苦地到處去問啦！並且將結果傳回用戶端電腦，如圖11-5(j)所示，用戶端電腦才能使用這個IP位址來連接網路上的某一個網站。

11-1-4　網頁伺服器(Web server)

網頁伺服器(Web server)又稱為「WWW伺服器(World Wide Web)」，就是企業或機關團體架設網站所使用的伺服器，常見的網頁伺服器軟體包括：Apache、 thttpd、Windows Server IIS等，一般是使用「超文字傳輸協定(HTTP：Hypertext Transfer Protocol)」與用戶端電腦的網頁瀏覽器(Web browser)進行通訊，傳送或接收資料，當我們在網址列輸入「http://www.hightech.tw」，如圖11-6(a)所示，意思其實是：使用HTTP通訊協定以網頁瀏覽器和www.hightech.tw這台網頁伺服器進行通訊，一般的網頁內容包含一個HTML檔案，以及文字、圖形、影片的連結檔。

❑ Apache伺服器

由Apache Group組織所開發的網頁伺服器軟體稱為「Apache」，是公開原始程式碼的軟體，可以安裝在網頁伺服器內提供企業或機關團體架設網站，也是目

(a)

(b)

圖 11-6　網頁瀏覽器與三向交握的流程。(a)網頁瀏覽器Google Chrome；(b)三向交握的流程：用戶端電腦要求(Request)連線、伺服器回應(Response)、用戶端電腦確認(ACK)。

前世界上用來架設網站使用最多的伺服器軟體，可以架設在許多不同的作業系統上，例如：Unix、Linux、OS2、Windows等，由微軟公司自行開發的網頁伺服器軟體稱為「Windows Server IIS」，不過大家都知道微軟公司並不公開原始程式碼。相反的，Apache是公開原始程式碼的軟體，大部分的軟體漏洞都已經被全球各地的軟體工程師找出來並且修補起來，所以安全性高，而且Apache是在Unix與Linux等作業系統下開發出來的軟體，穩定性高，價格又低，所以被許多企業或機關團體用來架設網站。

三向交握(Three way handshake)

用戶端電腦(Client)與網頁伺服器(Web server)連線的流程稱為「三向交握(Three way handshake)」，包括下列三個步驟，如圖11-6(b)所示：

➢ 用戶端要求(Request)：由用戶端電腦的網頁瀏覽器向Apache伺服器發出連線的要求，使用HTTP通訊協定以網頁瀏覽器與Apache伺服器溝通。

➢ 伺服器回應(Response)：由Apache伺服器回應用戶端電腦接受連線要求，並且開啟一個「程序(Process)」來處理這個連線要求，程序會佔用伺服器的運算資源。

➢ 用戶端確認(ACK：Acknowledgement)：由用戶端電腦回應Apache伺服器確認訊號，此時Apache伺服器開始傳送資料，用戶端電腦準備開始接收資料。

網頁伺服器的攻擊

網路上的怪客(Cracker)攻擊網頁伺服器時有所聞，這裡我們舉出一個簡單的例子，讓大家了解如何進行攻擊，例如：怪客先寫好一個簡單的軟體，由用戶端電腦向Google的網頁伺服器發出「要求(Request)」連線的封包，這個時候Google的網頁伺服器會開啟一個程序(Process)來處理這個連線要求，並且「回應(Response)」同意連線的封包，此時用戶端電腦故意不回覆「確認(ACK)」的封包，並且再發出第二個「要求(Request)」連線的封包，依此類推，不停地發出成千上萬個要求連線(Request)的封包，Google的網頁伺服器就會打開成千上萬個程序(Process)，卻一直等不到用戶端電腦回應(Response)同意連線的封包，不停開啟成千上萬個程序(Process)直到伺服器不堪負荷當機為止，網頁伺服器就掛囉！

有什麼方法可以避免這種情形發生呢？方法其實很簡單，目前所有的網頁伺服器都會設定一個等待時間，如果收到某一台用戶端電腦發出要求(Request)連線的封包，經過一段時間卻沒有收到確認(ACK)的封包，網頁伺服器就會自動將這個程序(Process)關閉，以避免打開過多的程序(Process)而當機了，這就叫做邪不勝正嘛！這麼簡單的方法你(妳)是不是也想到了呢？

11-1-5　郵件伺服器(Mail server)

郵件伺服器的功能是用來接收與傳送電子郵件，這是我們天天都要使用的，常見的郵件伺服器軟體包括：Lotus Domino、Microsoft Exchange、Sendmail、Postfix、Qmail等，而用戶端電腦必須使用可以編寫與閱讀電子郵件的軟體才可以進行寫信、讀信、上傳與下載檔案附件等處理工作，常見的用戶端郵件處理軟體包括：Windows作業系統的Outlook，Linux作業系統的Kmail等，當然目前的網頁瀏覽器(Web browser)功能愈來愈強大，也可以直接支援電子郵件的處理工作了。

☐ 電子郵件的格式

電子郵件帳號的格式為「使用者@郵件伺服器」，例如：hightechtw@gmail.com，是指在gmail.com這台郵件伺服器裡的某一個帳號hightechtw，值得注意的是，「@」這個符號是代表英文字「at」的意思，也就是中文字「在」的意思，所以這個電子郵件帳號應該讀成：hightechtw at gmail.com，意思是「在gmail.com這台郵件伺服器裡的hightechtw帳號」才對，許多人把@讀成「小老鼠」，實在不知道@和老鼠有什麼關係？下回別再讀錯囉！

☐ 電子郵件的通訊協定

➢ 簡易郵件傳輸協定(SMTP：Simple Mail Transfer Protocol)：是在網際網路的不同郵件伺服器之間，進行電子郵件的交換與傳輸的通訊協定，SMTP屬於即時送信與收信的通訊協定，傳送端與接收端的主機必須開機並連線，傳送端送出信件後，接收端立即收到信件。SMTP傳輸協定的內容包括：「信封(Envelope)」指明

收件人的電子郵件地址,例如:使用者@郵件伺服器(hightechtw@gmail.com);「表頭(Header)」指明電子郵件的重要訊息,其中「To」指明收件人的電子郵件地址、「From」指明寄件人的電子郵件地址、「Subject」指明電子郵件的主旨、「Date」指明電子郵件的發信日期與時間等;「本文(Body)」就是我們所要傳送的電子郵件內容。

➤ 郵件伺服器協定(POP3:Post Office Protocol Version 3):屬於即時送信與收信的通訊協定,傳送端與接收端的主機必須開機並連線,傳送端送出信件後,接收端立即收到信件。POP3傳輸協定的內容包括:「認證(Authorization)」由接收端輸入帳號與密碼;「處理(Transaction)」由接收端發出郵件處理指令,從郵件伺服器下載信件;「更新(Update)」由接收端完成信件下載後,刪除郵件伺服器內標示刪除的信件。

➤ 網際網路郵件存取協定(IMAP:Internet Message Access Protocol):有許多版本包括IMAP、IMAP2、IMAP3、IMAP2bis、IMAP4,目前最新的版本為IMAP4 rev1,已經逐漸成熟並且被市場接受。IMAP傳輸協定可以同時提供「在線」和「離線」的瀏覽模式,也可以提供多位使用者同時瀏覽和管理同一個電子郵件信箱,而且所做的改變會立刻即時生效,使用者可以瀏覽點選的部分,不需要等待載入整封郵件才能瀏覽,而且可以使用標籤的方式將已讀取、未讀取、已刪除、已回覆的標籤註記在郵件上來管理郵件,甚至在郵件伺服器上建立資料夾做郵件分類,可以在遠端的郵件伺服器上搜尋字串,不用將郵件下載後再搜尋。

☐ 電子郵件的傳遞方式

由於SMTP與POP3都是即時送信與收信的通訊協定,代表寄件人與收件人的電腦必須同時處於開機狀態才能連線使用,但是我們不可能維持自己的電腦一直開機等著別人隨時寄信給我們呀!因此才必須使用「郵件伺服器(Mail server)」永遠保持開機,隨時可以替我們傳送或接收電子郵件,主要有下列兩種方式:

➤ 本地網路的郵件傳遞:寄件人與收件人使用相同的郵件伺服器,例如:寄件人使用Gmail郵件伺服器,收件人也使用Gmail郵件伺服器,如圖11-7(a)所示,寄信時寄件人的電腦開機並連線到Gmail郵件伺服器,可以使用SMTP傳輸協定將電子

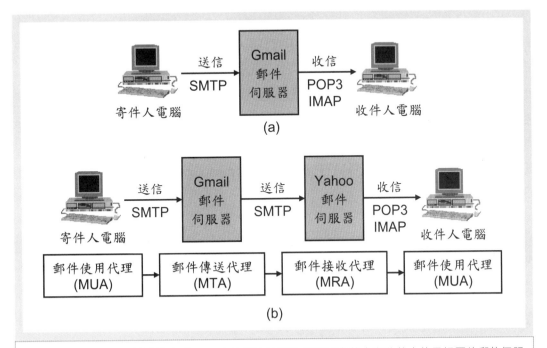

（a）

（b）

圖 11-7 郵件伺服器的連線方式。(a)本地網路的郵件傳遞是寄件人與收件人使用相同的郵件伺服器；(b)遠端網路的郵件傳遞是寄件人與收件人使用不同的郵件伺服器。

郵件傳送出去；收信時收件人的電腦開機並連線到Gmail郵件伺服器，可以使用POP3或IMAP傳輸協定將電子郵件接收進來。

➢ 遠端網路的郵件傳遞：寄件人與收件人使用不同的郵件伺服器，例如：寄件人使用Gmail郵件伺服器，收件人使用Yahoo郵件伺服器，如圖11-7(b)所示，寄信時寄件人的電腦開機並連線到Gmail郵件伺服器，可以使用SMTP傳輸協定將電子郵件傳送出去；Gmail郵件伺服器再使用SMTP傳輸協定將電子郵件傳送到Yahoo郵件伺服器；收信時收件人的電腦開機並連線到Yahoo郵件伺服器，可以使用POP3或IMAP傳輸協定將電子郵件接收進來。

在電子郵件傳送與接收的過程中，寄件人與收件人電腦裡的郵件處理軟體，例如：Windows作業系統的Outlook，Linux作業系統的Kmail等，主要的功能是提供寄件人編寫郵件與收件人閱讀郵件，又稱為「郵件使用代理(MUA：Mail User Agent)」；代替寄件人將這封電子郵件傳送出去的郵件伺服器，就是圖11-7(b)中

的Gmail郵件伺服器又稱為「郵件傳送代理(MTA：Mail Transfer Agent)」；代替收件人將這封電子郵件接收進來的郵件伺服器，就是圖11-7(b)中的Yahoo郵件伺服器，又稱為「郵件接收代理(MRA：Mail Retrieval Agent)」。此外，使用SMTP、POP3、IMAP等傳輸協定最大的缺點就是郵件內容以未加密的明文傳送，郵件內容很容易被怪客(Cracker)攔截偷看，因此後來又發明了SMTPs、POP3s、IMAPs等有加密的傳輸協定，其中「s」代表「Security」，是使用「安全套接層(SSL：Secure Socket Layer)」或「傳輸層安全(TLS：Transport Layer Security)」等加密通訊協定，將在後面詳細介紹。

11-1-6　網路位址轉譯伺服器(NAT server)

網路位址轉譯(NAT：Network Address Translation)可以改變封包的傳送端IP位址與接收端IP位址，減少真實IP的使用量，也可以將私有IP(內部IP)改變成真實IP(外部IP)再傳送到網際網路，只需要向網際網路服務供應商(例如：中華電信)申請一個真實IP，就可以將公司內部所有的電腦連接到網際網路了，因此NAT伺服器是最重要的防火牆成員，也是一種「封包過濾器(Packet filter)」。

☐ NAT伺服器的原理

NAT伺服器的連接方式如圖11-8所示，一端連接私有網路(內部網路)，由企業內部網管人員自行設定私有IP，可以自由設定但是不可以重覆，不需要支付費用，而且可以減少真實IP的使用量；一端連接外部網路(網際網路)，由企業向網際網路服務供應商(例如：中華電信)申請真實IP，必須支付費用。

假設台大電機系的網管人員將網路切割為內部與外部，內部網路的網址設定為192.168.1.1、192.168.1.2、192.168.1.3；而外部網路的網址為140.112.66.88，則NAT伺服器的功能就是更改封包表頭3的傳送端IP位址與接收端IP位址。

➤假設私有網路(內部網路)的電腦A要傳送封包到網際網路(外部網路)，所以將封包表頭3內的傳送端IP位址設定為192.168.1.1，如圖11-8(a)所示。

➤NAT伺服器將封包表頭3的傳送端IP位址改成140.112.66.88再傳送到網際網路(外部網路)，並且記錄這個封包來自電腦A，如圖11-8(b)所示。

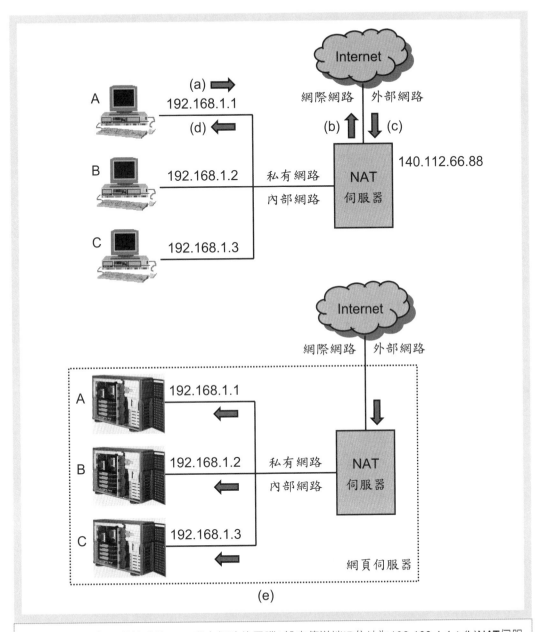

圖 11-8　NAT伺服器的功能。(a)私有網路的電腦A設定傳送端IP位址為192.168.1.1；(b)NAT伺服器將傳送端IP位址改成140.112.66.88再傳送到網際網路；(c)網際網路設定接收端IP位址為140.112.66.88；(d)NAT伺服器將接收端IP位址改成192.168.1.1再傳送到私有網路的電腦A；(e)NAT伺服器可以平衡負載。

➤網際網路(外部網路)要傳送封包到電腦A，但是封包表頭3的接收端IP位址設定為140.112.66.88，因此先由NAT伺服器接收進來，如圖11-8(c)所示。

➤NAT伺服器將封包表頭3的接收端IP位址改成192.168.1.1再傳送到私有網路(內部網路)的電腦A，如圖11-8(d)所示。

❏ NAT伺服器的功能

➤封包偽裝(IP masquerade)：可以將私有IP(內部IP)改變成真實IP(外部IP)再傳送到網際網路，使網路上的人無法得知私有網路的IP分配情形而增加網路安全性。

➤封包過濾：可以攔截網際網路進入私有網路的封包，阻擋怪客(Cracker)的攻擊，所以NAT伺服器是最重要的防火牆成員，也是一種「封包過濾器(Packet filter)」。

➤平衡負載：通常使用在網頁伺服器(Web server)，一般公司的網頁伺服器同時可能會有數千人連線上來，如果只使用一台主機，一定無法負荷這麼多電腦的連線，我們可以在入口處加裝一台NAT伺服器，改變網際網路(外部網路)進入私有網路(內部網路)封包表頭3的接收端IP位址，使進入的封包分散到不同的主機上，可以減輕單一主機的負擔，也可以增加網路安全性，如圖11-8(e)所示。

【名詞解釋】

→網際網路服務供應商(ISP：Internet Service Provider)：是指專門提供一般用戶連接到網際網路的公司，例如：中華電信(HiNet)、台灣固網、東森寬頻電信(亞太固網)等公司，其實就是提供固網(固定網路)服務的公司。

→天生就對電腦軟體或網路原理學習能力很強，但是「不會」惡意侵入別人電腦或散佈電腦病毒的人，稱為「駭客(Hacker)」；天生就對電腦軟體或網路原理學習能力很強，而且「會」惡意侵入別人的電腦或散佈電腦病毒的人，稱為「怪客(Cracker)」。所以「駭客」是稱讚別人的用語；「怪客」是責備別人的用語，這兩個名詞都是由英文翻譯而來，常常被一般人誤用，下回別再用錯了唷！

11-1-7　網路防火牆(Firewall)

前面介紹了和IP位址有關的伺服器，我們再來看看和IP位址比較沒有關係，而和資料的傳送與處理比較有關係的伺服器，包括代理伺服器、檔案傳輸協定伺服器、資料庫伺服器、檔案伺服器，最後再介紹這些伺服器與防火牆的關係。

☐ 代理伺服器(Proxy server)

代理伺服器是一種防火牆成員，也是一種「應用閘道器(Application gateway)」，泛指可以對經過私有網路與網際網路的封包，進行快取與控制等功能的伺服器，代理伺服器的種類很多，包括：快取代理伺服器(Cache proxy server)、郵件代理伺服器、IP代理伺服器等，最常使用的是快取代理伺服器，主要具有下列功能：

➤ 代替私有網路連接網際網路則可以增加讀取速度：快取代理伺服器會「代替」私有網路(內部網路)的電腦連接網際網路(外部網路)，如圖11-9(a)所示，並且將私有網路經常連結的網站內容儲存在代理伺服器的記憶體中，當內部網路的電腦下一次要連結同一個網站時，快取代理伺服器就可以立刻由記憶體中取得資料。大家一定都有這樣的經驗，有時候我們從學校或公司的內部網路連結到Google網站，立刻(一瞬間)就會看到Google網站的首頁，其實那大多是學校或公司的代理伺服器內所儲存的備用資料而已，有時候甚至是自己電腦內所儲存的備用資料。

➤ 代替網頁伺服器連接網際網路則可以保護網頁伺服器：代理伺服器可以用來「代替」網際網路(外部網路)的電腦連接私有網路(內部網路)的網頁伺服器，如圖11-9(b)所示，並且將內部網路內網頁伺服器的內容儲存在代理伺服器的記憶體中，讓網際網路(外部網路)的電腦由代理伺服器的記憶體中讀取資料，而不直接由私有網路(內部網路)的網頁伺服器讀取，這樣才能有效阻擋怪客(Cracker)的攻擊。

☐ 檔案傳輸協定伺服器(FTP server)

「檔案傳輸協定(FTP：File Transfer Protocol)」主要的功能是在用戶端電腦(Client)與伺服器(Server)之間傳送大量檔案資料的通訊協定，程式設計師可以依照這個通訊協定製作檔案傳輸相關的應用程式，只要依照這個標準製作的檔案傳輸

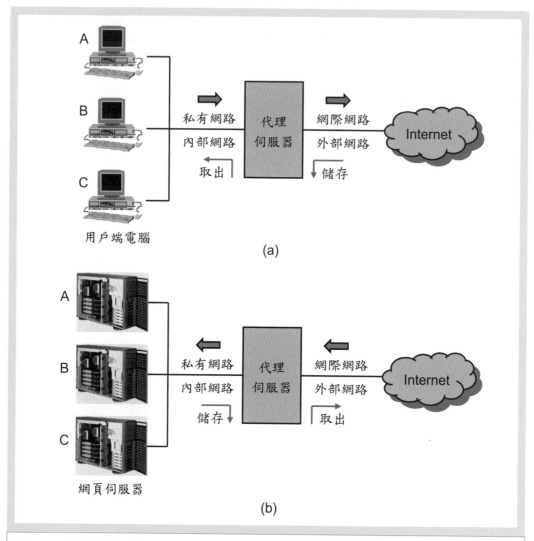

圖 11-9　快取代理伺服器的功能。(a)代替私有網路連接網際網路,可以增加讀取速度;(b)代替網頁伺服器連接網際網路,可以保護網頁伺服器。

軟體就可以確保相容性,檔案傳輸協定(FTP)是以TCP封包的模式進行連線,當連線建立之後,使用者可以在用戶端電腦(Client)連結伺服器(Server)進行檔案的上傳與下載,也可以直接管理用戶在伺服器(Server)內所儲存的檔案。常見的FTP伺服

器應用程式包括：Pureftpd、Proftpd、WU-ftpd、Serv-U等。

□ 檔案伺服器(File server)

　　檔案伺服器顧名思義就是用來保存大量資料檔案的伺服器，可以提供用戶端電腦儲存檔案和檢索資料，檔案伺服器通常比一般的個人電腦擁有更大的存儲容量，同時具備某些特殊功能，例如：磁碟鏡像(Disk mirror)可以將檔案資料複製到相同功能的儲存裝置中來增加資料的容錯性與整合性，同時增加資料存取的速度，或是將檔案資料複製到不同功能的儲存裝置，可以用來備份資料。

　　大家仔細想想，檔案伺服器內儲存了大量的檔案資料，在銀行裡可能是客戶的存款資料，在公司裡可能是員工資料或機密資料，在政府單位可能是稅務資料或地籍資料，如果儲存資料的元件(例如：硬碟機)發生故障而造成資料損毀，那是多麼嚴重的事？因此我們使用「獨立磁碟冗餘陣列(RAID：Redundant Array of Independent Disks)」，簡稱「磁碟陣列」來確保資料不會損毀，基本的概念就是把多個相對便宜的硬碟機組合起來，形成一個磁碟陣列(多個硬碟機)，使效能達到甚至超過一個價格昂貴容量巨大的硬碟機，同時將資料依照一定的規則拆散開來分別儲存在磁碟陣列內不同的硬碟機中，這樣可以達到增強資料整合度、增強容錯能力、增加資料處理量等優點，而磁碟陣列對於電腦而言就像單獨的儲存元件一樣，甚至還可以在檔案資料中加入「錯誤修正碼(ECC：Error Correction Code)」，這樣即使資料存取時出現錯誤還有機會可以修正，常見的磁碟陣列有RAID-0、RAID-1、RAID-1E、RAID-5、RAID-6、RAID-7、RAID-10、RAID-50、RAID-60等。

□ 資料庫伺服器(Database server)

　　資料庫伺服器是指安裝了資料庫管理應用程式的伺服器，每台用戶端電腦(Client)與伺服器(Server)的資料庫可以使用結構化查詢語言(SQL：Structure Query Language)進行資料存取與處理工作，也可以讓許多使用者同時存取資料庫伺服器內的資料。在網路上這些資料庫通常採取主從架構，可以依照不同性質的資料，分別儲存在不同的資料庫伺服器內，讓每台用戶端電腦與伺服器之間相互存取資

料，達到分散處理的目的，以減低網路塞車的發生機率。常見的資料庫伺服器應用程式包括：Oracle Database、MySQL、PostgreSQL、Microsoft SQL Server等。

▢ 防火牆的定義

在私有網路(內部網路)與網際網路(外部網路)之間建立一個安全的通訊閘道稱為「防火牆(Firewall)」，類似軍隊的檢查哨，可以控制並且管制所有進出私有網路與網際網路的資料封包，防火牆最重要的成員是「封包過濾器(Packet filter)」與「應用閘道器(Application gateway)」，但是必須配合其他伺服器軟體的合作才能真正達到網路安全的目的，使用防火牆的優點包括：

➤ 可以保護私有網路(內部網路)的安全，把惡意攻擊的怪客(Cracker)阻擋在外面。
➤ 可以管制私有網路與網際網路的存取，避免員工使用公司網路進行違法行為。
➤ 可以保存網路使用的記錄，並且統計內部網路的使用情形。

使用防火牆是在私有網路(內部網路)與網際網路(外部網路)之間建立一個安全的通訊閘道，所有的封包進出都必須經過檢查，因此也會產生一些缺點包括：

➤ 防火牆對網路進出的封包進行檢查的動作會降低網路的傳輸效率。
➤ 當防火牆被入侵的時候，整個私有網路(內部網路)會完全暴露，因此不可以完全依賴防火牆，私有網路(內部網路)的每一台電腦都必須做好安全管理工作。
➤ 防火牆無法防範內賊，所以人員使用權限的管制也是網路安全重要的項目。

▢ 防火牆的成員

安全的防火牆架構如圖11-10所示，包括下列基本的伺服器軟體：

➤ 封包過濾器(Packet filter)：例如：NAT伺服器(NAT server)。
➤ 應用閘道器(Application gateway)：例如：代理伺服器(Proxy server)。
➤ 網域名稱管理：例如：DNS伺服器(DNS server)。
➤ 電子郵件管理：例如：郵件伺服器(Mail server)。
➤ 檔案傳輸管理：例如：FTP伺服器(FTP server)。
➤ 檔案資料管理：例如：資料庫伺服器(Database server)、檔案伺服器(File server)。
➤ 安全的作業系統：例如：Unix、Linux或Windows等。

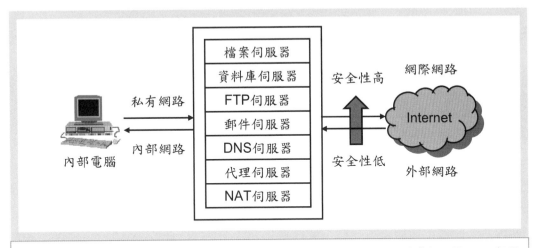

圖 11-10 防火牆的成員，包括：NAT伺服器、代理伺服器、DNS伺服器、郵件伺服器、FTP伺服器、資料庫伺服器、檔案伺服器等，由下到上使用愈多的伺服器則安全性愈高。

　　安全的防火牆至少必須具有「NAT伺服器」，用來攔截網際網路進入私有網路的封包，阻擋怪客(Cracker)的攻擊，或是進行封包偽裝，將私有IP改成真實IP再傳送到網際網路，使網際網路上的人無法得知私有網路的IP分配情形而增加安全性；如果同時外加「代理伺服器」，則可以對經過私有網路與網際網路的封包，進行快取與控制等功能，讓私有網路與網際網路都透過代理伺服器來連接，減少網際網路上的怪客直接連接到私有網路的機會而增加安全性；如果同時再外加「DNS伺服器」可以管理網域名稱與IP位址；同時再外加「郵件伺服器」可以管理電子郵件；同時再外加「FTP伺服器」可以管理檔案的上傳與下載；同時再外加資料庫與檔案伺服器管理資料與檔案；同時再使用安全性較高的作業系統，可以減少因為作業系統程式有漏洞而被怪客攻擊的機會，因此所謂的防火牆，其實就是由上面八個成員組合而成，由下到上使用愈多的成員則安全性愈高，使怪客不容易進行攻擊，如圖11-10所示。

11-1-8 應用伺服器(Application server)

本節將介紹科學家如何將資料的管理區分為不同的層次,並且設計不同的伺服器來解決如此大量資料的儲存與管理問題,同時說明應用伺服器的設計概念。

☐ 大數據(Big data)

由於網路技術與雲端服務的興起,大量的數據資料儲存在雲端的伺服器內,我們稱為「大數據(Big data)」,又稱為巨量資料、海量資料、大資料等,意思是指資料的數量規模大到無法透過人工的方式在合理的時間內處理,而必須依賴功能強大的電腦,針對網路上每一筆搜尋、每一筆交易、每一筆輸入的資料,進行保存、篩選、整理、分析才能得到結果。大數據的特性稱為「4V」,主要包括:

➤ 資料量(Volume):是指資料量非常巨大,無法透過人工的方式處理,因此需要用什麼新技術來進行保存、篩選、整理、分析就成為非常重要的課題。

➤ 時效性(Velocity):是指資料量非常巨大,因此需要用什麼新技術在可以接受的時間內完成處理,以得到有用的結果提供企業或學術參考使用,如果處理資料的時間太長失去時效性,那麼即使得到結果可能也沒有用處了。

➤ 多變性(Variety):是指資料的形態,可能包含文字、影像、聲音、網頁、串流等結構性或非結構性的資料,要如何處理如此多變的資料型態是另外一個問題。

➤ 可疑性(Veracity):是指當資料的來源變得更多元時,這些資料本身的可靠度無法掌握,如果資料正確性就有問題,那麼分析後的結果可能也不正確,如何確保資料來源的正確性是另外一個值得討論的課題。

☐ 資料庫系統處理架構

對於企業組織所使用的資料庫系統處理架構,包括實際使用的電腦硬體、軟體、網路、配置與電腦運算方式等,可以分為下列兩大類:

➤ 集中式處理架構(Centralized processing architecture):早期流行的大型主機(Mainframe)大多使用IBM公司所開發的「系統網路架構(SNA:Systems Network Architecture)」,這種架構屬於集中式處理,擁有一台大型主機,使用多台終端

機與主機溝通，資料庫管理系統和作業系統都在這一台大型主機上執行，使用者透過終端機將資料或查詢指令傳送到主機，再由主機取得回應結果，在終端機顯示的結果是經由主機處理後產生的資料，終端機只是負責顯示資料而已，如圖11-11(a)所示，這樣的架構可以集中處理所有的資料，但是大型主機的負擔很重，必須使用功能強大的處理器，而且一但大型主機故障，整個系統就完全停止運作。

➤ **分散式處理架構(Distributed processing architecture)**：將資料庫系統軟體分成使用者的前台(Frontend)與資料庫的後台(Backend)，將所有工作分散執行，如圖11-11(b)所示，前台包括使用者執行的「應用程式(APP)」，用來執行資料庫查詢等資料處理工作，然後顯示執行的結果；後台包括執行資料處理的「資料庫管理系統(DBMS：Database Management System)」與儲存資料的「資料庫(DB：Database)」。一般而言，在分散式處理架構的兩端通常會扮演不同的角色，前台屬於「用戶端(Client)」，負責擔任服務請求者(Service requester)的角色；後台屬於「伺服端(Server)」，負責擔任服務提供者(Service provider)的角色，後來隨著軟體技術的演進而發展出二層式、三層式、多層式的分散式主從架構。

☐ 二層式主從架構(Two-tier client server architecture)

二層式主從架構主要是將軟體區分成下列兩個部分，如圖11-12(a)所示：

➤ **展示層(Presentation tier)**：是指用戶端電腦與使用者互動的介面，包括應用程式與顯示功能，同時也負責「商業邏輯(Business logic)」與「資料處理邏輯(Data processing logic)」的軟體執行，也就是所有的資料處理工作都在展示層完成。

➤ **資料層(Data tier)**：是指伺服端的資料庫伺服器，負責資料的管理與儲存，以資料庫系統為例，就是資料庫管理系統(DBMS)與資料庫(DB)。

使用二層式主從架構的缺點包括：如果想要修改商業邏輯和資料處理邏輯部分的軟體時，就必須重新修改、編譯、安裝展示層的應用程式；而且資料層只是回應資料給展示層，再交由展示層的應用程式處理資料，大量資料傳送會增加區域網路的負擔；在用戶端的每一台電腦內展示層的應用程式都需要獨立的網路資源來與資料層連結，並且必須一直保持連線狀態，但是區域網路所能支援的用戶端電腦有限；用戶端電腦(展示層)應用程式的程式碼是使用特定資料庫管理系統的函式庫，如果資料庫管理系統變更時，展示層應用程式的程式碼也必須修改。

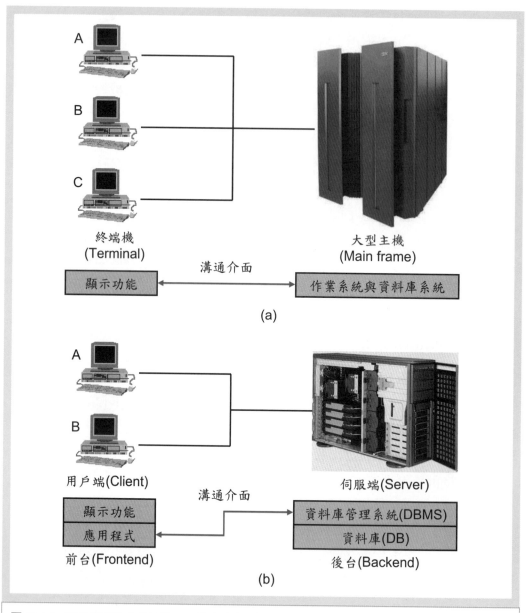

圖 11-11 資料庫系統處理架構。(a)集中式處理架構：使用多台終端機與大型主機溝通；(b)分散式處理架構：將資料庫系統軟體分成使用者的前台與資料庫的後台。

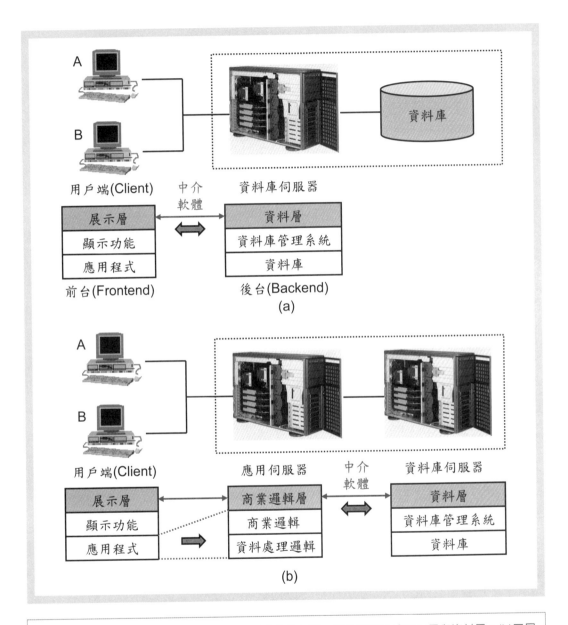

圖 **11-12** 資料庫系統的主從架構。(a)二層式主從架構：將軟體區分成展示層與資料層；(b)三層
式主從架構：將原來二層式主從架構的展示層應用程式中的商業邏輯和資料處理邏輯軟
體獨立成「應用伺服器(Application server)」。

□ 三層式主從架構(Three-tier client server architecture)

　　三層式主從架構是將原來二層式主從架構的展示層應用程式中的「商業邏輯」和「資料處理邏輯」軟體獨立成「應用伺服器(Application server)」，將軟體區分成展示層、商業邏輯層、資料層三個部分，如圖11-12(b)所示：

➤ 展示層(Presentation tier)：是指用戶端電腦與使用者互動的介面，包括應用程式與顯示功能，這樣可以簡化用戶端電腦的功能，也可以減少網路負擔。

➤ 商業邏輯層(Business logic tier)：負責「商業邏輯(Business logic)」與「資料處理邏輯(Data processing logic)」的軟體執行，也就是在這裡進行所有的資料處理工作。

➤ 資料層(Data tier)：是指伺服端的資料庫伺服器，負責資料的儲存與管理，以資料庫系統來說，就是資料庫管理系統(DBMS)與資料庫(DB)。

　　使用三層式主從架構的優點包括：切割展示層與商業邏輯層的軟體，這樣可以重複使用商業邏輯層的商業邏輯與資料處理邏輯的現成軟體，加速應用程式開發；可以集中管理和維護商業邏輯層的軟體，如果要更改軟體也只需要更改商業邏輯層的「應用伺服器」，而不需要更改展示層的應用程式；如果要更改資料層的資料庫管理系統，同樣也不會影響展示層的應用程式；商業邏輯層和資料層的實際架構可以在同一台伺服器，或是使用不同的伺服器以網路連接。

□ 中介軟體(Middleware)

　　從前面的介紹我們不難看出，雲端技術的困難不在於硬體的伺服器主機，而在於軟體整合，因為不同的廠商可能提供不同的資料庫伺服器、應用伺服器、甚至用戶端電腦的應用程式，如圖11-13(a)所示，不同的應用程式只能在不同的資料庫系統上執行；因此科學家發明了一種軟體用來整合不同的應用程式，稱為「中介軟體(Middleware)」，讓各種應用程式可以使用標準的方式進行連結和資料交換，中介軟體可以隱藏背後實際執行的應用程式，如圖11-13(b)所示，應用程式透過中介軟體就可以在不同的資料庫系統上執行。

➤ JDBC(Java Database Connectivity)：由昇陽公司(Sun)主導的資料庫中介軟體，是一種開放標準的Java程式介面，可以讓Java程式經由JDBC函式庫(JDBC API)呼叫來建立應用程式連結資料庫管理系統，主要分成兩個部分：JDBC驅動程式管理

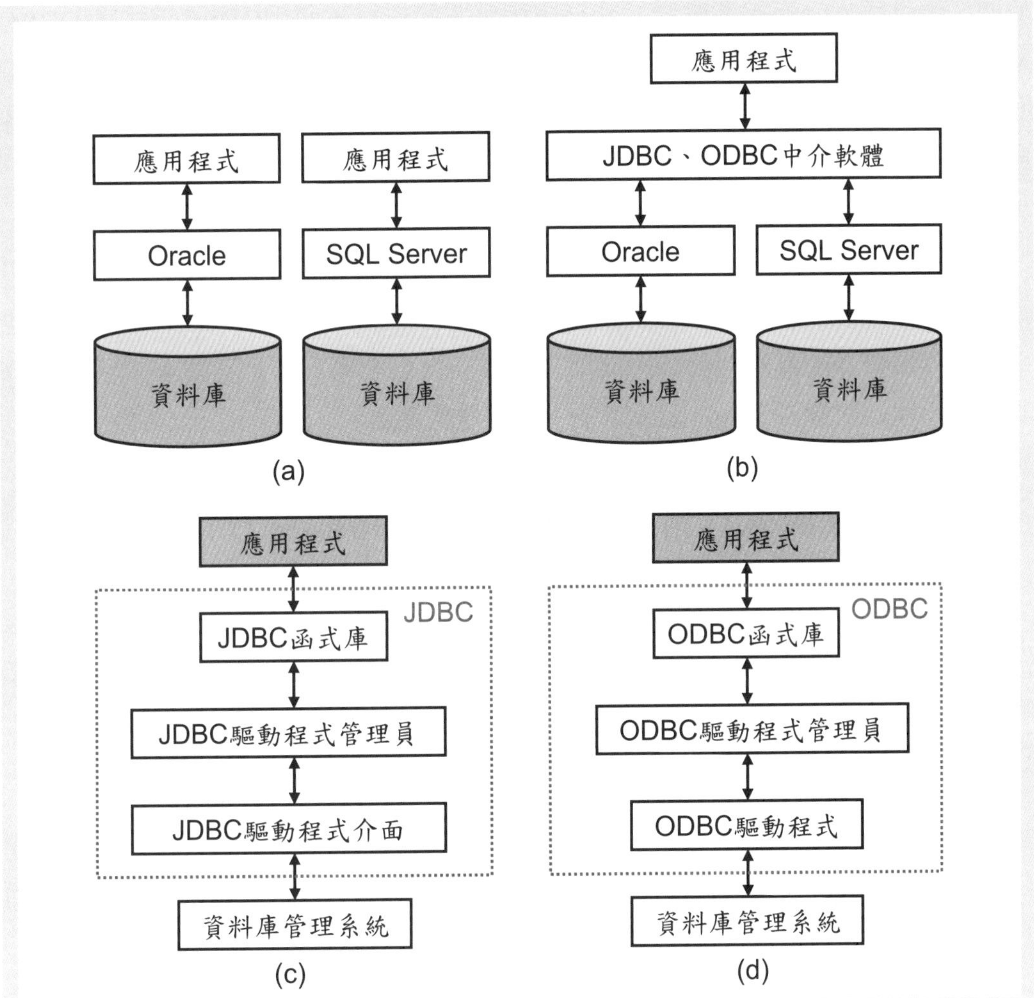

圖 **11-13** 中介軟體的意義。(a)不同的應用程式只能在不同的資料庫系統上執行;(b)應用程式透過中介軟體就可以在不同的資料庫系統上執行;(c)由昇陽公司主導的資料庫中介軟體JDBC;(d)由微軟公司主導的資料庫中介軟體ODBC。

員(JDBC driver manager)用來管理各種驅動程式;JDBC驅動程式(JDBC driver)用來控制各種資料庫管理系統以驅動各種硬體工作,如圖11-13(c)所示。

➤ ODBC(Open Database Connectivity):由微軟公司(Microsoft)主導的資料庫中介

軟體，提供標準介面存取關聯式資料庫伺服器的資料，使用ODBC函式庫(ODBC API)呼叫來建立應用程式，主要分成兩個部分：ODBC驅動程式管理員(ODBC driver manager)用來管理各種驅動程式；ODBC驅動程式(ODBC driver)用來控制各種資料庫管理系統以驅動各種硬體工作，如圖11-13(d)所示。

　　中介軟體在二層式主從架構是連接展示層(前台)與資料層(後台)的軟體程式，如圖11-12(a)所示；在三層式主從架構是連接商業邏輯層與資料層的軟體程式，如圖11-12(b)所示，使用中介軟體可以簡化資料庫系統程式的開發，因為資料庫管理系統的種類繁多而且支援許多不同的作業系統，各家廠商都擁有專屬的函式庫呼叫來進行連結和資料交換，因此需要中介軟體的協助。

11-1-9 　分散式資料庫(DDB：Distributed Database)

　　前面介紹資料庫系統處理的架構比較偏向軟體架構，那麼網路上資料庫伺服器的硬體設備是如何連接的呢？未來的資料庫伺服器將朝向「分散式(Distributed)」發展，那麼在資料處理上又要如何進行才能達到分散式管理呢？

☐ 資料庫系統的分類

➤集中式資料庫系統(CDB：Centralized Database)：將資料集中儲存在一台資料庫伺服器，這樣容易管理資料但是風險較高，資料傳輸率容易受網路流量影響，而且所有資料都集中給一台伺服器處理所以伺服器的負擔很重，如圖11-14(a)所示。
➤分散式資料庫系統(DDB：Distributed Database)：將資料依照特性分散儲存在不同的資料庫伺服器，再以網路將這些伺服器連接起來，如圖11-14(b)所示。

☐ 分散式資料庫系統的軟體架構

　　每台資料庫伺服器上都有「分散式資料庫」與「分散式資料庫管理系統」兩種不同的軟體，如圖11-14(b)所示，各自負責不同的功能：
➤分散式資料庫(DDB：Distributed Database)：當資料儲存在分散式資料庫時，在邏輯上是屬於同一個資料庫系統，但是實際上資料是分散儲存在以網路連接的不同資料庫伺服器上，這樣可以分散風險，資料傳輸率不易受網路流量影響。

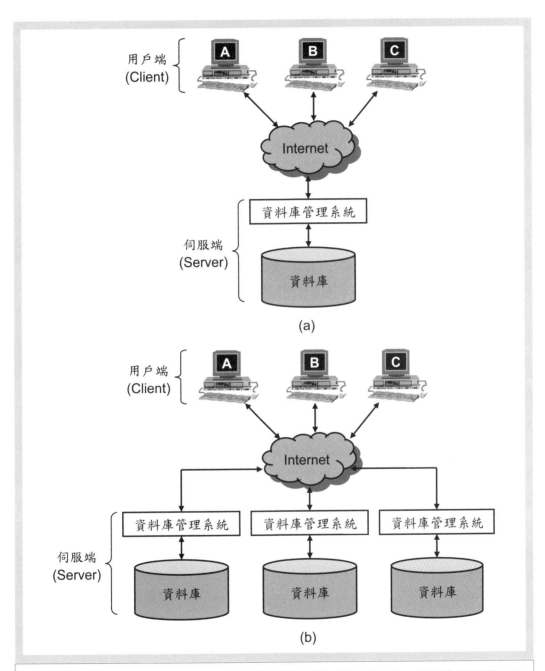

圖 **11-14** 資料庫系統的分類。(a)集中式資料庫系統：將資料集中儲存在一台資料庫伺服器；(b)分散式資料庫系統：將資料依照特性分散儲存在不同的資料庫伺服器。

➢ 分散式資料庫管理系統(DDBMS: Distributed Database Management System)：是管理分散式資料庫的軟體，提供資料的分散儲存，但是使用者並不會認為他是在存取分散儲存的資料，對於使用者來說，感覺仍然是一個完整的資料庫，這是分散式資料庫系統很重要的特性，稱為「通透性(Transparent)」。

☐ 分散式資料庫系統的資料處理

要將資料分散到許多不同的資料庫伺服器上，必須先將資料進行前處理，首先必須將資料分割成較小的單位才能分散儲存，另外就是必須進行資料備份：

➢ 資料分割(Data fragmentation)：在資料儲存之前，必須先將資料分割成較小的單位稱為「片斷(Fragment)」，然後再以片斷為單位分散儲存在不同的資料庫伺服器，通常是在用戶端的應用程式來處理資料分割的工作。

➢ 資料複製(Data replication)：將資料分散儲存最大的目的就是確保資料不會損毀，因此資料複製建立資料庫的備份是分散式資料庫系統的重點，其中原始資料庫稱為「主資料庫(Master database)」，複製的資料庫稱為「複製資料庫(Replica)」，在主資料庫和複製資料庫之間需要定時進行同步更新才能確保資料安全。

☐ 分散式資料庫系統的特性

➢ 增加資料庫系統的執行效能：在最近的地方就可以取得所需要的資料。

➢ 提高可靠性和可用性：就算有些伺服器當機或網路斷線，分散式資料庫系統仍然擁有足夠的妥善率，不會影響整個資料庫系統的運作。

➢ 更多的彈性和擴充性：因為資料是分散儲存在多台資料庫伺服器，要擴充只要增加伺服器同時進行設定即可，要重新配置資料庫伺服器也很容易。

➢ 分享的特性：資料庫伺服器的資料可以分享，也可以只讓區域的使用者存取。

➢ 系統複雜成本高：由於資料是分散儲存在各地的資料庫伺服器，所以分散式資料庫系統的複雜度相當高，相關的應用程式開發成本隨著分散程度而提高。

➢ 缺乏標準維護不易：目前並沒有分散式資料庫系統的官方標準，每家公司都使用自己的標準因此整合困難，系統維護不易，容易產生資料安全與整合問題。

11-2 雲端運算與網路安全

當我們討論雲端技術的時候，第一個應該想到的就是如何將網際網路裡成千上萬的伺服器連接起來才能達到最大的工作效率？第二個應該想到的就是全球幾十億人都把自己的資料儲存在雲端的伺服器上，那麼多的資料要如何確保資訊安全呢？因此密碼學與加密技術就成為雲端產業重要的課題。

11-2-1 基礎密碼學(Cryptography)

在介紹雲端運算之前，我們先來討論雲端通訊裡的加密與解密技術，這樣才能確保資料通訊安全，不被網路上的怪客(Cracker)盜取，科學家用數學運算的方法來對數位訊號進行加密與解密，我們稱為「密碼學(Cryptography)」。

☐ 密碼學的特性

使用密碼加密資料來保護資訊安全的主要目的是確保資訊的四種特性：

➤ 完整性(Integrity)：確保網路所傳輸的資訊與原來的一致，沒有被竄改或偽造。

➤ 鑑別性(Authentication)：確認網路的使用者或資料傳送者的身份。

➤ 不可否認性(Non-repudiation)：傳送端不可否認其傳送的資料或完成的交易行為。

➤ 機密性(Confidentiality)：保護資料內容不讓非法使用者得知。

上述四種特性中，機密性可以使用「加密技術(Encryption technology)」，完整性、鑑別性、不可否認性可以使用「數位簽章(Digital signature)」。

☐ 密碼學的原理

密碼學(Cryptography)由希臘文「kryptos(隱藏)」與「graphein(寫字)」兩個字組成，代表「隱藏的字」，是指利用數學運算對資料加密和解密的科學。密碼系統是由明文、加密演算法、加密與解密金鑰、密文、解密演算法組合而成，「加密(Encrypt)」是將明文經由金鑰與加密演算法運算以後得到密文；「解密(Decipher)」是將密文經由金鑰與解密演算法運算以後得到明文，如圖11-15(a)所示：

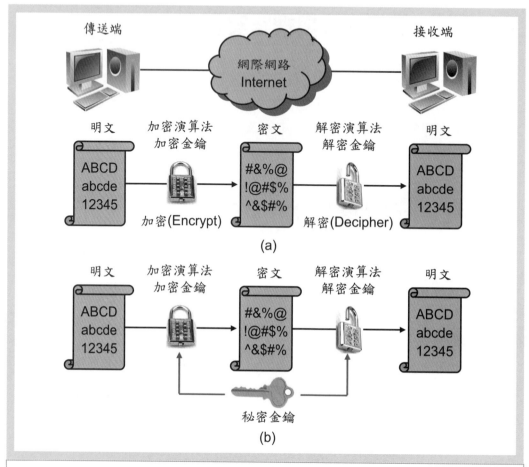

圖 11-15 密碼學的原理。(a)密碼系統是由明文、加密演算法、加密與解密金鑰、密文、解密演算法組合而成;(b)對稱加密的傳送端與接收端雙方都擁有相同的一把秘密金鑰。

➢ **明文**(Plaintext):是指加密前的原始資料。

➢ **加密演算法**(Encryption algorithm):利用金鑰對明文進行加密運算的數學公式。

➢ **金鑰**(Key):用來和加密演算法產生特定密文的數字或符號字串。

➢ **密文**(Ciphertext):是指加密後的資料,如果不知道金鑰那開啟後就是一堆亂碼。

➢ **解密演算法**(Decryption algorithm):利用金鑰對密文進行解密運算的數學公式。

☐ 金鑰(Key)

加密技術的強度愈高，則破解密碼所需要花費的時間與資源愈多，加密強度的高低通常由演算法強度、金鑰保密機制、金鑰長度等因素來決定，柯克霍夫斯原理(Kerckhoff principle)提到密碼學的重要觀念：*密碼系統的安全性不在於演算法的保密，而是取決於金鑰(Key)的保密，所以金鑰(密碼)的保密才是關鍵。*

「金鑰(Key)」是用來和加密演算法產生密文的數字或符號字串，通常具有相當的長度，長度通常以位元(bit)為單位，通常金鑰的長度越長，密文就越安全，金鑰通常是演算法裡的一個變數，所以相同的明文與不同的金鑰進行加密會產生不同的密文。密碼學最基本的概念是：*沒有一種百分之百安全的加密技術，任何加密技術都是可以破解的，因此加密系統安全與否的衡量標準在於破解者需要花費多少時間與成本才能破解？*只要破解密碼所需要的成本高於這個資料的價值，或是破解密碼所需要的時間超過這個金鑰的使用壽命，則攻擊者都會放棄破解，如此就達到密碼保護資料的目的了。

☐ 資料加密的方式

目前資料加密的方式主要分為「資料區段加密」與「資料流加密」兩大類：

➤ **資料區段加密(Block cipher)**：先將資料(明文)切割成許多的「區段(Block)」，再針對每一個區段使用相同的金鑰與加密演算法進行加密得到密文。

➤ **資料流加密(Stream cipher)**：一次加密資料流的一個位元或一個位元組，可以將較短的加密金鑰延展成無限長、近似亂碼的一長串「金鑰串流(Key stream)」，再將金鑰串流和資料(明文)經過「互斥或(XOR)」運算後，產生密文。

☐ 密碼學的種類

密碼學主要可以分為「對稱加密」與「非對稱加密」兩大類，對稱式的加密與解密使用同一把金鑰(秘密金鑰)；非對稱式的加密與解密使用不同的金鑰(私密金鑰與公開金鑰)，兩者的比較如表11-1所示：

➤ **對稱加密(Symmetric encryption)**：又稱為「秘密金鑰加密(Secret key encryption)」是指傳送端與接收端雙方都擁有一把相同的「秘密金鑰(Secret key)」，加密與解密

表 11-1	對稱加密(秘密金鑰加密)與非對稱加密(公開金鑰加密)比較表。	

名稱	對稱加密	非對稱加密
別名	秘密金鑰加密	公開金鑰加密
金鑰	加密與解密使用相同金鑰	加密與解密使用不同金鑰
金鑰保存	秘密金鑰不可公開	私密金鑰不可公開 公開金鑰必須公開
金鑰數目	與多人交換資料則必須 保管多把秘密金鑰	無論與多少人交換資料 只需要保管私密金鑰
加密速度	演算法較簡單速度較快	演算法較複雜速度較慢
應用	用來加密較長的資料 例如：電子郵件	用來加密較短的資料 例如：數位簽章

使用同一把秘密金鑰，如圖11-15(b)所示，所以稱為「對稱(Symmetric)」。使用對稱加密的優點是使用同一把秘密金鑰所以運算速度較快，如果使用足夠長度的金鑰則難以破解安全性高；缺點則是需要有一個安全機制分別將秘密金鑰安全的傳送到傳送端與接收端，只能提供機密性，無法提供不可否認性。

➢ 非對稱加密(Asymmetric encryption)：又被稱為「公開金鑰加密(Public key encryption)」，每一位使用者必須自行產生自己所擁有的金鑰對(Key pair)，包括一把私密金鑰(Private key)與一把公開金鑰(Public key)，加密與解密使用不同的金鑰，所以稱為「非對稱(Asymmetric)」。使用者必須秘密地保存自己的私密金鑰，並且在網路上發佈公開金鑰。使用非對稱加密的優點是公開金鑰可以公開傳送，而且可以同時提供機密性、鑑別性、不可否認性；缺點是運算效率較差。

值得注意的是，非對稱加密技術並不是要用來取代對稱加密技術，而是用來彌補對稱加密的不足以加強安全性，由於兩者各有優劣，實務上經常合併使用。

☐ 非對稱加密(公開金鑰加密)

使用非對稱加密(公開金鑰加密)可以進行資料加密提供機密性，也可以做為數位簽章同時提供鑑別性、不可否認性，其加密與驗證流程如下：

➢ 公開金鑰加密流程：如圖11-16(a)所示，傳送端使用接收端的公開金鑰將明文進行

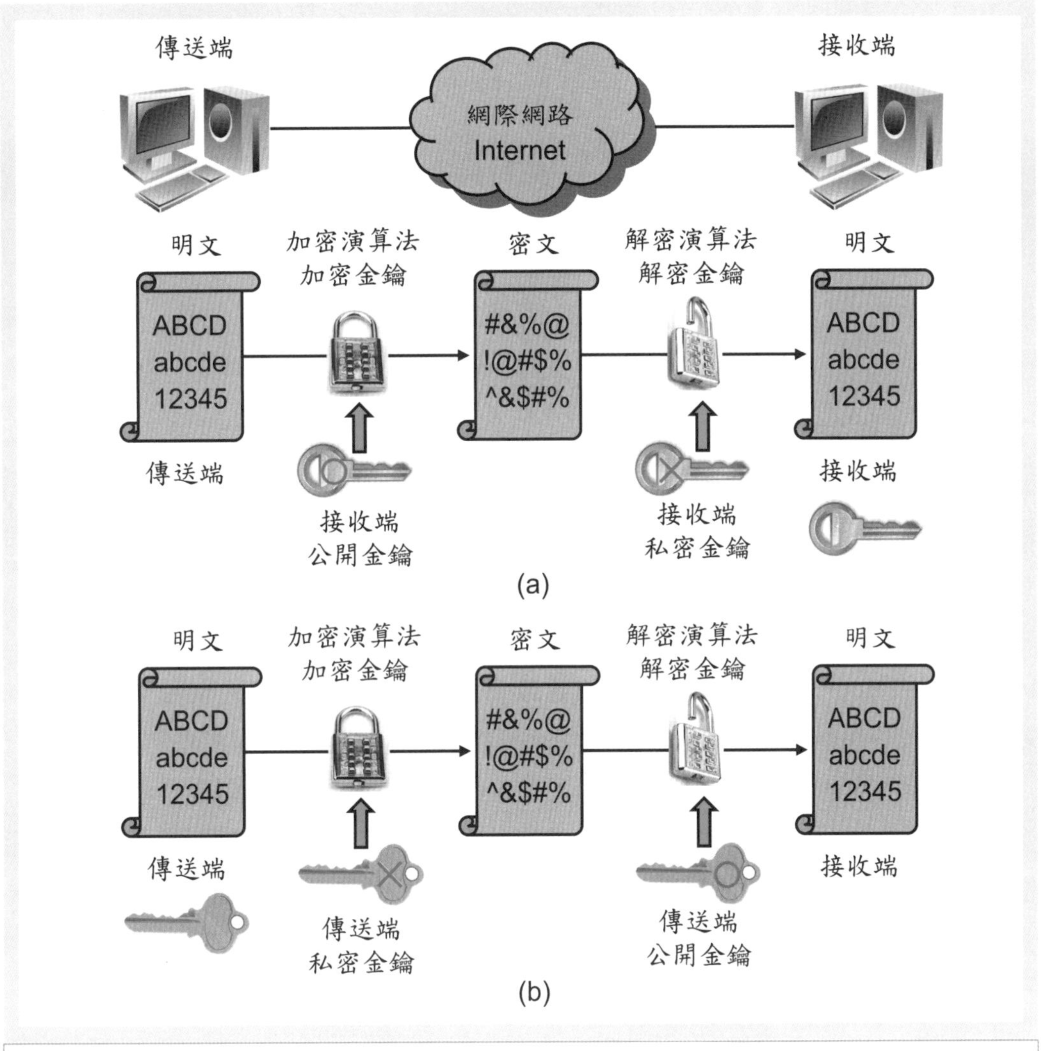

圖 **11-16** 非對稱加密技術的加密與驗證流程。(a)公開金鑰加密流程：傳送端使用接收端的公開金鑰加密，接收端使用自己的私密金鑰解密；(b)公開金鑰驗證流程：傳送端使用自己的私密金鑰加密(簽署)，接收端使用傳送端的公開金鑰解密(確認簽署者)。

加密產生密文再傳送到網路中，接收端使用自己的私密金鑰解密得到明文。

➤公開金鑰驗證流程：如圖11-16(b)所示，傳送端使用自己的私密金鑰對文件(明文)進行加密(簽署)產生密文再傳送到網路中，接收端使用傳送端的公開金鑰解密(確

認簽署者)得到明文,如此可以確認文件真的是傳送端的某人傳送出來的,數位簽章就是使用這種方式來驗證文件的真偽。

11-2-2 密碼學演算法(Algorithm)

我們在網路上使用信用卡購物,網站上會強調電子交易使用「SSL加密」,大家心中都會有一個共同的疑問:到底什麼是SSL加密?它真的安全嗎?因此在了解基礎密碼學的概念之後,我們再進一步介紹密碼學使用的「演算法(Algorithm)」。

☐ 密碼學演算法的原理

加密與解密的演算法是一種數學運算公式,主要目的是將明文(某一種0與1的排列組合)轉換成密文(另一種0與1的排列組合),密文根本就是亂碼,是沒有任何意義的,除非使用者解密才能看懂,密碼學基本的數學運算概念有下列三種:

➤ 取代(Substitution):將明文中的每一個數字或符號字串都對應到另外一個符號。

➤ 置換(Transposition):將明文中的數字或符號字串重新排列讓大家看不懂。

➤ 相乘(Product):同時使用取代與置換兩種運算來達到更複雜的相乘加密效果。

判斷加密技術的價值一定要記得下列原則:加密強度越高越好(不容易破解)、金鑰長度越短越好(節省記憶體空間與運算時間)、演算法複雜度越低越好(節省記憶體空間與運算時間),但是通常金鑰長度越短或演算法複雜度越低就容易被破解,真是魚與熊掌不可兼得,因此科學家只能在兩者之間取得一個可以接受的方式。

【實例】密碼學演算法的概念

我們舉一個簡單的實例說明「對稱加密(秘密金鑰加密)」的概念,也就是加密與解密使用同一把秘密金鑰。假設傳送端原文為「A/B/C」,如果以數字1~26代表英文字母A~Z,則A=1;B=2;C=3,因此「A/B/C」對應到「1/2/3」,加密與解密使用同一把秘密金鑰:加13再除以26取餘數,如圖11-17所示,則加密與解密的流程如下:

➜ 加密:1+13=14,14除以26餘14;2+13=15,15除以26餘15;3+13=16,16

除以26餘16，因此加密後的密文為「14/15/16」，如圖11-17(a)所示。

➔解密：14+13=27，27除以26餘1；15+13=28，28除以26餘2；16+13=29，29除以26餘3，因此解密後的明文為「1/2/3」，對應回「A/B/C」，如圖11-17(b)所示。

　　所以傳送的明文為「A/B/C」對應到「1/2/3」，加密後的密文為「14/15/16」，即使網路上有人將這份密文偷走，也不知道「14/15/16」是代表「A/B/C」，而解密後的明文為「1/2/3」對應回「A/B/C」，在這個例子裡加密與解密使用同一把秘密金鑰。

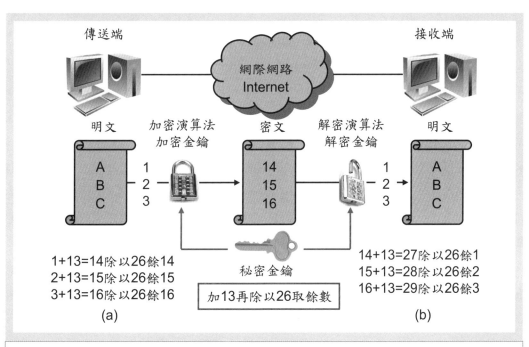

圖 11-17　對稱加密(秘密金鑰加密)的概念。(a)明文為「A/B/C」對應到「1/2/3」，秘密金鑰加密後密文為「14/15/16」；(b)秘密金鑰解密後明文為「1/2/3」對應回「A/B/C」。

□ 對稱加密演算法(秘密金鑰演算法)

對稱加密(秘密金鑰)演算法的傳送端與接收端雙方擁有一把相同的「秘密金鑰(Secret key)」，加密與解密使用同一把秘密金鑰，主要使用下列三種演算法：

➢ 資料加密標準(DES：Data Encryption Standard)：是早期使用的對稱加密演算法，1977年由美國國家標準技術協會(NIST：National Institute of Standards and Technology)採用為聯邦資訊處理標準，主要的概念是利用混淆(Confusion)與擴散(Diffusion)的原理來進行數學加密運算，混淆就是將明文轉換成不同的樣子，讓金鑰和密文關係儘量複雜化，使別人無法破解；擴散則是將明文中的任何一小部分改變都會擴散影響到密文，讓接收端確定文件沒有被竄改。明文經由K1金鑰進行DES加密成為密文，如圖11-18(a)所示，DES採用56位元的金鑰來對64位元的資料區段(Block)進行加密，需要經過16次運算，由於56位元的金鑰長度太短，以目前電腦的計算能力，通常只需要花費一些時間就能破解出DES金鑰。

➢ 三資料加密標準(TDES/3DES：Triple Data Encryption Standard)：1992年科學家發現可以反覆使用DES加密或解密三次來增加強度，DES-EEE3是明文經由K1金鑰進行DES加密，K2金鑰進行DES加密，K3金鑰進行DES加密成為密文，如圖11-18(b)所示；DES-EDE3是明文經由K1金鑰進行DES加密，K2金鑰進行DES解密，K3金鑰進行DES加密成為密文，其中K1和K3可以使用相同的金鑰，如圖11-18(c)所示。TDES採用56位元的金鑰三次相當於168位元(56×3)來對64位元的資料區段(Block)進行加密，需要經過48次運算(16×3)，由於要使用三次DES運算因此速度較慢，但是安全性較高。

➢ 進階加密標準(AES：Advanced Encryption Standard)：1997年美國國家標準技術協會(NIST)為了取代DES，而公告徵求下一代的區塊加密演算法，主要是用來保護敏感(Sensitive)但是非機密(Unclassified)的資料，2000年宣佈比利時(Belgium)的Daemen與Rijmen兩位密碼學家所提出的演算法贏得這項徵選活動並做為新一代的加密標準，目前廣泛使用在各種科技產品中，AES採用128、192或256位元的金鑰對128位元的資料區段(Block)進行加密，金鑰愈長加密效果愈好。

三種對稱加密(秘密金鑰)演算法的比較如表11-2所示，AES的加密強度最高，

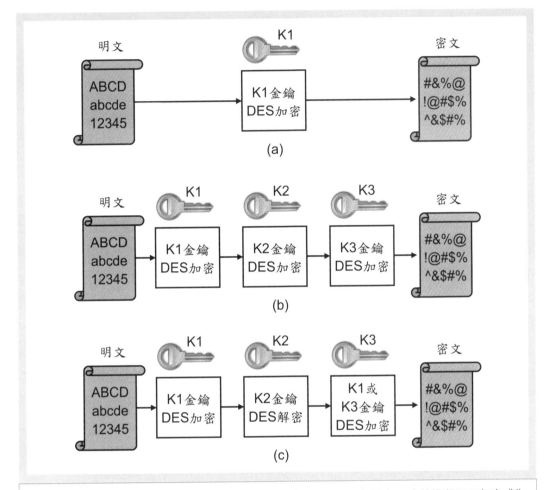

圖 11-18　對稱加密演算法的種類。(a)資料加密標準(DES)：明文經由K1金鑰進行DES加密成為密文；(b)三資料加密標準(TDES)：DES-EEE3是明文經由K1加密、K2加密、K3加密成為密文；(c)DES-EDE3是明文經由K1加密、K2解密、K3加密成為密文。

而且運算次數最少；TDES的加密強度也高，但是運算次數最多；DES的加密強度最低，但是運算次數最少，因此目前最常使用的是AES演算法。

■ 非對稱加密演算法(公開金鑰演算法)

　　非對稱加密(公開金鑰)演算法必須使用「私密金鑰(Private key)」與「公開金

表 11-2	三種對稱加密演算法(秘密金鑰演算法)比較表。		
名稱	資料加密標準 (DES)	三資料加密標準 (TDES)	進階加密標準 (AES)
資料區段大小	64位元	64位元	128位元
金鑰長度	56位元	168位元	128/192/256位元
重複運算次數	16次	48次	10/12/14次 (由金鑰長度決定)

鑰(Public key)」，加密與解密使用不同的金鑰，主要使用下列三種演算法：

➤RSA演算法：1978年由Rives、Shamir 及Adleman三位學者發現對極大的整數做因數分解是很困難的，因此可以用來做為非對稱加密演算法。首先我們必須找到兩個極大的質數作為加密與解密的金鑰對(Key pair)，分別為「私密金鑰(Private key)」與「公開金鑰(Public key)」，金鑰的長度大約40~1024位元，目前普遍應用在電子商務交易。RSA演算法的安全性決定於對極大整數做因數分解的困難度，換句話說，對極大的整數做因數分解愈困難，RSA演算法愈安全，儘管如此，假如有人找到一種快速因數分解的演算法，那麼RSA加密的安全性就會下降，但是找到這種演算法的可能性極低，只要金鑰的長度夠長，理論上RSA加密是不容易破解的，不幸的是目前雲端運算技術愈來愈成熟，極大的整數做因數分解變得容易，2009年768位元的RSA密碼被破解，讓科學家覺得現在通行的1024位元金鑰可能不夠安全，因此開始有人建議應該升級到2048位元以上才算安全。

➤數位簽章演算法(DSA：Digital Signature Algorithm)：科學家發現整數有限域離散對數求解是很困難的，因此可以用來做為非對稱加密演算法，1994年美國正式公佈數位簽章標準(DSS：Digital Signature Standard)，是目前重要的數位資料防偽技術，可以取代傳統的簽名或蓋章，同樣的，這種演算法具有加密與解密的金鑰對(Key pair)，分別為「私密金鑰(Private key)」與「公開金鑰(Public key)」，可以確保資料在網路傳輸過程中沒有被竄改，而且能鑑別傳送者的身分，並防止事後傳送者否認傳送過這個資料，目前國內網路的電子簽章大多使用這種演算法，應用在電子公文、電子契約、電子支票、軟體防偽、網路報稅等，不同文件由相同的

簽署者簽署時，產生的數位簽章不同；相同文件由不同的簽署者簽署時，產生的數位簽章也不同。

➤ **橢圓曲線密碼(ECC：Elliptic Curve Cryptography)**：1985年由Koblitz與Miller各別基於橢圓曲線數學運算而發展的一種非對稱加密演算法，在相同的安全強度下，它的金鑰長度比其他公開金鑰演算法(例如：RSA演算法)還要短而且運算速度較快，換句話說，ECC金鑰的每個位元所能提供的安全性超過其他非對稱加密演算法，因此非常適合應用在智慧卡、智慧型手機、無線行動裝置等記憶體有限的電子產品中，可以用來做加密、解密、數位簽章、金鑰交換等。

對稱加密(秘密金鑰)演算法裡的TDES或AES演算法，與非對稱加密(公開金鑰)演算法裡的RSA、DSA或ECC演算法比較如表11-3所示，由表中可以看出在相同的安全等級下，ECC演算法所需要的金鑰長度比較短。

❑ 雜湊演算法(Hash algorithm)

雜湊演算法是一種從任何資料中建立「數位指紋(Digital fingerprint)」的方法，可以將任何長度的資料轉換成一個長度較短的「雜湊值(Hash value)」，又稱為「訊息摘要(MD：Message Digest)」，雜湊演算法具有下列三種特性：不可逆性(Irreversible)是指無法由運算後的雜湊值反推運算前的資料內容；抗碰撞性(Collision resistance)是指不同的資料會運算出不同的雜湊值，很難找到兩個不同的資料具有相同的雜湊值，這個特性與人類的指紋一樣(很難找到兩個不同的人具有相同的指紋)，因此稱為「數位指紋(Digital fingerprint)」；擴散性(Diffusion)是指資

表 11-3 對稱加密演算法(TDES或AES)與非對稱加密演算法(RSA/DSA或ECC)比較表。

安全等級	對稱式 加密演算法	非對稱式 RSA/DSA演算法	非對稱式 ECC演算法
80位元	Skipjack	1024位元	160位元
112位元	TDES	2048位元	224位元
128位元	AES-128	3072位元	256位元
192位元	AES-192	7680位元	384位元
256位元	AES-256	15360位元	512位元

料中任何一個小地方的變更都會擴散影響到雜湊值，主要使用下列三種演算法：

➢ 訊息摘要(MD：Message Digest)：早期使用較舊版本的MD2與MD4，1991年由科學家Rivest經由MD4改良設計了安全性更高的MD5演算法，輸入的資料會先被切割成許多512位元的資料區段(Block)來進行運算，經由MD5演算法可以得到一個128位元的雜湊值(訊息摘要)，但是目前MD5演算法已經被破解。

➢ 安全雜湊演算法(SHA：Secure Hash Algorithm)：由美國國家標準技術協會(NIST)所發展出來，目的是支援數位簽章標準(DSS)所需要的雜湊演算法，輸入的資料會先被切割成許多512位元的資料區段(Block)來進行運算，經由SHA演算法可以得到160位元的雜湊值，因為雜湊值多了32位元，所以比MD5強度更高更安全，後來又發展出改良的五種版本，分別是SHA-1、SHA-224、SHA-256、SHA-384、SHA-512，由美國國家安全局(NSA：National Security Agency)設計，並且由美國國家標準技術協會(NIST)公佈，後面四種版本又被稱為SHA-2，但是目前已經有人提出理論上破解SHA-1演算法的方法，因此SHA-1的安全性被科學家質疑，還好尚未出現破解SHA-2的方法，因此目前仍然在使用。

➢ RIPEMD-160：RIPEMD的全名為「RACE Integrity Primitives Evaluation Message Digest」，由歐洲RACE組織評估的計劃發展出來，使用與MD4類似的演算法，我們輸入的資料會先被切割成許多512位元的資料區段(Block)來進行運算，經由RIPEMD-160演算法可以得到160位元的雜湊值。

雜湊演算法裡的訊息摘要(MD5)、安全雜湊演算法(SHA-1)、RIPEMD-160的比較如表11-4所示，由表中可以看出SHA-1與RIPEMD-160演算法的訊息摘要長度較長，運算步驟較多，相對效能較低，但是安全性較高。

表 11-4　雜湊演算法的訊息摘要(MD5)、安全雜湊演算法(SHA-1)、RIPEMD-160比較表。

名稱	MD5演算法	SHA-1演算法	RIPEMD-160演算法
訊息摘要長度	128位元	160位元	160位元
資料區段大小	512位元	512位元	512位元
運算步驟	64次	80次	160次
相對效能	32.4Mbps	14.4Mbps	13.6Mbps

□ 數位簽章(Digital signature)

數位簽章(Digital signature)又稱為「電子簽章(Electronic signature)」，基本上是結合「雜湊演算法(MD5或SHA)」與「非對稱加密演算法(RSA)」，詳細流程如下：

➤ 產生數位簽章：傳送端將原始訊息(明文)先經由雜湊演算法(MD5)計算出訊息摘要(雜湊值)，接著使用傳送端的私密金鑰(RSA演算法)對訊息摘要進行加密(簽署)產生密文，再將原始訊息(明文)與訊息摘要(密文)一起傳送出去，如圖11-19(a)所示。

➤ 驗證數位簽章：接收端將原始訊息(明文)重複雜湊演算法(MD5)計算出訊息摘要(雜湊值)，同時使用傳送端的公開金鑰(RSA演算法)對訊息摘要(密文)進行解密得到訊息摘要(雜湊值)，比較兩個訊息摘要(雜湊值)是否相同，如果相同則證明這個訊息的完整性(Integrity)與不可否認性(Non-repudiation)，如圖11-19(b)所示。

□ 數位信封(Digital envelope)

對稱加密(秘密金鑰)演算法的傳送端與接收端雙方都擁有一把相同的秘密金鑰(Secret key)，但是如何將這把秘密金鑰安全的傳送到接收端卻是一個難題，數位信封就是一種解決這個難題的方法，其詳細步驟如下：

➤ 傳送端使用對稱加密演算法的「秘密金鑰(明文)」加密原始訊息(明文)產生密文，接著使用非對稱加密演算法的「接收端公開金鑰」加密這把秘密金鑰(明文)產生密文，再將原始訊息(密文)與秘密金鑰(密文)傳送出去，如圖11-20(a)所示。

➤ 接收端使用非對稱加密演算法的「接收端私秘金鑰」解密對稱加密演算法的秘密金鑰(密文)產生明文，接著使用這把「秘密金鑰(明文)」解密原始訊息(密文)產生明文，如圖11-20(b)所示，這樣既可以保護原始訊息，又可以保護秘密金鑰。

11-2-3 公開金鑰基礎建設(PKI)

前面介紹的密碼學演算法，如果攻擊者取得了金鑰，則加密技術立刻破功，因此金鑰的管理是非常重要的，在對稱加密(秘密金鑰加密)技術中金鑰管理的問題包括：如何將金鑰安全地交給資料的傳送端與接收端雙方？如何讓傳送端為每一位與他進行密文交換的接收端產生唯一的金鑰？而非對稱加密(公開金鑰加密)技術

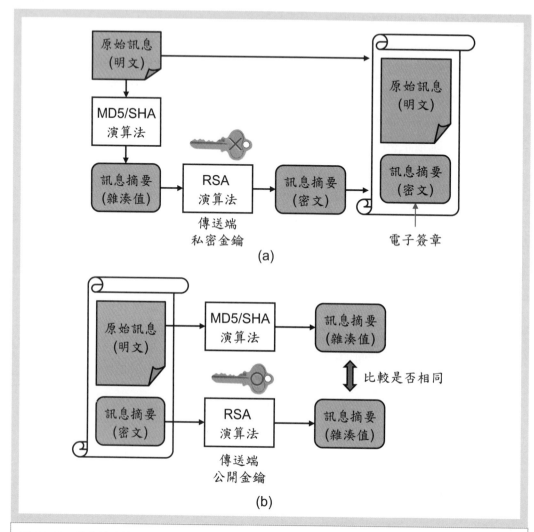

圖 11-19　數位簽章的原理。(a)產生數位簽章：傳送端將原始訊息(明文)與訊息摘要(密文)一起傳送出去；(b)驗證數位簽章：接收端將原始訊息(明文)重複算出訊息摘要(明文)，同時對訊息摘要(密文)進行解密得到訊息摘要(明文)，比較兩個訊息摘要是否相同。

中沒有金鑰傳送的問題，而且也不需要為每一位接收端產生唯一的金鑰，但是面臨一個更複雜的問題，那就是如何確定這把公開金鑰真的是某人所有？

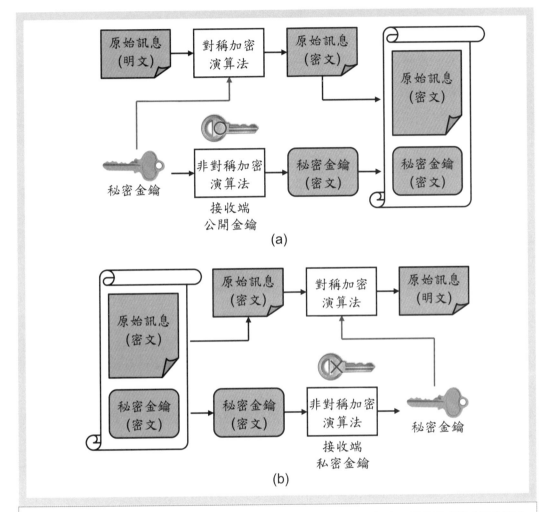

圖 11-20 數位信封的原理。(a)傳送端使用「秘密金鑰」加密原始訊息,再使用「接收端公開金鑰」加密這把秘密金鑰;(b)接收端使用「接收端私秘金鑰」解密「秘密金鑰」,接著使用這把秘密金鑰解密原始訊息。

☐ 公開金鑰基礎建設(PKI:Public Key Infrastructure)

公開金鑰基礎建設(PKI)是指非對稱加密(公開金鑰加密)與相關的軟體和網路服務的整合技術,主要是用來提升網路通訊和電子交易的安全性,同時支援數位憑證和公開金鑰的各項標準或協定。大家仔細想想,當我們使用非對稱加密技術

的時候，誰來產生公開金鑰？公開金鑰如何傳送給使用者？使用者如何確定這把公開金鑰是真的？顯然這件事情並不只和傳送端與接收端有關，還需要一個可以信任的第三方公正單位才行，因此它牽涉到的不只是加密技術，還有相關的軟體和網路服務單位，所以稱為「基礎建設(Infrastructure)」。

➤ 憑證管理中心(CA：Certification Authority)：為了使公開金鑰密碼系統順利運作，必須設法緊密結合並證明某一把公開金鑰確實是某人或某單位所有，讓他人無法假冒或偽造，目前使用的方法是模仿印鑑證明的方式，由可以信賴的第三方公正單位(Trusted third parity)來做為公鑰授權單位，以簽發公鑰電子憑證的方式來證明公鑰的效力。憑證管理中心(CA)就是提供註冊、註銷數位憑證的服務單位，可以由政府、商業機構或組織內部自行架設伺服器以提供各項憑證相關的服務，國外專門提供憑證服務的公司例如：美國威瑞信(VerSign)、Thawte Consulting等。

➤ 註冊代理中心(RA：Registry Authority)：數位憑證的發行或註銷必須要使用者提供詳細的資料，還要一一核對真實性，網路上這麼多使用者如果都向憑證管理中心(CA)申請，那憑證管理中心(CA)可就要忙翻了。註冊代理中心(RA)就是受理憑證的註冊或註銷，以及相關的資料審核，審核通過後再代替使用者向憑證管理中心(CA)申請數位憑證，最後才由憑證管理中心(CA)進行憑證註冊、註銷等作業。

➤ 目錄伺服器(DS：Directory Server)：申請好的數位憑證要儲存在那裡呢？因此網路上可能還需要一個目錄伺服器負責提供外界目錄檢索、查詢服務，包括：憑證及憑證註銷清單之公佈或註銷訊息、新版與舊版憑證實作準則查詢、憑證相關軟體下載等服務，簡單的說就是存放電子憑證的地方。

☐ 數位憑證(Digital certificates)

數位憑證是指經由憑證管理中心(CA)確認的電子文件，用來證明某一把公開金鑰的確是某一個特定的個人或單位所有，讓使用者確定這把公開金鑰是真的，目前是使用國際電信聯盟電信標準化部門(ITU-T)所制定的X.509格式，憑證內容包括：使用者名稱、公開金鑰、發證者、生效與到期日、擁有者等資訊。

同理，為了避免數位憑證被非法使用，當使用者因為某種原因(例如：私密金鑰有被破解的疑慮)需要更改私密金鑰與公開金鑰，或是使用者已經不再使用這

個憑證管理中心(CA)所提供的認證服務，或是使用者信用不好而被列為拒絕往來戶，此時就必須註銷數位憑證，目前都是使用「憑證註銷串列(CRL：Certificate Revocation List)」來記錄所有已經被註銷但是尚未到期的數位憑證，憑證管理中心(CA)再將這個憑證註銷串列(CRL)傳送給所有驗證機關單位或使用者，因此任何驗證單位在檢驗使用者憑證的時候都必須確認憑證有效期限、憑證合法性、憑證是否已被註銷等。

➤ 數位憑證的註冊流程：如圖11-21(a)所示，步驟包括(1)首先使用者傳送自己的公開金鑰到註冊代理中心(RA)；(2)RA根據使用者的相關資料審核通過後傳送公開金鑰到憑證管理中心(CA)，CA對這把公開金鑰簽章成數位憑證；(3)將此數位憑證傳送到目錄伺服器(DS)；(4)同時將此數位憑證傳送到RA；(5)最後使用者從RA獲得數位憑證；(6)而且使用者也可以連線到DS確認自己或他人的數位憑證。

➤ 數位憑證的註銷流程：如圖11-21(b)所示，步驟包括(1)使用者傳送註銷的訊息到註冊代理中心(RA)；(2)RA根據使用者的相關資料審核通過後傳送註銷的訊息到憑證管理中心(CA)；(3)CA新增憑證註銷串列(CRL)傳送到目錄伺服器(DS)；(4)使用者可以連線到DS確認是否已經註銷數位憑證。

☐ 政府機關公開金鑰基礎建設(GPKI：Government PKI)

　　網路無遠弗屆，每個國家通常都會建立自己的公鑰認證中心，我們稱為「政府機關公開金鑰基礎建設(GPKI：Government PKI)」，問題是全世界那麼多的憑證管理中心(CA)，如果不同國家的使用者需要確認公開金鑰與使用者的關係，那該怎麼辦呢？因此科學家們設計了階層式的網際網路公鑰認證中心，將分散在世界各地的憑證管理中心分為數層，如圖11-22所示：

➤ 根認證中心(RCA：Root Certification Authority)：一般是由政府單位組成，例如台灣的政府憑證總管理中心(GRCA：Government Root Certification Authority)。

➤ 政策認證中心(PCA：Policy Certification Authority)：一般也是由政府單位組成，例如台灣的內政部憑證管理中心(MOICA)負責一般民眾申請自然人憑證，經濟部工商憑證管理中心(MOEACA)負責公司、分公司及商號申請憑證等。

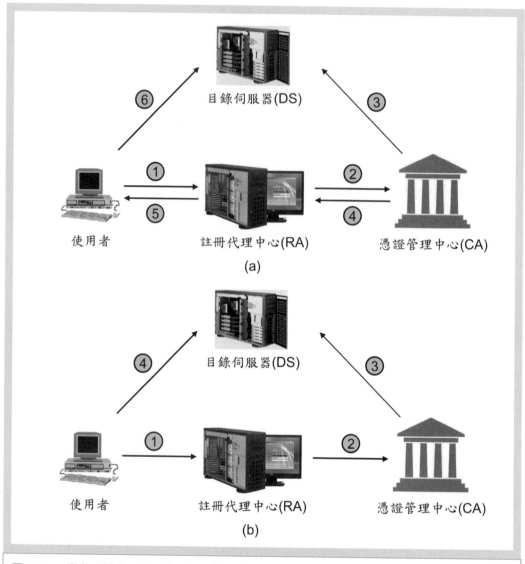

圖 11-21　數位憑證的註冊與註銷。(a)註冊流程：註冊代理中心(RA)負責審核資料，憑證管理中心(CA)負責將公開金鑰簽章成數位憑證；(b)註銷流程：註冊代理中心(RA)負責審核資料，憑證管理中心(CA)負責註銷數位憑證。

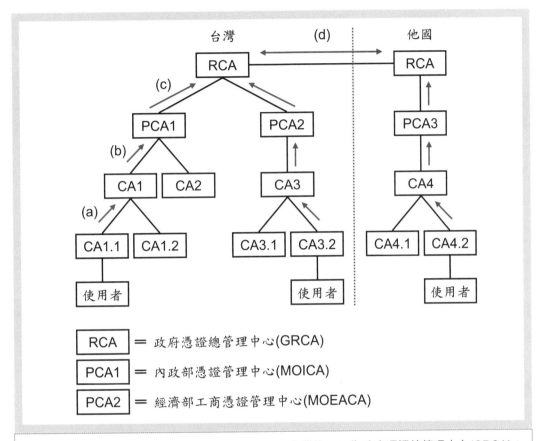

圖 **11-22** 政府機關公開金鑰基礎建設(GPKI)。(a)台灣的RCA為政府憑證總管理中心(GRCA)；PCA例如內政部憑證管理中心(MOICA)或經濟部工商憑證管理中心(MOEACA)。

➢ 認證中心(CA：Certification Authority)：為各組織或公司的憑證管理中心。

　　依此類推，下層的認證中心(CA)如果無法確定公開金鑰的真實性，就向上層的認證中心(CA)確認，如圖11-22(a)所示；如果層級不夠，就再向上層的政策認證中心(PCA)確認，如圖11-22(b)所示；如果層級不夠，就再向上層的根認證中心(RCA)確認，如圖11-22(c)所示；如果這把公開金鑰是另外一個國家的使用者所有，則必須透過兩個國家的根認證中心(RCA)來確認，如圖11-22(d)所示。

11-2-4　網路安全(Network security)

　　從前面的介紹我們可以發現，雲端產業的興起使得大量的機密資料在各種網路系統間傳送，此時網路安全會直接影響到整個雲端產業，因此需要資訊安全機制來防止資料在未經授權的情況下遭到使用、濫用、修改，或系統遭受外力影響與破壞而無法提供給合法的使用者服務，要維護資訊安全通常需要實體的安全防護措施，例如：門禁管制或消防設備，以及網路科技所產生的安全防護系統，例如：資料加密或電腦系統的檔案存取權限控制等。

☐ 網路攻擊行為

　　要保護網路安全，就必須先了解網路上的怪客(Cracker)如何攻擊網路系統，我們一般將網路上的攻擊行為分為「技術性攻擊」與「非技術性攻擊」兩大類，技術性攻擊的攻擊者本身必須具備基本或豐富的資訊工程與網路知識，利用電腦或網路系統設定的疏失、應用程式設計的錯誤或缺失、通訊系統本身的缺點等安全漏洞進行攻擊；非技術性攻擊又稱為「社交工程(Social engineering)」，攻擊者藉由人性的弱點或疏忽，以及管理程序的不嚴謹來進行，和詐騙集團所用的手法很像。常見的攻擊種類分為下列四種：

➤ 存取攻擊(Access attack)：攻擊者在未經授權的情況下使用資源或取得資訊，常見的方法包括竊聽與攔截傳送中的資訊，或是入侵電腦盜取資訊。

➤ 篡改攻擊(Modification attack)：攻擊者在未經授權的情況下修改資料，破壞了資訊的正確性與一致性，在攻擊時通常要先進行存取攻擊取得要篡改的資訊。

➤ 服務阻斷攻擊(Denial of service attack)：攻擊者使資源或資訊的合法使用者無法使用雲端設備，例如：刪除電腦系統的檔案、破壞網路通訊設備、發送大量垃圾訊息造成網路阻塞及伺服器癱瘓等。

➤ 否認攻擊(Repudiation attack)：攻擊者利用身份的偽裝或修改交易紀錄等方式來否認曾經在網路上進行過的行為，常見到在電子商務交易時發生。

☐ 密碼破解技術

前面介紹過密碼學最基本的概念是：沒有一種百分之百安全的加密技術，任何加密技術都是可以破解的，因此加密系統安全與否的衡量標準在於破解者需要花費多少時間與成本才能破解，那麼攻擊者是如何試圖破解密碼的呢？

➤ 只知密文破解(Ciphertext only attack)：攻擊者藉由蒐集所有可能的密文來比對，試圖找出明文或金鑰，以現代密碼學技術來進行加密，這種方法不容易成功。

➤ 已知明文破解(Known plaintext attack)：攻擊者藉由已知的明文與其相對應的密文進行比對，試圖找出金鑰，明文的取得必須攻擊傳送端與接收端。

➤ 選擇明文破解(Chosen plaintext attack)：攻擊者利用特殊的方法將明文發送給傳送端，再由傳送端取得加密後的密文，比對明文與其相對應的密文找出加密金鑰。

➤ 選擇密文破解(Chosen ciphertext attack)：攻擊者利用特殊的方法將密文發送給接收端，再由接收端取得解密後的明文，比對密文與其相對應的明文找出加密金鑰。

➤ 選擇金鑰攻擊(Chosen key attack)：攻擊者從某些已知的公開金鑰或私密金鑰中獲得金鑰產生關係，得到某一把公開金鑰對應的私密金鑰，這種攻擊常發生在基於公開金鑰系統的密碼應用，例如：金鑰分配、數位簽章、鑑別協定等。

➤ 暴力破解法(Brute force attack)：攻擊者直接嘗試所有可能的私密金鑰來攻擊密碼系統，就好像我們拿所有不同形狀的鑰匙想去打開某扇門一樣。

➤ 字典攻擊法(Dictionary attack)：由於一般使用者會設定有意義的單字做為密碼，而且密碼不夠亂不夠長才容易記憶，因此可以使用字典中的單字逐一嘗試進行破解，因此我們在設定金鑰(密碼)的時候一定要避免使用字典中的單字。

目前網路攻擊的演進，從針對硬體網路設備的攻擊，提升到針對作業系統(OS)或應用程式(APP)的攻擊，特別是連結網路使用的工具「網路瀏覽器(Web browser)」，最常成為怪客(Cracker)攻擊的目標，而由於網路的發達，許多攻擊者將攻擊手法與攻擊用的程式透過網路散播，使得非專業攻擊者人數增加。

❑ 網路層的加密通訊協定

前面曾經介紹過，開放系統互連模型(OSI)將網際網路通訊協定分為七層，如圖10-16所示，基於網路安全的需要，我們可以在許多不同層的通訊協定裡使用具有加密功能的協定，其中第三層「網路層(Network layer)」可以使用IPsec通訊協定。由於第三層(IP)的表頭3有傳送端IP位址與接收端IP位址，後面還接著有資料內容(Payload)，而第四層(TCP/UDP)只負責將資料切割成許多封包，如果傳送時封包遺失了TCP會再重送，所以TCP/IP通訊協定根本沒有安全性可言，只要使用網路監聽軟體(Sniffer)就可以看到所有資料的內容。為了確保網路上傳送的資料封包私密性，同時也為了整合不同通訊標準與不同廠商的產品，網際網路工程小組(IETF：Internet Engineering Task Force)制定了一套開放的網路安全協定IPsec(IP security)，將密碼技術應用在網路層，以確保傳送端與接收端資料交換的完整性、鑑別性、機密性等安全服務。IPsec通訊協定的架構包括下列三種：

➢ 金鑰交換協定(IKE：Internet Key Exchange)：負責在傳送端與接收端建立安全聯結(SA：Security Association)與金鑰交換(Key exchange)的工作。

➢ 認證表頭(AH：Authentication Header)：主要提供認證功能，辨識封包的來源與傳送者的身份，避免重送與攔截等攻擊，確保封包在傳送途中沒有被篡改(完整性)。

➢ 封裝安全資料內容(ESP：Encapsulating Security Payload)：主要提供資料內容加密功能，也可以選擇性地再加上認證的功能，以確保資料傳送安全。

傳送端與接收端建立IPsec連線時一定會使用金鑰交換協定(IKE)，至於認證表頭(AH)與封裝安全資料內容(ESP)則可以單獨使用，或合併使用來增加安全性。

❑ 傳輸層的加密通訊協定

開放系統互連模型(OSI)的第四層「傳輸層(Transport layer)」可以使用安全套接層(SSL)、傳輸層安全(TLS)、安全殼層(SSH)等通訊協定：

➢ 安全套接層(SSL：Secure Socket Layer)：應用在網頁伺服器(Web server)與網頁瀏覽器(Web browser)之間以加密與解密方式溝通的安全技術標準，確保所有在伺服器與瀏覽器之間傳送資料的完整性、鑑別性、機密性，特別是從事電子交易的網站，SSL可以用來保護網站與客戶的線上交易資訊，為了使用SSL安全連結，一

個網頁伺服器需要一張數位憑證，公司經營網頁伺服器時如果要啟動SSL，必須提供伺服器網址與公司資料，同時建立私密金鑰與公開金鑰，其中公開金鑰必須經由憑證管理中心(CA)透過SSL憑證申請程序取得數位憑證才可以使用。

➤ **傳輸層安全**(TLS：Transport Layer Security)：安全套接層(SSL)在1999年被網際網路工程小組(IETF)接受以後，更名為TLS1.0版，後來就以TLS做為SSL的後續協定，TLS1.0版的內容與SSL3.1版通訊協定幾乎一樣，只做了小部份的修改，可以應用在Telnet、FTP、HTTP和電子郵件等通訊協定，例如：安全超文字傳輸協定(HTTPS：Hypertext Transfer Protocol Secure)」是超文字傳輸協定(HTTP)和SSL/TLS的組合，用來提供加密通訊以及對網頁伺服器(Web server)身份的鑑定，經常應用在網站上進行電子商務交易付款或保護公司機密資料的傳輸。

➤ **安全殼層**(SSH：Secure Shell)：由網際網路工程小組(IETF)制定，是建立在應用層(Application layer)和傳輸層(Transfer layer)上的安全協定，用來為電腦作業系統的殼層(Shell)，也就是應用程式(APP)提供安全的傳輸和使用環境，傳統的網路應用服務程式，例如：Telnet、FTP、HTTP等在網路上是以明文傳送資料，使用SSH可以對所有傳輸的資料進行加密，提供傳送資料的完整性、鑑別性、機密性等。

上面的通訊協定，如果要確保完整性可以使用MD5、SHA等雜湊演算法；要確保機密性可以使用TDES、AES、IDEA、RC4等對稱加密演算法；要確保鑑別性可以使用RSA、DSS等非對稱加密演算法與X.509數位憑證註冊技術。

☐ 應用層的加密通訊協定

開放系統互連模型(OSI)的「應用層(Application layer)」可以使用安全多用途網路郵件延伸(S/MIME)、良好隱私(PGP)、安全電子交易(SET)等通訊協定：

➤ **安全多用途網路郵件延伸**(S/MIME：Secure/Multipurpose Internet Mail Extension)：是在網際網路上使用加密技術來傳遞安全電子郵件的通訊協定標準，以前電子郵件的傳送大多使用「簡易郵件傳輸協定(SMTP)」這種不安全的網路通訊協定，而S/MIME使用DES、TDES、RC4等對稱加密演算法確保機密性，SHA-1、MD5等雜湊演算法，以及X.509數位憑證技術確保鑑別性。

➤ **良好隱私**(PGP：Pretty Good Privacy)：應用在撰寫電子郵件及檔案儲存的安全

性通訊協定標準，使用IDEA、RSA等加密演算法確保機密性，SHA-1、MD5等雜湊演算法，以及X.509數位憑證技術來確保鑑別性。

➤ **安全電子交易**(SET：Secure Electronic Transaction)：1995年由VISA和Mastercard兩大信用卡公司共同推出的網際網路商業交易標準，主要是應用在信用卡電子交易過程的保密，使用DES對稱加密演算法做為付款資訊的加密處理方法，使用RSA、SHA-1等加密或雜湊演算法做為金鑰交換和數位簽章提供鑑別性。SET的架構如圖11-23所示，其中消費者(信用卡使用者)、特約商店、收單銀行都必須經由數位憑證驗證程序，才能確認身份，而且也需要特別的軟體儲存在持卡人及特約商店的電腦系統中，收單銀行的電腦也需要特殊的技術解讀金融資訊密碼並且確定憑證管理中心(CA)所發出的數位憑證，雖然SET的安全性比SSL高，但是使用前消費者必須先認證並取得數位憑證(電子錢包)才能交易，對消費者來說比較不方便，所以目前大部分網站仍然使用安全套接層(SSL)通訊協定。

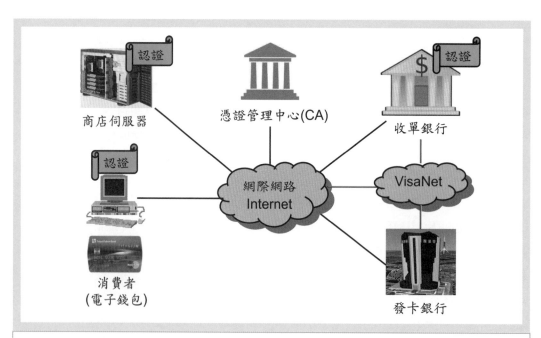

圖 11-23　安全電子交易(SET)架構圖，其中消費者(信用卡使用者)、特約商店、收單銀行都必須經由數位憑證驗證程序，使用前消費者必須先取得數位憑證(電子錢包)才能交易。

11-2-5 雲端運算(Cloud computing)

介紹了加密技術與網路安全，接下來我們進入雲端技術的主題：雲端運算(Cloud computing)，到底什麼是雲端(Cloud)？這些分佈在雲端上的電腦主機與伺服器是如何架構起新的運算行為讓科學家們如此熱烈討論呢？

☐ 雲端的意義

網際網路(Internet)是一個開放的空間，由數以億計的電腦主機與伺服器連結而成，如圖11-24(a)所示，要如何描述這麼多電腦主機與伺服器架構而成的系統呢？因此科學家們使用「雲端(Cloud)」這樣的名詞來代表這個系統，相對於使用者所在的用戶端(Client)，如圖11-24(b)所示。雲端運算基本上指的就是網路或網路運算，其實雲端運算不是一種新技術，而是一種概念，早期的電腦都是單機進行運算，網路的發明將世界各地的電腦連結起來形成一台抽象的「大電腦」，因此雲端運算代表的是利用網路使電腦能夠彼此合作或使服務更無遠弗屆，雲端運算討論的內容可以區分為下列兩大類：

➢ 雲端運算技術(Cloud computing technology)：結合各種伺服器與相關軟體，利用虛擬化與自動化來創造和普及電腦中的各種運算資源的技術，可以視為傳統資料中心的延伸，不需要經由外部資源便可套用在整個公司的內部系統上。

➢ 雲端運算服務(Cloud computing service)：是指藉由網路從遠端連線進入伺服器取得服務，利用這些服務，使用者甚至可以使用平板電腦或智慧型手機執行簡單的瀏覽器程式就做到許多過去必須使用個人電腦才能完成的工作。

雲端運算的特性包括：隨時使用(Anytime)、隨地使用(Anywhere)、使用任何裝置(With any devices)、存取各種服務(Accessing any services)、虛擬化、超大規模、高通用性、高可靠度、高擴充性、使用者付費、成本低等。

☐ 電腦與處理器的演進

在介紹雲端運算之前，我們先簡單介紹電腦與處理器是如何演進的，主要有下列幾個演進階段，詳細內容請參考第一冊第2章「電子資訊產業」：

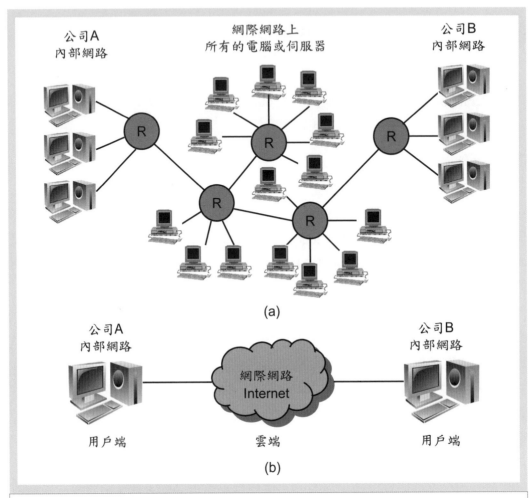

圖 11-24　雲端的意義。(a)網際網路是由數以億計的電腦主機與伺服器連結而成；(b)科學家們使用「雲端(Cloud)」這樣的名詞來代表這個系統，相對於使用者所在的用戶端。

➤ 單核心處理器(Single core processor)：只有一個處理器核心來進行運算工作。

➤ 雙核心與多核心處理器(Dual/Multi core processor)：使用雙核心或多核心處理器的來運算，就好像一個人工作速度太慢，就找兩個人或許多人一起來做，這樣可以加快完成的速度，目前幾乎所有的處理器都是屬於雙核心或多核心。

➤ 多處理器與單主機板：許多處理器在同一個主機板上形成一台超級電腦，可以讓

許多處理器一起工作，來加快完成的速度，目前的伺服器仍然使用這種架構。

➤多處理器與多主機板：一個處理器在一個主機板上，再利用網路將這些主機板連結起來一起工作，來加快完成的速度，這就是雲端運算的概念了，問題是，這麼多的處理器與主機板用網路連結起來，要由誰來分配運算工作？又該如何分配運算工作呢？大家有沒有聽過一句話：一個和尚挑水喝，兩個和尚抬水喝，三個和尚沒水喝，因此，在雲端運算的時代，對於如何分配工作就變得很重要了。

☐ 平行處理的觀念

第9章曾經介紹過處理器所使用的指令稱為「硬體指令(Hardware instruction)」，一般而言硬體指令的執行有下列兩種方式：

➤一般處理：等處理器完全執行完第一個指令，再執行第二個指令，再執行第三個指令，依此類推，如圖11-25(a)所示，假設執行一個指令要4個時脈(Clock)，則圖中可以看出，我們花了8個時脈才執行二個指令，這樣是不是很沒有效率呢？

➤管線處理：將一個指令切割成許多部分，稱為「指令管線(Instruction pipeline)」，然後讓處理器分別執行每一個指令管線，可以分工合作來加快工作速度，如圖11-25(b)所示，假設我們將一個指令切割成四個指令管線：讀取指令(IF：Instruction Fetch)、指令解碼(ID：Instruction Decode)、指令執行(IE：Instruction Execute)、寫回暫存器(WB：Write Back)，每個指令管線需要1個時脈，則圖中可以看出，我們花了8個時脈執行5個指令，這樣可以大大提高執行效率。我們以和尚到河邊挑水來做比喻，指令讀取(IF)就像是河邊舀水；指令解碼(ID)就像是裝滿桶子提水上山；指令執行(IE)就像是倒水入缸；寫回暫存器(WB)就像是提著空桶下山，把和尚到河邊挑水的動作切割成四個步驟來執行，顯然可以提高執行效率。

同樣的道理，我們可以將一個軟體運算工作切割成許多部分，再分散給不同的處理器運算，甚至分散給不同的電腦運算，也就是許多處理器或電腦分工合作來完成一個工作，稱為「平行運算(Parallel computing)」或「平行處理(Parallel Processing)」，這樣可以分散負荷節省處理時間；分散風險即使部分處理器或電腦故障也不會造成整個系統癱瘓；獨立性強很容易改變或追加各別處理器或電腦的系統功能；降低成本利用數台低價的電腦取代一部高價的超級電腦。

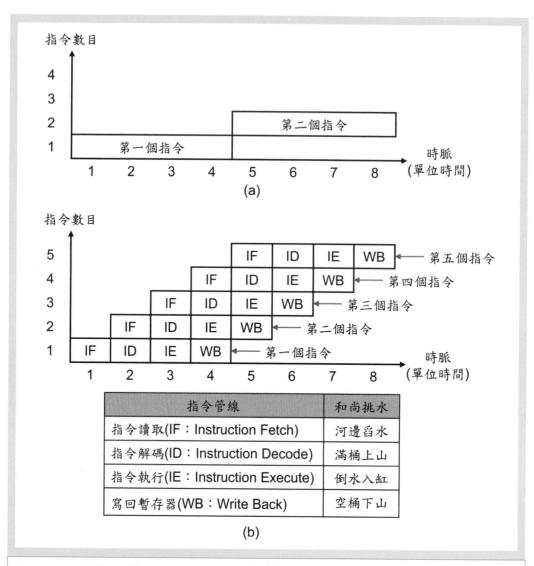

圖 11-25 硬體指令的執行。(a)一般處理:等處理器完全執行完第一個指令,再執行第二個指令;(b)管線處理:將一個指令切割成許多部分,稱為「指令管線」,然後讓處理器分別執行每一個指令管線,可以分工合作來加快工作速度。

雲端運算的演進

　　科學家們剛發明電腦的時候是使用單機運算的，後來因為網路的進步才慢慢發展出雲端運算技術，整個技術演進的過程如下：

➤ **超級電腦(Super computer)**：是指運算速度很快的大電腦，擁有很強的處理器，需要很大的記憶體，所以佔用很大的空間，可以使用雙核心或多核心處理器來運算，也可以將許多處理器放在同一個主機板上一起工作，來加快完成的速度，利用這種方法需要很高的成本，並非一般人所能負擔得起。

➤ **叢集運算(Cluster computing)**：是指將一組架構鬆散的電腦硬體連接起來，同時開發可以分工合作的軟體程式，讓這些電腦硬體與軟體分工合作完成運算工作。常見的系統有下列兩種：利用一種訊息傳送標準軟體架構，讓UNIX或Windows作業系統的電腦經由網路連結在一起，將許多電腦的運算能力與儲存元件結合在一起使用，形成一台大型電腦，我們稱為「平行虛擬機器(PVM：Parallel Virtual Machine)」，後來科學家又提出了「標準訊息傳送介面(MPI：Message Passing Interface)」的方法，可以在分散式記憶體平行系統內進行訊息傳送。

➤ **分散式運算(Distributed computing)**：把需要進行大量運算工作的數據先切割成許多「區塊(Block)」，再將這些區塊分散給網路上不同的電腦分別計算，計算完成後再將結果整合起來，其中最重要的是「遠端程序呼叫(RPC：Remote Procedure Call)」，可以讓操作者在某一台電腦中撰寫一個程式，但是分散在不同的電腦上執行，而且不同電腦上的程式可以互相溝通，即使不同電腦所使用的作業系統不同。例如：美國加州大學柏克萊分校的空間科學實驗室所主辦的SETI@Home計畫(Search for Extra Terrestrial Intelligence at Home)與Einstein@Home計畫，就是透過網際網路利用家庭的個人電腦處理天文數據的分散式運算工作。

➤ **格網運算(Grid computing)**：將網路上許多不同的電腦資源組織起來形成一台虛擬的超級電腦，可以利用網路上許多不同的電腦閒置的處理器與記憶體，解決大規模的計算問題，格網系統透過共同的程式語言與通訊協定，連結全球各地的運算資源與資訊服務，以滿足區域使用者不同的需求，對使用者來說，格網系統這種高度整合的網路應該具有「通透性」，也就是遠端提供的服務用起來會像是

由區域電腦提供的服務一樣。例如：由Globus Alliance組織開發的Globus工具包(Globus toolkit)，是開放原始碼的工具包，可以用來架構網格運算的基礎環境。

➤公用運算(Utility computing)：是一種理想的企業資訊架構，讓資訊服務模仿公用事業服務的方式進行，例如：供應水、電、瓦斯都是「用多少付多少」，而且「隨需即用」，在使用付費的基礎上，可以靈活的讓資訊資源配合企業流程，來提升營運價值，同時降低成本。目前由於公用運算的使用內容、計費方式、資訊系統管理方式仍然不夠明確，因此企業對於使用這種服務仍然有疑慮。例如：昇陽公司(Sun)利用SRS Net Connect為全球客戶提供資訊服務；IBM、HP和Computer Associates等公司也都推出各自的公用運算方案。

➤雲端運算(Cloud computing)：透過網路將龐大的運算處理程序自動分割成無數個較小的「子程序(Sub process)」，再交由多部電腦主機或伺服器所組成的龐大系統經由搜尋與運算分析之後，再將處理結果回傳給用戶端(Client)。例如：GFS(Google File System)是開發在Linux作業系統上的分散式檔案系統，適合大量資料存取與應用；Google BigTable是為了非常大量的結構性資料而設計的分散式儲存資料庫；Google MapReduce是一種簡化平行運算的程式設計模型，用於處理大規模資料的平行運算工作。

11-2-6 雲端服務(Cloud service)

　　介紹了雲端運算(Cloud computing)的基本概念以後，我們來談談目前市場上的雲端供應商(Vender)利用雲端運算提供了那些服務給客戶？主要的服務包括：基礎建設(Infrastructure)、軟體平台(Platform)、應用程式(Application)等不同等級。

☐ 雲端應用的架構

➤私有雲(Private cloud)：是指將雲端的基礎設備與軟體程式建立在公司的防火牆之內，來提供企業或機構內各部門共享資源，這種網路系統是為了特定的組織建立，管理者可能是組織本身，也可能外包給專門做網路管理的廠商，硬體設備可能在組織內部，也可能交由專門的廠商託管。

➤ 公用雲(Public cloud)：是由專門的供應商提供一般大眾、企業或機構使用的雲端基礎設備，供應商可以經由租借的方式提供客戶使用雲端的基礎設備與應用軟體，此時客戶就不需要自己建立和管理這些硬體與軟體的基礎設備或軟體程式，客戶只需要使用就可以了，可以節省許多設備和管銷費用。

➤ 混合雲(Hybrid cloud)：由許多雲端系統組成雲端基礎設施，這些雲端系統包含了私有雲、社群雲、公用雲等。這些系統保有獨立性，但是藉由標準化的介面相互結合，使得企業可以在內部建置私有雲提供對內服務，也可以提供企業以外的人使用，因此會把私有雲內的資源經由相關技術連接到公用雲。

☐ 雲端服務的種類

　　雲端服務的種類如圖11-26(a)所示，主要是由雲端供應商(Vender)提供基礎建設(Infrastructure)、軟體平台(Platform)、應用程式(Application)等不同等級的服務給客戶(Client)，包括：設備即服務(IaaS)、平台即服務(PaaS)、軟體即服務(SaaS)。服務的內容如圖11-26(b)所示，由下而上分別為系統層(System level)、核心中介軟體(Core middleware)、使用層(User level)、使用層中介軟體(User level middleware)等。

➤ 設備即服務(IaaS：Infrastructure as a Service)：主要提供系統層、核心中介軟體的服務，屬於「公用運算(Utility computing)」的一種，由雲端供應商(例如：Amazon、Rackspace、GoGrid)提供處理器、儲存元件、網路以及其他資源等硬體與韌體為主的租用服務，客戶的軟體開發人員不需要管理底層的雲端基礎架構，但是能夠掌控作業系統、儲存元件、網路資源、應用程式，並且能夠選擇適當的網路防火牆設備與軟體。例如：AWS EC2(Amazon Web Service Elastic Compute Cloud)、Rackspace cloud servers、GoGrid cloud servers等。

➤ 平台即服務(PaaS：Platform as a Service)：主要提供系統層、核心中介軟體、使用層的服務，由雲端供應商(例如：Google、Amazon、Microsoft)提供「軟體平台(Software platform)」給系統管理員和軟體開發人員，使工程師可以用這個平台建構、測試與部署客製化的應用程式，軟體開發人員在供應商的平台上開發應用程式，然後利用供應商的伺服器進行運算與服務，提供給公司內部或客戶使用，可

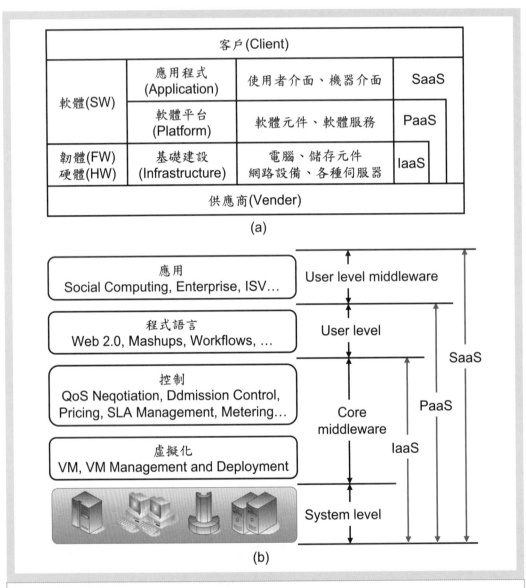

客戶(Client)			
軟體(SW)	應用程式 (Application)	使用者介面、機器介面	SaaS
	軟體平台 (Platform)	軟體元件、軟體服務	PaaS
韌體(FW) 硬體(HW)	基礎建設 (Infrastructure)	電腦、儲存元件 網路設備、各種伺服器	IaaS
供應商(Vender)			

(a)

(b)

圖 11-26　雲端服務的種類。(a)由雲端供應商(Vender)提供不同等級的服務給客戶(Client)；(b)服務內容的細節由下而上分別為系統層、核心中介軟體、使用層、使用層中介軟體等，提供設備即服務(IaaS)、平台即服務(PaaS)、軟體即服務(SaaS)。

以節省管理系統的成本。例如：Google App Engine、AWS S3(Amazon Web Service Simple Storage Service)、Microsoft Azure等。

➤ 軟體即服務(SaaS：Software as a Service)：主要提供系統層、核心中介軟體、使用層、使用層中介軟體的服務，由雲端供應商(例如：Google)經由網際網路提供特定的「軟體服務(Software service)」，依照使用者使用的時間與數量(資料傳輸率)來收費，沒有使用就不收費，使用者向供應商租用軟體服務，因此不需要再花錢購買軟體安裝在自己的電腦內，可以節省硬體與軟體成本。使用者甚至可以直接經由網頁瀏覽器(Web browser)執行可以在網頁瀏覽器上運作的Web軟體，來管理企業經營活動，而且不需要對軟體進行維護，供應商會全權管理和維護軟體。例如：Google Docs、Financial Planning、CRM、Human、Resources、Word processing、Salesforce等。

目前相關的雲端供應商提供的雲端運算服務實例有很多，包括：Google App Engine、AWS(Amazon Web Service)、Microsoft Azure、Yahoo Hadoop、Salesforce Force.com、IBM Blue Cloud、Adobe AIR(Adobe Integrated Runtime)等，下面我們只選出最具市場競爭力的四家廠商做為代表來介紹，如表11-5所示。

☐ Google App Engine

2008年Google公司推出了雲端運算服務「App Engine」，可以讓使用者透過App Engine執行自訂的網路應用程式，使用者只要上傳程式，就可以提供其他使用者網路服務，主要是使用Python程式語言開發網路應用程式，Google也提供軟體發展套件App Engine SDK(Software Development Kit)，讓使用者可以在本機電腦上模擬所有的網務服務應用程式，來縮短開發時間。Google會負責替使用者維護App Engine伺服器，使用者申請免費的帳號就可以擁有一定容量的儲存空間，以及每個月數百萬次瀏覽網頁的處理器工作效能和頻寬，如果超過上述使用量則可能會收取費用。

➤ App Engine主網頁：http://appengine.google.com

➤ App Engine SDK：http://code.google.com/intl/zh-TW/appengine/downloads.html

表 11-5			雲端運算服務比較表。		

雲端服務	Google App Engine	Amazon EC2	Microsoft Azure	Yahoo Hadoop
雲端架構	PaaS	IaaS/PaaS	PaaS	Software
服務型態	Web application	Compute Storage	Web and non-web	Software
管理技術	Application container	OS on Xen hypervisor	OS through Fabric controller	Map reduce architecture
使用者介面	Web-based Administration console	EC2 Command-line tools	Windows Azure portal	Command line and web
函式庫	Yes	Yes	Yes	Yes
收費方式	Maybe	Yes	Yes	No
程式語言	Python	AMI	.NET framework	Java

☐ AWS(Amazon Web Service)

2008年Amazon公司開始推出一系列的Amazon網路服務(AWS：Amazon Web Service)，大部分屬於「設備即服務(IaaS)」，包括下列幾種服務：

➤ 彈性運算雲(EC2：Elastic Compute Cloud)：提供可以調整的雲端運算能力，使用者必須冊註後才可以使用，利用伺服器的運算能力處理我們想要的運算工作。

➤ 簡單儲存服務(S3：Simple Storage Service)：就是所謂的雲端硬碟，使用者可以隨時隨地使用簡單的介面來線上儲存和查詢大量的資料。

➤ 雲端(CloudFront)：讓企業使用者可以向終端使用者(客戶)發佈內容公告。

➤ 簡單資料服務(SimpleDB：Simple Database)：利用伺服器的處理器和記憶體來運算和儲存結構化資料，使用者可以針對結構化資料進行即時查詢的網路服務。

➤ 簡單佇列服務(SQS：Simple Queue Service)：提供可擴充的主機佇列來儲存網路上不同電腦間通訊的訊息。

➤ AWS主網頁：http://aws.amazon.com

❏ Microsoft Azure

2009年微軟公司推出Azure作業系統，我們回想一下微軟公司作業系統的演進為DOS、Windows到Azure，Azure作業系統可以借助全世界上億Windows作業系統使用者的桌面和網頁瀏覽器，透過網路連結成一個雲端運算平台。Azure服務平台(Azure service platform)是一個建構在微軟資料中心內，提供雲端運算的應用程式平台，而Azure作業系統則是這個平台的基礎，程式開發人員能夠在Azure服務平台上開發、管理、掛載線上服務應用程式，同時也提供了一組開發工具讓程式開發人員可以在本機上開發與測試雲端應用程式，包括下列五種服務：

➢ Live Services：提供Windows Live的眾多線上服務。

➢ SQL Services：提供雲端的關聯式資料庫服務。

➢ NET Services：提供雲端的應用程式伺服器服務，例如線上交易與工作流程。

➢ SharePoint Services：提供線上版本的SharePoint Server服務提供文件分享。

➢ Dynamic CRM Services：提供線上版本的Microsoft Dynamics CRM服務，其中CRM是指「客戶關係管理(CRM：Customer Relationship Management)」。

❏ Yahoo Hadoop

Hadoop是由Apache軟體基金會所研發的開放原始碼自由軟體，包括平行運算編輯程式工具和分散式文件系統，與Google檔案系統的概念類似，可以結合上千個節點來處理1PB的資料，1PB(Peta Byte)=1,000TB(Tera Byte)=1,000,000GB(Giga Byte)。2006年Yahoo資助開發與運用Hadoop，並且使用在內部服務中，目前最大的Hadoop應用，包括2000台伺服器，超過1萬個Hadoop虛擬機器執行5PB(Peta Byte)的網頁內容與Hadoop應用程式。Hadoop具有下列特色：

➢ 巨量：擁有儲存與處理大量資料的能力。

➢ 經濟：可以應用在由一般個人電腦所架設的叢集運算環境內。

➢ 效率：藉由平行分散檔案的處理來得到快速的回應。

➢ 可靠：當某個節點錯誤，系統能即時取得備份資料，並且佈署運算資源。

☐ 雲端運算服務的特性

➤ 雲端服務的優點

1.虛擬化的技術：有利於公司快速部署資源或獲得服務。

2.使用靈活性高：使用者可以依照自己或客戶的需求來提供服務。

3.減少資源消耗：充分利用網路上的軟體與硬體資料，減少資源消耗。

4.減少成本支出：使用者依照自己的需求使用服務，用多少付多少。

5.可靠性與安全性高：集中雲端管理，可以增加可靠度，減少怪客入侵。

➤ 雲端服務的缺點

1.網路品質至上：沒有網路就沒有雲端，如何提供快速與高品質的網路很重要。

2.客戶權益維護：客戶必須完全信任雲端服務供應商，確保資料安全。

3.企業經營風險：企業的內部資料架構在另一個企業之上，有一定的管理風險。

4.集體攻擊風險：怪客一但入侵雲端，就能取得所有使用者的資料。

心得筆記

11-3 有線通訊技術

有線通訊系統雖然必須使用銅線或光纖做為傳輸介質，在應用上有許多限制，但是比起無線通訊卻具有訊號品質穩定與價格便宜的優點，而且資料傳輸率也比無線通訊大得多，本節將介紹幾種常用的有線通訊系統。

11-3-1 長程有線通訊技術

長程有線通訊是指連接一般用戶與網際網路的方法，通常用戶必須先向網際網路服務供應商(例如：中華電信)申請連線服務才能使用，而且由使用者連接到電信公司的機房通常必須經過數十公里的距離，所以稱為「長程(Long distance)」。

☐ 點對點通訊協定(PPP：Point to Point Protocol)

第10章曾經介紹過區域網路所使用的通訊協定，包括：IEEE802.3的乙太網路(Ethernet)、IEEE802.4的記號匯流排(Token bus)、IEEE802.5的記號環網路(Token ring)等，這些區域網路系統通常使用在區域範圍不大卻有許多電腦必須同時連接網路的地方，但是家庭使用的個人電腦通常是透過網際網路服務供應商(例如：中華電信)來連接網路，而且每個家庭是分散在各地，區域範圍很大，不適合使用乙太網路，所以通常使用「點對點通訊協定(PPP：Point to Point Protocol)」。

PPP通訊協定傳送資料所使用的封包如圖11-27(a)所示，直接由網際網路服務供應商(例如：中華電信)的機房傳送到使用者的家裡，包括下列欄位：

➤ 起始旗標(Flag)：註明封包的起始位元，代表這個封包從這個位元開始。

➤ 接收端位址(Address)：點對點接收端只有一個，所以只需要填入接收端位址。

➤ 控制標示(Control)：做為傳送控制訊號使用，可以指定為無序號的封包。

➤ 通訊協定(Protocol)：指明這個封包所傳送的資料是屬於那種通訊協定。

➤ 循環式重複檢查碼(CRC)：填入CRC碼讓接收端確認傳送的資料是否正確。

➤ 結束旗標(Flag)：註明封包的結束位元，代表這個封包到此為止。

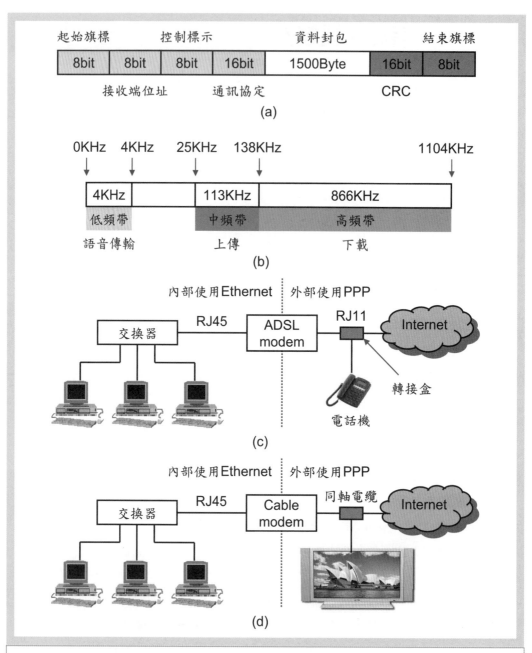

圖 11-27 點對點通訊協定(PPP)的應用。(a)點對點通訊協定的封包格式；(b)雙絞銅線的頻譜；(c)非對稱數位用戶線路(ADSL)的架構；(d)纜線數據機(Cable modem)的架構。

　　由於目前家庭或公司內部都是使用乙太網路(Ethernet)，因此常常使用乙太網路上的點對點通訊協定(PPPoE：Point-to-Point Protocol over Ethernet)，將點對點通訊協定(PPP)包裝在乙太網路(Ethernet)的通訊協定內，可以應用在目前常見的非對稱數位用戶線路(ADSL)或纜線數據機(Cable modem)等產品上。

🗍 非對稱數位用戶線路(ADSL：Asymmetric Digital Subscriber Line)

　　一般家庭想要連接網際網路，最常使用的方式就是透過傳統的電話線，這種網路系統通稱為「數位用戶線路(xDSL：Digital Subscriber Line)」，傳統的電話線(雙絞銅線)介質頻寬大約1MHz，通常使用低頻帶(大約0~4KHz)提供語音傳輸(講電話)；中頻帶(大約25~138KHz)提供資料上傳(頻寬113KHz)；高頻帶(大約138~1104KHz)提供資料下載(頻寬866KHz)，如圖11-27(b)所示。

　　網際網路服務供應商(例如：中華電信)利用原有的電信網路系統，以傳統的電話線(雙絞銅線)為傳輸介質，專線的方式傳輸訊號，其連接方式如圖11-27(c)所示，先以RJ11電話線連接到轉接盒，轉接盒有兩個連接埠，一個連接到電話機做為語音傳輸；另一個連接到「ADSL數據機(ADSL modem)」，最後再連接到「集線器(Hub)」或「交換器(Switch)」，當我們向中華電信申請ADSL時，會贈送一台ADSL數據機，目前大部分的ADSL數據機都內建集線器或交換器，甚至內建無線區域網路接取點(AP：Access Point)，可以同時讓家中許多電腦連接網際網路。

　　ADSL技術主要是根據ITU-T制定的新標準G.992.1(G.dmt)與G.992.2(G.lite)，上傳的資料傳輸率可達2Mbps，下載的資料傳輸率可達8Mbps，上傳與下載的資料傳輸率不同，所以稱為「非對稱(Asymmetric)」，屬於專線網路，資料傳輸安全性佳，星狀拓撲架構可以讓網路上任何因素造成的斷線比較容易排除。2002年ITU組織制定新的標準ADSL2(G.992.4標準)，下載的資料傳輸率提升到12Mbps，同時增強抵抗噪音的能力，可惜的是ADSL2雖然有許多優點，最後卻未被廣泛採用，主要是因為ADSL2標準制定的半年後，以ADSL2為基礎發展出來的ADSL2+標準也漸漸成熟，2003年ITU組織通過ADSL2+(G.992.5標準)，將下載的資料傳輸率再提升到24Mbps。

☐ 纜線數據機(Cable modem)

北美的有線電視系統業者Comcast、Cox、TCI、Time、Warner等五家公司於1996年組成多媒體纜線網路系統組織(MCNS：Multimedia Cable Network System)制定纜線上網的標準，並且由美國有線電視實驗室執行驗證工作，最後發展成封包有線電視(Packet cable)標準稱為「纜線數據機(Cable modem)」，纜線數據機的頻譜分佈如圖10-4(a)所示。

有線電視系統業者(例如：凱擘寬頻)利用原有的有線電視系統，以傳統的同軸電纜為傳輸介質，共享頻寬的方式傳輸訊號，其連接方式如圖11-27(d)所示，先以同軸電纜連接到轉接盒，轉接盒有兩個連接埠，一個連接到電視機做為電視影像傳輸使用；另一個連接到「纜線數據機(Cable modem)」，最後再連接到「集線器(Hub)」或「交換器(Switch)」，當我們向凱擘寬頻申請纜線數據機時，會贈送一台纜線數據機，目前大部分的纜線數據機都內建集線器或交換器，甚至直接內建無線網路接取點(AP：Access Point)，可以同時讓家中許多電腦連接網際網路。

纜線數據機上傳的資料傳輸率可達10Mbps，下載的資料傳輸率可達38Mbps，上傳與下載的資料傳輸率不同，看起來資料傳輸率比ADSL高，主要是因為電話線是雙絞銅線，抵抗雜訊的能力較差，可以傳輸的頻寬只有大約1MHz；而同軸電纜有包覆網狀金屬遮蔽，抵抗雜訊的能力較佳，可以傳輸更大的頻寬(10~750MHz)，但是纜線數據機為匯流排拓撲屬於共享頻寬，所有的用戶都掛上同一條纜線，當大家一起使用時資料傳輸率就會下降，而且資料傳輸安全性較差，需要進行資料加密與用戶確認，節點故障容易互相影響，斷線不容易排除；ADSL是由電信機房以專線的方式連接到用戶家中，不同用戶獨立使用雙絞銅線，資料傳輸率不會因為使用人數而有太大的變化，屬於個人專線網路所以安全性比較高，節點故障不會互相影響，斷線容易排除，ADSL與Cable modem的比較如表11-6所示。

☐ 電力線通訊(PLC：Power Line Communication)

電力線通訊分為「寬頻(Broadband)」與「窄頻(Narrowband)」兩種，使用不同頻率的電磁波，具有不同的頻寬與資料傳輸率，應用在不同的地方：

➢ 寬頻電力線通訊(Broadband PLC)：使用2~30MHz的電磁波經由電源線傳輸資

表 11-6	非對稱數位用戶線路(ADSL)與纜線數據機(Cable modem)比較表。	

特性	ADSL	Cable modem
線路	個人專線 用戶獨立使用雙絞銅線	大家共用 用戶共用一條同軸電纜
頻寬	固定 用戶增加時每個人的頻寬不變	變動 用戶增加時每個人的頻寬變小
錯誤排除	星狀架構 用戶獨立易於排除錯誤	匯流排架構 用戶共用線路，不易排除錯誤
安全性	用戶獨立使用，安全性較佳	用戶共用線路，安全性較差
架構		

料封包，資料傳輸率可達200Mbps(最新的技術號稱可達1Gbps)，第10章曾經介紹過，高頻電磁波(MHz)必須使用網狀金屬遮蔽的同軸電纜傳送(例如：有線電視)，如果使用電源線則訊號衰減嚴重，只能傳送大約數百公尺，但是已經足夠在家庭範圍內使用，連接方式如圖11-28(a)所示，使用電力線通訊調變解調器(PLC modem)轉乙太網路(Ethernet)的設備，一端為插頭直接連接插座，另一端為乙太網路直接連接電腦。寬頻電力線通訊標準是由家用電力線網路聯盟(HPA：HomePlug Powerline Alliance)制定及推廣，主要的電力線通訊協定包括：HomePlug 1.0、HomePlug turbo、HomePlug AV、UPA、HD-PLC等。

➤窄頻電力線通訊(Narrowband PLC)：使用5~500KHz的電磁波經由電源線傳輸資料封包，資料傳輸率可達200Kbps，前面曾經介紹過，低頻電磁波(KHz)必須使用有纏繞的雙絞銅線傳送(例如：電話線)，因為電源線基本上就是銅線，只是沒有纏繞而已，因此訊號衰減比較小，可以傳送大約數公里，主要應用在「智能

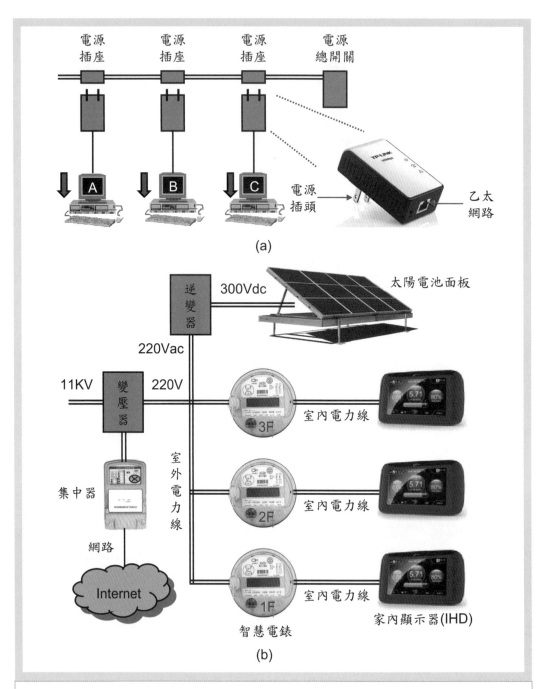

圖 11-28　電力線通訊(PLC)。(a)寬頻電力線通訊：使用2~30MHz的電磁波，資料傳輸率可達200Mbps；(b)窄頻電力線通訊：使用5~500KHz的電磁波，資料傳輸率可達200Kbps。

電網(Smart grid)」做能源管理，台灣電力公司的智能電網系統架構如圖11-28(b)所示，室內電力線通訊主要是將電錶的用電資訊傳送給「家內顯示器(IHD：In Home Display)」，家內顯示器又稱為「家庭能源管理系統(HEMS：Home Energy Management System)」；室外電力線通訊主要是將電錶的用電資訊傳送給「集中器(Concentrator)」，再經由其他網路系統送回電力公司，讓電力公司隨時掌控全國各地區用電狀況，由於未來再生能源愈來愈重要，因此必須將太陽電池所產生的能源(直流電)先經由逆變器(Inverter)轉換成交流電，再回饋到電力系統中。窄頻電力線通訊標準是由G3-PLC聯盟、PRIME聯盟制定及推廣，後來美國電子電機工程師學會也制定IEEE P1901.2標準。

　　電源線是家中分佈最廣的，代表就連廚房、浴室、陽台等區域都可以連接網路，不必拉那一條麻煩的乙太網路線，好像應該大量推廣使用，可是實際的狀況使用的人不多，尤其在台灣更少。電力線通訊目前的困難在於家中的電源線分佈複雜而混亂，台電接220V的電源到家中的總開關，再分別取出+110V與-110V的電壓到室內各區域使用，如果恰好傳送端連接到+110V的插座上，接收端連接到-110V的插座上，由於沒有共線所以電磁波無法直接傳送，資料傳輸率極低，幾乎是斷線狀態，即使應用在室外，由於電源線是過去百年來電力公司架構而成，老舊社區線路混亂，因此仍然有許多通訊問題必須解決。再加上行動裝置的普及，智慧型手機或平板電腦都是支援無線區域網路(WLAN)，顯然家裡使用無線上網更方便，因此寬頻電力線通訊(Broadband PLC)並沒有如預期的被廣泛使用。

　　此外，由於傳統的電力系統可以分為高壓、中壓、低壓三個部分，目前台電的發電廠是產生超高壓的交流電(345KV)，先經由超高壓變電所降壓到161KV，再經由一次變電所降壓到69KV(高壓)，再經由二次變電所降壓到11KV(中壓)，最後經由電線桿上的變壓器降壓到220V(低壓)傳送到住家的配電箱，視各國電壓而定。前面介紹的電力線通訊都是使用在低壓電力系統(110V~240V)，屬於「低壓電網路(Low voltage network)」，電力公司也嘗試要利用中高壓電力系統傳送資料封包，屬於「高壓電網路(High voltage network)」，不過中高壓電力系統的電壓變動與電波干擾更嚴重，目前仍然有許多問題需要克服。

11-3-2 乙太網路(Ethernet)

前面介紹的有線通訊技術主要是應用在用戶端與網際網路服務供應商(例如：中華電信)之間，也就是一般機關團體、政府機構、家庭用戶連接到外部網際網路的方式，但是在機關團體或校園的內部，如果同時有許多電腦該如何連接起來呢？或是家庭用戶要如何讓客廳與書房、臥房，或每個房間都可以上網呢？

☐ 乙太網路的種類

乙太網路(Ethernet)是由DIX聯盟所制定的區域網路標準，DIX聯盟的成員包括：DEC、Intel與Xerox等公司，是目前全球使用最廣泛的區域網路系統，通常應用在區域範圍不大卻有許多電腦必須同時連接網路的地方，例如：校園網路、公司企業、政府機關、家庭的內部網路等。乙太網路(Ethernet)的種類包括：

➤ 10Base2：資料傳輸率可達10Mbps，傳輸介質為基頻同軸電纜，最大傳輸距離為185公尺，使用串連方式連接所有的電腦，最多可以連接30台電腦，網路上任何一台電腦斷線，則整個網路斷線無法使用，因此目前已經沒有使用了。

➤ 10BaseT：資料傳輸率可達10Mbps，傳輸介質為無遮蔽式雙絞銅線(目前最常使用的是RJ45傳輸線)，最大傳輸距離為100公尺，使用集線器(Hub)或交換器(Switch)連接電腦，網路上任何一處斷線，並不會影響整個網路。

➤ 100BaseT：又稱為「高速乙太網路(Fast Ethernet)」，是由美國電子電機工程師協會(IEEE)於1995年發表802.3u規格，資料傳輸率可達100Mbps，傳輸介質為無遮蔽式雙絞銅線(UTP)或光纖(Fiber)，其比較如表11-7(a)所示。

➤ 1000BaseT：又稱為「超高速乙太網路(Gigabit Ethernet)」，由Gigabit Ethernet聯盟(GEA)於1996年推動，資料傳輸率可達1000Mbps(1Gbps)，傳輸介質為遮蔽式雙絞銅線(STP)、無遮蔽式雙絞銅線(UTP)或光纖(Fiber)，如表11-7(b)所示，由於傳輸速度夠快，也被用來做為骨幹網路(Backbone)使用。

表 11-7　乙太網路的種類與特性。(a)高速乙太網路(Fast Ethernet)的資料傳輸率可達100Mbps；(b)超高速乙太網路(Gigabit Ethernet)的資料傳輸率可達1000Mbps(1Gbps)。

(a)高速乙太網路(Fast Ethernet)

型號	100BaseTX	100BaseT4	100BaseFX	100BaseT2
介質	UTP(Cat5)	UTP(Cat3)	Fiber	UTP(Cat3)
傳輸線	2對	4對	2對	2對
標準	802.3u	802.3u	802.3u	802.3y

(b)超高速乙太網路(Gigabit Ethernet)

型號	1000BaseSL	1000BaseSX	1000BaseCX	1000BaseT
介質	Fiber	Fiber	STP	UTP(Cat5)
傳輸線	2對	2對	2對	4對
標準	802.3z	802.3z	802.3z	802.3ab

【實例】

➔目前我們最常使用的乙太網路為「10/100/1000」，指的其實就是同時支援10BaseT、100BaseT、1000BaseT的乙太網路，當使用者將這種網路卡連接到網路上時，如果網路設備(集線器或交換器)支援1000BaseT則可以使用1000Mbps(1Gbps)的資料傳輸率來傳送資料；如果網路設備支援100BaseT則可以使用100Mbps來傳送資料；如果網路設備支援10BaseT則可以使用10Mbps來傳送資料，基本上必須向下相容支援舊的網路設備才行。

集線器(Hub)

　　集線器屬於開放系統互連模型(OSI)第一層的節點，功能上與中繼器(Repeater)相似，集線器上有許多連接埠(Port)，可以連接多台電腦同時上網，屬於「非智慧型」節點，無法記錄每個連接埠所連接電腦的MAC位址，當多台電腦同時經由集線器連接網際網路傳送資料時，封包是以「廣播方式」傳送，所以資料傳輸率「平均分配」給所有的電腦使用，當電腦愈多則每台電腦分配到的資料傳輸率愈小。

　　集線器傳送封包的流程如圖11-29(a)所示，當外來的封包要經過路由器R傳送到集線器連接的某一台電腦A時，依序進行下列步驟：

➤ 路由器R先以廣播封包，以目的地IP位址呼叫所有的電腦A、B、C，這種廣播封包稱為「ARP封包(Address Resolution Protocol)」，用來以IP位址查詢MAC位址。

➤ 電腦A發現目的地IP位址是自己，則回應電腦A的MAC位址給路由器R。

➤ 路由器R將封包傳送給集線器。

➤ 集線器將封包以「廣播方式」傳送給所有的電腦A、B、C。

➤ 電腦A發現目的地IP位址是自己，則將封包接收。

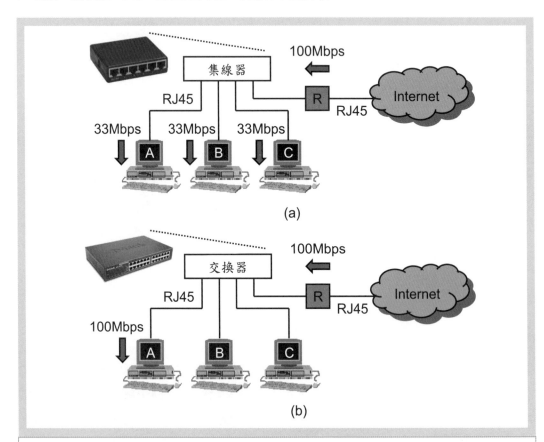

圖 11-29　乙太網路(Ethernet)。(a)集線器(Hub)無法記錄每個連接埠所連接電腦的MAC位址，使用「廣播方式」傳送封包；(b)交換器(Switch)可以記錄每個連接埠所連接電腦的MAC位址，使用「直接方式」傳送封包，每台電腦都具有原來的資料傳輸率。

➢ 電腦B與電腦C發現目的地IP位址不是自己，則將封包刪除。

☐ 交換器(Switch)

交換器屬於開放系統互連模型(OSI)第二層的節點，又稱為「第二層交換器(Layer 2 switch)」，功能上與橋接器(Bridge)相似，交換器上有許多連接埠(Port)，可以連接多台電腦同時上網，屬於「智慧型」節點，可以記錄每個連接埠所連接電腦的MAC位址，當多台電腦同時經由交換器連接網際網路傳送資料時，封包是以「直接方式」傳送，所以資料傳輸率只分配給需要傳送資料的電腦，不但資料傳輸率高，也可以減少在乙太網路裡使用「載波偵測多重存取／碰撞偵測(CSMA/CD)」傳送封包造成訊號碰撞的次數。

交換器傳送封包的流程如圖11-29(b)所示，當外來的封包要經過路由器R傳送到交換器連接的某一台電腦A時，依序進行下列步驟：

➢ 路由器R先以廣播封包，以目的地IP位址呼叫所有的電腦A、B、C。

➢ 電腦A發現目的地IP位址是自己，則回應電腦A的MAC位址給路由器R。

➢ 交換器具有記憶體，可以記錄每個連接埠所連接電腦的MAC位址，下一次如果再有封包要傳送給電腦A，就不需要再廣播了，可以減少訊號碰撞的次數。

➢ 路由器R將封包傳送給交換器。

➢ 交換器將封包以「直接方式」傳送給電腦A。

➢ 電腦A發現目的地IP位址是自己，則將封包接收。

從上面的例子可以發現，使用「交換器(Switch)」時封包直接傳送給電腦A，電腦B與電腦C並沒有接收到這個封包，所以可以減少網路上不必要的負擔，提高資料傳輸率，同時也可以增加網路安全性，避免電腦B與電腦C的使用者利用「網路監聽器(Sniffer)」來讀取目的地不是自己電腦的封包，顯然使用交換器的優點比較多，不過交換器的價格也比較高，但是目前網路設備都很便宜，所以交換器與集線器的價差很少，因此目前大部分都是使用交換器了。

> **【重要觀念】**
>
> ➜ 許多人常常分不出「MAC位址」與「IP位址」之間的差別,我們曾經介紹過MAC位址就好像「門牌地址」;IP位址就好像「公司名稱」,從前面的例子可以看出,路由器必須先使用ARP封包以目的地電腦的IP位址來查詢目的地電腦的MAC位址,再以MAC位址將這個封包傳送到目的地電腦,換句話說,IP位址是用來尋找目的地電腦的,但是實際上在傳送封包的時候,還是要靠MAC位址才行。

11-3-3 家用網路(Home network)

　　家庭內部使用的有線通訊目前是以乙太網路(Ethernet)為主,但是一般的建築物裡原來並沒有乙太網路的RJ-45傳輸線,因此必須另外佈線,在使用上比較麻煩,因此科學家們想出其他可能的解決方法,其中之一就是使用家用電話線。

▢ 家用電話網路(Home PNA)

　　家用電話網路聯盟(Home PNA:Home Phoneline Networking Alliance)於1998年提出的電話線網路標準,由3Com、AMD、IBM等11個公司組成,使用傳統的電話線(無遮蔽式雙絞銅線)來傳輸訊號,換句話說,只要建築物裡有電話線連接客廳和每個房間,就可以利用電話線來做為網路線使用。而且電話的語音訊號使用20Hz~3.4KHz來傳送、非對稱數位用戶線路(ADSL)使用25KHz~1.1MHz來傳送,而連接客廳與書房、臥房的Home PNA則使用5.5~9.5MHz來傳送,ADSL(連接外部網路)與Home PNA(連接內部網路)可以同時使用不會互相干擾。

➢ Home PNA 1.0版:1998年完成,在電話線上資料傳輸率為1Mbps,可以讓25台電腦和其他網路設備連接網際網路,設備之間最大距離為500呎。

➢ Home PNA 2.0版:1999年完成,在電話線上資料傳輸率為10Mbps。

➢ Home PNA 3.0版:2001年完成,在電話線上資料傳輸率為100Mbps。

☐ Home PNA的特性

➢ 優點：Home PNA使用時不需要撥號，非常方便，而且可以讓家裡多台電腦連接網際網路，如果家裡已經有電話線連接客廳和每個房間，則不需要重新佈線，施工簡單成本低，尤其是歐美的房子都很大，不論多麼老舊的房子室內都有電話線連接客廳和每個房間，所以使用Home PNA非常方便。

➢ 缺點：Home PNA使用5.5~9.5MHz來傳送訊號，由於高頻的訊號在無遮蔽式雙絞銅線(UTP)內衰減很嚴重，所以傳輸距離較短，而且由於台灣地狹人稠，大部分的人都居住在空間較小的公寓或大廈，早期大部分的公寓或大廈建築物內並沒有電話線連接客廳和每個房間，所以Home PNA並不適合使用在台灣的市場。

☐ 各種家用網路的比較

乙太網路(Ethernet)、家用電話網路(Home PNA)、電力線通訊(PLC)、無線區域網路(WLAN)等四種家用網路比較如表11-8所示，基本上乙太網路是目前使用最多的家用網路系統，但是要佈線不方便，而且智慧型手機不支援；無線區域網路不需要傳輸線最方便，而且智慧型手機都有支援，因此目前非常普及；電力線通訊容易受雜訊干擾，而且家裡的電力線配置混亂，通訊品質很難保證；家用電話網路特性不如乙太網路與無線區域網路，因此在台灣較少使用。

表 11-8 乙太網路(Ethernet)、家用電話網路(Home PNA)、寬頻電力線通訊(Broadband PLC)、無線區域網路(WLAN)等四種家用網路比較表。

種類	資料傳輸率	優點	缺點
Ethernet	1Gbps	資料傳輸率高	需要佈線不方便
Home PNA	100Mbps	不需要佈線	資料傳輸率較低 傳輸距離較短
Broadband PLC	200Mbps	不需要佈線	雜訊較大 資料傳輸率較低 傳輸距離較短
WLAN IEEE802.11n	100Mbps	無線最方便 支援智慧型手機	資料傳輸率較低 傳輸距離較短

家用網路通訊標準

➤UPnP通訊標準(Universal Plug and Play)：由Microsoft公司所發起的一種點對點通訊技術，由於早期所使用的網路設備種類很多，就算使用同一種網路系統，不同公司生產的網路卡、集線器、交換器或其他網路設備，在連線的時候也可能需要自行設定許多參數(例如：IP位址、子網路遮罩)等，常常讓一般的使用者傷透腦筋，UPnP通訊標準是一種可以在IP網路上實現隨插即用(Plug and play)的開放式通訊標準，讓使用者省去許多複雜的設定工作，能夠使家電產品以不同的傳輸介質來連接網路，例如：乙太網路(Ethernet)、無線區域網路(WLAN)等。由於不同公司生產的資訊家電產品並不相容，這也是為什麼目前客廳裡會有這麼多搖控器的原因，要將各廠牌的資訊家電產品用網路連接起來就必須要有一種大家共同使用的通訊標準，顯然UPnP是一個不錯的選擇，全球參與UPnP通訊標準的廠商很多，可惜目前真正使用UPnP通訊標準的產品不多。

➤SCP通訊標準(Simple Control Protocol)：是一種免付權利金的點對點通訊標準，由Microsoft、GE、Itran、Smart、Domosys等公司合作提出，其中Smart公司與Domosys公司是經營家電控制產品的公司，可見這種通訊標準就是為了要使用在資訊家電產品上。如果將UPnP與SCP通訊標準組合以後，可以通過一個簡單的邏輯網路來控制電燈開關、電器開關，甚至對家電產品進行複雜的控制工作。微軟公司在2004年推出新的視窗作業系統「Longhorn」，希望讓所有家電產品都可以具有網路與通訊的功能，所以分別推出UPnP與SCP兩種通訊標準，UPnP是用來連接所有使用IP位址的數位資訊家電產品，SCP則是用來連接所有家電設備，這兩個標準可以透過Longhorn作業系統來溝通，以個人電腦為中心將IP網路與非IP網路連結起來，不過十年的時間過去了，目前這兩種通訊標準仍然不普及。

➤數位生活網路聯盟(DLNA：Digital Living Network Alliance)：為了要使全球所有的資訊家電產品都能夠有相同的通訊規則，全球共有250家廠商聯合組成「數位生活網路聯盟(DLNA)」，希望能夠建立和維持一個開放式的軟體平台，讓每家廠商所生產的資訊家電產品都能相容，經由有線或無線的方式通訊，這樣子我們的客廳裡就不需要這麼多不同的搖控器囉！

11-3-4　語音通信(Telecom)

　　早期的有線通訊產業主要是「語音通信(Telecom)」，一直到1990年網際網路發明以後，整個有線通訊產業的重心才轉移到「資料通信(Datacom)」，語音通信是使用「線路交換(Circuit switch)」，不但計時收費，而且依照不同的距離而有不同的收費，所以通訊費用較高；資料通信是使用「封包交換(Packet switch)」，以資料傳輸率收費，而且與距離無關，所以通訊費用很低，因此目前市場上已經慢慢地要使用封包交換的方式來傳送語音訊號，也就是俗稱的「網路電話」。

❑ 公共交換電信網路(PSTN：Public Switched Telephone Network)

　　傳統的電話系統稱為「公共交換電信網路(PSTN)」，以線路交換傳輸語音訊號，屬於「雪花形拓撲(Snowflake)」，是由長途交換機、市話交換機、私用交換機(PBX：Private Branch Exchange)組成，其架構如圖11-30所示，假設由台灣大學的123研究室分機撥打長途電話到成功大學的789研究室分機，則其過程為：123研究室分機，經由台大的私用交換機(PBX)、台北市南區的市話交換機、台北市的長途交換機，傳送到台南市的長途交換機、台南市東區的市話交換機、成大的私用交換機(PBX)，最後轉接到789研究室，這就是我們用了超過一個世紀的傳統電話。

　　私用交換機(PBX)就是我們打電話到大型機關團體時，第一個接起電話的系統，俗稱「總機」，早期電話系統使用的是人工總機，也就是由接線生接起電話，再以手動的方式轉接到內部的「分機」，後來由於電腦的進步，慢慢地變成由使用者直接以電話輸入分機號碼，由電腦自動轉接到分機，再加上目前語音訊號處理的進步，所以現在我們打電話，不但可以有全自動的私用交換機(PBX)替我們轉接分機，還可以聽到美美的聲音，甚至使用語音辨識系統替我們轉接電話囉！

❑ 整合服務數位網路(ISDN：Integrated Service Digital Network)

　　1988由國際電話電報組織(CCITT)定義的系統，由於早期的電信系統除了傳統電話，還有傳真、影像電話、電腦網路等各自租用不同的專線連接，無法互相支援，使用上很不方便，所以提出了「整合服務數位網路(ISDN)」：

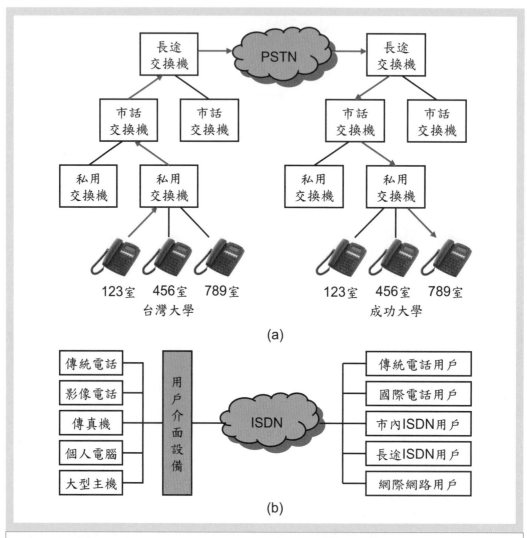

圖 11-30　語音通訊系統。(a)公共交換電信網路(PSTN)，以線路交換傳輸語音訊號；(b)整合服務數位網路(ISDN)可以支援線路交換與封包交換，整合聲音(Voice)、視訊(Video)、影像(Image)、資料(Data)等各種資訊，經由單一介面傳輸。

➤ 窄頻整合服務數位網路(N-ISDN：Narrowband-ISDN)：資料傳輸率很低，可以整合聲音(Voice)、視訊(Video)、影像(Image)、資料(Data)等各種資訊，經由單一介面傳輸，提供廣泛的通訊需求，如圖11-30(b)所示。

➤ 寬頻整合服務數位網路(B-ISDN：Broadband-ISDN)：為了提高ISDN的資料傳輸率，後來電信公司使用高速光纖網路使資料傳輸率達到1Gbps以上。可以載送任何型式的數位訊號，更可以傳送高密度電視(HDTV)、隨選視訊(VOD)、視訊電話(Video phone)、視訊會議(Video conference)等對資料傳輸率要求較大的傳輸設備，目前還有大型企業或機關組織在使用這種系統。

　　窄頻與寬頻ISDN的比較如表11-9所示，其中N-ISDN包括B、D、H0、H11、H12等通道；B-ISDN包括H2、H3、H4等通道，但是隨著網際網路的發展，使用網路系統就可以支援所有的通訊服務，因此ISDN系統已經慢慢被取代了。

☐ 語音與資料整合通信(VoIP：Voice over IP)

　　語音與資料整合通信(VoIP：Voice over IP)的「Voice」是指語音，「IP」是指IP位址，也就是電腦網路，將傳統的PSTN電話系統與電腦網路連接，透過電腦網路來傳送長途電話，可以節省通話費用，就是我們俗稱的「網路電話」，目前許多大型公司都已經開始使用網路電話，可以大幅減少通訊費用，再加上未來通訊頻寬必定是愈來愈寬，使用網路電話除了可以傳送語音，也可以傳送影像，更容易與電腦結合，讓全球各地的分公司連接到同一台伺服器進行視訊會議、多方通

表 11-9　窄頻整合服務數位網路(N-ISDN)與寬頻整合服務數位網路(B-ISDN)比較表。

窄頻整合服務數位網路 (Narrowband-ISDN)		寬頻整合服務數位網路 (Broadband-ISDN)	
通道	速率	通道	速率
B	64Kbps	H2	30~45Mbps
D	16/64Kbps	H3	60~70Mbps
H0	384Kbps	H4	120~150Mbps
H11(美國)	1.53Mbps		
H12(歐洲)	1.92Mbps		

話、多方會議等，顯然網路電話是未來的發展趨勢。

　　由於語音通信是使用「線路交換(Circuit switch)」，屬於類比訊號；電腦網路是使用「封包交換(Packet switch)」，屬於數位訊號，兩者有很大的差別，所以必須先經由脈碼調變(PCM)將類比的語音訊號轉換成數位訊號，再切割成封包(Packet)才能傳送到電腦網路；相反的，必須將數位的封包(Packet)轉換成類比的語音訊號才能傳送到PSTN電話系統，這兩種轉換工作一定與開放系統互連模型(OSI)中所有的表頭都有關係，所以必須使用可以讀寫封包表頭1~表頭7的「VoIP閘道器」來連接公共交換電信網路(PSTN)與網際網路(Internet)兩種不同型態的網路系統，如圖11-31(a)所示。目前的VoIP系統大概可以分為下列四種：

➢ 電腦對電腦(PC to PC)：不需要透過VoIP閘道器，完全屬於網際網路的通訊，費用最低，但是通訊品質較差，使用者不必支付通話費用(但是仍然必須支付上網費用)，例如我們在電腦上常用的Google Talk、Google Voice、Skype等，還有智慧型手機上常用的即時通訊軟體Line、WhatsApp等，隨著相關的伺服器軟體技術發展，通訊品質漸漸改善，未來這種網路電話很有可能完全取代傳統電話，由於傳統電話計時收費利潤較高，而網路電話只能收到固定的上網費用，所以電信業者對這種東西當然排斥，發展速度可能會緩慢一些。

➢ 電腦對電話(PC to Phone)：VoIP閘道器設置在靠近電話端，使用者經由電腦上的通訊軟體撥打傳統的電話號碼，封包(Packet)先經由網際網路連接到接收端的VoIP閘道器轉換成語音訊號，到達接收端的公共交換電信網路(PSTN)系統連接傳統電話，入口網站業者必須與各地電信業者合作，使用者必須支付市內電話費用。

➢ 電話對電腦(Phone to PC)：VoIP閘道器設置在靠近電話端，使用者的傳統電話經由公共交換電信網路(PSTN)系統連接到傳送端的VoIP閘道器，將語音訊號轉換成封包(Packet)，再經由網際網路傳送到接收端的電腦，入口網站業者必須與各地電信業者合作，使用者必須支付市內電話費用，這種連接方式目前較少使用。

➢ 電話對電話(Phone to Phone)：使用者的傳統電話經由公共交換電信網路(PSTN)系統連接到傳送端的VoIP閘道器，將語音訊號轉換成封包(Packet)，經由網際網路傳送到接收端的VoIP閘道器，再將封包(Packet)轉換成語音訊號，經由PSTN系統

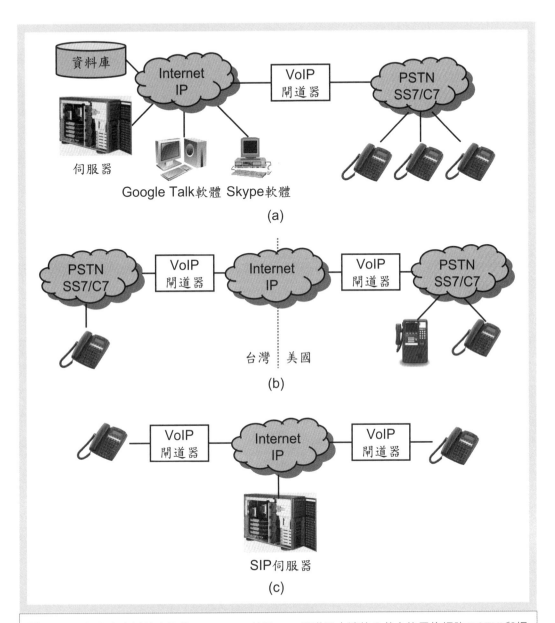

(a)

(b)

(c)

圖 11-31 語音與資料整合通信(VoIP)。(a)使用VoIP閘道器來連接公共交換電信網路(PSTN)與網際網路(Internet)兩種不同型態的系統;(b)電話對電話的網路電話系統;(c)使用SIP伺服器的網路電話系統。

傳送到接收端的傳統電話,如圖11-31(b)所示。這種網路電話必須經過電信業者的PSTN系統,所以仍然要支付市內電話費用,大家有沒有發現目前撥打長途電話的費用比20年前便宜許多,因為電信業者目前都會將台灣到美國這一段長途電話改成網路電話,可以大幅減低通訊費用。在出國之前可以先購買一張國際網路電話卡,到了國外之後只要使用任何一台電話撥打該國的免付費電話號碼(就好像台灣的0800電話),就可以連接到中華電信設置在該國的VoIP閘道器,接著輸入一組帳號密碼就可以連接到網際網路,並且經由圖11-31(b)的架構和在台灣的家人通話囉!雖然聲音聽起來還不算太好,不過NT$200元可以講一個小時算是很便宜唷!

☐ 會話發起通訊協定(SIP:Session Initiation Protocol)

另外有一種網路電話,傳送端與接收端都是傳統電話,但是連接的過程完全經由網際網路,不需要經由公共交換電信網路(PSTN),如圖11-31(c)所示,由於傳統電話不經過PSTN系統則沒有電話號碼,怎麼撥打電話呢?這種網路電話通常使用「會話發起通訊協定(SIP:Session Initiation Protocol)」,在使用之前必須先向網路上的「SIP伺服器」註冊,取得號碼以後才能使用,使用者的電話經由傳送端的VoIP閘道器連接到SIP伺服器,再經由SIP伺服器傳送到接收端的VoIP閘道器,最後由接收端的電話接收。在這個例子裡的VoIP閘道器通常只是一個可以將傳統電話的類比語音訊號轉換成數位訊號,或將數位訊號轉換成類比語音訊號的盒子,使用者必須自行購買這個VoIP閘道器,再連接到網際網路來使用。

從前面的例子我們可以發現,目前的網路電話主要是在節省長途電話的通訊費用,凡是會經過公共交換電信網路(PSTN)系統的長途電話,就用網際網路(Internet)系統取代,利用網際網路不管通訊距離與時間收費都固定的特性,就可以節省通訊費用囉!

11-4 高速網際網路

在介紹過各種有線通訊技術之後,讓我們重新檢視幾種常見的有線通訊網路系統,讓大家對網際網路的架構與未來高速網際網路的發展有更深入的認識,本節將介紹網際網路的組成與各種骨幹網路系統。

11-4-1 網際網路的組成

在討論通訊產業的時候,我們習慣將電腦網路區分為骨幹網路、地區網路、接取網路、用戶設備等四個部分,現在我們分別討論這四個部分所使用的網路系統,再詳細介紹每一種網路系統的原理與特性。

☐ 網際網路的組成

➤ 骨幹網路(Backbone network):骨幹網路是距離使用者最遠的網路系統,也是大家最不熟悉的部分,通常只有電信公司的工程師才有機會接觸到這個部分,目前常用的骨幹網路系統包括:高密度波長多工(DWDM)、光纖分散數據介面(FDDI)、同步光纖網路(SONET)、同步數位體系(SDH)、非同步傳輸模式(ATM)等。

➤ 地區網路(Regional network):地區網路是各地區使用的網路系統,距離使用者比較近,不過大家仍然很少聽過,通常也只有電信公司的工程師才有機會接觸到這個部分,常用的地區網路系統也是Ethernet、FDDI、SONET、SDH、ATM等。

➤ 接取網路(Access network):又稱為「最後一哩(Last mile)」,就是由地區網路連接到用戶端的網路系統,這個部分距離使用者最近,也是大家最熟悉的部分,接取網路系統又分為有線網路與無線網路兩種,目前常用的有線接取網路系統包括:非對稱數位用戶線路(ADSL)、纜線數據機(Cable modem)、光纖用戶迴路(FITL)、光纖同軸電纜混合網路(HFC)、光纖到區(FTTC)等。

➤ 用戶設備(CPE:Customer Premises Equipment):是指使用者所使用的通訊設備,例如:智慧型手機、平板電腦、ADSL數據機、纜線數據機、網路卡等。

□ 接取網路(Access network)

由於接取網路是連接到用戶端，不但大家比較熟悉，通訊設備的使用量也很大，肯定是各家通訊廠商必爭之地，市場競爭非常激烈，常見的有下列系統：

➤ 數位用戶線路(xDSL：Digital Subscriber Line)：由接取節點(最靠近用戶端的電信機房)以無遮蔽式雙絞銅線(UTP)與用戶端通訊設備連接，每一個用戶都有獨立的專線與接取節點連接，安全性比較高，如圖11-32(a)所示。

➤ 同軸電纜(Coaxial cable)：由接取節點以同軸電纜與用戶端通訊設備連接，每一個用戶各自掛上共用一條主纜，安全性比較低，如圖11-32(b)所示。

➤ 光纖用戶迴路(FITL：Fiber In The Loop)：由接取節點先以光纖向用戶端沿伸到光電轉換器，使資料傳輸率更高，再以無遮蔽式雙絞銅線(UTP)與用戶端通訊設備連接，每一個用戶都有獨立的專線，安全性比較高，如圖11-32(c)所示。

➤ 光纖同軸電纜混合網路(HFC：Hybrid Fiber Coaxial)：由接取節點先以光纖向用戶端沿伸到光電轉換器，使資料傳輸率更高，再以同軸電纜與用戶端通訊設備連接，每一個用戶各自掛上共用一條主纜，安全性比較低，如圖11-32(d)所示。

➤ 光纖到區(FTTC：Fiber To The Curb)：由接取節點以光纖沿伸到用戶端社區(Curb)，也就是將光電轉換器放置在社區內稱為「光纖到區(FTTC)」；以光纖沿伸到用戶端大樓稱為「光纖到樓(FTTB：Fiber To The Building)」；以光纖沿伸到用戶端家中稱為「光纖到家(FTTH：Fiber To The Home)」；以光纖沿伸到用戶端桌上的電腦稱為「光纖到桌(FTTD：Fiber To The Desk)」。

科學家們嚮往未來的高速網際網路就是將光纖網路由骨幹網路向用戶端延伸，最後以光纖網路取代所有接取網路，這樣才能夠達成光纖到樓(FTTB)、光纖到家(FTTH)，甚至光纖到桌(FTTD)的服務。

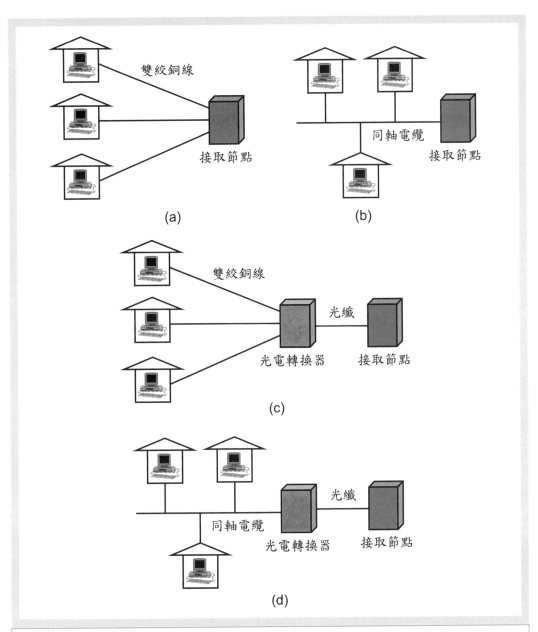

【問題與討論】

　　光纖到樓(FTTB)、光纖到家(FTTH)，甚至光纖到桌(FTTD)是不是真的有必要？在第二冊第8章「光通訊產業」中曾經提到，光纖的成本很低，但是光通訊相關的主動與被動元件價格卻不低，這是為什麼光通訊目前大部分都使用在骨幹網路的主要原因，雖然科學家一直希望能夠早日實現光纖到桌(FTTD)的理想，但是要讓光纖直接連接到電腦，則必須使用以光收發模組製作的光網路卡，目前一張資料傳輸率可以同時支援10M/100M/1000Mbps的超高速乙太網路卡價格不過NT$300元，但是光網路卡上包括雷射二極體(LD)、光偵測器(PD)、許多光學被動元件，一張光網路卡的價格至少NT$3000元以上，雖然資料傳輸率可以高達40Gbps，但是一個有趣的問題是：我們要這麼高的資料傳輸率做什麼用呢？使用雙絞銅線擁有1000Mbps(1Gbps)的資料傳輸率就已經很夠用了，而且光纖到樓(FTTB)就已經很夠用了，中華電信的「光世代」就是屬於光纖到樓(FTTB)，所以光纖到家(FTTH)與光纖到桌(FTTD)是沒有需要的，反而是該想想網路還有那些創新的應用比較實際。

　　現在的科技產業最大的問題是：「人類真正需要的東西做不出來，人類不需要的東西做一大堆」，例如：一千萬畫素(10M)的數位相機就已經可以得到很好的影像品質了，但是現在已經有一億畫素(100M)的數位相機問世；雙絞銅線就已經可以擁有1Gbps的資料傳輸率了，人類卻還一直想要把光纖接到桌子上，倒底是什麼原因呢？其實不同的產業有不同的成長週期，電子、光電、通訊都已經突破了技術瓶頸，但是能源、生物、環保卻還有很長的路要走，這是目前科技產業最大的困境，也是值得走在時代前端的高知識份子好好用心思考的問題。

11-4-2　光纖網路系統

　　介紹了接取網路以後，本節接著介紹幾種骨幹網路與地區網路經常使用的系統，這些網路系統其實都很複雜，一般使用者又很少接觸，所以並不建議大家花太多時間去學習，真正有機會接觸到這些骨幹網路的只有網際網路服務供應商(ISP)，為了保持本書的完整性，我們只是簡單介紹，讓大家有概略的了解。

☐ **光纖分散數據介面(FDDI：Fiber Distributed Data Interface)**

　　光纖分散數據介面(FDDI)是由ANSI組織所制定的高速區域網路通訊標準，以光纖為傳輸介質，採用雙向環形拓撲，分散式控制(記號環)，資料傳輸率可達100Mbps，最多可以提供500個節點(路由器)，節點之間最大的距離為2公里，區域網路總長度可達100公里以上，具有下列兩個特性：

➢ **分享頻寬(Shared bandwidth)**：FDDI網路上所有的工作站共同分享網路的頻寬(資料傳輸率)，假設網路上有10部工作站，總資料傳輸率為100Mbps，則每部工作站的資料傳輸率只有10Mbps。

➢ **非連線導向(Connectionless oriented)**：網路上任意兩個工作站在通訊之前不需要先建立連線，適合作為骨幹網路使用，節點(路由器)數目較少，可以減少繞送時間，使用光纖網路具有質量輕、損耗低、不受電擊影響的優點，但是光電轉換節點內有許多昂貴的光學元件，而且施工技術困難，成本較高。

　　光纖分散數據介面(FDDI)屬於雙向環形拓撲，以「集中器(Concentrator)」為基礎結構，可以再連接到許多工作站，雙向環形網路包括「主環路(Primary ring)」與「次環路(Secondary ring)」，又可以分為三個部分，如圖11-33(a)所示：

➢ **骨幹網路(Backbone)**：雙向環形網路，可以將不同種類的區域網路連接起來。

➢ **前端網路(Front end)**：經由集中器可以連接工作站、伺服器或個人電腦。

➢ **後端網路(Back end)**：支援大型電腦、超級電腦與高速儲存設備。

　　傳統網路的資料封包需要經過較多的路由器才能到達目的地，如圖11-33(b)所示左下方的電腦與右下方的電腦傳送資料必須經過6個路由器；而光纖分散數據介

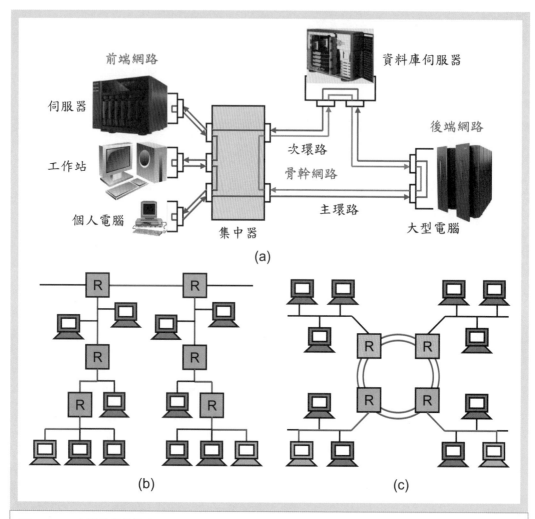

(a)

(b)   (c)

圖 11-33　光纖分散數據介面(FDDI)。(a)FDDI屬於雙向環形拓撲包括主環路與次環路，可以分為
　　　　　骨幹網路、前端網路、後端網路；(b)傳統網路：左下方與右下方的電腦傳送資料經過6
　　　　　個路由器；(c)FDDI網路：左下方與右下方的電腦傳送資料經過2個路由器。

面(FDDI)網路的資料封包只要經過較少的路由器就可以到達目的地，如圖11-33(c)
所示左下方的電腦與右下方的電腦傳送資料只要經過2個路由器。

　　後來ANSI組織又推出功能加強版本「第二代光纖分散數據介面(FDDI-II)」，

可以提供「等時傳輸(Isochronous)」服務，資料傳輸的時間間隔是固定的，如同一條專用線路，傳送端等時送入資料，接收端就可以等時接收資料，其實有點類似「線路交換(Circuit switch)」的原理，這樣可以根據網路頻寬及其他通訊需求，彈性的來選擇適當的傳輸服務。

❏ **同步光纖網路(SONET：Synchronous Optical Network)**

同步光纖網路(SONET)是由ANSI組織為了數位光纖傳輸所開發的技術，屬於北美地區的光纖通訊標準，SONET網路以規劃好的資料傳輸率來傳送資料，稱為「同步傳輸訊號(STS-N：Synchronous Transport Signal level N)」，最低的資料傳輸率STS-1定義為51.84Mbps，其他資料傳輸率STS-N則是STS-1的N倍，例如：STS-3為STS-1的3倍，所以STS-3的資料傳輸率為51.84Mbps×3=155.52Mbps，其他資料傳輸率依此類推，如表11-10所示。

同步光纖網路(SONET)採用非歸零碼(NRZ)編碼技術，以光源開(ON)代表1，光源關(OFF)代表0，光訊號的傳輸稱為「光載波(OC-N：Optical Carrier level N)」，在SONET網路中的每一個位元都是使用一個脈衝的光訊號來傳送，所以OC-N的資料傳輸率和STS-N的資料傳輸率相同，如表11-10所示。

❏ **同步數位體系(SDH：Synchronous Digital Hierarchy)**

同步數位體系(SDH)是由ITU組織為了數位光纖傳輸參考北美的同步光纖網路(SONET)所開發的通訊標準，屬於全球的光纖通訊標準，SDH網路以規劃好

表 11-10 SONET網路(STS-N)、SDH網路(STM-N)、光載波(OC-N)的資料傳輸率比較表。

SONET網路 ANSI代號	光載波	SDH網路 ITU代號	資料傳輸率
STS-1	OC-1		51.84Mbps
STS-3	OC-3	STM-1	155.52Mbps
STS-9	OC-9	STM-3	466.56Mbps
STS-12	OC-12	STM-4	622.08Mbps
STS-18	OC-18	STM-6	933.12Mbps
STS-24	OC-24	STM-8	1244.15Mbps

的資料傳輸率來傳送資料，稱為「同步傳輸模組(STM-N：Synchronous Transport Module level N)」，最低的資料傳輸率STM-1定義為155.52Mbps，其他資料傳輸率STM-N則是STM-1的N倍，如表11-10所示。

11-4-3　非同步傳輸模式網路(ATM network)

非同步傳輸模式(ATM：Asynchronous Transfer Mode)具有相當完善的服務品質保障功能，目前的相關技術已經進入實用階段，我國推展的「國家資訊基礎建設(NII：National Information Infrastructure)」就是以ATM為骨幹網路，除了提供一般的通訊服務，也可以提供遠距教學、隨選視訊、視訊會議等應用。中華電信的ADSL服務與多家電信公司的Cable modem服務都有使用ATM為骨幹網路。

☐ 傳輸模式

在分時多工系統中，傳輸通道被分割成許多時間相同的時槽(Time slot)，傳送端依照時間順序使用時槽，使用時有下列兩種不同的模式：

➤ 同步傳輸模式(STM：Synchronous Transfer Mode)：傳送端與接收端同步，如果沒有資料要傳送時，仍然空著一個時槽，其他傳送者也無法使用，這樣會使傳輸介質的使用效率較低，如圖11-34(a)所示。

➤ 非同步傳輸模式(ATM：Asynchronous Transfer Mode)：傳送端與接收端沒有同步，如果沒有資料要傳送時則不分配時槽，可以將時槽提供給其他傳送者使用，使傳輸介質的使用效率提高，如圖11-34(b)所示。

☐ 非同步傳輸模式網路(ATM network)

非同步傳輸模式(ATM)網路是由ITU組織所制定的高速網路通訊標準，並且經由ANSI組織提供相關技術，是以「交換機(Switch)」為主體的網路架構，並以「虛擬線路交換(Virtual circuit switch)」的方式傳送封包，同時具有線路交換與封包交換的優點。ATM網路的每一個交換機有許多連接埠(Port)，每一台工作站經由一條專線連接到ATM交換機不同的連接埠上，具有下列兩個特性：

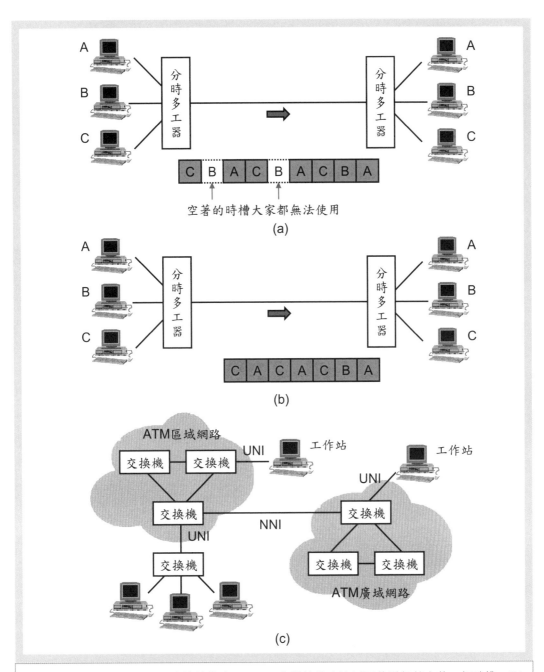

圖 11-34　ATM網路。(a)同步傳輸模式(STM)：傳送端沒有資料要傳送仍然空著一個時槽；(b)非同步傳輸模式(ATM)：傳送端沒有資料要傳送時不分配時槽；(c)ATM網路以交換機(Switch)為主體，經由網路－網路介面(NNI)與使用者－網路介面(UNI)連接。

➤ 累積頻寬(Aggregated bandwidth)：ATM網路上所有的工作站會累積網路的頻寬(資料傳輸率)，資料傳輸率是由ATM交換機的線路設計與連線方式決定，由所有傳輸線的資料傳輸率累加起來，假設網路上有10部工作站，每部的資料傳輸率均為155Mbps，則總資料傳輸率為155Mbps×10=1550Mbps=1.55Gbps。

➤ 連線導向(Connection oriented)：網路上任意兩個工作站在通訊之前必須先建立連線，同時每一條連線可以有不同的「服務品質(QoS：Quality of Service)」。

　　ATM架設在區域網路時可以使用光纖或同軸電纜做為實體傳輸介質，架設在廣域網路可以使用同步光纖網路(SONET)或同步數位體系(SDH)做為實體傳輸介質，目前制定的標準資料傳輸率為622Mbps、155Mbps、100Mbps等。

　　ATM網路是以交換機(Switch)為主體的網路架構，先由交換機連結成ATM廣域網路，並且經由「網路－網路介面(NNI：Network Network Interface)」將不同的廣域網路與區域網路連接起來；如果要連接到工作站、伺服器或主機，則可以經由「使用者－網路介面(UNI：User Network Interface)」，如圖11-34(c)所示。

☐ 服務品質(QoS：Quality of Service)

　　服務品質(QoS)是通訊系統裡很重要的觀念，由於網路上的封包種類很多，有的封包要求正確性而不需要立即傳送；有的封包要求立即傳送而不要求正確性，網路上的節點(路由器或閘道器)，如果可以針對不同種類的封包提供不同的傳送順序，我們就說這種節點可以提供「服務品質(QoS：Quality of Service)」的功能。

➤ 電子郵件或一般檔案封包：通常要求資料的正確性而不需要立即傳送，有時候我們傳送電子郵件會立刻收到，但是當網路塞車的時候，必須等一會兒才會收到，所以當網路上的節點收到這種封包，就必須判斷目前網路的流量，如果網路塞車則可以先將這種封包儲存在記憶體中，等網路流量變小的時候再傳送。

➤ 視訊或音訊封包：通常在網路系統中一邊傳送、一邊播放，我們稱為「影音串流(Audio/Video streaming)」，通常要求資料要立即傳送否則來不及播放，而且這種封包如果傳送錯誤也不必重新傳送，因為就算重新傳送也來不及播放了，所以當網路上的節點收到這種封包，不論如何都必須優先傳送。例如：中華電信提供的「隨選視訊(VOD：Video on Demand)」就是透過網路傳送視訊與音訊封包。

11-4-4 高速網際網路的未來

　　隨著雲端運算與網路科技的進步，網路系統的複雜度愈來愈高，通訊系統的資料傳輸率也愈來愈快，新的硬體設備與軟體程式不斷開發出來，新的應用也推陳出新，那麼未來的高速網際網路會如何發展呢？

□ 網路架構的層次

　　開放系統互連模型(OSI)有七層，所以網路的架構一定是依照這七層模型來定義，前面所提到的FDDI網路、SONET網路、SDH網路、ATM網路等，分別是屬於七層模型裡的不同層次，所以必須同時配合使用才能形成網路系統。

➤ IP/Ethernet：提供封包傳送IP位址，屬於OSI模型的第三層，也就是「網路層」。

➤ ATM：傳送ATM封包，屬於OSI模型的第三層，也就是「網路層」。

➤ SONET/SDH：可以提供容易管理的骨幹網路系統，才能提升網際網路的資料傳輸率，屬於OSI模型的第二層，也就是「資料連結層」。

➤ DWDM：利用高密度波長多工(DWDM：Dense Wavelength Division Multiplexing)技術可以提供高頻寬的實體介質，屬於OSI模型的第一層，也就是「實體層」，關於高密度波長多工(DWDM)技術請參考第二冊第8章「光通訊產業」的說明。

□ 高速網際網路的發展

　　由於層次愈多代表系統需要愈長的時間來處理資料封包，所以未來一定是要讓網路架構的層次愈少愈好，科學家們將高速網際網路的架構發展畫成如圖10-35的示意圖，包括下列三個階段：

➤ **第一階段**：如圖11-35(a)所示，第三層是利用IP或乙太網路(Ethernet)來處理封包，但是必須透過ATM網路的交換機來進行封包交換工作，架構在SONET/SDH光纖網路系統上，實際傳送封包則是透過光纖網路的高密度波長多工(DWDM)技術。

➤ **第二階段**：如圖11-35(b)所示，第三層是利用IP或乙太網路(Ethernet)來處理封包，但是省略ATM網路的交換機，直接利用SONET/SDH光纖網路系統來進行封包交換工作，實際傳送封包則是透過光纖網路的高密度波長多工(DWDM)技術。

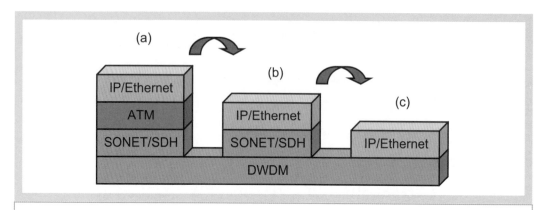

圖 11-35 高速網際網路的發展。(a)第一階段：利用IP/Ethernet網路、ATM網路、SONET/SDH 光纖網路、高密度波長多工 (DWDM)技術進行封包交換與傳送工作；(b)第二階段：省略ATM網路；(c)第三階段：省略ATM網路與SONET/SDH光纖網路。

如果要利用SONET/SDH光纖網路系統來進行封包交換工作代表光纖網路系統必須能夠處理第三層的工作，因此必須使用光交換器(Optical switch)來處理，這種網路目前已經在使用，關於光交換器請參考第二冊第8章「光通訊產業」的說明。

➤ **第三階段**：如圖11-35(c)所示，第三層是利用IP或乙太網路(Ethernet)來處理封包，但是省略ATM網路的交換機，也省略SONET/SDH光纖網路系統，直接利用光纖網路的高密度波長多工(DWDM)技術來進行封包交換與傳送工作，要達成這個目標必須建立「全光學網路」，也就是不經過光電轉換的動作，直接以光學系統進行封包的交換與傳送，這是科學家們努力的終極目標，但是困難度極高，舉例來說，電訊號要儲存可以使用記憶體(SDRAM、DDR)，但是光訊號是無法直接儲存的，因此全光學網路或許只是科學家們的想像而已。

✂ 【習題】

1. 什麼是「完整網域名稱(FQDN)」？什麼是「DNS伺服器」？請簡單說明網址「www.ntu.edu.tw」每個點號之間分別代表什麼意思？

2. 什麼是「NAT伺服器」？為什麼NAT伺服器是最重要的防火牆成員？請簡單說明NAT伺服器的主要功能。

3. 什麼是「代理伺服器(Proxy server)」？什麼是「檔案伺服器(File server)」？什麼是「資料庫伺服器(Database server)」？什麼是「應用伺服器(Application server)」？

4. 什麼是「防火牆(Firewall)」？使用防火牆的優點與缺點有那些？防火牆的成員有那些？各有什麼功能？

5. 什麼是「對稱加密(Symmetric encryption)」？對稱加密演算法有那些，這些加密技術有什麼不同？什麼是「非對稱加密(Asymmetric encryption)」？非對稱加密演算法有那些，這些加密技術有什麼不同？

6. 什麼是「非對稱數位用戶線路(ADSL)」？什麼是「纜線數據機(Cable modem)」？什麼是「集線器(Hub)」？什麼是「交換器(Switch)」？請簡單畫出這四種通訊設備的架構，並且比較它們的差別。

7. 家庭用戶要讓客廳與書房、臥房、廚房等每個房間都可以上網，可以使用乙太網路(Ethernet)、家用個人網路(Home PNA)、電力線通訊(PLC)、無線區域網路(WLAN)等，請簡單比較這四種家用網路的差別。

8. 什麼是「語音與資料整合通信(VoIP：Voice over IP)」？請簡單說明語音與資料整合通信有那四種連接方式。

9. 在討論通訊產業的時候，我們習慣將電腦網路區分為骨幹網路、地區網路、接取網路、用戶設備等四大部分，請簡單說明這四大部分有那些網路系統或設備可以使用。

10. 什麼是「服務品質(QoS：Quality of Service)」？什麼又是「影音串流(Video/Audio streaming)」？請簡單說明電子郵件或一般檔案封包與視訊或音訊封包在網路傳送的時候有何差別。

12 無線通訊產業
——一機在手任我行

　　無線通訊技術是廿一世紀最重要的發明，在第10章我們曾經介紹過什麼是多工技術(TDMA、FDMA、CDMA)，什麼是數位訊號調變技術(ASK、FSK、PSK、QAM)，接下來我們再進一步利用這些基礎知識，應用在真實的無線通訊系統上，談談目前我們所使用的數位無線通訊系統，想不想知道我們天天帶在身邊的手機是如何運作的呢？開始覺得有趣了嗎？趕快看下去吧！

　　本章的內容包括12-1無線通訊技術：介紹無線通訊系統的種類與特性、無線通訊原理、展頻技術(Spread spectrum)、數位通訊系統；12-2蜂巢式行動電話(Cellular phone)：討論蜂巢式行動電話的原理、行動電話的世代、GSM系統簡介、WCDMA系統簡介、LTE/LTE-Advanced系統簡介、無線式行動電話(Cordless phone)、無線都會網路(WMAN)；12-3短距離無線傳輸：介紹無線區域網路(WLAN)、藍牙無線傳輸(Bluetooth)、近場通訊(NFC)、其他短距離無線傳輸；12-4衛星通訊：討論衛星通訊系統、全球衛星定位系統(GPS)、輔助式全球衛星定位系統(AGPS)，最後再以大家最熟悉的iPhone 4S智慧型手機與iPad 2平板電腦為例，介紹含有無線通訊的系統整合。

12-1 無線通訊技術

無線通訊是廿一世紀最重要的里程碑，能夠走到那裡說到那裡，甚至看到那裡，實在是很方便的事，前面我們曾經介紹過無線通訊的頻寬有限，因此科學家發明了許多新技術讓更多的設備可以使用無線通訊。

12-1-1 無線通訊的種類與特性

在討論無線通訊技術之前，我們先針對目前市場上常見的各種無線通訊系統做簡單的分類，讓大家先有概略的認識，同時介紹無線通訊的功率計算。

☐ 無線通訊系統的移動特性

無線通訊系統依照不同的移動特性，可以分為下列三種：

➤ 固定無線網路(Fixed wireless network)：通訊設備固定，但是可以透過無線寬頻連接網路，例如：個人電腦使用的無線區域網路(WLAN)。

➤ 移動無線網路(Portable wireless network)：通訊設備可以移動，但是必須在某一個固定的區域內移動，例如：筆記型電腦內建無線區域網路(WLAN)。

➤ 行動無線網路(Mobile wireless network)：通訊設備可以移動，而且可以行動上網(一邊移動、一邊上網)，例如：第2.5代行動電話GPRS系統、第三代行動電話WCDMA系統、第四代行動電話LTE系統等。

☐ 無線通訊系統的種類

無線通訊系統依照不同的通訊距離，分為下列四種，如表12-1所示：

➤ 無線個人網路(WPAN：Wireless Personal Area Network)：通常應用在週邊設備，例如：搖控器、無線耳機、無線鍵盤、無線滑鼠等，可以使用藍牙(Bluetooth)、紅外光無線傳輸(IrDA)、家用射頻(Home RF)、紫蜂(Zigbee)、超寬頻(UWB)等技術，資料傳輸率小於10Mbps(除了UWB以外)，傳輸距離1~10公尺。

表 12-1	無線通訊系統的種類。			
種類名稱	WPAN	WLAN	WMAN	WWAN
通訊標準	IEEE802.15	IEEE802.11	IEEE802.16	IEEE802.20
系統名稱	IrDA Home RF Bluetooth ZigBee UWB	IEEE802.11 Hiper LAN	MMDS LMDS WiMAX	GSM GPRS/EDGE WCDMA HSDPA/HSUPA LTE/LTE-A
資料傳輸率	<10Mbps	<100Mbps	<70Mbps	<1Gbps
通訊距離	1~10公尺	10~100公尺	1~50公里	1~20公里
應用	搖控器 無線耳機 無線鍵盤 無線滑鼠	公司或家庭的 內部網路	都會區的 行動網路	全球各地區的 行動網路

➤ 無線區域網路(WLAN：Wireless Local Area Network)：能夠讓使用者在公司或家庭的內部連接網路，可以使用IEEE802.11、Hiper LAN等技術，資料傳輸率小於100Mbps，傳輸距離10~100公尺。

➤ 無線都會網路(WMAN：Wireless Metropolitan Area Network)：讓使用者在都會地區的任何地方連接網路，屬於移動或行動無線寬頻網路，可以使用LMDS、MMDS、WiMAX等技術，資料傳輸率小於70Mbps，傳輸距離1~50公里。

➤ 無線廣域網路(WWAN：Wireless Wide Area Network)：應用在全球各地區的行動網路，早期由於技術限制只能應用在語音通信，目前的技術已經可以讓使用者連接網路，而且達到真正的行動無線寬頻網路，可以使用GSM、WCDMA、LTE等技術，資料傳輸率可達1Gbps，傳輸距離1~20公里。

☐ **無線通訊的功率計算**

➤ 分貝毫瓦(dBm)：是指功率的絕對值，我們定義1毫瓦(1mW)為0dBm，由下列公式可以算出功率(毫瓦)與分貝毫瓦(dBm)的關係：

$$dBm = 10\log\left[\frac{P(mW)}{1mW}\right] = 10\log P(mW) \tag{12-1}$$

所以0dBm=1mW、10dBm=10mW、20dBm=100mW、30dBm=1000mW=1W，一般而言，行動電話基地台的功率大約40~50dBm(10~100W)，行動電話的功率大約20~30dBm(100~1000mW)，無線區域網路(WLAN)的接取點(AP)功率大約10~20dBm(10~100mW)，藍牙(Bluetooth)功率大約0~10dBm(1~10mW)。

➤ 分貝(dB：decibel)：是指功率的相對值(兩個相同單位數量的比值)，由下列公式可以算出功率的增益(功率放大的比例)與衰減(功率減小的比例)：

$$dB = 10\log\left[\frac{P_2(mW)}{P_1(mW)}\right] = dBm_2 - dBm_1 \qquad (12\text{-}2)$$

【實例】

第二代行動電話(GSM)的手機天線發射電磁波功率大約為1W，相當於多少分貝毫瓦(dBm)？距離一公里外量測電磁波衰減為10mW，相當於多少分貝毫瓦(dBm)？請問這支手機的電磁波一公里衰減多少分貝(dB)？

〔解〕

P_1=1W=1000mW代入公式dBm=10log[1000(mW)]=30dBm所以1W=30dBm

P_2=10mW代入公式dBm=10log[10(mW)]=10dBm所以10mW=10dBm

P_1=1000mW=30dBm=dBm_1，P_2=10mW=10dBm=dBm_2

$$dB = 10\log\left[\frac{P_2(mW)}{P_1(mW)}\right] = 10\log\left[\frac{10(mW)}{1000(mW)}\right] = -20dB = 10dBm - 30dBm = dBm_2 - dBm_1$$

由這個例子可以看出，分貝(dB)為負值代表電磁波衰減，分貝(dB)為正值代表電磁波增益，如果直接以功率計算，則必須使用除法與對數公式，計算起來很麻煩，如果以分貝毫瓦(dBm)計算，則可以直接使用減法，計算起來容易得多，這是為什麼科學家要用分貝毫瓦(dBm)這種功率單位的主要原因。

12-1-2 無線通訊原理

　　基本上無線通訊所使用的多工與雙工技術，和第10章所介紹的通訊原理完全相同，包括分時多工接取(TDMA)、分頻多工接取(FDMA)、分碼多工接取(CDMA)等，這裡我們用圖形的方式針對無線通訊系統再描述一次。

☐ 無線通訊多工技術(Multiplex)

　　「多工技術(Multiplex)」是指多人共同使用一條資訊通道的方法，所有的通訊都有一個特色，就是必須設計給所有的人使用，而且彼此不能互相干擾，因此必須使用多工技術，而且同時可能會使用兩種以上的多工技術來增加資料傳輸率，目前無線通訊常用的多工技術包括下列三種：

➤ 分時多工接取(TDMA：Time Division Multiplex Access)：使用者依照「時間先後」輪流傳送資料。以時間為X軸、頻率為Y軸，則分時多工的頻譜如圖12-1(a)所示，假設有ABC三位使用者輪流說話，則A先說、再換B說、再換C說、再輪回A說，依此類推。大家可能會好奇，如果每個人輪流使用一條資訊通道，那麼不就會斷斷續續的嗎？其實不然，想想如果每個人輪流使用0.01秒，A說0.01秒、再換B說0.01秒、再換C說0.01秒、再輪回A說，依此類推，當B與C在說話的時候A的聲音只斷掉0.02秒，由於0.02秒的時間實在太短了，人類的耳朵根本聽不出來，所以就不會發現聲音斷掉囉！使用這種方法，則輪流使用的人數不能太多，如果有100個人輪流說話，即使每個人只說0.01秒，則A說0.01秒，等下一次再輪到A說，已經間隔超過1秒了(0.01秒×100=1秒)，這樣耳朵就聽出來了。在使用分時多工的無線通訊系統中，每個使用者輪流使用一次的時間稱為「時槽(Time slot)」，所有的使用者輪流使用一次總共需要的時間稱為「時框(Time frame)」，目前的第二代行動電話GSM系統是將時框切割成8個時槽，總共有8位使用者輪流使用。

➤ 分頻多工接取(FDMA：Frequency Division Multiplex Access)：使用者依照「頻率不同」同時傳送資料。以時間為X軸、頻率為Y軸，則分頻多工的頻譜如圖12-1(b)所示，假設先將資料通道依照不同的頻率切割成三個頻道，再將ABC的資料同時

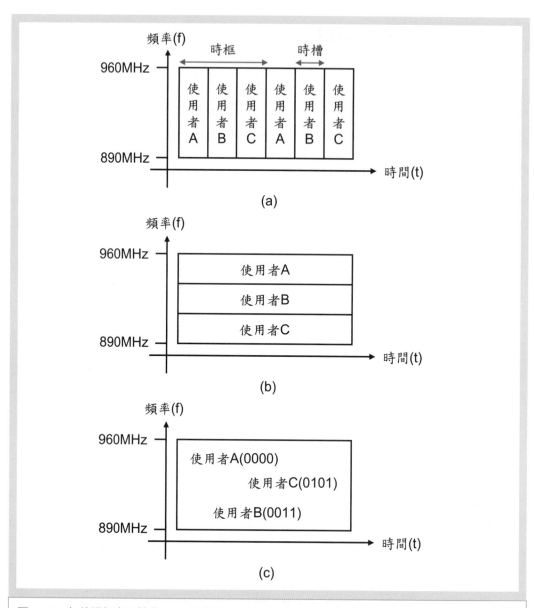

圖 12-1　無線通訊多工技術。(a)分時多工(TDMA)：使用者依照「時間先後」輪流傳送資料；(b)分頻多工(FDMA)：使用者依照「頻率不同」同時傳送資料；(c)分碼多工(CDMA)：將不同使用者的資料分別與特定的密碼運算以後，再傳送到資訊通道。

傳送，由於資料通道被切割成三個頻道，所以每個人只能使用原來1/3的頻寬來傳送資料，會需要比較長的時間，但是可以同時傳送。

➤ 分碼多工接取(CDMA：Code Division Multiplex Access)：將不同使用者的資料分別與特定的「密碼(Code)」運算以後，再傳送到資訊通道，接收端以不同的密碼來分辨要接收的訊號。以時間為X軸、頻率為Y軸，則分碼多工的頻譜如圖12-1(c)所示，所有的頻率、所有的時間都不切割，將ABC的數位資料分別與特定的密碼運算以後再傳送，但是密碼本身會佔用一些頻寬。

【思考】　多工技術的比喻

我們可以想像在房子裡，甲與乙要講話，丙與丁要講話，戊與己要講話：

➔ 分時多工接取(TDMA)：甲與乙先講一句，再換丙與丁講一句，再換戊與己講一句，依此類推，大家輪流(分時)講話彼此就不會互相干擾。

➔ 分頻多工接取(FDMA)：甲與乙在客廳講話，丙與丁在書房講話，戊與己在臥室講話，大家在不同的房間(分頻)講話彼此就不會互相干擾。

➔ 分碼多工接取(CDMA)：甲與乙用中文講話，丙與丁用英文講話，戊與己用日文講話，這樣雖然大家在同一個房子裡講話，各自仍然可以分辨出各自不同的語言，當甲與乙用中文講話時，丙與丁的英文以及戊與己的日文只是聲音干擾而己，不會造成甲與乙解讀中文的困擾；同理，當丙與丁用英文講話時，甲與乙的中文以及戊與己的日文只是聲音干擾而己，不會造成丙與丁解讀英文的困擾，在這個例子裡「不同的語言」就好像「不同的密碼」一樣。

☐ 無線通訊雙工技術

「雙工技術(Duplex)」是指傳送端與接收端互相傳送資料的方法，例如：傳統電話、行動電話(GSM、WCDMA、LTE)、電腦網路等都必須同時雙向傳送資料，目前無線通訊常用的雙工技術包括下列二種：

➤ 分時雙工(TDD：Time Division Duplex)：傳送端與接收端依照「時間先後」輪流互相傳送資料。以時間為X軸、頻率為Y軸，則分時雙工的頻譜如圖12-2(a)所示，

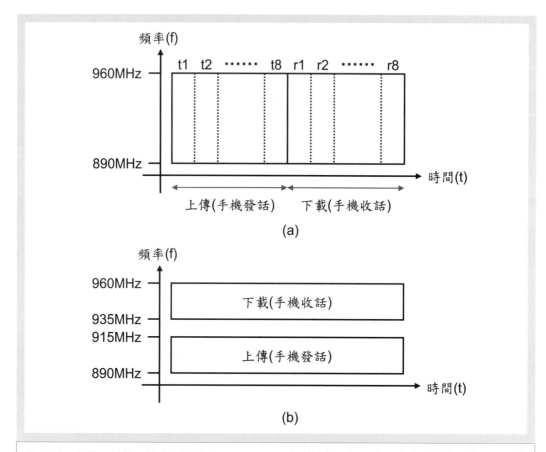

圖 12-2 無線通訊雙工技術。(a)分時雙工(TDD)：傳送端與接收端依照「時間先後」輪流互相傳送資料；(b)分頻雙工(FDD)：傳送端與接收端依照「頻率不同」同時互相傳送資料。

我們可以將時間切割成兩個時框，其中一個時框用來傳送資料(Transmit)，另外一個時框用來接收資料(Receive)，通常每一個時框會再切割成8個時槽，讓8位使用者輪流上傳(t1~t8)與下載(r1~r8)資料。

➤ 分頻雙工(FDD：Frequency Division Duplex)：傳送端與接收端依照「頻率不同」同時互相傳送資料。以時間為X軸、頻率為Y軸，則分頻雙工的頻譜如圖12-2(b)所示，例如；第二代行動電話GSM系統將頻寬切割成890~915MHz用來上傳(手機發話)與935~960MHz用來下載(手機收話)，就是分頻雙工技術。

第二代行動電話GSM900系統

　　GSM900系統的頻譜如圖12-3所示，以時間為X軸、頻率為Y軸，同時使用分頻雙工(FDD)、分頻多工(FDMA)、分時多工(TDMA)等三種技術：

➤ 分頻雙工(FDD)：將頻寬切割成上傳890~915MHz，由手機傳送電磁波到基地台(手機發話)；下載935~960MHz，由基地台傳送電磁波到手機(手機收話)。

➤ 分頻多工(FDMA)：上傳890~915MHz再切割成每個語音通道0.2MHz(200KHz)，總共可以分為124個頻道(f1~f124)；下載935~960MHz再切割成每個語音通道0.2MHz(200KHz)，總共可以分為124個頻道(f1~f124)。

➤ 分時多工(TDMA)：每個頻道又再分為8個時槽，由8位使用者輪流使用。

　　換句話說，GSM900系統同時可以提供124×8=992個語音通道給992位使用者

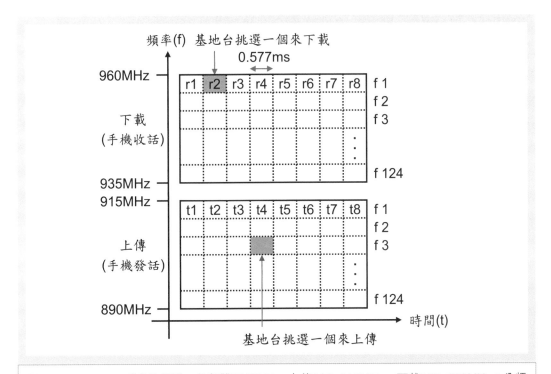

圖 12-3　GSM900系統的頻譜，分頻雙工(FDD)：上傳890~915MHz，下載935~960MHz；分頻多工(FDMA)：每個語音通道的頻寬為0.2MHz，上傳與下載各分為124個通道；分時多工(TDMA)：每個通道又再分為8個時槽，同時可以提供124×8=992個語音通道。

通話，當我們使用手機通話時，系統會先在上傳的992個語音通道中挑選一個來讓使用者發話(說)；並且在下載的992個語音通道中挑選一個來讓使用者收話(聽)，如果有第993個人打電話，則會聽到這樣的訊息：現在線路都在使用中，請稍後再撥。特別是在人滿為患的演唱會上，常常會遇到這種情形。大家會不會覺得奇怪，全世界有超過十億人在使用GSM系統，同時可以提供992位使用者通話會不會太少了一點？為了要同時給更多人使用，所以科學家發明了所謂的「蜂巢式行動電話」技術，這個部分將在後面詳細介紹。

☐ ISM頻帶(Industrial Scientific Medical)

無線通訊的傳輸介質是我們眼睛可以看到的所有空間，所有的訊號都往同一個空間裡丟，所以相同的頻率只能使用一次，例如：第二代行動電話GSM900系統使用890~960MHz，則其他的無線通訊(無線電視、無線收音機、衛星通訊、雷達等)就不能再使用這個頻率範圍了，所以使用執照費用也比較高，最後這個費用會轉嫁到消費者身上，但是日常生活中是不是所有的無線通訊都要付費呢？大家使用過無線鍵盤和滑鼠嗎？汽車的無線搖控器？家用的無線電話(子母機)？如果這些設備所使用的無線通訊頻率都要收取執照費用，那麼下回你(妳)按無線滑鼠的時候可就得好好考慮考慮了，每按一下收費1元唷！

為了提供日常生活常用的無線通訊設備使用，國際共同規範了一些不需要申請使用執照的頻率範圍(頻帶)，大家可以自由使用，稱為「工業科學醫療頻帶(ISM：Industrial Scientific Medical)」，世界各國的定義並不相同，如表12-2所示，其中2.4~2.5GHz(頻寬100MHz)與5.725~5.875GHz(頻寬150MHz)是目前最重要的頻帶，使用在藍牙(Bluetooth)、無線區域網路(WLAN)等產品。

ISM頻帶的優點是不需要申請使用執照，所以消費者使用的通訊費用很低，但是也有許多缺點，因為不需要申請使用執照，所以大家都可以任意使用，雖然這些使用ISM頻帶的通訊設備還是要經過認證檢驗才能上市，但是就技術上來說，大家都可以任意使用，就代表使用者的數目沒有限制，太多設備使用彼此之間的干擾就容易發生。ISM頻帶原本只有2.4~2.5GHz，就是因為太多設備要使用，所以後來又多制定了5.725~5.875GHz，不過仍然不敷使用，為了克服這個問

表 12-2	全球ISM頻帶的頻譜分佈圖，某些頻率範圍是全球通用，某些只限特定區域使用。

頻率範圍	頻寬	中心頻率	使用地區
13.553 ~13.567MHz	14KHz	13.560MHz	全球通用
26.957~27.283MHz	326KHz	27.120MHz	全球通用
40.660~40.700MHz	40KHz	40.680MHz	全球通用
433.050~433.790MHz	1.74MHz	933.920MHz	俄羅斯、歐洲、非洲、中東
902.000~928.000MHz	26MHz	915.000MHz	美洲、格林蘭
2.400~2.500GHz	100MHz	2.450GHz	全球通用
5.725~5.875GHz	150MHz	5.800GHz	全球通用
24.000~24.250GHz	250MHz	24.125GHz	全球通用

題，因此科學家發明了「展頻技術(Spread spectrum)」。

此外，在這個例子裡大家有沒有發現一個有趣的現象：「頻率愈高，可以使用的頻寬愈寬」，這句話的意思是：2~3MHz的頻寬有1MHz，但是2~3GHz的頻寬有1GHz(1000MHz)，換句話說，使用頻率愈高的電磁波來通訊則可以使用的頻寬愈寬，但是頻率愈高的通訊元件製作愈困難，成本也比較高，而且高頻電磁波的繞射性質比較差，不容易繞過障礙物，所以室內接收訊號的品質比較差，使用上也有許多限制。講到這裡大家會不會覺得奇怪，ISM頻帶「大家都可以任意使用」，那麼頻率要怎麼切割才夠用呢？大家一定都有這樣的經驗，在學校的宿舍裡，常常會有一把鑰匙卻可以打開兩個不同的門，明明鑰匙和鎖是一對一的呀！原來是全世界使用喇叭鎖的門實在太多了，尤其是宿舍裡的門那麼多，難免會有兩個喇叭鎖的鑰匙形狀很像，同樣的道理，全世界有那麼多的無線滑鼠在使用，不論頻率怎麼切割都難免會不小心在電腦教室裡恰好有兩台電腦的無線滑鼠使用相同的頻率，那麼應該怎麼辦呢？

12-1-3 　展頻技術(Spread spectrum)

由於無線通訊的傳輸介質是我們眼睛可以看到的空間，而我們大家是共用同一個空間，所有的訊號都往同一個空間裡丟，所以相同的頻率只能使用一次，造

成無線通訊的頻譜非常珍貴，一定要想辦法在有限的頻寬裡，利用不同的調變與多工技術讓相同頻寬的電磁波具有更高的資料傳輸率，單位頻寬(Hz)具有多少資料傳輸率(bps)稱為「頻譜效率(Spectrum efficiency)」，如表12-3所示，單位頻寬(Hz)的資料傳輸率(bps)愈高，則稱為「頻譜效率高」，例如：LTE可以提供上傳2.5bps/Hz，下載5bps/Hz；LTE-Advanced可以提供上傳5bps/Hz，下載10bps/Hz，顯然LTE-Advanced的頻譜效率比LTE高，請大家特別注意，表中的頻譜效率是直接以資料傳輸率除以通道頻寬，但是不同的多工技術並沒有考慮進去，因此不同的多工技術應該分開來比較才有意義。展頻技術發展的目的是以分碼多工接取(CDMA)或正交分頻多工(OFDM)來取代之前的分時多工接取(TDMA)與分頻多工接取(FDMA)，以提高資料傳輸率與頻譜效率。

☐ 窄頻通訊與展頻通訊

➤ 窄頻通訊：利用很窄的頻率範圍(頻寬)，很大的功率來傳送資料，如圖12-4(a)所示，這種技術最大的缺點是，每個使用者的通訊設備發射出來的電磁波功率比較大，所以每個人使用的頻寬不能重複才不會干擾別人，而且頻寬之間必須間隔保護帶(Guard band)，才能避免不同的頻寬彼此互相干擾，因此頻率只能切割成有限的頻道，提供給有限的人使用。例如：第二代行動電話GSM900系統所使用的分

表 12-3 數位通訊系統的頻譜效率比較表，頻譜效率是指單位頻寬(Hz)具有多少資料傳輸率(bps)，請注意，不同的多工技術必須分開來比較才有意義。

世代	系統名稱	多工方式	調變方式	通道頻寬	資料傳輸率 (bps)	頻譜效率 (bps/Hz)
2G	GSM	FDMA TDMA	GMSK	200KHz	9.6K/14.4K	0.05/0.07
2.5G	GPRS		GMSK	200KHz	9.6K/115K	0.05/0.58
2.75G	EDGE		8PSK	200KHz	384K/384K	1.92/1.92
3G	WCDMA	FDMA CDMA	QPSK	5MHz	64K/2M	0.01/0.40
3.5G	HSDPA		16QAM	5MHz	384K/14.4M	0.08/2.88
3.75G	HSUPA		QPSK	5MHz	5.76M/14.4M	1.15/2.88
4G	LTE	FDMA OFDM	64QAM	20MHz	50M/100M	2.5/5
4G	LTE-A		64QAM	100MHz	500M/1G	5/10

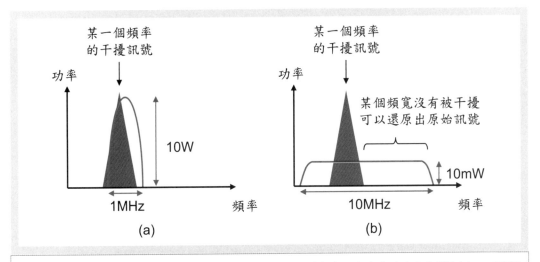

圖 12-4 窄頻通訊與展頻通訊。(a)窄頻通訊：利用很窄的頻寬，很高的功率來傳送資料；(b)展頻通訊：利用很寬的頻寬，很低的功率來傳送資料。

頻多工接取(FDMA)，每0.2MHz切割成一個語音通道，總共只有124個語音通道(f1~f124)。由於無線通訊的雜訊或干擾通常都是高功率的窄頻訊號，所以只要干擾發生，就會把某一個頻寬整個覆蓋而無法傳送資料。窄頻通訊目前廣泛地應用在第二代行動電話(GSM)、無線式行動電話(PHS)等產品上。

➢展頻通訊：利用很寬的頻率範圍(頻寬)，很小的功率來傳送資料，如圖12-4(b)所示，這種技術最大的優點是，每個使用者的通訊設備發射出來的電磁波功率比較小，所以每個人使用的頻寬可以重複，雖然通訊元件「只認頻率不認人」，但是由於功率很小訊號傳遞不遠，就算不同的人使用相同的頻寬也不容易互相干擾，再加上頻寬很寬，就算某個頻寬發生雜訊或干擾，也會有某個頻寬沒有被干擾，我們可以利用這些沒有被干擾到的頻寬裡的訊號來還原出完整的原始訊號。目前最常使用的展頻技術包括：跳頻展頻(FHSS)、直序展頻(DSSS)、分碼多工接取(CDMA)、正交分頻多工(OFDM)、超寬頻(UWB)等，廣泛地應用在無線區域網路(WLAN)、藍牙無線傳輸(Bluetooth)、全球衛星定位系統(GPS)，此外也被改良後應用在第三代行動電話(WCDMA)、第四代行動電話(LTE)等產品上。

　　我們可以利用某種數學運算,將圖12-4(a)中很窄的頻寬裡很高功率的訊號,轉換成圖12-4(b)中很寬的頻寬裡很低功率的訊號,由於展頻訊號的功率很低,甚至比背景雜訊還低,必須使用靈敏度較高的通訊元件才能偵測得到。

□ 跳頻展頻(FHSS：Frequency Hopping Spread Spectrum)

　　由於ISM頻帶不需要申請使用執照,大家都可以任意使用,為了要解決不同設備之間互相干擾的問題,可以讓通訊設備所使用的通訊頻率在極短的時間內不停地改變,以減少互相干擾的機會,由於通訊頻率不停改變,怪客(Cracker)即使攔截訊號也不容易理解內容,而且某一個頻率的干擾訊號只能影響到少數資料。如圖12-5(a)所示,假設有A與B兩台電腦都在使用無線滑鼠:

➢ 第0.01秒:電腦A為2.40~2.41GHz,電腦B為2.43~2.44GHz,頻率不同。

➢ 第0.02秒:電腦A為2.41~2.42GHz,電腦B為2.41~2.42GHz,頻率相同,此時會互相干擾,但是干擾的時間只有短短的一瞬間而已,使用者不會發覺。

➢ 第0.03秒:電腦A為2.42~2.43GHz,電腦B為2.40~2.41GHz,頻率不同。

➢ 第0.04秒:電腦A為2.43~2.44GHz,電腦B為2.42~2.43GHz,頻率不同。

　　FHSS主要的目的是在避免設備互相干擾,在同步且同時的情況下,傳送端與接收端以特定型式的頻率範圍傳送訊號,而且傳送端與接收端經過一段極短的時間之後就同時切換到另外一個頻率範圍,不斷地切換頻率範圍能夠減少在同一個特定的頻率範圍通訊受到干擾的機會,也不容易被竊聽。此外,頻率跳躍必須遵守美國聯邦通訊委員會(FCC)的規定,使用75個以上的頻寬,兩個不同頻寬之間跳躍的最大時間間隔為0.4秒,也就是每秒鐘至少跳頻2.5次,例如:藍牙(Bluetooth)無線傳輸的規範是使用79個頻寬,兩個不同頻寬之間跳躍的時間間隔為0.625毫秒(ms),也就是每秒鐘跳頻1600次,如圖12-5(b)所示。

　　此外,FHSS並不是真的將一個窄頻訊號進行某種數學運算變成展頻訊號,而是傳送端與接收端都必須在許多不同的頻率範圍(頻寬)跳來跳去,看起來好像也是在很寬的頻寬上傳送資料一樣,因此也是屬於一種展頻技術。FHSS的優點是成本較低,可以使用在低功率的短距離無線傳輸與低成本為訴求的產品,例如:藍牙無線傳輸(Bluetooth)、家用射頻(Home RF)等都是採用跳頻展頻。

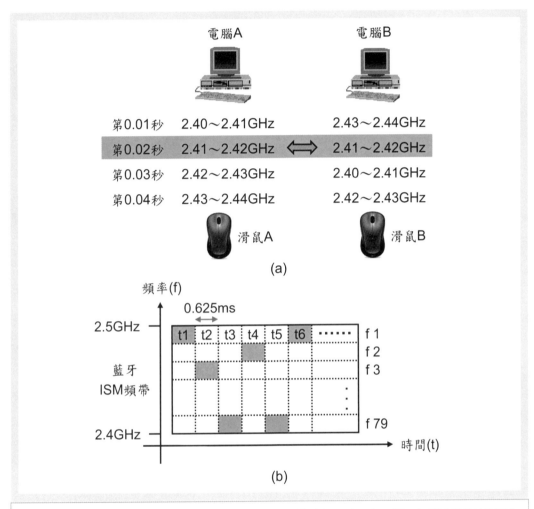

圖 **12-5** 跳頻展頻(FHSS)的概念。(a)在第0.02秒由於頻率相同會互相干擾,但是干擾的時間只有一瞬間而已;(b)藍牙無線傳輸使用79個頻寬,跳躍的時間間隔為0.625毫秒(ms)。

☐ 直序展頻(DSSS:Direct Sequence Spread Spectrum)

所有的無線通訊都會遇到一個問題,那就是資料傳送的過程容易受到干擾所以正確率很低,有線通訊的訊號在傳送的過程中因為有介質(雙絞銅線、同軸電纜、光纖)的保護,所以資料傳送的正確率很高,但是無線通訊是將電磁波往空間

裡送，一會兒遇到閃電打雷，一會兒碰到高樓大廈反射，怎麼樣才能提高訊號抗干擾的能力呢？因此科學家發明了直序展頻(DSSS)技術。

　　直序展頻(DSSS)的基本概念是：將原來1個位元(bit)的訊號，利用10個以上的「碼片(Chip)」來表示，我們可以想像成是將傳送端要傳送的數位訊號，用更多位元的數位訊號來表示，到達接收端以後再進行反運算與判斷，以增加資料傳送的正確率，同時可以抗干擾，如圖12-6所示。

➤ 傳送端傳送數位訊號1，接收端收到1，代表傳送正確，如圖12-6(a)所示。

➤ 傳送端傳送數位訊號1，接收端收到0，代表傳送錯誤，如圖12-6(b)所示。

➤ 傳送端傳送十個1代表一個1，傳送過程部分正確部分錯誤，接收端收到七個1與三個0，由於1比0多所以判斷為1，如圖12-6(c)所示。

　　DSSS可以使無線通訊的傳輸距離變長，反正有十個1代表一個1，傳送遠一點了不起多錯幾個1而已，只要不錯太多位元，接收端都可以正確地反運算與判斷出來。請特別注意，上面的說明只是概念而已，DSSS並不是真的用十個1來代表一個1，而是將原始的數位訊號(0或1)與一組「虛擬雜訊碼(PN code：Pseudo noise code)」，又稱為「虛擬隨機碼(Pseudo random code)」做數學運算，傳送端將每個位元的資料與虛擬隨機碼運算以後再傳送出去，接收端收到以後使用相同的虛擬隨機碼再運算得到原來的資料：

➤ 假設原始資料只有10(2位元)，我們以X表示，如圖12-6(d)所示。

➤ 系統選取一組可能的虛擬隨機碼101101，我們以Y表示，如圖12-6(e)所示。

➤ 傳送端將原始資料(10)與虛擬隨機碼(101101)進行XNOR運算(相同為1，相異為0)，結果得到「隱含」了虛擬隨機碼的展頻訊號，如圖12-6(f)所示，我們以Z表示，經過數位訊號調變技術(PSK或QAM)以後再經由天線傳送出去。

➤ 接收端收到展頻訊號以後，與相同的虛擬隨機碼(101101)再進行XNOR運算，結果去除了虛擬隨機碼，得到原始資料10(2位元)，如圖12-6(g)所示。

　　展頻因子(SF：Spreading Factor)又稱為「展頻比率(SR：Spreading Ratio)」是指原先一個位元(bit)的資料，展頻以後使用多少個「位元(bit)」來表示，又稱為使用多少個「碼片(Chip)」來表示。展頻因子(SF)越大則資料保護效果愈好，愈不怕

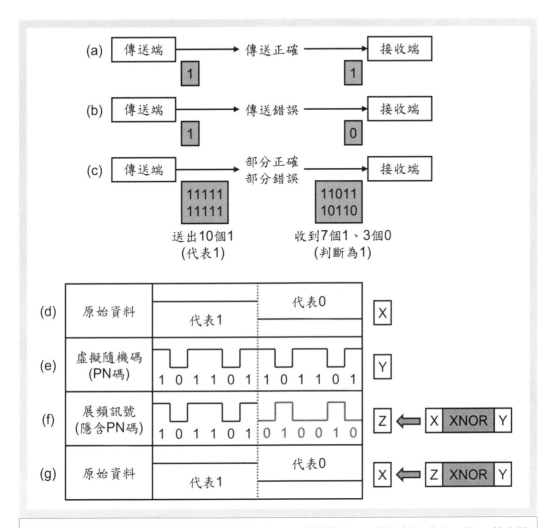

圖 12-6 直序展頻(DSSS)的概念。(a)傳送正確；(b)傳送錯誤；(c)傳送十個1代表一個1，接收到七個1與三個0所以判斷為1；(d)原始資料10(X)；(e)虛擬隨機碼101101(Y)；(f)隱含了虛擬隨機碼(PN code)的展頻訊號(Z)；(g)去除虛擬隨機碼得到原始資料10(X)。

干擾，但是卻會佔用更多的頻寬，不過佔用頻寬沒有那麼重要，因為展頻通訊的特性就是有很寬的頻寬可以利用，而且功率很低，頻率可以重複使用卻不會互相干擾，目前無線區域網路(IEEE802.11b)的展頻因子為11。DSSS一般都是應用在辦

公室、工廠倉庫、醫院等特定用途的場所,利用指向性天線作為較長距離的無線傳輸,目前最常見的應用就是無線區域網路(WLAN)。

【思考】　XNOR運算

XNOR是0與1運算時,相同為1,相異為0,我們可以使用一個小技巧,將0當成-1,就會發現XNOR運算相當於正號與負號的乘法運算:

➜ 0 XNOR 0為1,相當於「-1×-1=+1」,就是「負負得正」。

➜ 0 XNOR 1為0,相當於「-1×1=-1」,就是「負正得負」。

➜ 1 XNOR 0為0,相當於「1×-1=-1」,就是「正負得負」。

➜ 1 XNOR 1為1,相當於「1×1=1」,就是「正正得正」。

☐ 分碼多工接取(CDMA:Code Division Multiplex Access)

在幾何學上,垂直就是「正交(Orthogonal)」,大家都知道,三度空間中任意一個向量A都可以找到平行X軸、Y軸、Z軸三個互相垂直的正交向量Ax、Ay與Az,而且Ax、Ay與Az的方向是「完全無關」的,換句話說,當兩個函數或數列「正交(Orthogonal)」,就代表這兩個函數或數列「完全無關」,也可以說這兩個函數或數列「差異很大,很容易分辨出來」。

分碼多工接取(CDMA)所使用的「密碼(Code)」稱為「正交展頻碼(Orthogonal spreading code)」,如圖12-7所示為不同長度(展頻因子)的正交展頻碼,例如:展頻因子(SF)為2的00與01為正交數列,代表00與01差異很大,很容易分辨出來;同理,展頻因子(SF)為4的0000、0011、0101、0110為正交數列,依此類推,因為很像一顆樹所以又稱為「碼樹(Code tree)」,傳送端不同的使用者可以選擇圖中不同的正交展頻碼來傳送資料,接收端就利用這個正交展頻碼來分辨要接收的資料,在第三代行動電話(3G)美規CDMA2000的展頻因子(SF)固定為64,使用者A可能使用正交展頻碼C(64,6),使用者B可能使用正交展頻碼C(64,8);歐規WCDMA的展頻因子(SF)可以是4、8、16、32、64、128、256,依照通訊狀況動態調整,展頻因子(SF)愈大則資料保護效果愈好,愈不怕干擾,但是卻會佔用更多的頻寬,資料傳輸率愈低。

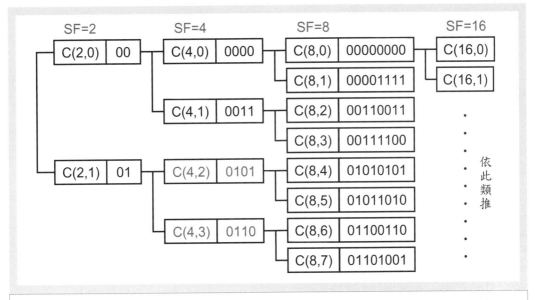

圖 12-7 正交展頻碼，展頻因子(SF)為2的00與01為正交數列，代表00與01差異很大，很容易分辨出來；展頻因子(SF)為4的0000、0011、0101、0110為正交數列，依此類推。

分碼多工接取(CDMA)的數位訊號(0與1)與正交展頻碼的運算方法和直序展頻(DSSS)的運算方法很類似，只是正交展頻碼比虛擬隨機碼(PN code)長很多，傳送與接收的元件必須進行大量的數學運算，所以通訊設備的成本比較高，也比較耗電，大家一定都有這樣的經驗，當我們使用智慧型手機上網時如果打開「3G」，則電池一下子就沒電了，因為台灣的第三代行動電話(3G)使用歐規的WCDMA系統，就是進行這種數學運算所以才會這麼耗電的。

圖12-8是一個實際的例子，讓大家感受一下分碼多工接取(CDMA)如何進行數位訊號(0與1)與正交展頻碼的運算，假設展頻因子(SF)固定為4：

➤假設基地台要傳送給手機A的資料為10(與傳送給B的資料可能不同)，A的正交展頻碼為C(4,2)=0101，則進行XNOR運算以後的結果如圖12-8(a)所示。

➤假設基地台要傳送給手機B的資料為01(與傳送給A的資料可能不同)，B的正交展頻碼為C(4,3)=0110，則進行XNOR運算以後的結果如圖12-8(b)所示。

➤基地台將隱含了不同正交展頻碼的資料A與B相加以後的結果如圖12-8(c)所示，

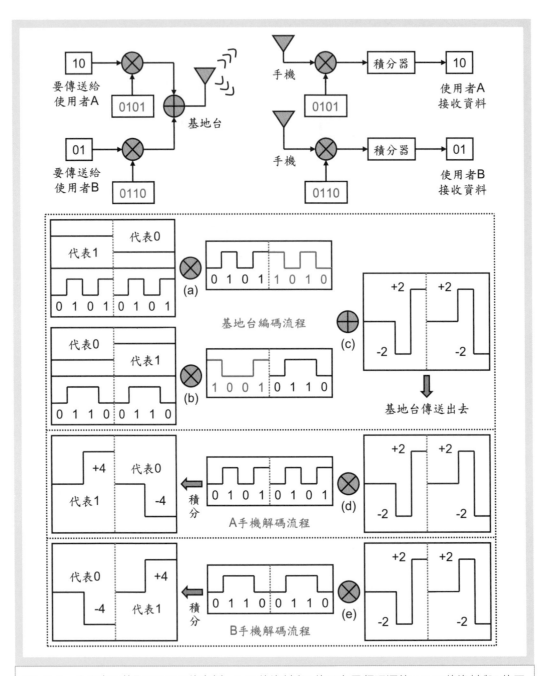

圖 12-8　分碼多工接取(CDMA)的實例。(a)A的資料與A的正交展頻碼運算；(b)B的資料與B的正交展頻碼運算；(c)資料相加再傳送出去；(d)手機A解碼流程；(e)手機B解碼流程。

經過數位訊號調變技術(PSK或QAM)調變以後再經由天線傳送出去。

➤ 手機A收到隱含了不同正交展頻碼的資料後，再使用A的正交展頻碼0101進行XNOR運算，如圖12-8(d)所示，經過積分器結果得到的資料為10。

➤ 手機B收到隱含了不同正交展頻碼的資料後，再使用B的正交展頻碼0110進行XNOR運算，如圖12-8(e)所示，經過積分器結果得到的資料為01。

　　基地台將要傳送給手機A的資料(10)與傳送給手機B的資料(01)混合在一起，但是A的資料含有A 的正交展頻碼(0101)，B的資料含有B的正交展頻碼(0110)，因此到達接收端時，手機A可以用自己的正交展頻碼(0101)將資料取出來，手機B可以用自己的正交展頻碼(0110)將資料取出來。

☐ 正交分頻多工(OFDM：Orthogonal Frequency Division Multiplex)

　　前面介紹過分頻多工(FDMA)是使用者依照「頻率不同」同時傳送資料，而正交分頻多工(OFDM)原理類似，唯一不同的是必須使用彼此「正交」的頻率，當兩個不同頻率的電磁波「正交」，就代表這兩個不同頻率的電磁波「完全無關」，也可以說這兩個不同頻率的電磁波「差異很大，很容易分辨出來」。

　　完美的電磁波是正弦波(Sine wave)，X軸為時間稱為「時域(Time domain)」，則不同頻率的電磁波如圖12-9(a)所示，頻率低的訊號振動慢，波頻率高的訊號振動快；X軸為頻率稱為「頻域(Frequency domain)」，則不同頻率的電磁波如圖12-9(b)所示，頻率低的在左邊，頻率高的在右邊：

➤ 將X軸由時間(t)轉換為頻率(f)使用快速傅立葉轉換(FFT：Fast Fourier Transform)或離散傅立葉轉換(DFT：Discrete Fourier Transform)。

➤ 將X軸由頻率(f)轉換為時間(t)使用反快速傅立葉轉換(IFFT：Inverse FFT)或反離散傅立葉轉換(IDFT：Inverse DFT)。

　　假設圖12-9(a)中4種不同頻率的電磁波是互相正交的「子載波(Sub-carrier)」，則經由快速傅立葉轉換(FFT)之後的結果如圖12-9(b)所示，互相正交的每個子載波中心頻率的能量最高點，相鄰子載波的能量很小，彼此干擾很小，因此每個子載波完全無關或差異很大，很容易分辨出來。

　　圖12-9(c)為傳統使用分頻多工(FDMA)的頻譜圖，每個通道使用的頻寬較寬

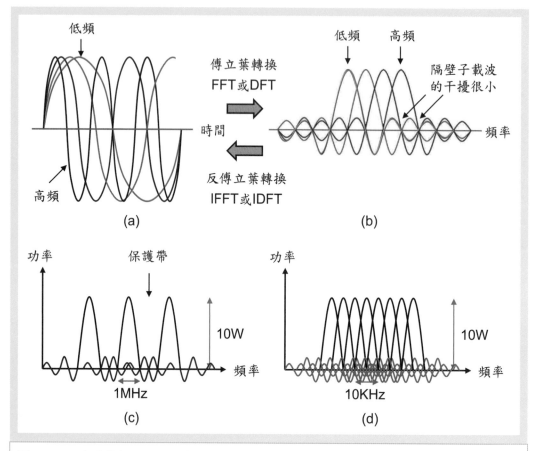

圖 12-9 正交分頻多工(OFDM)的原理。(a)互相正交的子載波；(b)經由傅立葉轉換(FFT或DFT)之後每個子載波中心頻率的能量最高點，相鄰子載波的能量很小，彼此干擾很小；(c)分頻多工(FDMA)的頻譜圖；(d)正交分頻多工(OFDM)的頻譜圖。

(例如1MHz)而且不能重疊，兩個頻寬之間還必須間隔保護帶(Guard band)，因此頻譜使用效率不高；圖12-9(d)為正交分頻多工(OFDM)的頻譜圖，每個子載波的頻寬較窄(大約10KHz)而且可以重疊，由於子載波互相正交(差異很大，很容易分辨出來)，所以就算重疊也不會互相干擾，不需要保護帶，顯然使用正交分頻多工擁有更高的頻譜效率。OFDM的基本觀念就是將原本較高傳輸率的資料流分成數個較低傳輸率的資料流，再經由數個不同正交頻率的子載波傳送，就好像將原本

可用的頻寬分成數個次頻寬，因此可以增加資料傳輸率。

OFDM技術目前廣泛地應用在無線通訊的第四代行動電話(LTE)、無線區域網路(IEEE802.11a/g/n)、數位電視(DTV)、數位音訊廣播(DAB)等，以及有線通訊的非對稱數位用戶線路(ADSL)、電力線通訊(PLC)等產品上，可以抵抗干擾並且大幅增加資料傳輸率。

12-1-4 數位通訊系統

通訊原理其實還蠻複雜的，一下子是數位訊號調變技術(ASK、FSK、PSK、QAM)，一下子又是多工技術(TDMA、FDMA、CDMA、OFDM)，光是這些英文縮寫就讓初學者頭昏腦脹了，讓我們好好的整理一下吧！

☐ 調變技術與多工技術

首先我們要了解「調變技術(Modulation)」與「多工技術(Multiplex)」是完全不一樣的東西，讓我們先來看看它們到底有什麼不同？

➤ 數位訊號調變技術(ASK、FSK、PSK、QAM)：將類比的電磁波調變成不同的波形來代表0與1兩種不同的數位訊號。ASK用振幅大小來代表0與1、FSK用頻率大小來代表0與1、PSK用相位(波形)不同來代表0與1、QAM同時使用振幅大小與相位(波形)不同來代表0與1。好啦！每個人的手機天線要傳送出去的數位訊號0與1都變成不同波形的電磁波啦！問題又來了，這麼多不同波形的電磁波丟到空中，該如何區分那些是你的(和你通話的)，那些是我的(和我通話的)呢？

➤ 多工技術(TDMA、FDMA、CDMA、OFDM)：將電磁波區分給不同的使用者使用。TDMA用時間先後來區分是你的還是我的，FDMA用不同頻率來區分是你的還是我的，CDMA用不同密碼(正交展頻碼)來區分是你的還是我的，OFDM用不同正交子載波頻率來區分是你的還是我的。

值得注意的是，不論數位訊號調變技術或多工技術，都是在數位訊號(0與1)進行運算與處理的時候就一起進行，一般是先進行多工技術再進行數位訊號調變技術(OFDM除外)，所以多工技術與調變技術必定是同時使用。

□ 數位通訊系統架構

數位通訊系統的架構如圖12-10(a)所示，使用者可能使用智慧型手機打電話進行語音通信或上網進行資料通信，我們分別說明如下：

➤ 語音上傳(講電話)：聲音由麥克風接收以後為低頻類比訊號，經由低頻類比數位轉換器(ADC)轉換為數位訊號，經由「基頻晶片(BB)」進行資料壓縮(Encoding)、加循環式重複檢查碼(CRC)、頻道編碼(Channel coding)、交錯置(Inter-leaving)、加密(Ciphering)、格式化(Formatting)，再進行多工(Multiplexing)、調變(Modulation)等數位訊號處理，如圖12-10(b)所示；接下來經由「中頻晶片(IF)」也就是高頻數位類比轉換器(DAC)轉換為高頻類比訊號(電磁波)；最後再經由「射頻晶片(RF)」形成不同時間、頻率、波形的電磁波由天線傳送出去。

➤ 語音下載(聽電話)：天線將不同時間、頻率、波形的電磁波接收進來，經由「射頻晶片(RF)」處理後得到高頻類比訊號(電磁波)，再經由「中頻晶片(IF)」也就是高頻類比數位轉換器(ADC)轉換為數位訊號；接下來經由「基頻晶片(BB)」進行解調(De-modulation)、解多工(De-multiplexing)、解格式化(De-formatting)、解密(De-ciphering)、解交錯置(De-inter-leaving)、頻道解碼(Channel decoding)、解循環式重複檢查碼(CRC)、資料解壓縮(Decoding)等數位訊號處理，最後再經由低頻數位類比轉換器(DAC)轉換為低頻類比訊號(聲音)由麥克風播放出來。

➤ 資料通信(上網)：基本上資料通信不論上傳或下載都是數位訊號，所以直接進入基頻晶片(BB)處理即可，其他流程與語音通信類似，在此不再重複描述。

此外，這裡說明的數位通訊系統不只能夠用在無線通訊，也可以用在有線通訊，差別在於無線通訊的頻譜很珍貴，所以才會發明CDMA或OFDM等更為複雜的多工技術；而一般有線通訊的頻譜沒有這麼珍貴，不一定要使用這麼複雜的多工技術，當然有線通訊如果傳輸介質雜訊較大，也可以使用OFDM來抵抗雜訊，例如：非對稱數位用戶線路(ADSL)、電力線通訊(PLC)等。

□ 無線通訊系統架構

無線通訊系統的架構如圖12-10(c)所示，主要包括：基頻(BB)、中頻(IF)、射頻(RF)三個部分，每個部分都可能有一個到數個積體電路(IC)：

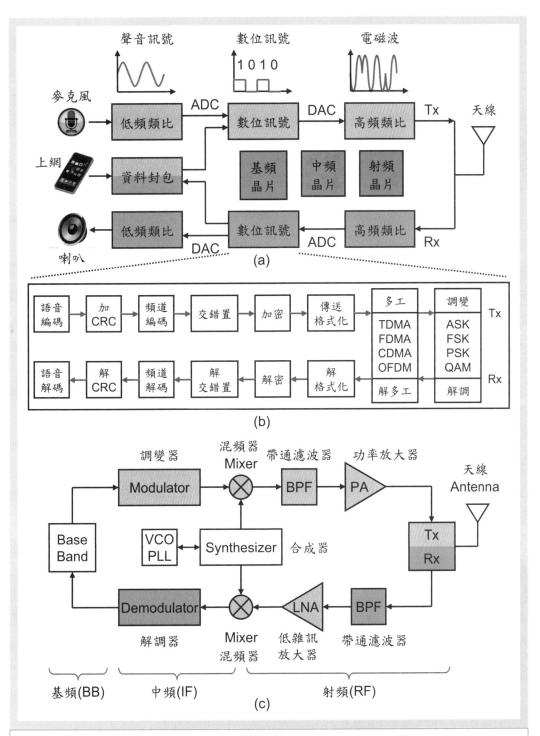

圖 12-10　通訊系統架構。(a)數位通訊系統：包含基頻晶片、中頻晶片、射頻晶片；(b)基頻晶片內數位訊號的處理流程；(c)無線通訊系統：包括基頻(BB)、中頻(IF)、射頻(RF)。

➤ 基頻晶片(BB：Baseband)：屬於數位積體電路，用來進行數位訊號的壓縮／解壓縮、頻道編碼／解碼、交錯置／解交錯置、加密／解密、格式化／解格式化、多工／解多工、調變／解調，以及管理通訊協定、控制輸入輸出介面等運算工作，著名的行動電話基頻晶片供應商包括：高通(Qualcomm)、博通(Broadcom)、邁威爾(Marvell)、聯發科(MediaTek)等。

➤ 調變器(Modulator)：將基頻晶片處理的數位訊號轉換成高頻類比訊號(電磁波)，才能傳送很遠，請參考第10章「通訊原理與電腦網路」的說明。

➤ 混頻器(Mixer)：主要負責頻率轉換的工作，將調變後的高頻類比訊號(電磁波)轉換成所需要的頻率，來配合不同通訊系統的頻率範圍(無線頻譜)使用。

➤ 合成器(Synthesizer)：提供無線通訊電磁波與射頻積體電路(RF IC)所需要的工作頻率，通常經由「相位鎖定迴路(PLL：Phase Locked Loop)」與「電壓控制振盪器(VCO：Voltage Controlled Oscillator)」來提供精準的工作頻率。

➤ 帶通濾波器(BPF：Band Pass Filter)：只讓特定頻率範圍(頻帶)的高頻類比訊號(電磁波)通過，將不需要的頻率範圍濾除，得到我們需要的頻率範圍(頻帶)。

➤ 功率放大器(PA：Power Amplifier)：高頻類比訊號(電磁波)傳送出去之前，必須先經由功率放大器(PA)放大，增強訊號才能傳送到夠遠的地方。

➤ 傳送接收器(Transceiver)：負責傳送(Tx：Transmitter)高頻類比訊號(電磁波)到天線，或是由天線接收(Rx：Receiver)高頻類比訊號(電磁波)進來。

➤ 低雜訊放大器(LNA：Low Noise Amplifier)：天線接收進來的高頻類比訊號(電磁波)很微弱，必須先經由低雜訊放大器(LNA)放大訊號，才能進行處理。

➤ 解調器(Demodulator)：將高頻類比訊號(電磁波)轉換成數位訊號，再傳送到基頻晶片(BB)進行數位訊號處理工作。

所以手機上傳(講電話)的原理是：先由基頻晶片(BB)處理數位語音訊號，再經由調變器(Modulator)轉換成高頻類比訊號，由混頻器(Mixer)轉換成所需要的頻率，由帶通濾波器(BPF)得到特定頻率範圍(頻帶)的高頻類比訊號(電磁波)，由功率放大器(PA)增強訊號，最後由傳送接收器(Tx)傳送到天線輸出。

相反的，手機下載(聽電話)的原理是：先由天線傳送過來高頻類比訊號(電磁

波)，由傳送接收器(Rx)接收進來，再經由帶通濾波器(BPF)得到特定頻率範圍(頻帶)的高頻類比訊號，由低雜訊放大器(LNA)將微弱的訊號放大，由混頻器(Mixer)轉換成所需要的頻率，由解調器(Demodulator)轉換成數位語音訊號，最後由基頻晶片(BB)處理數位語音訊號。

☐ 射頻積體電路(RF IC：Radio Frequency IC)

前面介紹的無線通訊系統前端所使用的積體電路(IC)大致上可以分為「射頻晶片」與「中頻晶片」兩大類，分別使用不同材料的晶圓製作：

➤ **中頻晶片**(IF：Intermediate Frequency)：又稱為「類比基頻(Analog baseband)」，就是「高頻數位類比轉換器(DAC)」與「高頻類比數位轉換器(ADC)」，包括：調變器(Modulator)、解調器(Demodulator)，通常還有中頻放大器(IF amplifier)與中頻帶通濾波器(IF BPF)等，通常由矽晶圓製作的CMOS元件組成，可能是數個積體電路，某些可能整合成一個積體電路(IC)。

➤ **射頻晶片**(RF：Radio Frequency)：又稱為「射頻積體電路(RF IC)」，包括：傳送接收器(Transceiver)、低雜訊放大器(LNA)、功率放大器(PA)、帶通濾波器(BPF)、合成器(Synthesizer)、混頻器(Mixer)等，通常由砷化鎵晶圓製作的MESFET、HEMT元件，或矽鍺晶圓製作的BiCMOS元件，或矽晶圓製作的CMOS元件組成，可能是數個積體電路，某些可能整合成一個積體電路(IC)。

關於矽晶圓、砷化鎵晶圓的工作原理與製造流程，還有設計方法與相關產業請參考第一冊第3章「積體電路產業」的詳細介紹。

12-2 蜂巢式行動電話(Cellular phone)

在了解基本的無線通訊原理之後，我們先介紹目前市場上第一個最熱門也最成功的「蜂巢式行動電話(Cellular phone)」，讓大家了解行動電話的工作原理，開始覺得有趣了嗎？趕快看下去吧！

12-2-1 蜂巢式行動電話的原理

使用類比通訊的第一代行動電話(1G)是蜂巢式行動電話的起源，讓我們可以隨身帶著電話一邊移動一邊通話，後來使用數位通訊成為第二代行動電話(2G)，最後結合網際網路發展出第三代(3G)與第四代(4G)行動電話。

☐ 集中式控制與分散式控制

➤ **集中式控制**：整個系統在統一的控制中心指揮協調下工作，個別基地台與行動台(手機)的通訊都受到控制中心的管理，例如：傳統電話、第一代(1G)、第二代(GSM/GPRS/EDGE)、第三代(WCDMA/HSDPA/HSUPA)行動電話等。

➤ **分散式控制**：整個系統並沒有統一的控制中心，個別基地台都可以獨立與行動台(手機)聯絡，最後由網路管理中心做通訊的認證與計費等工作，例如：網際網路就是標準的分散式控制，而無線式行動電話PHS、DECT等都是屬於分散式控制。有趣的是，第一代(1G)、第二代(2G)、第三代(3G)行動電話是屬於集中式控制，但是發展到第四代(4G)行動電話開始走向分散式控制。

☐ 蜂巢與細胞

前面曾經提過，GSM900同時可以提供124×8=992個語音通道，也就是同時可以提供992個使用者通話，那麼，我們如何讓全台灣兩千萬人，甚至全世界六十億人都可以同時使用GSM行動電話呢？

首先，我們將需要無線通訊的區域切割成六角形的「細胞(Cell)」，如圖12-11(a)所示，每個細胞的中央設置一個基地台，同時適當地控制基地台的電磁波功

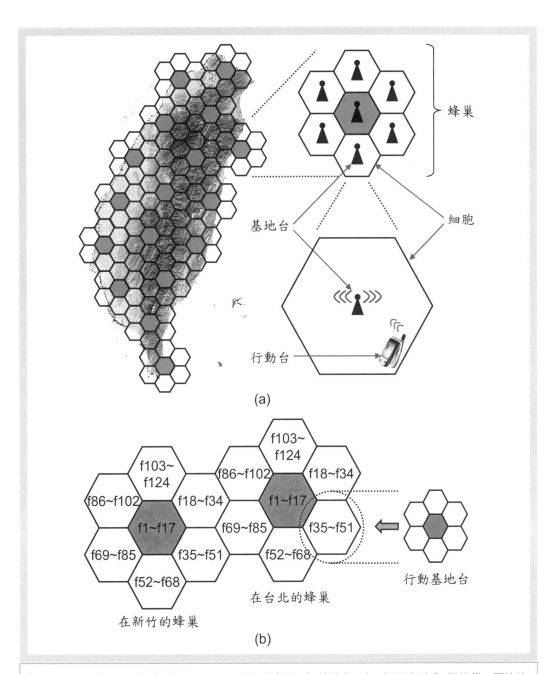

(a)

(b)

圖 12-11　蜂巢式行動電話的原理。(a)每個細胞設置1個基地台，每7個細胞形成1個蜂巢，再將蜂巢重覆地分佈；(b)將124個頻道平均分配到7個細胞，使用6個不同頻率的細胞將中央的細胞包圍起來，不同的蜂巢相隔很遠，雖然使用相同頻率卻不會發生干擾。

率強度，讓每個基地台的電磁波通訊範圍僅限於該細胞之內；此外，每7個細胞形成1個「蜂巢(Cellular)」，再將蜂巢重複地分佈在整個台灣，蜂巢與蜂巢之間不能夠有空隙，凡是蜂巢沒有覆蓋的區域就沒有基地台提供服務。

我們以第二代行動電話GSM900系統為例，說明如何將所有的頻率分佈在每個蜂巢之中。前面曾經介紹過，GSM900同時可以提供124個頻道(分頻多工)，每個頻道又再分為8個時槽(分時多工)，我們將124個頻道(f1~f124)平均分配到7個細胞(124/7≈17)，每個細胞大約可以分配到17個頻道，所以第一個細胞的基地台分配頻道f1~f17，第二個細胞的基地台分配頻道f18~f34，第三個細胞的基地台分配頻道f35~f51，依此類推，如圖12-11(b)所示，每個細胞分配到17個頻道，相當於17×8=136個語音通道，而且在設計上會刻意使用6個不同頻率的細胞將f1~f17的細胞包圍起來，左側的蜂巢在新竹，右側的蜂巢在台北，新竹的蜂巢中f1~f17的細胞與台北的蜂巢中f1~f17的細胞相隔很遠，所以雖然都是使用頻道f1~f17卻不會互相干擾，別忘了，每個基地台的電磁波通訊範圍僅限於該細胞之內，因為我們不可能控制基地台的電磁波通訊範圍恰好是六角形，電磁波在不同細胞邊緣的地方一定會有重疊，所以刻意使用6個不同頻率的細胞將f1~f17的細胞包圍起來，讓每個使用相同頻率的細胞都距離很遠，才能確保細胞邊緣不會干擾，使不同蜂巢內的人可以重複使用相同的頻率通話而不會互相干擾，這種方法稱為「頻率再利用(Frequency reuse)」。

☐ 行動基地台

大家會不會好奇，當某一個細胞用戶數目超過可以使用的人數怎麼辦？在上面的例子裡，假設台北的蜂巢中f1~f17的細胞正好在市府廣場，這個基地台假設最多可以提供17×8=136個語音通道，如果今天市府廣場在舉辦大型演唱會，同時湧入十萬人，大家都拚命地打電話說：「你(妳)在那裡？」，只聽到另一端傳回簡單的一句：「我在你(妳)後面啦！」，136個語音通道怎麼可能夠用呢？這就是為什麼早期我們去參加大型演唱會或跨年晚會，行動電話常常打不通的原因了。

解決的方法很簡單，只要將使用人數超過136個語音通道的細胞，再分裂為另一個蜂巢，也就是在這個細胞的區域內(原本只有1個基地台)，再分配一個蜂巢

(塞入7個基地台)，並且將這7個基地台的通訊範圍縮小，如圖12-11(b)所示，就可以使原本136個語音通道變成7倍，這樣就夠用囉！現在參加大型演唱會已經很少發生電話打不通的情形了，因為電信公司會使用「行動基地台」，也就是將基地台和通訊設備安裝在箱型車上，只要大型演唱會的主辦單位提出申請，這些箱型車就到會場上將基地台架設起來，下回大家再去參加演唱會時可別只顧著看台上的表演唷！記得也看看架設在舞台旁的行動基地台吧！同樣的道理，都市人口密集因此基地台密度高，才能提供足夠的語音通道；郊外人口稀疏因此基地台密度低，就能提供足夠的語音通道。

值得注意的是，圖12-11每一個細胞只有大約17個頻道(f1~f17)，最多可以提供17×8=136個語音通道，這只是用一個簡單的例子說明而已，其實頻率再利用還有許多不同的排列方式，再配合指向性天線，每個細胞實際可以提供的語音通道可以再增加，並不是固定136個語音通道。

☐ 越區換手(Handoff/Handover)

在行動通訊中最麻煩的問題就是，手機會動來動去，假設行動台(手機)由某一個細胞移動到另外一個細胞或蜂巢，例如：在某一個細胞內使用f1的頻道在通話，根據前面的介紹，旁邊的細胞通訊頻道一定不是f1，該怎麼辦呢？

➤ 硬性換手(Hard handoff)：手機同時只能與一個基地台通訊，換手時必須先將原本的通訊頻道切斷，斷線一瞬間之後再連接到新的通訊頻道，也就是「先斷後接(Break before connect)」，使用者有時會感覺通話斷訊一瞬間，第二代GSM系統使用分頻多工接取(FDMA)必須切換頻率，屬於硬性換手。

➤ 軟性換手(Soft handoff)：手機同時可以與多個基地台通訊，換手時不需要先將原本的通訊頻道切斷，而是挑選一個訊號較強的基地台，逐漸連接到新的通訊頻道，也就是「先接後斷(Connect before break)」，使用者不容易感覺系統在換手，第二代CDMA系統與第三代WCDMA、CDMA2000系統使用分碼多工接取(CDMA)可以使用不同的正交展頻碼同時與多個基地台通訊，屬於軟性換手。

☐ GSM系統的越區換手

蜂巢式行動電話主要是由行動電話交換中心(MSC)、基地台控制器(BSC)、基地台(BS)、行動台(MS)組成，每個細胞的中央設置一個基地台，每7個細胞(1個蜂巢)由一個基地台控制器(BSC)負責管理，數個基地台控制器由一個行動電話交換中心(MSC)負責管理，如圖12-12所示。

➢ 如圖12-12(a)所示，當手機移動到f1細胞邊緣進入f35細胞時，傳送到f1基地台的訊號會愈來愈弱，而傳送到f35基地台的訊號會愈來愈強，當基地台控制器(BSC)發現在它所管轄的f1細胞內有一支手機的訊號愈來愈弱，而f35細胞內這支手機的訊號愈來愈強，則它會在f35細胞內尋找一個沒有被使用的語音通道給這支手機使用，並且關閉f1細胞內的語音通道。

➢ 如圖12-12(b)所示，當手機移動到f35細胞邊緣，進入另外一個蜂巢的f69細胞時，傳送到f35基地台的訊號會愈來愈弱，而傳送到f69基地台的訊號會愈來愈強，當基地台控制器(BSC)發現在它所管轄的f35細胞內有一支手機的訊號愈來愈弱，而其他細胞又沒有更強的訊號，就會向上層報告，交由行動電話交換中心(MSC)尋找其他訊號更強的細胞，結果發現另外一個蜂巢的f69細胞內這支手機的訊號愈來愈強，則它會在f69細胞內尋找一個沒有被使用的語音通道給這支手機使用，並且關閉f35細胞內的語音通道。

☐ 電信系統的通訊方式

目前傳統電信系統(不包括網路電話)主要是由公共交換電信網路(PSTN)與行動電信網路組成，如圖12-13所示，包括下列四種通訊方式：

➢ 行動打行動：台北BS1細胞內有人以MS1手機打電話給高雄BS2細胞內的MS2手機。MS1手機先將訊號以無線的方式傳送到BS1基地台，再傳送到台北的行動電話交換中心(MSC)，經過台北的通訊閘、台北的長途電話交換中心，到達高雄的長途電話交換中心、高雄的通訊閘、高雄的行動電話交換中心(MSC)，再傳送到BS2基地台，最後將訊號以無線的方式傳送到MS2手機。

➢ 行動打固定：台北BS1細胞內有人以MS1手機打電話給高雄的市內電話。MS1手機先將訊號以無線的方式傳送到BS1基地台，再傳送到台北的行動電話交換中心

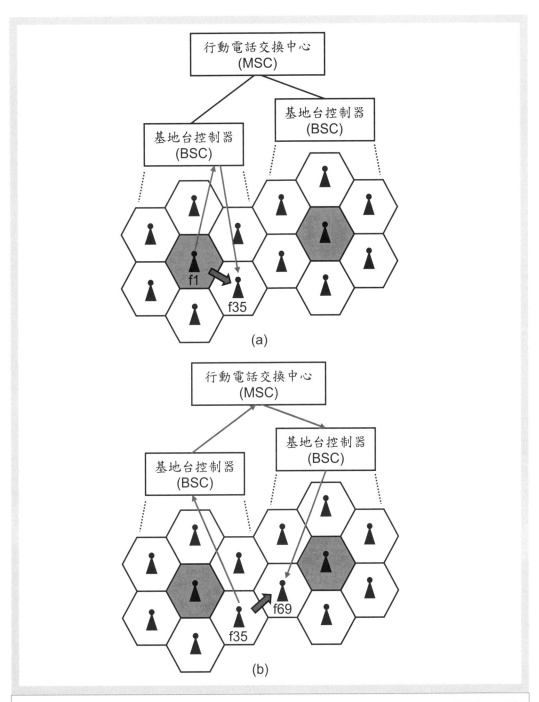

圖 **12-12** GSM系統的越區換手。(a)BSC在f35細胞內尋找一個沒有被使用的語音通道給這支手機使用，並且關閉f1語音通道；(b)MSC在另外一個蜂巢的f69細胞內尋找一個沒有被使用的語音通道給這支手機使用，並且關閉f35語音通道。

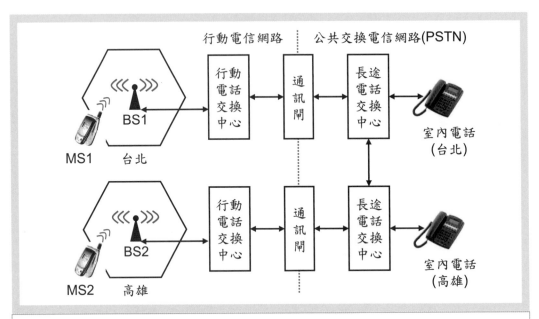

行動電信網路　　公共交換電信網路(PSTN)

圖12-13 電信系統的通訊方式，包括：行動打行動、行動打固定、固定打行動、固定打固定四種，一般只有基地台與行動台(手機)之間是使用無線通訊。

(MSC)，經過台北的通訊閘、台北的長途電話交換中心，到達高雄的長途電話交換中心，最後將訊號傳送到高雄的市內電話。

➤固定打行動：有人以台北的市內電話打電話給高雄BS2細胞內的MS2手機。台北的市內電話先將訊號傳送到台北的長途電話交換中心，到達高雄的長途電話交換中心，經過高雄的通訊閘、高雄的行動電話交換中心(MSC)，再傳送到BS2基地台，最後將訊號以無線的方式傳送到MS2手機。

➤固定打固定：有人以台北的市內電話打電話給高雄的市內電話。台北的市內電話先將訊號傳送到台北的長途電話交換中心，經過高雄的長途電話交換中心，最後將訊號傳送到高雄的市內電話。

　　大家要特別注意，所有的行動電話都只有基地台與行動台(手機)之間是使用無線通訊，其他大部分都是使用有線通訊，因為所有的人都共用同一個空間，所以無線的頻譜非常珍貴，由於行動台(手機)必須隨著使用者移動，一定要使用無

線通訊，但是訊號到了基地台以後除了資料量很小的控制訊號以外，其他大部分使用者所傳送的語音或資料都可以使用有線通訊來傳送，因此當我們到屋頂看基地台，除了室外的天線，室內一定有通訊設備以及電源線和一大堆網路線，就是經由有線通訊與其他基地台或上層的通訊設備連接。

☐ 無線通道的特性

　　無線通訊的行為與有線通訊不同，一般而言如果接收端只收到單一路徑的無線訊號，則可以完整還原發射端的訊號，但是實際上無線通道傳送的電磁波會因為衰減(Attenuation)、反射(Reflection)、折射(Refraction)、散射(Scattering)、繞射(Diffraction)等因素影響而充滿雜訊(Noise)，如果發射端或接收端處於行動狀態，還會有都卜勒效應(Doppler effect)所引起的頻率漂移，還蠻麻煩的吧！

➤ 多重路徑效應(Multipath effect)：如圖12-14(a)所示，由基地台發射出來的電磁波可能直接傳送到手機，也可能經由建築或汽車等障礙物產生衰減、反射、折射、散射、繞射等作用以後才傳送到手機，不同路徑的電磁波沒有同時到達手機，原本基地台發射出來的一個訊號變成多個不同路徑的訊號，由於每一個訊號到達的時間、強度、角度都不同，因此會引起訊號的干擾及混亂。

➤ 都卜勒頻移(Doopler shift)：當無線通訊設備(手機)在移動狀態下發射電磁波，會因為發射端或接收端相互接近或遠離而造成頻率改變，對一般通訊影響不大，但是對載波頻率極為敏感的正交分頻多工(OFDM)則影響很大。

☐ 基地台與天線

　　天線是一種用來發射或接收電磁波的元件，理論上使用長長的一根金屬線就可以做為天線，但是商業上為了增加電磁波發射的能量與方向性，會使用許多金屬導體組合成特別的結構，依照電磁波發射的方向，可以將天線分為「全向性天線(四面八方均勻發射電磁波)」與「指向性天線(某個方向電磁波較多)」。

➤ 單輸入單輸出(SISO：Single-Input Single-Output)：使用一支天線傳送訊號，一支天線接收訊號，例如：第二代行動電話的GSM、GPRS、EDGE等。

➤ 多輸入多輸出(MIMO：Multi-Input Multi-Output)：使用多支天線同時發射訊號，

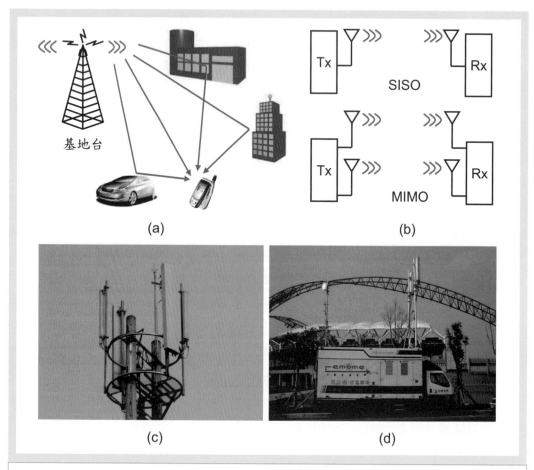

圖 12-14　基地台與天線。(a)多重路徑效應造成原本基地台發射出來的一個訊號變成多個不同路徑的訊號；(b)單輸入單輸出(SISO)與多輸入多輸出(MIMO)天線；(c)基地台的天線；(d)行動基地台。資料來源：http://blog.udn.com/l0912069404/article。

多支天線同時接收訊號，可以在不增加頻寬或總發射功率耗損的情況下增加系統的資料吞吐量(Throughput)與傳送距離(Distance)，其實就是利用多支發射天線與多支接收天線所提供的空間自由度來提升無線通訊系統的頻譜效率，以提高資料傳輸率並改善通訊品質，如圖12-14(b)所示，例如：第三代行動電話的HSDPA、HSUPA與第四代行動電話的LTE、LTE-Advanced。

早期還有單輸入多輸出(SIMO：Single-Input Multi-Output)與多輸入單輸出(MISO：Multiple-Input Single-Output)，就是所謂的「智慧型天線(Smart antenna)」。此外，MIMO可以解決多重路徑效應的問題，而且MIMO最好在充分散射的環境效果更好，目前第四代行動電話的LTE系統可以支援2×2MIMO或4×4MIMO，而LTE-Advanced系統可以支援4×4MIMO或8×8MIMO。

講到手機的通訊品質，就不得不提到大家聞之色變的基地台了，行動電話基地台的功率大約40~50dBm(10~100W)，所以四周的電磁波功率並不算低。根據電信法規，基地台必須距離地面高度15公尺以上，6公尺以內應該設置柵欄禁止人員靠近，基地台的天線如圖12-14(c)所示，將基地台通訊設備放置在貨車上就成為行動基地台，使用時可以將天線架設起來如圖12-14(d)所示。

12-2-2　行動電話的世代

行動電話依照不同的發展時間而稱為不同的「世代(Generation)」，包括第一代(1G)、第二代(2G)、第三代(3G)行動電話，一直到目前正在普及的第四代(4G)與發展中的第五代(5G)，各世代的名稱與發展流程如圖12-15所示。

☐ 第一代行動電話(1G：1st Generation)

使用AM、FM、PM等類比訊號調變技術傳遞「類比訊號」，屬於類比式行動電話，各國所使用的第一代行動電話系統如表12-4所示：

➢ AMPS(Advanced Mobile Phone System)：由美國廠商發展與使用的系統。

➢ TACS(Total Access Communication System)：由歐洲廠商發展與使用的系統。

➢ NTT(Nippon Telegraph and Telephone)：由日本廠商發展與使用的系統。

台灣早期所使用的090行動電話，俗稱「黑金剛」，大大一支黑色的手機，兼具通訊與「防身」的功能，就是引進美國的AMPS系統。

☐ 第二代行動電話(2G：2nd Generation)

使用FSK、PSK等數位訊號調變技術傳遞「數位訊號」，屬於數位式行動電話，各國所使用的第二代行動電話系統如表12-5所示。

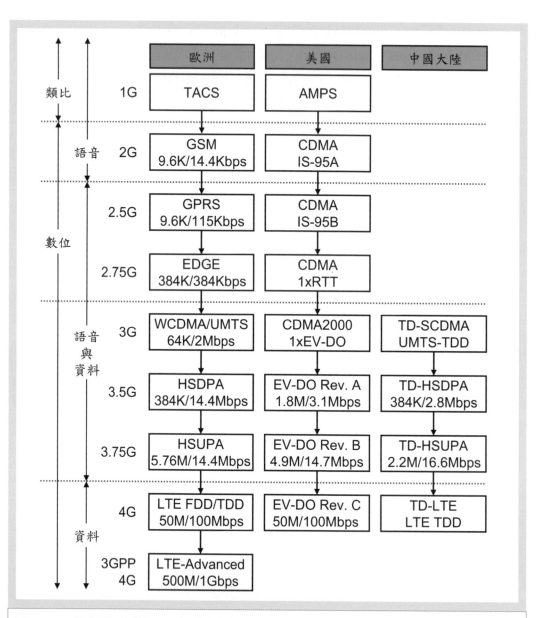

		歐洲	美國	中國大陸
類比	1G	TACS	AMPS	
語音	2G	GSM 9.6K/14.4Kbps	CDMA IS-95A	
數位	2.5G	GPRS 9.6K/115Kbps	CDMA IS-95B	
	2.75G	EDGE 384K/384Kbps	CDMA 1xRTT	
語音與資料	3G	WCDMA/UMTS 64K/2Mbps	CDMA2000 1xEV-DO	TD-SCDMA UMTS-TDD
	3.5G	HSDPA 384K/14.4Mbps	EV-DO Rev. A 1.8M/3.1Mbps	TD-HSDPA 384K/2.8Mbps
	3.75G	HSUPA 5.76M/14.4Mbps	EV-DO Rev. B 4.9M/14.7Mbps	TD-HSUPA 2.2M/16.6Mbps
資料	4G	LTE FDD/TDD 50M/100Mbps	EV-DO Rev. C 50M/100Mbps	TD-LTE LTE TDD
	3GPP 4G	LTE-Advanced 500M/1Gbps		

圖 12-15 行動電話的世代，包括歐洲的TACS、GSM/GPRS/EDGE、WCDMA/HSDPA/HSUPA、LTE/LTE-Advanced等系統；美國的AMPS、CDMA、CDMA2000/EV-DO Rev. A/B/C等系統，中國大陸的TD-SCDMA/TD-HSDPA/TD-HSUPA、TD-LTE等系統。

表 12-4 第一代行動電話比較表，使用類比訊號調變技術，屬於類比式行動電話，美國使用 AMPS系統，歐洲使用TACS系統，日本使用NTT系統。

系統名稱	AMPS	TACS	NTT
推出國家	北美	歐洲	日本
上傳頻率(MHz)	824~849	890~915	925~940
下載頻率(MHz)	869~894	935~960	870~885
通道頻寬	30KHz	25KHz	25KHz
可用通道數	832	1000	600
調變方式	FM	FM	FM
多工方式	FDMA	FDMA	FDMA
雙工方式	FDD	FDD	FDD

表 12-5 第二代行動電話比較表，使用數位訊號調變技術，屬於數位式行動電話，美國使用 DAMPS與CDMA系統，歐洲使用GSM/DCS系統，日本使用JDC系統。

系統名稱	DAMPS (IS-54/136)	GSM900	GSM1800 DCS1800	JDC	CDMA (IS-95)
推出國家	北美	歐洲	歐洲	日本	美國
上傳頻率(MHz)	824~849	890~915	1710~1785	810~826	824~849
下載頻率(MHz)	869~894	935~960	1805~1880	940~956	869~894
通道頻寬	30KHz	200KHz	200KHz	25KHz	1250KHz
可用通道數	832×3	124×8	124×8×3	1600×3	10×118
調變方式	PSK	FSK	FSK	PSK	PSK
多工方式	FDMA TDMA	FDMA TDMA	FDMA TDMA	TDMA	FDMA CDMA
雙工方式	FDD	FDD	FDD	FDD	FDD

➤ DAMPS(Digital Advanced Mobile Phone System)：由第一代AMPS系統數位化之後發展而來，正式標準編號是IS-54與IS-136。

➤ GSM(Global System for Mobile)：由歐洲廠商領導發展與使用的系統，包括GSM900/1800，其中GSM1800又稱為DCS1800(Digital Cellular Standard)。

➢ JDC(Japanese Digital Cellular)：由日本廠商發展與使用的系統

➢ CDMA(Code Division Multiplex Access)：由美國廠商發展與使用的系統，正式標準編號是IS-95，這也是第一個使用分碼多工接取(CDMA)技術的系統。

▢ 第二代行動電話的特性

➢ GSM900/1800系統：全球有超過50%以上的地區使用，包括歐洲、美國部份地區(GSM1900)以及亞洲大部分地區(包括台灣)，由表12-5可以看出，GSM900系統的上傳頻率890~915MHz(頻寬25MHz)、下載頻率935~960MHz(頻寬25MHz)是屬於「分頻雙工(FDD)」，同時使用「分頻多工(FDMA)」與「分時多工(TDMA)」可以提供124×8=992個語音通道，每個語音通道200KHz，通話品質與傳統的收音機差不多，音質並不算很好但是尚可接受；由於GSM900系統受到市場很大的迴響，992個語音通道實在不敷使用，於是後來又發展了GSM1800系統，上傳頻率1710~1785MHz(頻寬75MHz)、下載頻率1805~1880MHz(頻寬75MHz)，可以提供124×8×3=2976個語音通道，可以使用的通道數目恰好是GSM900系統的三倍。美國由於890~960MHz與1710~1880MHz的頻譜都已經有其他用途，所以另外規劃了1850~1990MHz做為GSM系統的通訊頻率，稱為「GSM1900」。

➢ CDMA系統：全球大約20%以上的地區使用，包括美國、韓國、香港、中國大陸部分地區，CDMA就是分碼多工接取，與數位訊號的密碼運算技術有關，早期是由美國軍方使用，後來才開放將這種技術應用在商業上。由表12-5可以看出，CDMA系統的上傳頻率824~849MHz(頻寬25MHz)、下載頻率869~894MHz(頻寬25MHz)是屬於「分頻雙工(FDD)」，同時使用「分頻多工(FDMA)」與「分碼多工(CDMA)」可以提供10×118=1180個語音通道。

由於第三代行動電話技術困難發展較慢，因此歐洲的GSM系統就先發展了比較簡單的第2.5代GPRS系統與2.75代EDGE系統；此外，美國的CDMA系統(IS-95A)也推出相對應的第2.5代CDMA(IS-95B)系統與2.75代CDMA(1xRTT)系統，如圖12-15所示。

❑ 第三代行動電話(3G：3rd Generation)

　　使用PSK、QAM等數位訊號調變技術傳遞「數位訊號」，同時使用分碼多工接取(CDMA)以不同密碼(正交展頻碼)來區分給不同使用者的資料，屬於數位式行動電話，各國所使用的第三代行動電話系統如表12-6所示，由國際電信聯盟(ITU)組織認可的第三代行動通訊標準IMT-2000包括：

➤ WCDMA(Wideband CDMA)：由歐洲與日本廠商共同開發與使用的系統。

➤ CDMA2000：由美國與韓國廠商共同開發與使用的系統。

➤ TD-SCDMA(Time Division Synchronous CDMA)：由中國大陸研發的系統。

❑ 第三代行動電話的特性

➤ WCDMA系統：由歐洲第二代GSM系統升級而來，是第三代行動電話「全球移動通訊系統(UMTS：Universal Mobile Telecommunication System)」使用的技術，延續第二代GSM系統市場持續成長目前全球有將近80%以上的地區使用，由表12-6可以看出，WCDMA系統的上傳頻率1920~1980MHz(頻寬60MHz)、下載頻率2110~2170MHz(頻寬60MHz)是屬於「分頻雙工(FDD)」，通道頻寬為5MHz，同時使用「分頻多工(FDMA)」與「分碼多工(CDMA)」，不過既然已經使用CDMA

表 12-6　第三代行動電話比較表，使用數位訊號調變技術，屬於數位式行動電話，美國使用CDMA2000系統，歐洲使用WCDMA系統，中國大陸使用TD-SCDMA系統。

系統名稱	WCDMA (UMTS)	CDMA2000 (1xEV-DO)	TD-SCDMA (UMTS-TDD)
推出國家	歐洲	美國	中國大陸
上傳頻率(MHz)	1920~1980	1930~1990	1880~1920 2010~2025
下載頻率(MHz)	2110~2170	2110~2170	
通道頻寬	5MHz	1.25MHz	1.6MHz
最新版本	HSUPA	EV-DO A/B	TD-HSUPA
調變方式	PSK/QAM	PSK/QAM	PSK/QAM
多工方式	FDMA/CDMA	FDMA/CDMA	FDMA/CDMA
雙工方式	FDD	FDD	TDD

技術來區分不同使用者,因此通道頻寬大小不是那麼重要。可以與現行的GSM、GPRS、EDGE系統整合使用,因此原本使用GSM系統的電信業者都是選用這個系統,例如台灣的中華電信、台灣大哥大、遠傳電信、威寶電信等。

➤ CDMA2000系統:由美國第二代CDMA(IS-95)系統升級而來,由表12-6可以看出,CDMA2000系統的上傳頻率1930~1990MHz(頻寬60MHz)、下載頻率2110~2170MHz(頻寬60MHz)是屬於「分頻雙工(FDD)」,通道頻寬為1.25MHz,同時使用「分頻多工(FDMA)」與「分碼多工(CDMA)」。可以與現行的CDMA(IS-95)系統整合使用,但是原本使用GSM系統的電信業者不可能更換系統,所以要搶走WCDMA系統的生意很困難,目前台灣只有亞太電信使用。

由於第四代行動電話技術尚未成熟,因此歐洲的WCDMA系統就先發展了比較簡單的第3.5代HSDPA系統與3.75代HSUPA系統;此外,美國的CDMA2000系統(1xEV-DO)也推出相對應的第3.5代EV-DO Rev. A系統與3.75代EV-DO Rev. B系統;中國大陸的TD-SCDMA(UMTS-TDD)系統也推出相對應的第3.5代TD-HSDPA系統與3.75代TD-HSUPA系統,如圖12-15所示。

【市場實例】

第三代行動電話(3G)標準制定之初,最重要的市場目標有下列兩個:

➔ 統一全球通訊標準:2G系統雖然成功,但是世界各國使用的系統並不相容,造成使用者的困擾,例如:台灣使用GSM系統,如果我們要到日本旅遊,則必須另外購買或是向行動電信業者租用一支JDC系統的行動電話,非常不方便。行動電話的特性既然是「行動」,就應該「一機在手任我行」,所以當時設計3G系統最重要的目標就是統一全球通訊標準,讓使用者一支手機全球通用。2G系統的贏家歐洲電信業者在GSM系統成功以後,接著推出3G的WCDMA系統;不幸的是,美國才是首先發展CDMA技術的國家,但是2G的CDMA(IS-95)系統卻只搶下了全球20%的市場,現在怎麼可能又要求美國把3G系統讓給歐洲的電信業者呢?因此美國的電信業者自行推出3G的CDMA2000系統;更有趣的是全球最大的市場中國大陸心裡在盤算著:美

國有什麼了不起，才不過兩億人而已，連我的尾數都不夠(中國大陸大約有十三億五千萬人，光是尾數就有三億五千萬人，果然比美國還嗆！決決大國怎麼可能屈服別人去使用歐洲或美國的系統呢？後來中國大陸就自行制定3G的TD-SCDMA系統，到此第三代行動電話統一全球通訊標準的美夢已經破碎了。所幸後來的發展不如預期，美國的CDMA2000與中國大陸的TD-SCDMA都沒有被全球大部分國家的電信業者接受，而WCDMA仍然是大部分電信業者的最愛，這也是目前我們使用支援WCDMA的3G智慧型手機到世界大部分國家都可以通訊不需要換手機的主要原因。

→ 提升系統傳輸數據與影像的能力：3G系統另外一個重要的目標就是提升系統傳輸數據與影像的能力，以達到行動上網(一邊移動、一邊上網)的要求。由於2G系統主要提供語音通訊，如果要上網使用2.5G的GPRS系統也只有115Kbps的資料傳輸率而已，3G系統則可以提供384Kbps~2Mbps的資料傳輸率，基本上已經勉強可以讓使用者以手機行動上網了，但是目前智慧型手機的應用程式(APP)愈來愈多，普及率也極高，對資料傳輸率的需求愈來愈高，顯然有必要發展資料傳輸率更高的第四代(4G)或第五代(5G)行動電話。

其實當初電信業者推出第三代行動電話(3G)時希望提供的服務主要有行動上網、影像電話、行動電視三項，但是當我們在講電話的時候，往往不一定希望讓對方看到自己的影像，可能我們剛起床滿頭亂髮，也可能我們一邊講電話一邊做別的事不想讓對方看到，而且傳送影像所需要的頻寬是傳送聲音的10倍以上，花10倍的錢來傳送不一定需要的東西其實沒有意義，這是為什麼現在使用智慧型手機的人很多，但是使用3G系統來撥打影像電話的人很少；而行動電視原本是廠商構想的收入來源之一，但是後來有許多網站提供免費的影片(例如：Youtube)，使用行動上網就可以看到，因此後來行動電視並沒有發展起來，所以目前3G最成功的業務就只剩下行動上網了。

12-2-3　GSM系統簡介

　　全球行動通訊系統(GSM：Global System for Mobile)是1989年由歐洲電信標準協會(ETSI：European Telecommunication Standards Institute)制定的標準，支援線路交換(Circuit switch)來傳送數位語音訊號，後來為了支援封包交換(Packet switch)同時提升資料傳輸率，又制定了GPRS與EDGE系統。

❑ GSM系統架構(Global System for Mobile)

　　GSM系統的基本架構如圖12-16所示，主要支援線路交換(Circuit switch)來傳送數位語音訊號，由下列幾種電信設備組成：

➢ 基地台控制器(BSC：Base Station Controller)：負責基地台(BS：Base Station)與行動台(手機)之間的換手、信號強度、頻道管理等工作。

➢ 行動電話交換中心(MSC：Mobile Switching Center)：負責通話連線、管理、離線、路由(Routing)等工作，一個MSC可以管理許多BSC。

➢ 通訊閘行動電話交換中心(GMSC：Gateway MSC)：負責連接公共交換電信網路(PSTN)或其他行動電信網路，例如：DAMPS、CDMA、PHS系統。

❑ GSM系統的資料處理流程

　　無線通訊系統的「上傳(Uplink)」與「下載(Downlink)」一般是以手機的觀點來定義，基地台與手機的資料處理流程可能有些不同，圖12-17(a)為GSM系統的基地台資料處理流程；圖12-17(b)為GSM系統的手機資料處理流程：

➢ 下載(Downlink)：是指基地台傳送(Tx)手機接收(Rx)，即圖中紅色箭號所示，如圖12-17(a)公共交換電信網路(PSTN)或其他電信系統的數位訊號傳送到行動電話交換中心(MSC)，再經由基地台控制器(BSC)傳送到基地台(BS)，接著進行頻道編碼(Channel coding)、交錯置(Inter-leaving)、加密(Ciphering)、多工(Multiplexing)、調變(Modulation)等數位訊號處理，再經由中頻晶片(IF)與射頻晶片(RF)產生電磁波，最後經由天線傳送(Tx)出去；如圖12-17(b)手機經由天線接收(Rx)電磁波，經由射頻晶片(RF)與中頻晶片(IF)產生數位訊號，再經由基頻晶片(BB)進行解調

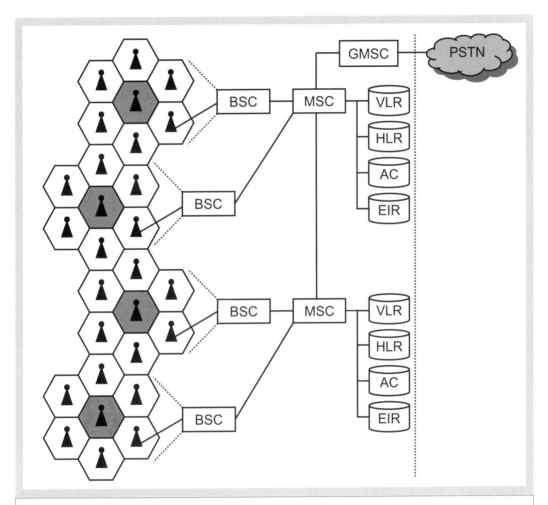

圖 **12-16** GSM系統架構圖，包括基地台控制器(BSC)、行動電話交換中心(MSC)、通訊閘行動電話交換中心(GMSC)，另外還有原地登錄資料庫(HLR)、訪地登錄資料庫(VLR)、認證中心(AC)、設備認證資料庫(EIR)等四大資料庫。

(De-modulation)、解多工(De-multiplexing)、解密(De-ciphering)、解交錯置(De-inter-leaving)、頻道解碼(Channel decoding)、語音解壓縮(Decoding)等數位訊號處理，最後經由數位類比轉換器(DAC)產生聲音(類比訊號)由喇叭播放出來。

➤ 上傳(Uplink)：是指手機傳送(Tx)基地台接收(Rx)，即圖中黑色箭號所示，我們講

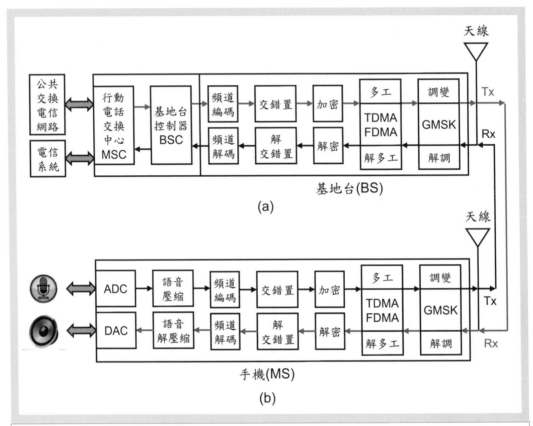

圖 12-17 GSM系統的資料處理流程示意圖。(a)基地台基頻晶片；(b)手機基頻晶片。圖中紅色箭號為下載(Downlink)資料處理流程，黑色箭號為上傳(Uplink)資料處理流程。

話的聲音(類比訊號)由麥克風接收，經由類比數位轉換器(ADC)轉換為數位訊號進行語音壓縮(Encoding)後的資料處理流程與下載類似，這裡不再重複描述。

□ 用戶識別卡(SIM：Subscriber Identity Module)

當我們到電信公司申辦門號，電信公司會給用戶一張小小的卡片，稱為「用戶識別卡(SIM：Subscriber Identity Module)」，這張卡片是使用電子式可抹除可程式化唯讀記憶體(EEP-ROM)組成，並且使用晶粒尺寸封裝(CSP)在一個小小的塑膠卡片內，關於EEP-ROM記憶體與CSP封裝技術，請參考第一冊第3章「積體電

路產業」的說明。在這張用戶識別卡(SIM)裡記錄了一些使用者相關的資料，包括：行動電話國家代碼(MCC：Mobile Country Code)、行動電話網路代碼(MNC：Mobile Network Code)、行動電話用戶代碼(MSIC：Mobile Subscriber Identification Code)等，主要是記錄這個門號屬於那個國家、那個系統、那個使用者所有。

用戶資料庫

行動電話的用戶資料，除了記錄在用戶識別卡(SIM)以外，也必須記錄在行動電話交換中心(MSC)的資料庫中，這樣使用者在撥打行動電話的時候才能隨時進行查詢與認證的工作，行動電話交換中心(MSC)總共有四大資料庫：

➤ 原地登錄資料庫(HLR：Home Location Register)：負責確認使用者的用戶資料，同時也是其他系統的入口，當有電話由公共交換電信網路(PSTN)或其他行動電信網路(例如：PHS系統)撥打到GSM系統時，進行查詢與認證的工作。

➤ 訪地登錄資料庫(VLR：Visitor Location Register)：負責記錄用戶目前所在的蜂巢細胞位置，以及手機是否在待機狀態，使用者的手機在開機以後，會先發送訊號給基地台，通知基地台「我已經開機待機，我在那裡」，當有人撥打這個門號的時候，行動電話交換中心(MSC)會先查詢它的訪地登錄資料庫(VLR)，以確定這支手機目前是否待機，目前在那個蜂巢細胞位置，大家一定都有這樣的經驗，當你(妳)撥打一個門號但是對方手機沒有開機，通常系統會「立刻反應」通知你(妳)對方沒有開機，系統之所以可以立刻反應，是因為訪地登錄資料庫(VLR)早就記錄了對方門號是否待機的資訊了。

➤ 認證中心(AC：Authentication Center)：負責記錄用戶的基本資料，例如：用戶是否欠繳電話費，這個門號是否有被報遺失，以防止非法用戶入侵電信網路。

➤ 設備認證資料庫(EIR：Equipment Identify Register)：負責記錄設備相關的資料，例如：手機型號、基地台型號等，每一支手機都有一組唯一序號稱為「國際移動設備辨識碼(IMEI：International Mobile Equipment Identity)」，請大家養成習慣，拿到一支新手機就先執行「*#06#」就會出現這組序號，把它記錄在另外一個地方，將來如果手機遺失就可以用這組序號報警找回手機，如果撿到別人的手機，千萬別以為別人不知道是誰拿走的，因為只要你(妳)把自己的SIM卡插入手機開

機，基地台立刻就知道某個序號的手機目前被某人使用，只要警察和電信公司願意配合，立刻就可以經由SIM卡的資料找到你(妳)唷！

☐ **GPRS系統(General Packet Radio Service)**

　　GPRS系統的基本架構如圖12-18所示，基本上仍然使用GSM系統原有的設備(BSC、MSC、GMSC)，但是必須提升某些設備的軟體與硬體功能才能支援封包交換(Packet switch)來連接網際網路，主要由下列幾種電信設備組成：

➤基地台控制器(BSC)：負責基地台(BS)與行動台(手機)之間的換手、信號強度、頻道管理等工作，同時還要加入「封包控制單元(PCU：Packet Control Unit)」使基地台控制器可以處理資料封包(Packet)，才能讓我們連接網際網路。

➤GPRS伺服器節點(SGSN：Serving GPRS Support Node)：負責處理每個基地台控制器(BSC)傳送過來的資料封包(Packet)。

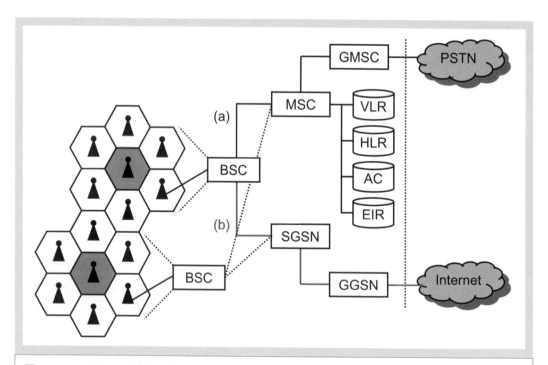

圖 12-18　GPRS系統架構圖。(a)當使用者以手機打電話的時候，BSC會將語音訊號以線路交換的方式傳送到MSC與GMSC；(b)當使用者以手機上網的時候，BSC會將上網的資料以封包交換的方式傳送到SGSN與GGSN。

➢GPRS閘道器節點(GGSN：Gateway GPRS Support Node)：負責連接網際網路的閘道器(Gateway)，可以將封包傳送到網際網路上。

　　其實行動電話是發展到GPRS系統以後，才真正成為可以同時使用「線路交換(Circuit switch)」與「封包交換(Packet switch)」的系統，當使用者以手機打電話的時候，基地台控制器(BSC)會將語音訊號以線路交換的方式傳送到行動電話交換中心(MSC)，如果要傳送到公共交換電信網路(PSTN)，則會透過通訊閘行動電話交換中心(GMSC)，如圖12-18(a)所示；當使用者以手機上網的時候，基地台控制器(BSC)會將上網的資料以封包交換的方式傳送到GPRS伺服器節點(SGSN)，再經由GPRS閘道器節點(GGSN)傳送到網際網路(Internet)，如圖12-18(b)所示，後來的第三代行動電話(3G)基本上仍然延續這樣的架構。

　　圖12-3是GSM900系統的頻譜，同時可以提供124×8=992個語音通道給992位使用者通話，當我們使用手機通話時，系統會在上傳與下載各挑選一個語音通道來傳送語音訊號；當我們使用GPRS手機上網時，系統會在上傳與下載各挑選一個沒有被使用的語音通道來傳送資料封包，但是語音訊號具有優先權，因此當某一個語音通道正在傳送資料封包，忽然有人要打電話，則系統會停止封包傳送，改為傳送語音訊號，通常系統會保留時槽t8與r8來優先傳送資料封包。

☐ **EDGE系統(Enhanced Data rates for GSM Evolution)**

　　EDGE系統架構在GSM/GPRS系統上，由於GSM/GPRS系統是使用GMSK來進行數位訊號調變，每一個符號(Symbol)只能傳送1位元(bit)的資料，資料傳輸率只有115Kbps；而EDGE系統是使用八相位移鍵送(8PSK)來進行數位訊號調變，每一個符號(Symbol)可以傳送3位元(bit)的資料，如圖10-11(c)所示，資料傳輸率可達384Kbps，對於使用GSM系統的業者而言，可以在現有的GSM900/1800頻譜上利用EDGE系統來提升資料傳輸率。

12-2-4　WCDMA系統簡介

　　1998年歐洲電信標準協會(ETSI)、日本社團法人電波產業會(ARIB)和情報通信技術委員會(TTC)、中國通信標準化協會(CCSA)、韓國通信技術協會(TTA)和美國通信工業解決方案聯盟(ATIS)等組織合作成立「第三代合作夥伴計劃(3GPP：3rd Generation Partnership Project)」，在國際電信聯盟(ITU)的IMT-2000計劃範圍內制定全球第三代行動電話WCDMA、CDMA2000、TD-SCDMA等規範。

☐ WCDMA系統架構(Wideband CDMA)

　　WCDMA系統的基本架構如圖12-19所示，與GPRS/EDGE系統類似，同時可以支援線路交換與封包交換，主要由下列幾種電信設備組成：

➤ 無線網路控制器(RNC：Radio Network Controller)：類似GSM系統的基地台控制器(BSC)，負責基地台與手機的通話處理、信號強度、頻道管理等工作。

➤ 無線網路子系統(RNS：Radio Network Subsystem)：由基地台(NB：Node B)與無線網路控制器(RNC)組成，有點類似GSM系統的蜂巢。

➤ UMTS陸地無線接取網路(UTRAN：UMTS Terrestrial Radio Access Network)：由數個無線網路子系統(RNS)組成，泛稱核心網路(CN)以外的系統。

➤ 核心網路(CN：Core Network)：由行動電話交換中心(MSC)、通訊閘行動電話交換中心(GMSC)、GPRS伺服器節點(SGSN)、GPRS閘道器節點(GGSN)組成。

　　其中，使用者設備(UE：User Equipment)與基地台(NB：Node B)的介面稱為「Uu」；基地台(NB)與無線網路控制器(RNC)的介面稱為「IuB」；無線網路子系統(RNS)與無線網路子系統(RNS)的介面稱為「IuR」；UMTS陸地無線接取網路(UTRAN)與核心網路(CN)的介面稱為「Iu」，其中「Iu-CS(Circuit Switch)」介面使用線路交換傳送語音訊號，「Iu-PS(Packet Switch)」介面使用封包交換傳送資料封包；此外，WCDMA系統可以和原有的GSM/GPRS/EDGE系統共存，所以通訊原理與GPRS系統類似，這裡不再重複描述。這也是它擊敗CDMA2000與TD-SCDMA系統的主要原因，因為電信業者可以保留原有的GSM/GPRS/EDGE通訊設備繼續使用，只需要添購某些新設備，在成本上佔有極大優勢。

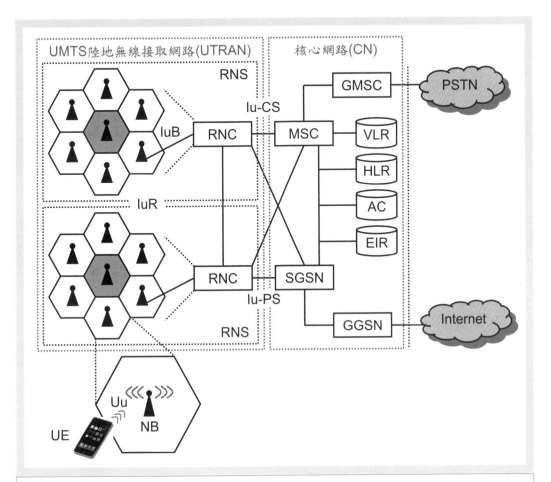

圖 **12-19** WCDMA系統架構圖，包括無線網路控制器(RNC)、行動電話交換中心(MSC)、通訊閘
行動電話交換中心(GMSC)、GPRS伺服器節點(SGSN)、GPRS閘道器節點(GGSN)、
無線網路子系統(RNS)、UMTS陸地無線接取網路(UTRAN)、核心網路(CN)。

❑ WCDMA系統的資料處理流程

　　無線通訊系統的「上傳(Uplink)」與「下載(Downlink)」一般是以手機的觀點
來定義，基地台與手機的資料處理流程可能有些不同，圖12-20(a)為WCDMA系統
的基地台資料處理流程，圖中只畫出基地台傳送(Tx)流程；圖12-20(b)為WCDMA
系統的手機資料處理流程，圖中只畫出手機傳送(Tx)流程：

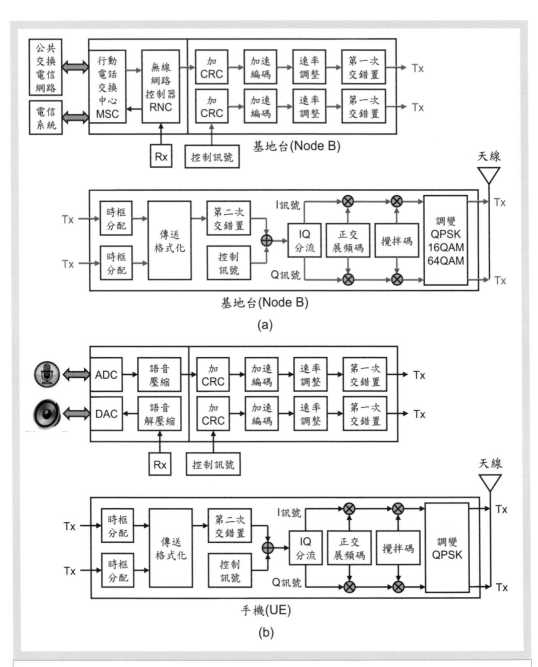

圖 12-20 WCDMA系統的資料處理流程示意圖。(a)基地台基頻晶片,圖中只畫出基地台傳送(Tx)流程;(b)手機基頻晶片,圖中只畫出手機傳送(Tx)流程。

➤ 下載(Downlink)：是指基地台傳送(Tx)手機接收(Rx)，即圖中紅色箭號所示，如圖12-20(a)公共交換電信網路(PSTN)或其他電信系統的數位訊號傳送到行動電話交換中心(MSC)，再經由無線網路控制器(RNC)傳送到基地台(NB)，經由基頻晶片(BB)進行循環式重複檢查碼(CRC)、加速編碼(Turbo coding)、速率調整、第一次交錯置、時框分配、傳送格式化、第二次交錯置，再與控制訊號相加，接著將資料分流為「實部(I)」與「虛部(Q)」，再與正交展頻碼(Orthogonal spreading code)和攪拌碼(Scrambling code)運算，進行調變(Modulation)後再經由中頻晶片(IF)與射頻晶片(RF)產生電磁波，最後經由天線傳送(Tx)出去。

➤ 上傳(Uplink)：是指手機傳送(Tx)基地台接收(Rx)，即圖中黑色箭號所示，我們講話的聲音(類比訊號)由麥克風接收，經由類比數位轉換器(ADC)轉換為數位訊號進行語音壓縮(Encoding)後的資料處理流程與下載類似，這裡不再重複描述。

▢ HSDPA系統(High Speed Downlink Packet Access)

由於我們連接網路瀏覽網頁大部分都是下載資料，在原來的WCDMA系統上提升「下載(Downlink)」的資料傳輸率到14.4Mbps，主要使用下列幾種方法：

➤ 使用多個正交展頻碼：WCDMA系統的每一個使用者只有一個正交展頻碼，展頻因子(SF)隨不同的通訊服務決定，例如：手機通話佔用一個SF=128的正交展頻碼，影像電話佔用一個SF=32的正交展頻碼，資料封包佔用一個SF=8的正交展頻碼；HSDPA系統可以同時佔用最多15個SF=16不同的正交展頻碼一起下載資料，因此可以增加下載的資料傳輸率。

➤ 提升數位調變方式：WCDMA系統是使用四相位移鍵送(QPSK)來進行數位訊號調變，每一個符號(Symbol)只能傳送2位元(bit)的資料；HSDPA系統下載是使用16正交振幅調變(16QAM)來進行數位訊號調變，每一個符號(Symbol)可以傳送4位元(bit)的資料。使用愈多的振幅與相位來進行數位調變，每一個符號(Symbol)可以傳送愈多位元(bit)，資料傳輸率愈高，但是點與點之間(不同振幅與相位之間)的差異愈小，在傳送的過程中容易因為干擾而誤判，抗干擾能力愈差，所以資料錯誤率會提高，因此基地台會依照手機回傳的通道品質決定使用16QAM或QPSK，如果通道品質好則使用16QAM來增加資料傳輸率；如果通道品質差則使用QPSK來降

低資料錯誤率,這樣動態調整才能保持最佳的通訊品質。

➢改善重送機制:WCDMA系統如果資料封包傳送錯誤,會先由基地台(NB)通知無線網路控制器(RNC),再由RNC啟動重送機制重新傳送資料封包,這樣大約會有150ms的延遲時間;HSDPA系統可以直接由基地台(NB)啟動重送機制重新傳送資料封包,這樣大約只有50ms的延遲時間,可以增加資料傳輸率。

➢固定基地台輸出功率:WCDMA系統的基地台(NB)會針對不同使用者的手機距離而輸出不同大小的功率,距離遠的手機功率大,距離近的手機功率小,這樣可以保持大約相同的資料傳輸率;HSDPA系統的基地台(NB)會輸出相同大小的功率,距離遠的手機資料錯誤率較高,必須常常重送,資料傳輸率比較低;距離近的手機資料錯誤率較低,不需要常常重送,可以增加資料傳輸率。

➢使用者共享一個頻道:HSDPA系統的基地台(NB)會輸出相同大小的功率,而且由幾位使用者共享一個頻道,彼此輪流使用,當使用的人數多則資料傳輸率低;當使用的人數少則資料傳輸率高。

❏ HSUPA系統(High Speed Uplink Packet Access)

在原來的WCDMA系統上提升「上傳(Uplink)」的資料傳輸率到5.76Mbps,與HSDPA的概念相似,主要使用下列幾種方法。

➢使用多個正交展頻碼:HSUPA系統可以同時佔用最多4個SF=2或SF=4的正交展頻碼一起上傳資料,因此可以增加上傳的資料傳輸率。

➢提升數位調變方式:HSUPA系統上傳使用二個雙相位移鍵送(BPSK)分別傳送信號星座圖上的「實部(I)」與「虛部(Q)」,效果相當於四相位移鍵送(QPSK)。

➢改善重送機制:與HSDPA使用的法方相同,這裡不再重複描述。

❏ HSPA+系統(High Speed Packet Access Plus)

HSDPA與HSUPA後來又更進一步發展為HSPA+,因此有人將HSPA+稱為「第3.9代行動電話(3.9G)」,主要是使用下列幾種方法再增加資料傳輸率:

➢提升數位調變方式:HSDPA系統下載使用16QAM或QPSK,HSUPA系統上傳使用二個BPSK,HSPA+系統下載可以使用64QAM,每一個符號(Symbol)可以傳送6位

元(bit)的資料；上傳可以使用16QAM，每一個符號(Symbol)可以傳送4位元(bit)的資料，可以再提升資料傳輸率到接近第四代行動電話(4G)。

➤ 使用多輸入多輸出(MIMO)天線：2G/3G的基地台是使用兩支天線，其中一支天線用來發射訊號(Tx：Transmitter)，兩支天線都可以接收訊號(Rx：Receiver)，多輸入多輸出(MIMO)可以增加基地台發射的資料量為二倍，同時使用兩支天線發射出去，這樣在不增加天線硬體的條件下就可以增加資料傳輸率，當然此時手機的硬體也必須配合使用兩支天線才能接收訊號。

12-2-5 LTE/LTE-Advanced系統簡介

第三代合作夥伴計劃(3GPP)所制定的無線通訊標準，通稱為「長期演進技術(LTE：Long Term Evolution)」，其實它是從第三代(3G)演進到第四代(4G)行動電話的意思，所以稱為「長期演進(Long term)」，3GPP制定的行動電話標準演進如表12-7所示，嚴格來說，商業上宣傳的4G LTE其實是由HSPA+邁向4G的過渡版本，真正的4G應該是2011年由3GPP所制定的「長期演進技術升級版(LTE-A：LTE-Advanced)」，這個標準相容於原來的GSM/EDGE和WCDMA(UMTS)技術，使用正交分頻多工與多天線技術提升資料傳輸率，主要設計目標包括：

➤ 提高尖峰資料傳輸率(PDR：Peak Data Rate)：希望在20MHz的頻寬中能夠提供手機下載100Mbps、上傳50Mbps的尖峰資料傳輸率。

表 12-7 第三代合作夥伴計劃(3GPP)所制定的通訊標準版本與系統名稱。

時間	版本名稱	系統名稱	主要技術演進
2006	LTE release-5	HSDPA	多正交展頻碼、16QAM
2007	LTE release-6	HSUPA	多正交展頻碼
2008	LTE release-7	HSPA+	16QAM、64QAM、2×2MIMO
2009	LTE release-8/9	LTE	OFDM、4×2MIMO
2011	LTE release-10/11	LTE-Advanced	OFDM、4×4MIMO、4×8MIMO
2013	LTE release-12/13	LTE-B	Phantom Cell、LTE-HI

➢提高網路覆蓋區域邊緣的傳輸性能：讓行動通訊系統與網際網路應用完全整合，不會因為行動通訊系統資料傳輸率較低而影響使用行為。

➢降低系統延遲與連線設定的時間：希望將無線存取網路區域的延遲時間減少到低於10毫秒(ms)，同時要讓使用者在LTE網路上有隨時連線的即時感覺。

□ **LTE/LTE-Advanced系統架構**

LTE/LTE-Advanced系統的基本架構如圖12-21所示，同時必須能夠向下相容於GSM/EDGE與WCDMA(UMTS)系統，主要由下列幾種電信設備組成：

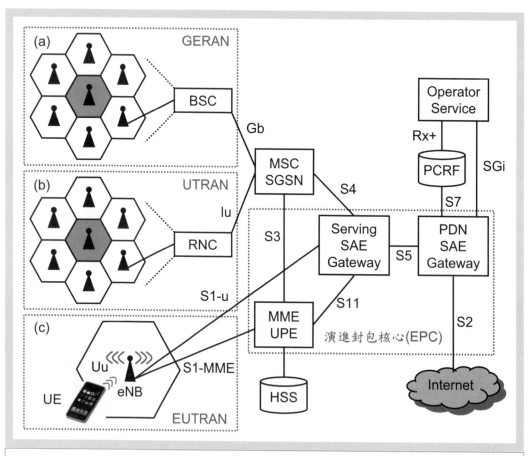

圖 **12-21** LTE/LTE-A系統架構圖，包括GSM/EDGE無線接取網路(GERAN)、UMTS陸地無線接取網路(UTRAN)、演進統一陸地無線接取網路(EUTRAN)、演進封包核心(EPC)。

➤ GSM/EDGE無線接取網路(GERAN：GSM/EDGE Radio Access Network)：LTE系統必須向下相容因此必須連接GSM/EDGE系統，如圖12-21(a)所示，其中管理基地台最重要的設備稱為「基地台控制器(BSC)」。

➤ UMTS陸地無線接取網路(UTRAN：UMTS Terrestrial Radio Access Network)：LTE系統必須向下相容因此必須連接WCDMA(UMTS)系統，如圖12-21(b)所示，其中管理基地台最重要的設備稱為「無線網路控制器(RNC)」。

➤ 行動管理實體(MME：Mobility Management Entity)：負責手機註冊與解除註冊的流程處理，手機通話時移動的換手(Handoff)，還有手機待機時的移動管理，為手機選擇資料封包傳輸的伺服器閘道，並管理演進封包系統(EPS：Evolved Packet System)與手機進行非存取層與存取層通訊協定的安全控制。

➤ 用戶平面實體(UPE：User Plane Entity)：處理使用者的資料傳輸，負責管理與儲存用戶單元的內容，進行資料加密與解密，資料封包路由與傳送等。

➤ 家庭用戶服務(HSS：Home Subscribe Server)：進行用戶認證(Authentication)、授權(Authority)、金鑰協商等安全功能，類似GPRS的原地登錄資料庫(HLR)。

➤ 策略計費規則功能(PCRF：Policy Charging Rule Function)：負責替使用者計費(Accounting)與服務品質(QoS)管理的工作。

➤ 服務系統架構演進閘道器(Serving SAE Gateway)：是連接行動管理實體(MME)與演進基地台(eNB)主要的閘道器，SAE為「System Architecture Evolution」。

➤ 公共資料網路系統架構演進閘道器(PDN SAE Gateway)：是連接公共資料網路(PDN：Public Data Network)也就是網際網路(Internet)主要的閘道器。

➤ 演進封包核心(EPC：Evolved Packet Core)：由服務系統架構演進閘道器(Serving SAE Gateway)與公共資料網路系統架構演進閘道器(PDN SAE Gateway)組成，基本上LTE為全封包網路系統，語音通訊也是以資料封包的形式傳送。

➤ 演進統一陸地無線接取網路(EUTRAN：Evolved UTRAN)：是長期演進技術(LTE)最重要的部分，由使用者的手機(UE)與演進基地台(eNB：Evolved Node B)組成，如圖12-21(c)所示，由圖中可以看出，以前用來管理基地台最重要的設備基地台控制器(BSC)或無線網路控制器(RNC)不見了，而將部分功能整合到基地台中，所以

稱為「演進基地台(eNB)」，並且改由行動管理實體(MME)與用戶平面實體(UPE)直接管理基地台，負責無線訊號的控制與資料處理，包括無線資源管理、權限控制、程序排程、服務品質(QoS)、蜂巢資訊廣播、資料封包加密與解密等。

☐ LTE/LTE-Advanced系統架構的特性

➢ 系統扁平化：WCDMA系統的基地台(NB)是由無線網路控制器(RNC)管理，LTE系統的演進基地台(eNB)則改由行動管理實體(MME)與用戶平面實體(UPE)直接管理，就好像將公司裡的組織扁平化一樣，原本是三層的總經理(MSC/SGSN)－經理(BSC/RNC)－職員(NB)，改為二層的總經理(MME/UPE)－職員(eNB)，公司裡的組織扁平化可以加快事情處理的速度，在無線通訊系統裡可以降低系統延遲與連線設定的時間，加快資料處理的速度。

➢ 全封包網路：WCDMA系統的UMTS陸地無線接取網路(UTRAN)與核心網路(CN)的介面稱為「Iu」，其中「Iu-CS(Circuit Switch)」介面使用線路交換傳送語音訊號，「Iu-PS(Packet Switch)」介面使用封包交換傳送資料封包，但是LTE系統不論語音訊號或資料封包全部都以封包的型式傳送，傳送介面稱為「S1-u」，其中「u」代表使用者(User)傳送的資料。

➢ 分散式控制：WCDMA系統的基地台(NB)是由無線網路控制器(RNC)管理，LTE系統的演進基地台(eNB)少了無線網路控制器(RNC)來管理，因此必須自立自強彼此互相溝通，自動建立鄰近基地台的關係，我們稱為「自動鄰區關聯(ANR：Automatically Neighbor Relations)」，可以確保使用者的手機(UE)在移動中換手(Handoff)的穩定性，自動調整參數與功率維持通訊品質，如果使用者過多也會自動調整參數將使用者分散到不同的演進基地台(eNB)來達到「負載平衡(Load balance)」，以維持良好的通訊品質。

➢ 多輸入多輸出(MIMO)天線：利用多支發射天線與多支接收天線所提供的空間自由度來提升無線通訊系統的頻譜效率，以提高資料傳輸率並改善通訊品質。最初的LTE系統使用下載2×2或4×4MIMO的天線配置，未來的LTE-Advanced系統上傳和下載都使用4×4或8×8MIMO的天線配置，不過支援這些多天線模式的智慧型手機可能還要一段時間才能成熟。

□ LTE/LTE-Advanced系統的資料處理流程

　　無線通訊系統的「上傳(Uplink)」與「下載(Downlink)」一般是以手機的觀點來定義，基地台與手機的資料處理流程可能有些不同，圖12-22(a)為LTE系統的下載資料處理流程，使用「正交分頻多工接取(OFDMA)」；圖12-22(b)為LTE系統的上傳資料處理流程，使用「單載波分頻多工(SC-FDMA)」：

➤ 下載(Downlink)：是指基地台傳送(Tx)手機接收(Rx)，即圖中紅色箭號所示，如圖12-22(a)公共交換電信網路(PSTN)或其他電信系統的數位訊號傳送到行動管理實體(MME)與用戶平面實體(UPE)，就直接傳送到演進基地台(eNB)，無線網路控制器(RNC)不見了，經由基頻晶片(BB)進行循環式重複檢查碼(CRC)、加速編碼(Turbo coding)、攪拌碼(Scrambling code)、調變(Modulation)，再進行「正交分頻多工接取(OFDMA)」運算，包括：資料串列並列轉換(S/P)、子載波映射(Sub-carrier mapping)、反快速傅立葉轉換(N-point IFFT)、資料並列串列轉換(P/S)、加上循環字首(CP)，再經由中頻晶片(IF)與射頻晶片(RF)產生電磁波，最後經由天線傳送(Tx)出去；手機由天線接收(Rx)電磁波，經由射頻晶片(RF)與中頻晶片(IF)產生數位訊號，再經由基頻晶片(BB)進行相反的運算，最後經由數位類比轉換器(DAC)產生聲音(類比訊號)由喇叭播放出來。

➤ 上傳(Uplink)：是指手機傳送(Tx)基地台接收(Rx)，即圖中黑色箭號所示，如圖12-22(b)我們講話的聲音(類比訊號)由麥克風接收，經由類比數位轉換器(ADC)轉換為數位訊號，再經由基頻晶片(BB)進行語音壓縮(Encoding)後轉換為資料封包(Packet)，這就是全封包網路，不論語音或資料都以封包交換(Packet switch)的方式傳送，接著進行循環式重複檢查碼(CRC)、加速編碼(Turbo coding)、攪拌碼(Scrambling code)、調變(Modulation)，再進行「單載波分頻多工(SC-FDMA)」運算，包括：資料串列並列轉換(S/P)、離散傅立葉轉換(M-point DFT)，這個步驟是單載波分頻多工(SC-FDMA)多出來的、子載波映射(Sub-carrier mapping)、反快速傅立葉轉換(N-point IFFT)、資料並列串列轉換(P/S)、加上循環字首(CP)，再經由中頻晶片(IF)與射頻晶片(RF)產生電磁波，最後經由天線傳送(Tx)出去；演進基地台(eNB)經由天線接收(Rx)電磁波，經由射頻晶片(RF)與中頻晶片(IF)產生數位訊

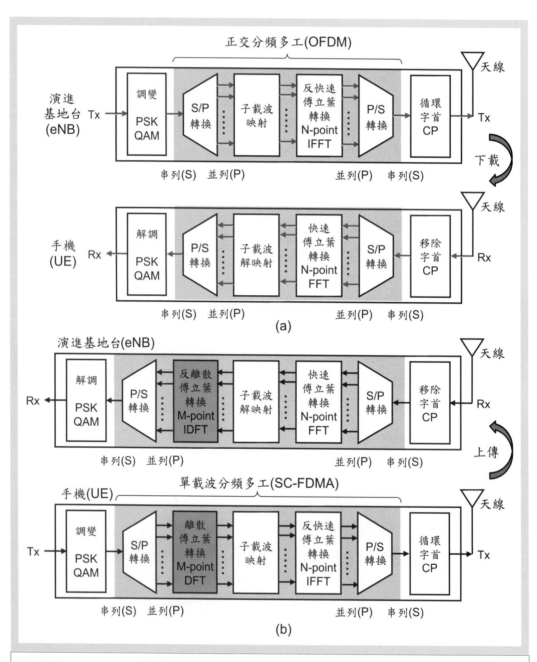

圖 12-22 LTE/LTE-A系統的資料處理流程示意圖。(a)下載(Downlink)：由演進基地台傳送到手機使用OFDMA技術；(b)上傳(Uplink)：由手機傳送到演進基地台使用SC-FDMA技術。

號，再經由基頻晶片(BB)進行相反的運算，最後經由行動管理實體(MME)與用戶平面實體(UPE)傳送到公共交換電信網路(PSTN)或其他電信系統。

☐ 電磁波訊號的干擾

前面介紹過多重路徑效應(Multipath effect)會使原本基地台發射出來的一個訊號變成多個不同路徑的訊號，由於每一個訊號到達的時間、強度、角度都不同，因此會引起訊號的干擾，主要有下列兩種：

➤ 碼間干擾(ISI：Inter Symbol Interference)：第十章曾經介紹過訊號星座圖中使用愈多的振幅與相位來進行數位調變，每一個符號(Symbol)可以傳送愈多位元(bit)，資料傳輸率愈高，但是點與點之間(不同振幅或相位之間)的差異愈小，在傳送的過程中容易因為干擾而誤判，抗干擾能力愈差，所以資料錯誤率會提高，這種干擾稱為「碼間干擾(ISI)」，解決的方法是將一個載波(Carrier)分為多個彼此頻率互相正交的子載波(Sub-carrier)，這個動作就是資料串列並列轉換(S/P)與正交分頻多工(OFDM)的主要工作，如圖12-22所示。

➤ 子載波間干擾(ICI：Inter Carrier Interference)：將一個載波(Carrier)分為多個彼此頻率互相正交的子載波(Sub-carrier)雖然解決了碼間干擾(ISI)的問題，但是子載波之間由於多重路徑效應使基地台發射出來的訊號可能沒有同時到達接收端而產生延遲的現象，稱為「子載波間干擾(ICI)」，解決的方法是將後面的資料複製到前面，我們稱為「循環字首(CP：Cyclic Prefix)」，如圖12-22所示。

正交分頻多工接取(OFDMA)其實就是使用正交分頻多工(OFDM)來解決碼間干擾(ISI)的問題，同時使用分頻多工接取(FDMA)分配不同頻率的子載波(Sub-carrier)給不同的使用者，我們可以說：OFDMA=OFDM+FDMA。此外，LTE只有在下載(Downlink)時使用OFDMA，因為OFDMA需要功率大線性度高的射頻功率放大器(PA)，成本較高，由於基地台的數量不多因此影響不大，但是手機的數量多單價低，無法使用這種高單價的元件，因此上傳(Uplink)改用單載波分頻多工(SC-FDMA)，不需要功率大線性度高的射頻功率放大器(PA)可以降低成本。

☐ LTE-Advanced的未來發展

➤ 載波聚合(CA：Carrier Aggregation)：3G WCDMA的通道頻寬為5MHz，4G LTE的通道頻寬增加為20MHz，為了增加資料傳輸率，因此LTE-A的通道頻寬增加為100MHz，問題是目前世界各國的無線通訊頻譜早就被其他無線通訊設備給用掉了，這就是為什麼台灣「第四代(4G)行動寬頻業務釋照」廠商要花上百億元租用一個20MHz的頻寬了，想要在目前的通訊頻譜中找到連續100MHz的頻寬根本就是不可能的事，因此科學家發明了載波聚合(CA)技術，將相鄰不連續的數個小頻寬整合在一起成為較大的頻寬來使用，如果相鄰的小頻寬仍然不夠，就必須整合不相鄰的小頻寬了，但是如果小頻寬的頻率相差太多，則通訊設備前端的射頻積體電路(RF IC)，尤其是濾波器(Filter)的製作比較困難。

➤ 協同多點(CoMP：Coordinated Multi Point)：2G GSM與3G WCDMA都是屬於集中式控制，基地台(BS/NB)上有基地台控制器(BSC/RNC)，再上面有行動電話交換中心(MSC)，就像公司組織層級很多，雖然很好控制但是各部門自掃門前雪效率較低；4G LTE/LTE-A系統慢慢走向分散式控制，少了基地台控制器(BSC/RNC)，演進基地台(eNB)直接連結到行動管理實體(MME)與用戶平面實體(UPE)，可以提高工作效率，就像公司組織層級很少，雖然效率提高了，如何橫向溝通變得重要，因此我們將不同演進基地台(eNB)之間連結起來形成一個複雜的網路，讓演進基地台彼此之間可以快速溝通；另外使用分散式天線技術，加入大量只有射頻模組的天線站，稱為「無線遠端單元(RRU：Radio Remote Unit)」，讓手機同時與許多不同的天線站或演進基地台(eNB)溝通，可以增加資料傳輸率。

➤ 中繼站(RS：Relay Station)：無線通訊一個重要的觀念是，距離基地台愈近的手機資料傳輸率愈高，距離基地台愈遠的手機資料傳輸率愈低。由於目前較低頻的電磁波大部分都已經被使用，造成4G LTE/LTE-A所能使用的都是較高頻的電磁波，但是高頻電磁波的繞射性質比較差，不容易繞過障礙物，因此我們使用中繼站來解決這個問題，也就是演進基地台(eNB)經由中繼站(RS)連接到手機，都是使用無線通訊，這樣可以增加訊號覆蓋範圍，同時增加資料傳輸率。

➤ 自組網路(SON：Self-Organizing Network)：無論電信公司的基地台覆蓋範圍有多

高，在室內肯定通訊品質不好，尤其在都市裡隨時都有新建大樓，因此科學家提出「微型細胞(Femto cell)」的觀念，設計出功率很小的微型基地台，安裝在每個用戶的家中，有點像我們現在使用的無線區域網路(WLAN)，只不過無線區域網路的接取點(AP)是用戶自己控制，而微型基地台是由電信公司控制，平常可以提供自己連接網路使用，空閒的時候可以提供給附近的手機連接網路使用，問題是當每個家庭都安裝了這種微型基地台該如何管理呢？因此科學家提出了「自組網路(SON：Self-Organizing Network)」的觀念，讓微型基地台內的程式支援網路自動配置、自動最佳化、自動修復、自動節能等功能，就像是「傻瓜基地台」，只要買回家接上電源和網路線，其他的事情都由微型基地台自己搞定囉！

12-2-6　無線式行動電話(Cordless phone)

在介紹過蜂巢式行動電話以後，我們再說明另外一個市場比較小，但是卻也曾經有許多人使用的「無線式行動電話(Cordless phone)」，並且比較它與蜂巢式行動電話的差別，但是目前蜂巢式行動電話興起，造成無線式行動電話式微。

☐ 無線式行動電話的原理

無線式行動電話和蜂巢式行動電話最大的不同是使用「分散式控制」，整個無線通訊系統並沒有統一的控制中心，個別的基地台都可以獨立與手機聯絡，最後由網路管理中心做通訊的認證與計費等工作。無線式行動電話的前身其實就是大家平常家裡所使用的無線電話(子母機)，我們可以將無線電話的母機放在客廳，再將子機放在房子裡的任何地方，這樣就可以在家中的任何地方使用無線子機來通話，後來科學家將這種觀念放大，將母機裝置在室外變成基地台，又稱為「公共無線電話點(Telepoint)」，並且將子機製作成手機，這樣就變成走到那裡都能夠使用的行動電話了。無線式行動電話的系統架構如圖12-23所示，基本上也是分為行動打行動、行動打固定、固定打行動、固定打固定四種通訊方式。

由於無線式行動電話的基地台功率很低，所以基地台的通訊範圍只有數百公尺，可想而知這種系統要覆蓋整個台灣需要使用多少基地台才夠了，所以目前只

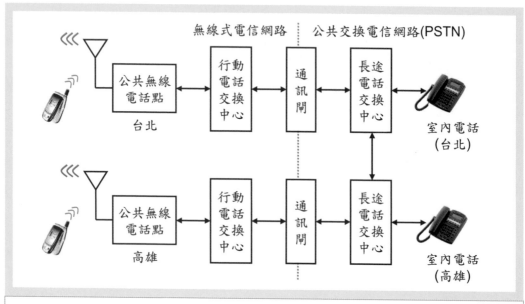

無線式電信網路 ┊ 公共交換電信網路(PSTN)

圖 12-23 無線式行動電話系統架構圖,基本上也是分為行動打行動、行動打固定、固定打行動、固定打固定四種通訊方式。

能使用在都會區人口密集的地方,郊區的基地台比較少,通訊品質當然就不好了,目前台灣也只有新竹以北人口密集的地區有提供PHS系統的服務。

☐ 類比無線式行動電話

使用AM、FM、PM等類比訊號調變技術傳遞「類比訊號」,屬於類比式行動電話,各國所使用的類比無線式行動電話系統如表12-8所示,美國使用的系統為CT0(Cordless Telephone 0),歐洲使用的系統為CT1與CT1+。

☐ 數位無線式行動電話

使用ASK、FSK、PSK等數位訊號調變技術傳遞「數位訊號」,屬於數位式行動電話,各國所使用的數位無線式行動電話系統如表12-9所示,

➤ PACS(Personal Access Communication System):由美國廠商發展的系統。

➤ DECT(Digital European Cordless Telecommunication):由歐洲廠商發展的系統。

表 12-8　類比無線式行動電話，使用類比訊號調變技術，屬於類比式行動電話，美國使用的系統為CT0，歐洲使用的系統為CT1與CT1+。

系統名稱	CT0	CT1	CT1＋
推出國家	美國	歐洲	歐洲
基頻頻率(MHz)	46.6~47	914~915	885~887
寬頻頻率(MHz)	49.6~50	959~960	930~932
通道頻寬	25KHz	25KHz	25KHz
可用通道數	832	40	80
調變方式	FM	FM	FM
多工方式	FDMA	FDMA	FDMA
雙工方式	FDD	FDD	FDD

表 12-9　數位無線式行動電話，使用數位訊號調變技術，屬於數位式行動電話，美國使用的系統為PACS，歐洲使用的系統為DECT，日本使用的系統為PHS。

系統名稱	PACS	DECT	PHS
推出國家	美國	歐洲	日本
上傳頻率(MHz)	1850~1910	1880~1900	1895~1918
下載頻率(MHz)	1930~1990		
通道頻寬	300KHz	1728KHz	300KHz
可用通道數	32	10	77
調變方式	PSK	FSK	PSK
多工方式	TDMA	TDMA	TDMA
雙工方式	FDD/TDD	TDD	TDD

➤ PHS(Personal Handyphone System)：由日本廠商發展的系統，後來亞太電信引進台灣，由表12-9可以看出，PHS系統的上傳與下載頻率並不區分是屬於「分時雙工(TDD)」，此外，PHS只使用「分時多工(TDMA)」提供77個語音通道，每個語音通道300KHz。

❏ GSM與PHS系統的比較

蜂巢式行動電話與無線式行動電話各有優缺點,其比較如表12-10所示,GSM系統的電磁波功率比較強,所以基地台覆蓋範圍大約數十公里,PHS系統的電磁波功率比較弱,所以基地台覆蓋範圍大約數百公尺;使用者在通話時的移動速度,GSM系統可達250Km/hr(公里/小時),PHS系統必須低於100Km/hr,這也是為什麼在高速公路上使用PHS手機通話訊號常常斷斷續續的原因了;GSM手機的功率高達500mW,PHS手機的功率則低於50mW,顯然PHS手機比較安全,由於電磁波會干擾許多儀器,所以醫院和具有許多電子儀器的場所都會禁止使用行動電話,這個時候使用PHS系統的干擾就比較小;由於PHS系統使用分散式控制,基地台設備價格比較便宜,所以通話費用比較低,不過由於PHS系統的電磁波功率比較低,所以比較容易被障礙物阻擋,使用過PHS的人常常覺得它的通訊品質不是那麼好。

表 12-10 蜂巢式行動電話與無線式行動電話比較表。

系統名稱	數位蜂巢式(GSM)	數位無線式(PHS)
細胞大小	較大(1~30公里)	較小(50~500公尺)
移動速度	快(>250Km/hr)	慢(<100Km/hr)
手機功率	100~600mW	10~50mW
手機費用	較高	較低
資料傳輸率	9.6Kbps	64~128Kbps
通話品質	較差	較佳
通話費率	較高	較低
多工技術	FDD	TDD

12-2-7 無線都會網路(WMAN)

都會地區人口集中,適合架設基地台提供無線傳輸服務,我們稱為「無線都會網路(WMAN:Wireless Metropolitan Area Network)」,目前無線通訊系統中比較接近無線都會網路的有MMDS/LMDS與WiMAX系統。

☐ MMDS/LMDS系統

　　區域多點傳輸服務(LMDS：Local Multipoint Distribution Service)是由多頻道多點傳輸服務(MMDS：Multichannel Multipoint Distribution Service)發展而來，使用中繼訊號發射台(基地台)與用戶端進行無線傳輸，使用點對多點(PMP：Point to Multipoint)無線通訊方式提供寬頻雙向的語音、資料、視訊等傳輸服務，通訊的頻率為24~42GHz，資料傳輸率上傳可達200Mbps，下載可達1Gbps，可以提供156個視訊頻道與6992個語音通道，以區域基地台為中心，架構成類似蜂巢狀的用戶迴路，傳輸範圍大約5公里，單一節點可以提供大約8萬個用戶端。

☐ WiMAX系統(World Interoperability for Microwave Access)

　　針對無線都會網路，早期有MMDS與LMDS系統，美國電子電機工程師學會(IEEE)後來制定了IEEE802.16系列的通訊標準，提供寬頻無線網路，利用無線的方式架構都會地區「最後一哩(Last mile)」的網路，解決有線網路鋪設費時的問題，滿足無線傳輸資料的需求。如圖12-24(a)所示，在都會地區架設基地台，可以讓使用者在固定的地點連接網路，也支援越區換手(Handoff)，可以讓使用者在都會地區的任何地點連接網路，達到移動上網與行動上網的目標。WiMAX系統使用分時雙工(TDD)、正交分頻多工接取(OFDMA)、數位訊號調變(PSK、QAM)。從系統容量上來看，WiMAX基地台可以同時支援60多個採用E1/T1專線的企業用戶和數百個採用ADSL的家庭用戶，使WiMAX具有極高的系統容量，加上每個WiMAX終端設備都可以再連接集線器或交換器，提供更多的電腦連接網路。

☐ WiMAX系統架構

　　WiMAX系統的基本架構如圖12-24(b)所示，在都會地區架設基地台，可以讓使用者在都會地區的任何地點連接網路，主要由下列幾種電信設備組成：

➤ 接取服務網路(ASN：Access Service Network)：主要由基地台(BS)、接取網路(Access network)、接取服務網路閘道器(ASN gateway)組成，提供用戶端無線訊號存取、訊號管理，同時可以建立與連結服務網路(CSN)的通訊。

➤ 連結服務網路(CSN：Connectivity Service Network)：主要由網路伺服器、服務伺服器、通訊閘道器組成，可以連結到網際網路或其他通訊系統。

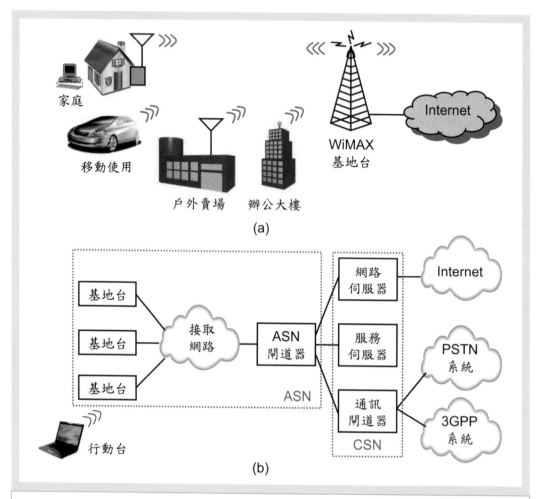

➤網路伺服器：處理認證授權計費通訊協定(AAA：Authentication、Authorization、
Accounting)，以及本地代理(HA：Home Agent)伺服器維護行動節點(Mobile node)
的位置資訊，提供行動節點所有的IP位置。

➤服務伺服器：提供網路操作支援系統(OSS：Operational Support System)與商業支

援系統(BSS：Business Support System)提供相關的商業服務。

➤ 通訊閘道器：連接其他通訊系統，例如：公共交換電信網路(PSTN)、3GPP的行動電話系統(GSM/GPRS/WCDMA/LTE)等。

【市場實例】　為什麼LTE可以，WiMAX不行？

WiMAX系統是Intel公司主導的計畫，它其實比LTE更早將正交分頻多工接取(OFDMA)應用到行動通訊系統上，提供很高的資料傳輸率，又順利成為IEEE標準，為什麼最後會漸漸走向失敗，2010年Intel公司自己都放棄這個計畫，讓台灣的產官學研投入一堆研究開發經費變成笑話呢？

→ 電信服務商不支援：原本2G的電信服務商，例如：中華電信、台灣大哥大、遠傳電信使用GSM系統提供語音服務，當他們要升級到數據服務時，會選擇與GSM系統相容的GPRS、EDGE、WCDMA？還是會把原本的基地台電信設備丟掉，換成WiMAX系統的設備呢？結果最後只有新加入這個市場的電信服務商使用WiMAX，那麼新廠商要如何搶走舊有電信公司的客戶呢？

→ 行動通訊設備不支援：我們天天使用筆記型電腦、平板電腦、智慧型手機，那一支有支援WiMAX通訊呢？答案是少的可憐，大部分的通訊設備都不支援又如何能說服使用者放棄現有的行動通訊設備，改用WiMAX呢？

→ 3GPP的3G與4G系統後來居上：WiMAX剛推出時大約是第二代行動電話的GPRS與EDGE系統推出的時候，由於WiMAX在資料傳輸率有極大的優勢，因此當時業界大部分都看好它的發展，問題是當時智慧型手機仍不普及，行動上網的需求不高，到了2010年智慧型手機大行其道，3GPP的3G(WCDMA)與4G(LTE)系統也推出來了，而且又與GSM/GPRS/EDGE系統相容，所有行動通訊設備都有支援，這個時候要使用者改用WiMAX怎麼可能？

千萬別說這是事後諸葛，早在2004年WiMAX剛推出時我在課堂上就一再強調它不會成功，我的理由很奇怪但是卻現實，商業上的競爭常常是這樣，好的東西不一定會贏，而是先搶到的先贏，2G的GSM系統已經是贏家，要打敗它很困難。有一天你終於找到心儀的女生，向她表白，結果她告訴你：你

很好、條件好、對我好,但是,我已經有男朋友了。用這個大家生命中都可能遇到的例子,對應到WiMAX與LTE的競爭是不是很貼切呢?

至於台灣的產官學研投入一堆研究開發經費變成笑話則一點也不需要意外,事實上人類不是一直都在錯誤中成長,而且還一直都學不到教訓的嗎?還記得2000年時全台灣在瘋固網嗎?國內成立了亞太電信、台灣固網、新世紀資通(速博),一堆創投丟錢進去,結果那一家賺到錢了?台灣的市場明明就很小,中華電信包下了所有的有線通訊路權,先搶到的先贏,其他業者如何競爭?結果到了2013年4G頻譜執照標售,還是有一堆廠商搶標,結果如何大家拭目以待吧!過去的不説了,談點未來的吧!現在4G的LTE/LTE-A可以提供最高1Gbps的資料傳輸率,已經可以滿足大部分人行動上網的需求了,台灣的4G都還沒開始,竟然就有人開始喊5G了,為什麼呢?因為喊的愈快代表自己愈「前瞻」愈「創新」,喊慢的人就落伍了,其實發展5G的確是有必要的,但是台灣的強項一直都不在標準的制定,因為台灣市場太小,沒人在意台灣想要什麼標準,相反的,台灣的廠商強項在應用,我們可以開發出很有創意與特色的產品,因此如果政府要投入5G的先期研究開發,一定要把重點放在5G的應用而非標準的制定才能在未來的通訊市場上佔有一席之地。想想Line是怎麼成功的吧!它的成功和4G/5G有關係嗎?為什麼韓國能台灣卻不能呢?

12-3　短距離無線傳輸

除了長距離的蜂巢式行動電話與無線式行動電話之外，另外一個市場很大的就是短距離無線傳輸技術，兩者最大的差別在於頻譜分佈：

➤ 長距離無線通訊：使用需要支付執照費用的頻率來通訊，因為需要付費，所以頻譜有國家通訊傳播委員會(NCC)嚴格管理，通訊品質與穩定性比較高。

➤ 短距離無線傳輸：使用不需要支付執照費用的ISM頻帶來通訊，因為不需要付費，所以頻譜管理沒有那麼嚴格，通訊品質與穩定性較差。

短距離無線傳輸主要有應用在「無線區域網路(WLAN)」的通訊標準包括：IEEE802.11的WiFi或歐洲通訊標準協會(ETSI)的Hiper LAN；應用在「無線個人網路(WPAN)」的通訊標準包括：IEEE802.15.1(Bluetooth)、IEEE802.15.3a(UWB)、IEEE 802.15.4(ZigBee)等，如表12-11所示。

表 12-11　藍牙(Bluetooth)、ZigBee、超寬頻(UWB)無線傳輸技術比較表。

標準編號	IEEE802.15.1	IEEE802.15.4	IEEE802.15.3a
技術核心	Bluetooth 1.1	ZigBee	UWB
工作頻率	ISM 2.4GHz	ISM 868/915MHz ISM 2.4GHz	ISM 2.4GHz 3.1~10.6GHz
資料傳輸率	1Mbps	250Kbps	480Mbps
傳輸距離	10公尺	10公尺	10公尺
發射功率	1mW	0.05mW	0.2mW
應用領域	語音與資料傳輸	監測、控制、感測器	多媒體影音串流

12-3-1　無線區域網路(WLAN)

在短距離無線傳輸中目前普及率最高的無線區域網路(WLAN：Wireless Local Area Network)就是IEEE802.11系統，幾乎所有通訊設備都支援，此外還有歐洲的Hyper LAN系統，因此我們先由它們開始介紹吧！

❒ IEEE802.11通訊協定

　　因應無線區域網路(WLAN)的需求，美國電子電機工程師協會(IEEE)在1990年召開802.11委員會，制定無線區域網路通訊標準IEEE802.11，以這個標準為基礎的無線區域網路又稱為「WiFi(Wireless Fidelity)」，但是實際上「WiFi」是WiFi聯盟的商標，是用來保證使用這個商標的無線通訊產品互相具有相容性，目前有下列四種標準，如表12-12所示：

➤IEEE802.11b：1999年推出，採用2.4GHz的ISM頻帶，資料傳輸率11Mbps，使用直序展頻(DSSS)與數位訊號調變(BPSK、QPSK)，傳輸距離100公尺。

➤IEEE802.11a：2000年推出，採用5GHz的ISM頻帶，資料傳輸率54Mbps，使用正交分頻多工(OFDM)與數位訊號調變(PSK、QAM)，傳輸距離50公尺。

➤IEEE802.11g：採用2.4GHz的ISM頻帶，資料傳輸率可達54Mbps，理論上最高可達125Mbps，使用正交分頻多工(OFDM)與數位訊號調變(QAM)，同時相容於802.11b與a的標準，傳輸距離100公尺。

➤IEEE802.11n：採用2.4GHz的ISM頻帶，使用正交分頻多工(OFDM)與數位訊號調變(QAM)，同時支援多輸入多輸出(MIMO)天線，資料傳輸率可達100Mbps，理論上最高可達600Mbps，傳輸距離100公尺。

❒ IEEE802.11無線區域網路架構

　　IEEE802.11無線區域網路的架構如圖12-25(a)所示，由於目前大部分的家庭用戶都是使用ADSL連接網路，先將RJ11電話線連接到室內的ADSL數據機，再使用RJ45網路線連接到無線區域網路「接取點(AP：Access Point)」，當我們向中華電

表 12-12　無線區域網路(WLAN)的IEEE802.11各種標準比較表。

標準編號	IEEE802.11b	IEEE802.11a	IEEE802.11g	IEEE802.11n
工作頻率	ISM 2.4GHz	ISM 5GHz	ISM 2.4GHz	ISM 2.4GHz
調變技術	PSK	PSK/QAM	QAM	QAM
多工技術	DSSS	OFDM	OFDM	DSSS/OFDM
資料傳輸率	11Mbps	54Mbps	125Mbps	600Mbps
傳輸距離	100公尺	50公尺	100公尺	100公尺

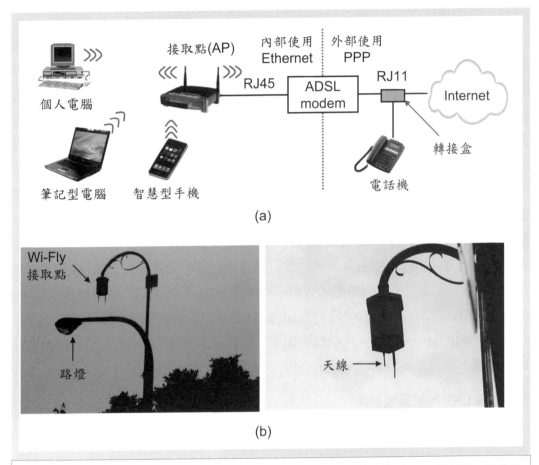

圖 12-25 IEEE802.11無線區域網路的架構。(a)先將RJ11電話線連接到ADSL數據機,再使用RJ45網路線連接到無線區域網路接取點(AP);(b)無線區域網路Wi-Fly接取點(AP)。

信申請ADSL時,會贈送一台ADSL數據機,目前大部分的ADSL數據機都直接內建接取點(AP),這裡的接取點(AP)就像是前面介紹無線通訊的微型基地台一樣,最後以無線的方式與電腦內的無線網路卡、筆記型電腦、智慧型手機等行動裝置連接,由於無線的部分使用ISM頻帶,所以不需要任何費用,使用者只需要支付ADSL固定網路的費用即可,這也是它成功的主要原因。

☐ WiFi直接連線(WiFi direct)

WiFi直接連線(WiFi direct)又稱為「WiFi點對點(P2P：Peer to Peer)」，是一種讓WiFi無線設備不需要經由接取點(AP)就直接與另外一個WiFi無線設備傳送資料的通訊協定，主要的競爭對手是藍牙(Bluetooth 3.0)通訊協定。Wi-Fi direct可以直接在原有的802.11a/g/n(不支援802.11b)硬體上執行，因此不必增加任何硬體設備就同時支援一對一與一對多模式，最大資料傳輸率250Mbps，只要具有WiFi無線通訊模組就可以用來傳送資料，例如：WiFi聯盟制定的「Miracast」是可以經由WiFi direct通訊協定傳送影像與聲音等多媒體資料，讓手機透過無線的方式分享畫面到電視上，由於WiFi direct的資料傳輸率有限，因此影像大多使用H.264視訊壓縮，聲音可以使用線性脈碼調變(LPCM：Linear PCM)、進階音訊編碼(AAC)、杜比數位音效(Dolby AC-3)等。其他類似的技術包括：蘋果(Apple)的AirPlay、英特爾(Intel)的WiDi、WiGig聯盟的WiGig、晶鑲(Silicon Image)的UltraGig(Wireless HD)、WHDI聯盟的無線數位家庭介面(WHDI)、汽車連線聯盟(Car Connectivity Consortium)的MirrorLink，其中有些使用2.4GHz或5GHz的ISM頻帶與IEEE802.11通訊標準，有些是使用其他更高的頻帶。

☐ Hiper LAN無線區域網路

Hiper LAN(High Performance LAN)是由歐洲通訊標準協會(ETSI)制訂的無線區域網路傳輸協定，ETSI組織的成員包括Bosch、Dell、Ericsson、Nokia、TI、Lucent等公司，比較常用的種類包括：

➢ Hiper LAN 1：採用5GHz的ISM頻帶，資料傳輸率可達24Mbps，使用正交分頻多工(OFDM)與數位訊號調變(FSK)，傳輸距離50公尺。

➢ Hiper LAN 2：採用5GHz的ISM頻帶，資料傳輸率可達54Mbps，使用正交分頻多工(OFDM)與數位訊號調變(PSK、QAM)，傳輸距離50公尺。

雖然無線區域網路(WLAN)的標準市場上主要有IEEE802.11與Hipe LAN兩種，不過目前全球市場佔有率最高的還是IEEE802.11，基本上行動電話是歐洲的GSM、GPRS、WCDMA、LTE系統勝出，但是無線區域網路是美國的IEEE802.11系統勝出，兩個通訊強權算是平分秋色囉！

📖 無線區域網路的優缺點

　　無線區域網路(WLAN)可以讓我們的電腦不需要拉著一條網路線，但是只能算是「移動式」的無線網路，並不算是「行動式」的無線網路，其中最大的差別就在「越區換手(Handoff)」，行動電話GSM、GPRS、WCDMA、LTE系統都具有越區換手的功能，使用者可以行動上網(一邊移動、一邊上網)，由於無線區域網路IEEE802.11或Hiper LAN沒有越區換手的功能，我們只能在某個固定的地點無線上網，由於無線區域網路使用不需要支付頻譜費用的ISM頻帶，因此仍然受到大家的喜愛，在麥當勞、StarBucks咖啡店、7-11便利商店等地點都會安裝無線區域網路接取點(AP)，讓消費的客人可以使用無線上網，2004年由台北市政府與安源資訊公司共同合作規劃無線網路服務「Wi-Fly」，在台北市的捷運站以及其周邊150公尺的範圍內，都可以使用Wi-Fly無線上網，此外，台北市政府並提供所有的路燈安裝無線區域網路接取點(AP)，外觀如圖12-25(b)所示，就是希望能夠讓使用者在台北市的任何地點都可以無線上網，不過隨著行動電話WCDMA、LTE系統成熟價格下降，無線區域網路仍然是使用在家庭或公司等地點較有競爭力。

12-3-2　藍牙無線傳輸(Bluetooth)

　　1998年由Ericsson、Nokia、IBM、Intel與Toshiba等五家廠商，成立藍牙技術聯盟(SIG：Special Interest Group)組織，這個名詞來自第十世紀丹麥國王藍牙哈拉爾德，他統一了北歐四分五裂的國家又勇於創新嘗試，Ericsson公司希望無線通訊科技能統一標準而取名「藍牙(BT：Bluetooth)」。

📖 藍牙無線傳輸技術

　　藍牙無線傳輸使用跳頻展頻(FHSS)技術，將ISM頻帶切割成79個頻道，每個頻道頻寬為1MHz，並且將時間切割成一段一段的時槽，每個時槽的長度為0.625毫秒(ms)，每秒跳頻1600次，每次切換到一個不同的頻道；使用高斯頻率位移鍵送(GFSK：Gaussian FSK)，有效傳輸距離可達50公尺，目前廣泛地應用在筆記型電腦、智慧型手機、耳機、電子錶與其他各種電子產品中：

➤ Bluetooth1.0/1.1/1.2版本：是最早制定的版本，資料傳輸率達721Kbps。

➤ Bluetooth 2.0/2.1版本：增強資料傳輸率(EDR：Enhanced Data Rate)使用數位訊號調變(GFSK、PSK)提升資料傳輸率達2.1Mbps，是目前最常使用的版本。

➤ Bluetooth 3.0版本：高速(HS：High Speed)結合無線區域網路(IEEE802.11)通訊可以使資料傳輸率理論值達21Mbps，但是目前較少在電子產品使用。

➤ Bluetooth 4.0版本：包括傳統藍牙、高速藍牙、低功耗藍牙三種模式，其中傳統藍牙主要在訊息溝通與裝置連線，高速藍牙主要在提升資料傳輸率，低功耗藍牙(BLE：Bluetooth Low Energy)主要在降低藍牙模組的耗電量。

傳統藍牙與低功耗藍牙的比較如表12-13所示，藍牙由於通訊協定複雜，因此使用時耗電量不低，但是某些簡單的控制並不需要這麼複雜的通訊協定，這是過去藍牙一直無法取代我們家裡各種電子產品搖控器的主要原因，低功耗藍牙(BLE)是大家極為重視的新技術，新的智慧型手機都同時支援傳統藍牙、高速藍牙、低功耗藍牙三種模式，未來只要家裡各種電子產品都支援，那麼我們的客廳就再也不需要那麼多搖控器了，只要一支智慧型手機加上一個簡單的應用程式(APP)就可以控制家裡所有的電子產品囉！很棒吧！

☐ 藍牙無線傳輸的連接方式

藍牙無線傳輸的連接方式如圖12-26所示，所有具有藍牙通訊的設備可以分為「主控端(Master)」與「被控端(Slave)」，分別組成下列兩種網路結構：

表 12-13 傳統藍牙與低功耗藍牙比較表。

技術規範	傳統藍牙	低功耗藍牙
通訊距離	10~100公尺	30公尺
資料傳輸率	1~3Mbps	1Mbps
安全性	64/128位元AES加密	128位元AES加密
支援語音能力	有	無
網路拓撲	分散式架構	星狀架構
耗電量	100mW	1~5mW

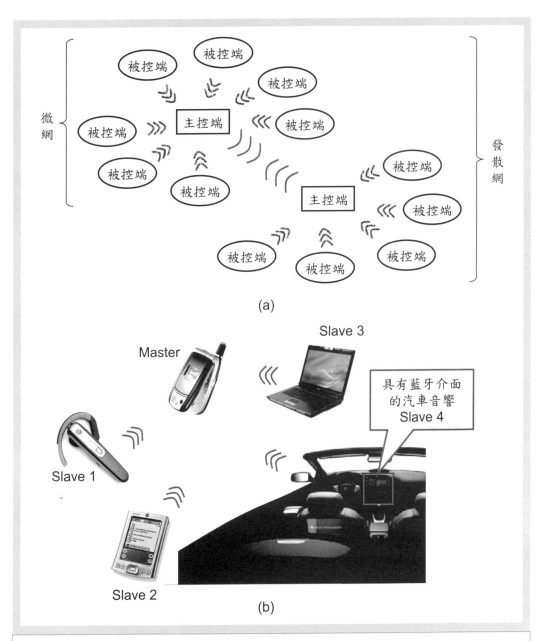

(a)

(b)

圖 **12-26** 藍牙無線傳輸的連接方式。(a)二個微網(Piconet)形成一個發散網(Scatternet)；(b)假設手機、藍牙無線耳機、PDA、筆記型電腦、汽車音響等設備都有藍牙無線傳輸介面，則以手機為主控端，可以控制其他被控端設備。

➢ 微網(Piconet)：可以設定一台裝置做為「主控端(Master)」與另外1~7個裝置做為「被控端(Slave)」共同組成一個微網，由主控端裝置(Master)決定頻道(跳頻序列)與調變相位，其他被控端裝置(Slave)必須調整到相同的頻道與相位。微網是藍牙模組互連的最小單元網路，屬於星狀架構，如圖12-26(a)所示，主控端使用偶數時槽傳輸資料，被控端使用奇數時槽傳輸資料，屬於「分時雙工(TDD)」。

➢ 發散網(Scatternet)：在微網內的某一個主控端(Master)或被控端(Slave)裝置可以是另外一個微網的主控端(Master)或被控端(Slave)裝置，這樣重疊而成的網路稱為發散網，屬於分散式架構，如圖12-26(a)所示。理論上藍牙無線傳輸可以連接100個微網形成發散網傳送資料，但是我們一般沒有用到這麼多裝置。

☐ 藍牙無線傳輸的特性

藍牙無線傳輸的出現，對於消費性電子產品具有下列兩個重要的意義：

➢ 全球統一的通訊標準：早期由於不同廠商的電子產品使用不同的通訊協定來做為無線傳輸介面，造成彼此不相容，這也是我們的客廳裡會有那麼多搖控器的原因，電視機、冷氣機、錄放影機、音響等都有自己的搖控器，如果能夠使用統一的通訊標準，只要使用一個搖控器就可以控制家裡所有的家電設備了。

➢ 一點對多點的控制：藍牙無線傳輸同時可以由一台主控端設備(Master)控制最多7台被控端設備(Slave)，而且這些設備不一定是同一家廠商的產品，如圖12-26(b)所示，想像發生下面這種情況：使用者擁有手機、藍牙無線耳機、個人數位助理(PDA)、筆記型電腦、汽車音響，如果這些設備都支援藍牙無線傳輸介面，則以手機為主控端(Master)，當他在坐進車子裡的時候，手機的藍牙系統會以「服務發現協定(SDP：Service Discovery Protocol)」自動搜尋10公尺之內其他具有藍牙系統的設備，結果搜尋到藍牙無線耳機、個人數位助理(PDA)、筆記型電腦、汽車音響等被控端(Slave)，假設他開車的時候突然有人打電話進來，手機可以使用藍牙的通訊協定封包，將手機的語音訊號傳送到藍牙耳機，並且通知汽車音響自動關閉或降低音量，這些動作都是透過藍牙的通訊協定完成，顯然藍牙的通訊協定頗為複雜，這也是藍牙的缺點之一。

☐ 藍牙規範(Bluetooth profile)

藍牙技術聯盟(SIG)定義了許多的「藍牙規範(Bluetooth profile)」，目的是要確保藍牙設備之間的互通性(Interoperability)，主控端裝置(Master)和被控端裝置(Slave) 一定要支援相同的藍牙規範才能彼此交換資料，藍牙技術聯盟定義了數十個藍牙規範，以下我們舉出幾個比較常見的規範(Profile)：

➢ 立體音訊傳輸規範(A2DP：Advance Audio Distribution Profile)：規範使用藍牙非同步傳輸信號的方式來傳送高品質的雙聲道立體音樂。

➢ 個人區域網路規範(Personal Area Networking Profile)：支援藍牙網路第三層協定，可以讓電腦經由藍牙連接到智慧型手機，再以手機連接3G/4G網路。

➢ 頭戴式裝置規範(HSP：Headset Profile)：規範聲音傳送到藍牙耳機。

➢ 人機介面規範(HID：Human Interface Device)：規範支援滑鼠、鍵盤的功能。

➢ 檔案傳輸規範(FTP：File Transfer Profile)：利用OBEX通訊協定傳送檔案。

12-3-3　近場通訊(NFC)

近場通訊(NFC：Near Field Communication)是由射頻識別元件(RFID)發展而來的一種近距離無線通訊技術，2004年由NXP、Sony、Nokia共同發起近場通訊論壇(NFC Forum)，希望能夠促進近場通訊技術發展與相容性的技術規範。

☐ 射頻識別元件(RFID：Radio Frequency Identification Device)

識別元件(Identification device)是用來辨識個人資料或記錄商品名稱與相關資訊所使用的元件，具有電子式可抹除可程式化唯讀記憶體(EEP-ROM)可以記錄各種資訊，主要分為「接觸式」與「非接觸式」兩大類：

➢ 接觸式識別元件：識別元件的金屬接腳(Pin)必須與讀卡機的金屬接腳(Pin)互相接觸才能存取資料，如圖12-27(a)所示，識別元件中的EEP-ROM所需要的電壓由讀卡機直接經過金屬接腳(Pin)提供，大家別忘了，任何電子元件都必須有電壓才能工作，接觸式識別元件目前廣泛應用在各種防偽晶片，例如：IC電話卡、IC金融卡、IC信用卡、手機用戶識別卡(SIM)等。

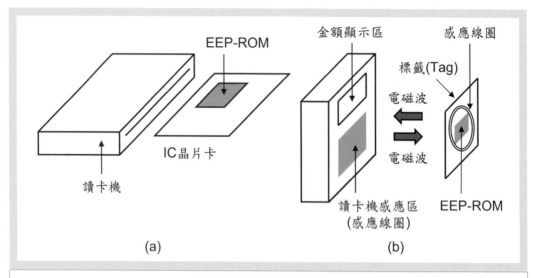

圖 12-27 接觸式識別元件與非接觸式識別元件。(a)接觸式識別元件必須將IC卡與讀卡機接觸才能存取資料；(b)非接觸式識別元件利用天線產生電磁波(射頻)讓悠遊卡中的感應線圈感應產生電壓存取EPP-ROM中的資料。

➤非接觸式識別元件：將EEP-ROM與電磁波(射頻)感應線圈組合，形成不需要接觸就可以存取資料的元件，又稱為「射頻識別元件(RFID)」，如圖12-27(b)所示，當使用者將悠遊卡，又稱為「標籤(Tag)」，靠近讀卡機的感應區時，感應區內的天線會產生電磁波(射頻)，傳送到悠遊卡內的感應線圈，悠遊卡內的感應線圈接收電磁波以後會產生一個瞬間的微小電壓，傳送到悠遊卡內的EEP-ROM進行資料存取，再將結果傳回悠遊卡內的感應線圈，最後再經由感應線圈傳回讀卡機，並且將資料顯示在讀卡機的金額顯示區內。市面上有一種手機吊飾，當手機鈴響之前吊飾會發光，其實就是因為手機鈴響之前會收到基地台與手機之間通訊較強的電磁波，電磁波是一種能量，可以經由吊飾內的感應線圈產生瞬間的微小電壓，讓吊飾內的發光二極體(LED)發光，應用的也是這種原理。

　　讀卡機到悠遊卡的感應距離可以經由調整讀卡機內感應線圈的電磁波能量大小來控制，應用在捷運系統所使用的悠遊卡時感應距離較小(數公分)，而應用在高速公路感應式電子收費站時感應距離較大(數公尺)，整個存取的過程射頻識別

元件(RFID)完全不需要與讀卡機接觸，而且大約只需要0.5秒，就可以完成讀卡機與標籤(Tag)之間的資料存取，使用上非常方便。

近場通訊的通訊標準

近場通訊技術所使用的電磁波主要是13.56MHz的ISM頻帶，在近場通訊論壇上，各家廠商將通訊標準整合，分別命名為NFC-A、NFC-B、NFC-F：

➢ NFC-A：基於ISO/IEC14443A通訊標準，主要為NXP公司的Mifare產品。

➢ NFC-B：基於ISO/IEC14443B通訊標準，主要為TI與Infineon公司提出。

➢ NFC-F：基於JIS X 6319-4通訊標準，主要為Sony公司的FeliCa產品，。

近場通訊的標籤(Tag)

近場通訊的「標籤(Tag)」其實就是我們搭捷運使用的悠遊卡或貼在汽車上用來支付高速公路通行費的eTag，是被動的裝置，內部通常含有EEP-ROM儲存使用者的資料，可以和主動裝置，例如：捷運入口處的讀卡機或高速公路的感應門架進行通訊，依照不同的格式和容量，標籤被分為四種基本類型：

➢ Type 1：基於ISO/IEC14443A通訊標準，為Innovision公司的Topaz產品。

➢ Type 2：基於ISO/IEC14443A通訊標準，為NXP公司的Mifare產品。

➢ Type 3：基於JIS X 6319-4通訊標準，為Sony公司的FeliCa產品。

➢ Type 4：基於ISO/IEC14443A/B通訊標準，為NXP公司的DESFire產品。

近場通訊的工作模式

近場通訊(NFC)是由射頻識別元件(RFID)發展而來的一種近距離無線通訊技術，必須使用「近場通訊資料交換格式(NDEF：NFC Data Exchange Format)」，與傳統的射頻識別元件(RFID)不同，主要有下列三種工作模式：

➢ **卡片模擬模式**(Card emulation mode)：屬於被動模式(Passive mode)，相當於射頻識別元件(RFID)的感應卡，也就是「標籤(Tag)」，差別在於標籤(Tag)沒有電池，必須經由讀卡機傳送過來的電磁波(射頻)感應產生瞬間的微小電壓才能存取資料，而近場通訊裝置在卡片模擬模式一般會內建電池提供能量。

➢ **點對點模式**(P2P mode)：將兩個具有近場通訊功能的裝置連接，可以將資料透過

點對點的方式傳輸,例如:音樂下載、圖片交換、裝置同步設定等。

➢讀寫模式(Reader/writer mode):屬於主動模式(Active mode),主要是做讀卡機使用,可以讀取標籤(Tag)內的訊息,或是使用在行動支付相關的應用上。

值得注意的是,近場通訊的卡片模擬模式是使用近場通訊裝置「模擬」射頻識別元件(RFID)的標籤(Tag),但是近場通訊裝置一般會內建電池提供能量,所以和射頻識別元件(RFID)的標籤(Tag)不同。廣義的來說,近場通訊(NFC)是指使用「近場通訊資料交換格式(NDEF)」的近距離無線通訊技術,只要滿足這個條件,使用射頻識別元件(RFID)的標籤(Tag)也算是近場通訊(NFC)。

☐ 近場通訊的的應用

近場通訊的應用愈來愈多,範圍包括工業、金融、醫療等,而且市場仍然在快速成長當中,手機內建近場通訊裝置後更使未來可能的應用持續增加:

➢行動式付費:使用支援近場通訊(NFC)的手機可以購票或支付計程車費用,或在便利商店使用非接觸式讀卡機以NFC手機付費,同時將發票存入NFC手機中。

➢身份與權限控制:將電子金鑰資訊儲存在支援近場通訊(NFC)的手機,可以用來代替傳統鑰匙開關家門或車門,以及登入電腦或進行身份確認。

➢資料交換:可以在各種支援近場通訊(NFC)的設備之間進行資料交換,例如:不必再換名片,直接以NFC手機互相靠近就將彼此的名片資訊存入各自的手機中。

➢設定網路裝置:無線區域網路(WLAN)與藍牙(Bluetooth)使用時需要配對,因此必須設定參數,可以使用支援近場通訊(NFC)的設備互相靠近就完成設定工作。

➢電子標籤:目前超級市場的貨品都是使用「印刷條碼」來標示價格,結帳的時候必須由店員將手推車內的貨品一一取出,並且將雷射讀取機對準印刷條碼掃描後才能由電子計算機計算金額;使用近場通訊的標籤可以取代印刷條碼,黏貼在超級市場的貨品上,想像一下,結帳時客人只要將手推車推過讀卡機的感應區,幾秒鐘的時間就完成結帳,也可以協助超級市場員工進行存貨盤點。

12-3-4 其他短距離無線傳輸

除了前面介紹過的無線區域網路(WLAN)、藍牙(Bluetooth)、近場通訊(NFC)之外，其實市場上還有其他短距離無線傳輸技術，只是這些技術在過去十年的發展並不順利，未來也是前途未卜，我們在這裡簡單介紹一下即可。

☐ ZigBee無線傳輸

ZigBee這個單字起源於蜜蜂藉由跳ZigZag形狀的舞蹈，通知其他蜜蜂花粉的位置達到彼此溝通之目的，因此將這種無線通訊技術命名為「ZigBee」，由IEEE802.15.4小組與ZigBee聯盟制訂通訊標準，其中ZigBee聯盟是在2002年由Honeywell、Mitsubishi、Motorola、Philips與Invensys等公司共同成立，屬於一種短距離、架構簡單、低消耗功率、低資料傳輸率的無線通訊技術，傳輸距離大約10~100公尺，資料傳輸率大約20~250Kbps，具有雙向通訊功用，使用2.4GHz與900MHz的ISM頻帶，為了避免互相干擾，所以在各個頻帶皆是採用直序展頻(DSSS)技術。ZigBee無線傳輸技術具有下列特性：

➤ 消耗功率低：ZigBee的資料傳輸率比較低，傳輸的資料量也比較少，所以訊號的收發時間較短，在不工作的時候ZigBee處於「睡眠模式(Sleep mode)」，可以將電源關閉，所以非常省電，適合使用在以傳統電池供電的產品上。

➤ 可靠度高：ZigBee的資料連結層採用碰撞避免機制，當傳送端有資料傳送時就立刻傳送，並且由接收端回覆確認訊息，如果傳送端沒有收到確認訊息就表示發生碰撞，必須再傳送一次，可以大幅提高系統資訊傳輸的可靠度。

➤ 擴充性高：一個ZigBee的網路最多可以包括255個ZigBee節點(Node)，其中一個是主控端裝置(Master)，其餘則是被控端裝置(Slave)，擴充性很高。

ZigBee無線傳輸技術的應用主要在家電搖控器、無線滑鼠、無線鍵盤、個人電腦周邊設備等產品。由於資料傳輸率很低，只適合傳送控制訊號，而且成本又低，所以是整合客廳裡電視機、冷氣機、錄放影機、音響等搖控器的最佳選擇。不幸的是，最近低功耗藍牙(BLE)的出現，不但具有Zigbee所有的優點，更重要的是未來所有行動裝置與智慧型手機都會支援，換句話說，只要家裡的各種電器產

品也都支援，我們用智慧型手機安裝一個小小的應用程式(APP)就可以控制家裡所有電器產品了，嚴重威脅Zigbee的未來發展。

□ 紅外光無線傳輸(IrDA)

在短距離無線傳輸裡最早使用的就是1993年由HP、IBM、Sharp、Sony等五十家廠商建立標準的「紅外光無線傳輸(IrDA：Infrared Data Association)」。早期的筆記型電腦或手機等電子產品或無線鍵盤與無線滑鼠，如果看到一個小小的紅色塑膠蓋，就是使用這種技術；在客廳的電視機或冷氣機等電器用品，如果使用搖控器，那麼在搖控器的前方會看到一個和綠豆大小差不多的紅外光發光二極體(LED)，這些都是使用紅外光無線傳輸(IrDA)介面，關於發光二極體(LED)的構造與原理請參考第二冊第7章「光顯示產業」的說明。

IrDA為點對點傳輸(P2P：Point to Point)，有效傳輸距離最遠可達8公尺，資料傳輸率大約9.6Kbps~4Mbps，目前廠商已經開發出16Mbps的產品。IrDA無線傳輸最大的優點是價格低，而且資料傳輸率比藍牙無線傳輸還快；最大的缺點是具有方向性，發射角度大約120度，所以在使用搖控器的時候必須「對著」接收器(電視機或冷氣機)，手機在使用IrDA無線傳輸的時候必須把兩支手機的紅色塑膠蓋對準才行，而且兩者之間不可以有障礙物，這種技術已經漸漸被淘汰了，目前只有應用在各種家電產品的搖控器上。

□ 家用射頻無線傳輸(Home RF)

使用SWAP(Shared Wireless Access Protocol)通訊協定，以及2.4GHz或5GHz的ISM頻帶，並且利用跳頻展頻(FHSS)技術，資料傳輸率可達2Mbps，有效傳輸距離大約50公尺，在2001年又推出Home RF 2.0版本，資料傳輸率可達10Mbps，可以應用在桌上型電腦、筆記型電腦、數位相機(DSC)、行動電話等產品。

➤ Home RF firefly：使用900MHz的ISM頻帶，資料傳輸率1~2Mbps，主攻消費性電子產品市場，模組價格較低。

➤ Home RF multimedia：使用5GHz的ISM頻帶，資料傳輸率大於16Mbps，主攻多媒體市場，模組價格較高。

□ 超寬頻無線傳輸(UWB：Ultra Wide Band)

超寬頻(UWB：Ultra Wide Band)是一種頻寬達到數GHz的無線傳輸技術，利用「脈衝訊號」發射電磁波傳送數位訊號，而傳統的GSM、PHS等系統是利用「高頻載波」載著數位訊號傳送，因此超寬頻無線傳輸是屬於「展頻通訊、脈衝訊號」；而傳統無線通訊是屬於「窄頻通訊、載波訊號」。UWB無線傳輸是所有展頻通訊技術裡資料傳輸率最高的，具有下列特性：

➤資料傳輸率高：由於頻寬愈寬，資料傳輸率愈高，因此UWB可以利用數GHz的頻寬，提供數百Mbps或Gbps以上的資料傳輸率。

➤安全性高：由於UWB的發射功率很低，接近背景雜訊值，因此不容易被怪客(Cracker)偵測，可以提高訊號傳輸的安全性。

➤消耗功率低：一般無線通訊技術需要發出連續性的高頻載波來傳送訊號，但是UWB只需要發出脈衝電磁波，可以大幅減少功率消耗，因此UWB的耗電量比無線區域網路(WLAN)、藍牙(Bluetooth)無線傳輸等無線通訊技術更低。

➤成本較低：傳統無線通訊技術必須使用價格較高的射頻積體電路(RF IC)來製作無線通訊模組，但是UWB使用脈衝電磁波，不需要功率放大器(PA)、射頻／中頻積體電路(RF/IF IC)、震盪器、石英元件，所以成本較低。

➤傳輸距離短：由於UWB發送脈衝電磁波需要很寬的頻帶，所以一定會與現有的其他通訊系統(GSM、WCDMA、WLAN、Bluetooth)重複，為了避免產生干擾，必須降低發射功率，因為發射功率低使傳輸距離限制在10公尺以內。

□ 無光纖光學傳輸(Fiberless optical)

雷射光必須使用光纖來傳輸，但是目前有一種技術是使用波長1.55μm(微米)的半導體雷射二極體(LD)作為光源，並且使用半圓柱形的光收發模組，以無線的方式將雷射光投射到空中，不需要光纖就可以傳送光訊號，稱為「Terabeam」，由於不需要使用光纖，可以節省光纖舖設的費用，使用者可以將室內所有的電腦連接到路由器，再經由光收發模組對外進行傳送，而且可以經由另一端再連接到網際網路，資料傳輸率可達5Mbps、10Mbps、100Mbps，目前正在研發1Gbps的產品。Terabeam主要的連接方式有下列兩種：

➤用戶對用戶：以無線光收發模組進行雙向資料傳送，如圖12-28(a)所示。

➤用戶對網際網路：用戶與用戶之間先以有線通訊的網路線與路由器連接，再由光收發模組將資料傳送到網際網路上，如圖12-28(b)所示。

　　使用雷射光來進行無線傳輸，最大的問題還是雷射光具有方向性，所以傳輸點之間不可以有障礙物，這種無線光通訊技術發展之初，曾經有人質疑如果空中有鳥禽或雜物飛落阻擋雷射光束，儘管只有極短暫的時間，也會造成通訊中斷，不過有趣的是，經過實驗證明，只有非常巨大的物體飛落或是固定的障礙物阻擋，才會造成通訊中斷的現象。

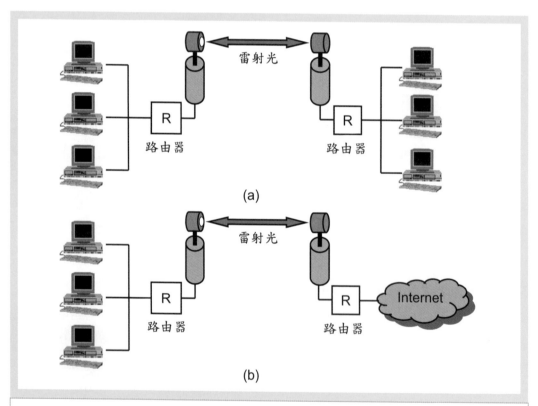

圖 12-28 　無光纖光學傳輸系統架構圖。(a)用戶之間以無線光收發模組進行雙向資料傳送；(b)用戶之間先以路由器連接，再由光收發模組將資料傳送到網際網路上。

12-3-5 物聯網(IoT：Internet of Things)

各種無線通訊技術的通訊距離與資料傳輸率如圖12-29所示，由於無線通訊技術的進步，我們現在可以無線通訊的距離由數十公分到數十公里，資料傳輸率由100Kbps到1Gbps，該是時候把我們身邊所有的裝置連結起來了。

☐ 物聯網的定義

基於無線或有線的網際網路實體將所有裝置或設備進行網路定址，實現互聯互通的網路稱為「物聯網(IoT：Internet of Things)」，我們可以說物聯網就是「物物相聯的網際網路」，包括下列三個特徵：

➤ 互聯網路：是架構在無線或有線的網際網路實體之上，由用戶端延伸擴展到任何物與物(裝置或設備)之間進行通訊，實現互聯互通的互聯網路。

➤ 識別與通訊：物聯網所說的「物(Things)」必須具備自動識別(Identification)的功能，同時具有物對物(T2T：Thing to Thing或M2M：Machine to Machine)通訊的功能，使用不同的通訊技術，使機器之間與人機之間能夠互相通訊。

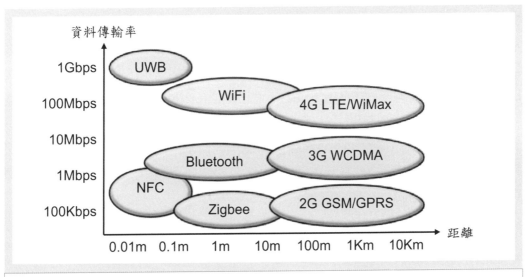

圖 12-29 各種無線通訊技術的通訊距離與資料傳輸率。

➤ 智慧功能：物聯網所討論的物(裝置或設備)必須具備「智慧型(Intelligent)」的功能，包括自動反應、自我回饋、智慧控制等特性，要讓物具備智慧功能，最簡單的就是使用各種「感測器(Sensor)」對外界的光、電、磁、聲、化學等訊號有所反應，達成全面感知、可靠傳遞、智慧處理三大特性，同時結合感測器與無線通訊可以形成「無線感測網路(WSN：Wireless Sensor Network)。

☐ 物聯網的架構

物聯網的架構如圖12-30(a)所示，包括下列三個不同的層次(Layer)：

➤ 感知層(Perception layer)：也就是物聯網裡的「物(Things)」，是由可以感測訊號的裝置組成，可以監控所在位置的物理或環境狀況，例如：溫度、濕度、速度等，如圖12-30(b)所示，並且接受遠端的設定、操作、控制、管理，而且必須滿足低耗電、低成本、支援大量網路節點的特性。

➤ 網路層(Network layer)：包含無線或有線的網際網路與雲端技術，提供可靠的網路傳輸功能，使每一個物(裝置或設備)都具有IP位址，這也是IP第六版(IPv6)制定這麼多IP位址的原因，可以將裝置或設備蒐集的資訊整合到物聯網的資料管理中心，因此網路層的通訊協定必須相容，同時支援服務品質(QoS)與設備移動管理等機制，提供一個安全而穩定的網路環境。

➤ 應用層(Application layer)：為發展物聯網服務的核心，當我們將物與物聯結起來以後，就可以思考各種不同領域的應用了，例如：智能電網(Smart grid)、智慧城市(Smart city)、智慧家庭(Smart home)、電子健康(eHealth)、智慧交通、環境監控等，使用者可以在任何時間、任何地點取得各項服務，甚至連結雲端服務平台，利用物聯網大量資訊處理與不同服務協同運作的需求，建構一個開放式的水平服務平台，收集來自每一個物(裝置或設備)感測器的數據資料，進行業務邏輯分類與分析判斷，並且提供相關的服務。

☐ 物聯網的技術挑戰

➤ 感知層的技術挑戰：物聯網上有為數眾多而且性質相異的裝置或設備，通常不同的設備有不同的感測器與資訊處理方式，產生大量格式不同的資料，必須制定相

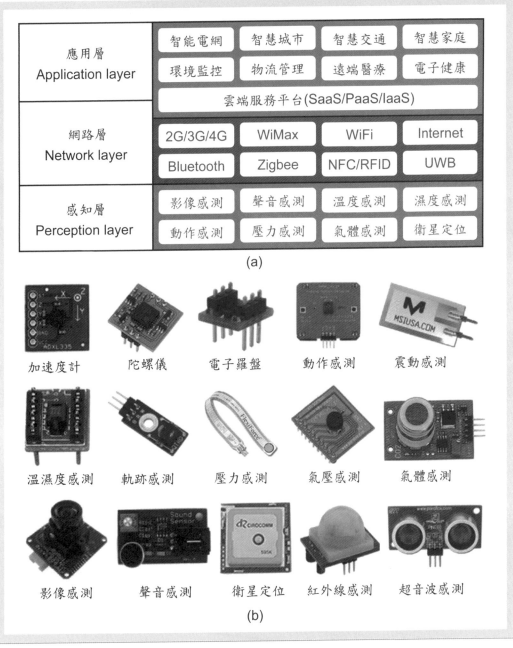

應用層 Application layer	智能電網	智慧城市	智慧交通	智慧家庭
	環境監控	物流管理	遠端醫療	電子健康
	雲端服務平台(SaaS/PaaS/IaaS)			
網路層 Network layer	2G/3G/4G	WiMax	WiFi	Internet
	Bluetooth	Zigbee	NFC/RFID	UWB
感知層 Perception layer	影像感測	聲音感測	溫度感測	濕度感測
	動作感測	壓力感測	氣體感測	衛星定位

(a)

加速度計　陀螺儀　電子羅盤　動作感測　震動感測

溫濕度感測　軌跡感測　壓力感測　氣壓感測　氣體感測

影像感測　聲音感測　衛星定位　紅外線感測　超音波感測

(b)

圖 12-30　物聯網的架構與感測器。(a)物聯網的架構包括：感知層、網路層、應用層；(b)物聯網的感測器主要用來量測影像、聲音、溫度、濕度、動作、壓力、氣體、位置等。
資料來源：www.csie.ntpu.edu.tw/~yschen。

關的標準才能避免這些不同格式的資料造成物聯網效率低落。

➤ 網路層的技術挑戰：物聯網可以經由無線或有線的方式通訊，但是一般裝置或設備使用有線通訊的限制很多，因此無線通訊技術的進步與普及是物聯網成功的關鍵，但是各種無線通訊設備可能因為通訊頻率接近而互相干擾，因此必須具有頻道動態性，讓設備選擇較佳的頻道傳輸資料，使資料傳輸更具適應性；而且必須支援服務品質(QoS)使資料傳輸效率更高；同時必須做好資訊安全來確保資料在傳輸時不被竊取或盜用，避免駭客入侵造成安全問題。

➤ 應用層的技術挑戰：物聯網上所傳送資訊的價值是隨著資訊的正確性、被使用次數、訊息組合來源愈高而增加，但是卻會隨著資訊產生的時間越久而貶值，因此如何對這些訊息進行智慧管理，在最短的時間內利用這些資訊是很重要的，必須妥善分配所有裝置與資源，使智慧裝置做到自我組織、自我配置、自我管理、自我修復，同時在自動化應用與人類的隱私之間要有明確的定義與劃分，才能避免個人隱私遭到侵犯。

🔲 物聯網與雲端運算

物聯網的特性包括：隨時連線(Any time)、隨地連線(Any place)、任何裝置連線(Any object)；而雲端運算的特性則包括：隨時使用(Anytime)、隨地使用(Anywhere)、使用任何裝置(Any devices)、存取各種服務(Any services)，大家有沒有看出兩者之間的關係其實非常密切呢？物聯網是要將我們身邊所有的物(裝置或設備)連結起來，而且每一個物都經由感測器(Sensor)偵測到許多資訊，這麼多的資訊顯然需要一個運算能力強大的系統來處理，而雲端運算平台提供的設備即服務(IaaS)、平台即服務(PaaS)、軟體即服務(SaaS)恰好符合這個需求，由於雲端運算是將所有資料存放在雲端的資料中心裡，然後經由網路存取使用，適合大量資料存取與應用，同時能夠處理大規模資料的平行運算工作，可以提供不同產業或同一產業不同客戶共享資源，提高資源利用效率同時降低營運成本，因此雲端運算是實現物聯網最重要的關鍵，唯有雲端運算技術夠成熟，物聯網所談萬物在網路相連的理想才能實現。

12-4 衛星通訊

在所有的無線通訊系統中,只有衛星覆蓋範圍最大,但是費用卻最高,由於費用太高,所以在所有的衛星通訊系統中,大概只有全球衛星定位系統(GPS)是目前唯一廣泛應用在消費性電子產品中非常成功的例子。

12-4-1 衛星通訊系統

衛星通訊的原理和一般的無線通訊很類似,都有基地台(BS),只不過一般的無線通訊是將基地台架設在高山上或大樓屋頂,而衛星通訊是將基地台架設在太空中的衛星上面,本節將介紹衛星通訊的基本概念。

☐ 衛星通訊的特性

➢ 通訊距離遠:衛星通訊覆蓋範圍大,幾乎可以傳送到世界的任何一個角落。

➢ 與距離無關:傳輸價格不受距離長短的影響,但是基本上都不便宜就是了。

➢ 建立通訊網:衛星通訊所屬的地面接收站可以和其它地面站建立通信網路。

➢ 價格高不穩定:衛星通訊價格較高,而且容易受氣候影響而不穩定。

將基地台架設在太空中最大的優點是覆蓋範圍大,但是由於基地台距離地面高達數千到數萬公里,所以需要更高的發射功率(更耗電),但是我們無法拉一條電線供應電源給身在太空中的基地台,必須靠衛星上的太陽電池收集太陽能提供電力,所以供電有限是衛星最大的問題,由於供電有限,所以使用高頻電磁波,因為高頻電磁波頻率高能量高,不需要消耗很大的電力(比較省電)就能使天線產生較大的增益(Gain)傳送較遠的距離,雖然可以傳送比較遠,但是高頻電磁波的繞射性質比較差,不容易繞過障礙物,所以室內接收訊號的品質比較差。某些頻率的高頻電磁波恰好不容易被地球的大氣層吸收,大約1~300GHz,依照不同的應用而選擇不同的頻帶,例如:L-Band與S-Band的設備比較簡單,所以成本較低,C-Band的訊號微弱比較容易受到干擾等,如表12-14所示。

表 12-14 衛星通訊所使用的頻帶名稱與特性比較表。

頻帶名稱	頻率範圍	頻寬	特性
L-Band	1.5~1.6GHz	15MHz	設備簡單費用較低
S-Band	2.0~2.7GHz	15MHz	傳輸損耗小
C-Band	3.7~7.25GHz	500MHz	訊號微弱易受干擾
X-Band	7.25~8.4GHz	—	
Ku-Band	10.7~18GHz	500MHz	市區接收不受干擾
Ka-Band	18~31GHz	25MHz	接收天線成本較低
Q-Band	31~70GHz	—	
mm-Band	40~300GHz	—	

❑ 通訊衛星的功能

➤ 固定式衛星服務(FSS：Fixed Satellite Service)：地面接收設備固定，應用在小型衛星地面站，例如：電信公司使用固定碟型天線傳送國際電話與視訊服務。

➤ 移動式衛星服務(MSS：Mobile Satellite Service)：地面接收設備可以移動，例如：行動衛星電話、衛星定位、電視轉播車使用碟型天線傳輸語音與影像。

➤ 廣播式衛星服務(BSS：Broadcasting Satellite Service)：衛星向地面不定點廣播訊號，例如：我們在屋頂架設小型的碟型天線接收衛星電視。

❑ 衛星的種類

➤ 同步軌道衛星(GEO：Geostationary Earth Orbit)：距離地面35786公里與地球同步運轉的衛星，傳送距離較遠，所以大約有0.25秒的延遲時間，傳送時損耗較大，因此功率較大，地面接收設備的體積也較大。由於同步軌道衛星距離地球表面的高度夠高，只要三顆衛星就可以覆蓋幾乎整個地面，構成全球通信網路，通常只有南北緯超過71度收不到訊號。同步軌道衛星早期使用的頻段為C-Band，目前商用頻段為Ku-Band與Ka-Band。

➤ 中低軌道衛星(MEO/LEO：Medium/Low Earth Orbit)：距離地面1000~10000公里，傳送距離較近，通話延遲時間比較短，傳送時損耗較小，因此功率較小，可以應用在體積比較小的接收設備，例如：行動衛星電話，但是要將訊號傳送到數

千公里的太空中和目前我們使用的行動電話比較起來還是很遠，因此耗電量大的多，由於電池體積很大，因此行動衛星電話的體積比我們目前使用的智慧型手機還要大得多。由於中低軌道衛星距離地球的高度較低，所以覆蓋面積較小，需要有許多衛星在軌道上才能覆蓋地面上大部分的區域，此外，所有的衛星都有使用壽命，中低軌道衛星運行速度較快，壽命較短。

➤橢圓軌道衛星(EO：Elliptical Orbit)：由於同步衛星在南北緯超過71度收不到訊號，所以俄羅斯等高緯度的國家使用橢圓軌道衛星來做衛星通訊使用。

❒ 衛星通訊服務

➤直傳衛星(DTH：Directive to Home)：以中功率衛星，使用C頻段或Ku頻段，把電視節目廣播到地面，用戶使用碟型天線接收衛星電視節目，例如：美國的Primestar、AlphaStar，日本的Perfect TV與歐洲的ASTRA等。

➤直播衛星(DBS：Direct Broadcasting Satellite)：為高功率衛星，使用Ku頻段，直接將廣播電視訊號傳送到消費者家中，為一點(衛星)對多點(用戶)傳送模式，用戶必須先購買碟型天線與數位選台器，並且支付收視費用。

➤衛星直播網際網路(Direct PC)：利用衛星傳輸資料封包提供網際網路服務，用戶必須先在個人電腦上安裝碟形天線接收器和衛星通訊卡，目前很少使用，只有在北美地廣人稀的區域提供下載資料封包的服務。

12-4-2 全球衛星定位系統(GPS)

在所有衛星通訊應用裡，與我們關係最密切的就是全球衛星定位系統(GPS)了，由於使用的時候只需要接收器，成本極低，因此目前廣泛的應用在各種電子產品中，可以協助我們確認目前所在位置，而且精確度極高。

❒ 全球衛星定位系統(GPS：Global Positioning System)

美國國防部基於軍事考量，於1960年代開始研發的一套衛星定位系統，1978年發射第一顆衛星後陸續將24顆定位衛星送上太空，至1993年完成，初期主要提供軍事用途，協助引導軍隊在戰場的時間和方位，因為1983年韓航班機在俄羅斯

上空偏離航道遭擊落事件，美國雷根政府考慮到船隻與飛機的安全問題，開放部分GPS系統提供民間導航使用，但是又擔心定位的精確度過高，被非美軍做為軍事用途而影響國家安全，於是加入「干擾訊號(SA：Selective Availability)」，將GPS訊號進行加擾(Scrambling)以降低精確度，95%的接收狀況精確度在直徑100公尺內，5%的接收狀況精確度在直徑300公尺內，由於精確度不夠，所以一直無法大量使用在民間的消費性電子產品中。2000年美國柯林頓政府宣佈停止干擾訊號(SA)，使GPS系統的精確度提高到10公尺以內，定位精確度的增加帶動了民間GPS市場的發展，到目前幾乎所有電子產品都可以使用。

☐ 全球衛星定位系統的架構

全球衛星定位系統的架構包括：太空衛星、地面管制、使用者接收器：

➤ 太空衛星：以24顆人造衛星分佈在六個軌道運轉，距離地球表面大約2萬公里，每12小時繞行地球一週，屬於高精確度三維座標及時間量測系統，每秒一次向地面發射連續的訊號，提供定位使用。

➤ 地面管制：為了追蹤及控制衛星運轉，必須設置地面管制站，主要的工作為修正與維護每個衛星的資料以確保正常運作。

➤ 使用者接收器：可以接收所有GPS衛星所發射出來的定位訊號，並且即時地計算出接收器所在位置的座標、移動速度與時間，配合接收器內建的地圖與搜尋軟體，可以提供使用者所在位置正確的道路名稱、行駛方向、行駛速度等資訊，甚至連「前方有測速照像」也可以通知你(妳)唷！

如果能夠在地面同時接收到3顆衛星的訊號，就可以獲得二度空間的定位(經度與緯度)，如果能夠在地面同時接收到4顆衛星的訊號，則可以獲得三度空間的定位(經度、緯度與高度)，在地面上能夠接收到的衛星數目愈多，則定位精確度愈高。因此全世界的使用者只要擁有GPS接收器，就可以即時而且免費的取得定位資訊，成本極低，這是GPS會被大量使用的重要原因，不過由於衛星在2萬公里的軌道上運行，又是使用高頻電磁波傳送訊號，所以傳送到地面的訊號微弱，不像行動電話可以在室內使用，必須在室外及天空開闊度較佳的地方才能接收到比較多顆衛星的訊號，得到比較精確的定位資訊。

其他衛星定位系統

除了美國的衛星定位系統以外,目前世界各國都有在開發自己的衛星定位系統,各種衛星定位系統的比較如表12-15所示,包括:

➤ 伽利略衛星定位系統(Galileo positioning system):由歐盟規劃建造,於2006年至2010年陸續發射衛星升空,屬於中高軌道衛星,總共發射30顆衛星,其中27顆衛星為工作衛星,3顆為備用衛星,衛星高度大約2萬公里,而且由於歐盟某些成員國位於高緯度,所以特別加強對高緯度地區的覆蓋,包括挪威、瑞典等地區,降低目前對美國GPS系統的依賴。

➤ 格洛納斯衛星定位系統(Glonass positioning system):由蘇聯規劃建造,於1976年至1991年陸續發射衛星升空,到2012年衛星的數量增加到30顆,實現全球定位導航的功能,軍事與民間都可以使用。

➤ 北斗衛星導航系統(Beidou navigation satellite system):由中國大陸規劃建造,可以與世界其他衛星導航系統兼容的全球衛星導航系統,共計35顆導航衛星,提供開放服務和授權服務兩種服務模式,軍事與民間都可以使用。

此外,不同的衛星定位系統可以互相合作,目前廠商也在開發多系統整合的衛星定位模組,可以用一個接收器接收不同系統的資料,或是利用不同系統資料的組合來提高導航的精確度,結合多系統是未來的發展趨勢。

表 12-15 全球主要衛星定位系統比較表。

系統名稱	GPS	Glonass	Galileo	Beidou
主導國家	美國	俄羅斯	歐盟	中國大陸
衛星數目	27顆	24顆	30顆	30顆
軌道高度	20200公里	19100公里	23616公里	36000公里
軌道傾角	55度	65度	56度	63度
載波頻率	1575.42MHz	1608MHz	1577.5MHz	2491.7MHz
調變方式	CDMA	FDMA	CDMA	CDMA
運作情形	運作中	2011年投入民間使用	因資金與歧見完工時間延後	2012年開始營運

12-4-3　輔助式全球衛星定位系統(AGPS)

由於GPS系統的衛星距離地球表面大約2萬公里，傳送到地面的訊號微弱，所以一般地面的接收器開機以後大約需要10秒的時間才能計算出位置，大家開始尋找能夠縮短定位時間，甚至在地底下收不到衛星訊號也能定位，並且增加定位精確度的方法，我們稱為「輔助式全球衛星定位系統(AGPS：Assisted GPS)」。

□ 行動定位系統

其實除了GPS系統可以提供定位的功能，由於手機必須在某一個細胞的基地台通訊範圍內才能通訊，所以我們也可以利用基地台協助手機定位，由於美國聯邦通訊委員會(FCC)規定美國的系統業者必須提供手機行動定位服務，以確保手機的使用者發生緊急事件的時候，救難人員能夠知道使用者的正確位置，所以各家系統業者開始發展行動定位系統，目前常見的包括：

➢ CI/CSI技術(Cell/Cell Sector Identification)：利用行動電話細胞識別碼與手機所在的細胞位置來進行定位，在都會區由於人口密集，細胞較小，定位精確度大約數百公尺；在郊區由於人口較少，細胞較大，定位精確度大約數公里。

➢ AOA技術(Angle of Arrival)：利用手機與基地台的方位角計算位置來進行定位，並且透過指向性天線與兩個以上的基地台判斷手機的位置。

➢ TOA/TDOA技術(Time of Arrival/Time Difference of Arrival)：利用三個以上的基地台傳送到手機的訊號時間延遲，來計算手機與基地台的距離而判斷手機的位置，每個基地台必須加裝「位置測量單元(LMU：Location Measure Unit)」，成本較高，TOA的定位精準確大約200公尺，TDOA大約100公尺。

➢ EOTD技術(Enhanced Observed Time Difference)：利用三個以上的基地台接收到手機的訊號，再傳送給最近的位置測量單元(LMU)，這樣一來數個基地台只要加裝一個位置測量單元(LMU)即可，成本較低，定位精確度大約100公尺。

利用上面這些技術輔助，手機在很短的時間內就可以確定使用者所在的大概位置，即使沒有GPS系統的協助，仍然可以協助救難人員找到使用者。

☐ 輔助式全球衛星定位系統(AGPS：Assisted GPS)

在所有行動定位技術中，AGPS系統是精確度最高的一種，但是手機必須具有GPS接收器，先由手機利用所在細胞位置的基地台來進行定位，我們都有這樣的經驗，把智慧型手機裡的地圖打開一下子就可以找到自己的位置了，即使是在地底下的捷運車站內，那就是基地台定位的結果，精確度在都市(基地台密度高)大約100公尺，在郊區(基地台密度低)大約1000公尺，由於基地台的位置固定(已知)，這個時候再利用手機內的GPS接收器搜尋附近的GPS衛星就可以快速定位，可以在更短的時間內計算出位置，而且精確度更高。

☐ 衛星通訊的未來發展

衛星最大的優點是通訊距離遠、覆蓋範圍大，幾乎可以連接世界的任何一個角落，但是通訊價格高、手機體積大是最大的缺點，大家只要想想，在屋頂上的基地台只需要用吊車將設備吊上去就可以了，衛星卻需要使用火箭發設升空；屋頂上的基地台故障了，只要請維修員爬上去修理就可以了，但是衛星故障了卻要派太空人穿著太空裝，搭乘太空梭去維修，成本實在差太多了。

基本上衛星只適合廣播使用，也就是把大家都要看的衛星電視、衛星導航訊號廣播到地面，這樣子使用者才不需要支付太昂貴的費用，如果要使用衛星來做為行動電話(衛星電話)，必須指定一個頻寬給某一個人使用，費用就很驚人了。在消費性電子產品上，未來幾年成長最快的一定是衛星導航的應用，換句話說，將來會有愈來愈多的電子產品外加衛星導航的功能，衍生出來的商機其實是很驚人的，例如：將來的每支手機都會安裝GPS系統，當我們在任何地方發生危險的時候，就能夠立刻使用手機求救，而且當警察或保全公司接到電話的時候，不需要問你(妳)在那裡，可以透過GPS系統知道你(妳)的位置，派人前往救援，特別是保全公司，只要每個月支付幾百元就可以擁有這樣的服務，也不必再擔心家中的小孩子出門會有危險了，知道科技的厲害了吧！

12-4-4 無線通訊的系統整合

第九章曾經介紹過數位相機(DSC)與iPod touch隨身聽的系統方塊圖，不過這兩種產品都沒有無線通訊所以比較簡單，現在我們以智慧型手機(Smart phone)與平板電腦(Tablet)為例來介紹具有無線通訊的系統架構。

☐ 系統方塊圖(System block diagram)

圖12-31為Apple iPhone 4S智慧型手或iPad 2平板電腦的系統方塊圖，主要有微處理器(MPU)內建圖形處理器(GPU)，另外會有基頻處理器(Baseband)，又稱為

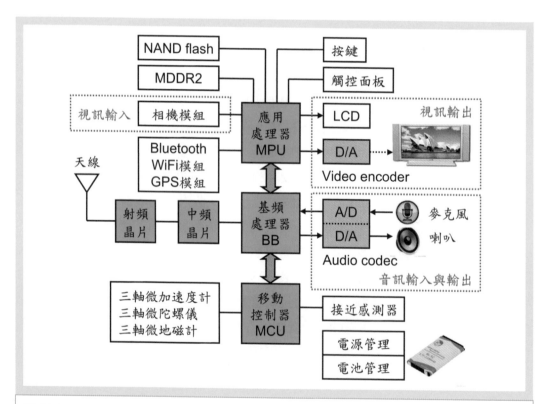

圖 12-31 Apple iPhone 4S與iPad 2的系統方塊圖。(a)主要包括微處理器(MPU)內建圖形處理器(GPU)、基頻處理器(BB)、移動控制器(MCU)、中頻晶片(IF)、射頻晶片(RF)、視訊輸入與輸出、音訊輸入與輸出、MDDR2、NAND、許多感測器與A/D或D/A晶片。

「基頻晶片(BB)」，此外還有中頻晶片(IF)、射頻晶片(RF)，無線通訊系統的架構請參考圖12-10所示。基本上智慧型手機與平板電腦的系統方塊圖非常類似，用過平板電腦的人都會覺得那其實就像是一支超大型的手機，只是尺寸較大不適合用來講電話而已，iPhone 4S的無線通訊是用來進行語音通信(打電話)與資料通信(上網)，而iPad 2的無線通訊是用來進行資料通信(上網)。

☐ 實機分解圖

圖12-32(a)為iPhone 4S實機分解，表12-16為iPhone 4S內部的晶片型號、生產公司、規格功能與成本，其中比較重要的包括下列積體電路(IC)：

➢ Apple A5/APL0498：為Apple公司設計，並且委託Samsung公司代工生產的應用處理器(AP)，使用ARM Cortex-A9核心(向ARM公司授權使用)。

➢ K3PE4E400B：為Samsung公司生產的MDDR2動態隨機存取記憶體(DRAM)，容量為1Gb(128MB)，使用PoP封裝堆疊在應用處理器(AP)下面所以圖中看不見。

➢ H2DTDG8UD1MYR：為Toshiba公司生產的NAND快閃記憶體，容量為16GB。

➢ MDM6610：為Qualcomm公司生產的基頻處理器(Baseband)，負責進行數位語音訊號與資料封包的數位訊號處理工作，請參考圖12-20(b)。

➢ 338S0973：Apple公司專門為A5處理器設計的電源管理積體電路(PMIC)。

➢ PM8028：Qualcomm公司專門為基頻處理器設計的電源管理積體電路(PMIC)。

由表12-16可以實際看出，iPhone 4S智慧型手機的材料成本(BOM：Bill of Materials)約為US$188元，但是市場上的零售價(Retail price)約為US$399元，一般而言，電子產品的零售價(Retail price)大約是材料成本(BOM)的兩倍。圖12-32(b)為iPad 2實機分解，與iPhone 4S很類似，這裡不再重複介紹。

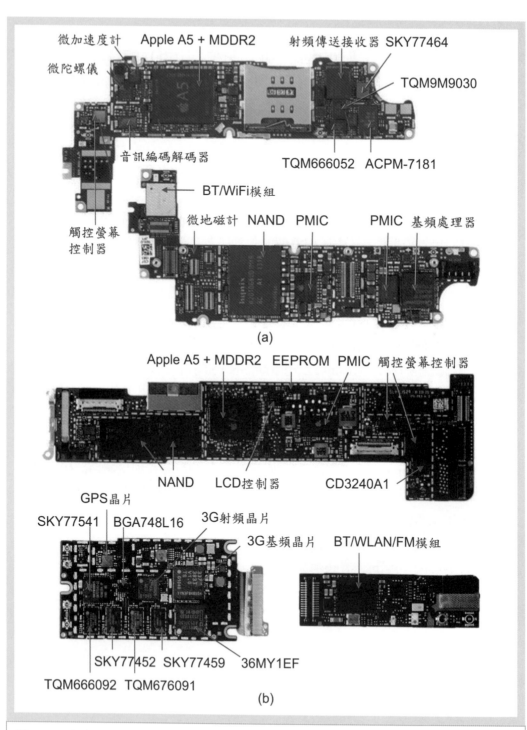

圖 12-32 智慧型手機與平板電腦實機分解圖。(a)Apple iPhone 4S實機分解圖,圖中的積體電路 (IC)型號請參考表12-16;(b)Apple iPad2實機分解圖。資料來源:IHS、iSuppli。

| 表 12-16 | Apple iPhone 4S智慧型手機內部主要晶片型號、生產公司、規格功能與成本，此表僅供教學參考使用與實際情況可能會有誤差。資料來源：iSuppli Corp。 |

晶片型號	設計生產公司	規格功能	成本(US$)
Apple A5/APL0498	Apple/Samsung	應用處理器(AP)	15.00
K3PE4E400B	Samsung	4Gb MDDR2	9.10
H2DTDG8UD1MYR	Toshiba	16GB NAND	19.2
MDM6610	Qualcomm	基頻處理器(BB)	9.07
338S0973	Apple	電源管理(PMIC)	7.20
PM8028	Qualcomm	射頻電源管理(PMIC)	
RTR8605	Qualcomm	射頻收發模組	21.58
TQM9M9030	TriQuint	雙頻耦合器	
TQM666052	TriQuint	WCDMA射頻放大器(PA)	
ACPM-7181	Avago	UMTS射頻放大器(PA)	
SKY77464	Skyworks	HSUPA射頻放大器(PA)	
LIS331DLH	STM	三軸微加速度計	6.85
L3G4200DH	STM	三軸微陀螺儀	
—	Murata	BT/WiFi模組	6.50
—	BSI	8M CMOS相機模組	17.60
3.5in TFT LCD	Diagonal	960x640 TFT LCD	23.00
Touch screen	Balda/Optrex	觸控螢幕模組	14.00
Battery	Amperex	1430mAh鋰離子電池	5.90
Other materials	—	—	33.00
Total BOM			188.00
Retail price			399.00

【習題】

1. 無線通訊系統可以分為：無線個人網路(WPAN)、無線區域網路(WLAN)、無線都會網路(WMAN)、無線廣域網路(WWAN)等四種，請簡單說明它們的特性與應用。

2. 什麼是「ISM頻帶」？ISM頻帶有那幾種頻率範圍可以使用？目前有那些通訊技術是使用ISM頻帶？

3. 什麼是「展頻技術(Spread spectrum)」？目前有那些通訊技術是使用展頻技術？分別應用在那些產品上？

4. 數位通訊系統最重要的概念就是數位訊號調變技術(ASK、FSK、PSK、QAM)與多工技術(TDMA、FDMA、CDMA、OFDM)，請簡單說明這兩者有什麼差別？

5. 什麼是「蜂巢式行動電話(Cell phone)」？什麼是「頻率再利用(Frequency reuse)」？什麼是「越區換手(Handoff)」？請簡單說明蜂巢式行動電話的通訊原理。

6. 蜂巢式行動電話依照不同的發展時間而稱為不同的「世代(Generation)」，請簡單說明第一代(1G)、第二代(2G)、第三代(3G)、第四代(4G)行動電話各有那些常見的系統？

7. 什麼是「無線式行動電話(Cordless phone)」？目前全球使用的無線式行動電話系統有那些？請簡單比較無線式行動電話與蜂巢式行動電話的差別。

8. 什麼是「無線區域網路(WLAN)」？什麼是「藍牙無線傳輸(Bluetooth)」？什麼是「近場通訊(NFC)」？請簡單說明這三種短距離無線傳輸的原理與應用。

9. 假設你(妳)今天走在台北市的街頭，身上帶著支援第三代行動電話(3G)的智慧型手機與具有WiFi功能的筆記型電腦，如果想要用筆記型電腦連接網路查詢資料，該怎麼連接網路呢？

10. 請簡單說明什麼是「全球衛星定位系統(GPS)」？什麼是「輔助式全球衛星定位系統(AGPS)」？並簡單比較兩者之間的差別。

中英文索引

一劃

二劃

三劃